Bezeichnung der Lerneinheit

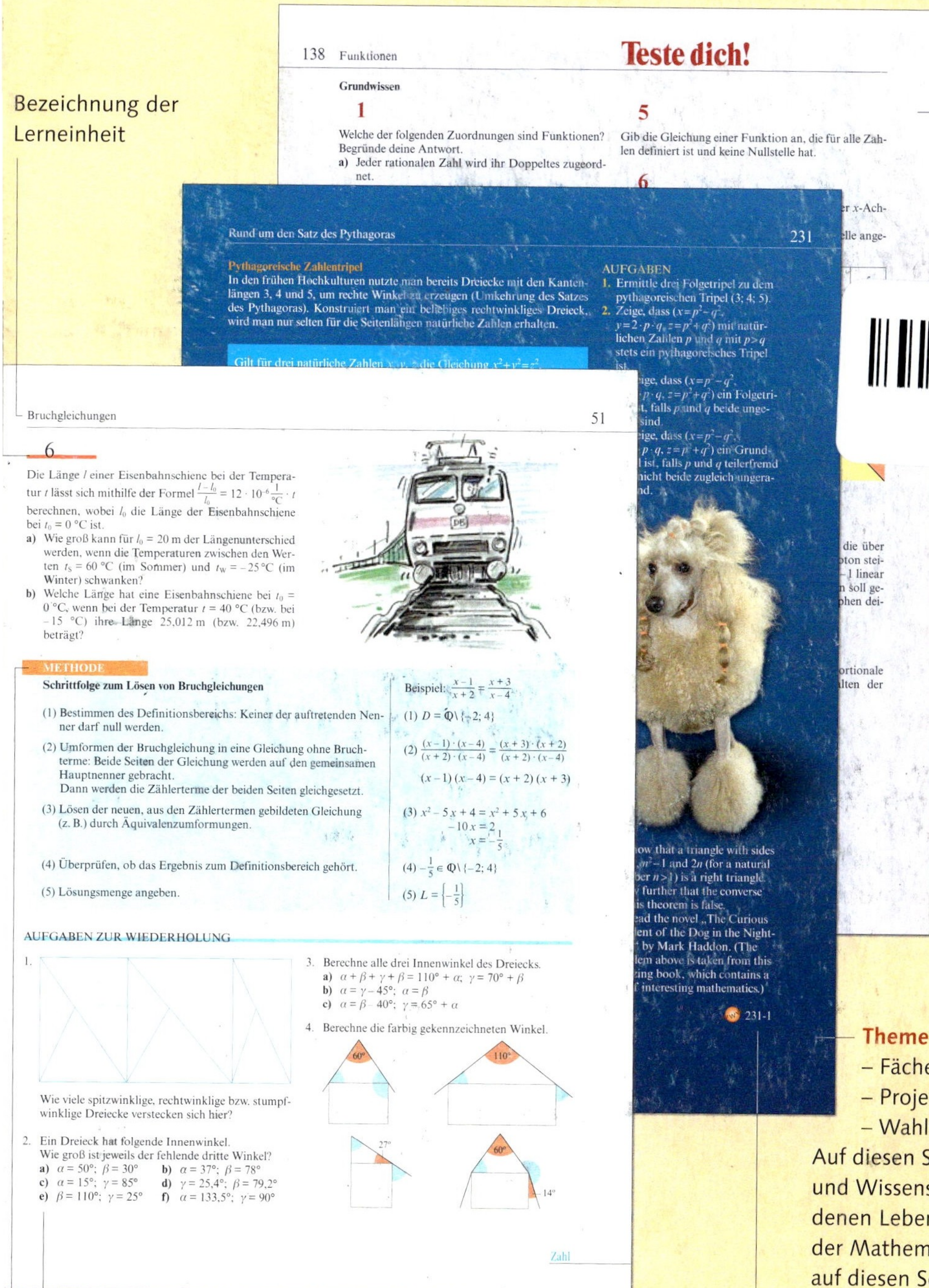

Teste dich!
Hier kannst du deinen Wissensstand selbst überprüfen.

Themenseiten
- Fächerübergreifende Themenseiten
- Projektseiten
- Wahlthemen

Auf diesen Seiten erfährst du Interessantes und Wissenswertes zu Themen aus verschiedenen Lebensbereichen und zur Geschichte der Mathematik. Beim Lösen der Aufgaben auf diesen Seiten kannst du nicht nur dein Wissen aus der Mathematik anwenden, sondern auch Kenntnisse aus anderen Fächern und aus deinem Alltag nutzen und vertiefen.

Aufgaben zur Wiederholung
Die Aufgaben unter dieser Überschrift gehören nicht zum gerade behandelten Stoff. Hier kannst du früher Gelerntes wiederholen und üben.

Methoden
Hier findest du Werkzeuge, die dir im Mathematikunterricht helfen, aber auch allgemeine Methoden zur Lösung von Problemen in der Mathematik und im Alltag.

Mutimediales Zusatzangebot 231-1
über Webcode im Internet:
1. Webseite aufrufen:
   www.cornelsen.de/mathematik-plus
2. Buchkennung eingeben: MPL000599
3. Mediencode eingeben: z. B. 231-1

W0211065

Gymnasium | Klasse 8

Mathematik *plus*

Gymnasium
Klasse 8
Brandenburg

Herausgegeben von
StD Dietrich Pohlmann und
Prof. Dr. Werner Stoye

Cornelsen
VOLK UND WISSEN

Autoren: Susanne Bluhm, StD Karl Udo Bromm, OStR Robert Domine, Angela Eggers, Prof. Dr. Marianne Grassmann, StDn Gaby Heintz, Gerd Heintze, Erika Hellwig, Dr. Gerhard Koenig, StD Peter Krull, StD Jochen Leßmann, Heidemarie Rau, OStD Dieter Rüthing, Matthias Schubert, Dr. Uwe Sonnemann, Prof. Dr. Werner Stoye
unter Planung und Mitarbeit der Verlagsredaktion Mathematik (Dr. Peter Birnbaum, Dr. Tilman Pehle, Grit Weber)

Herausgeber: StD Dietrich Pohlmann,
Prof. Dr. Werner Stoye

Redaktion: Dr. Tilman Pehle

Technische Zeichnungen: Rainer Götze, Rita Schüler

Illustrationen: Roland Beier

Typographie: Manfred Behrendt, Wolfgang Lorenz, Sabine Matthes

Einband: Susanne Niklaus, Berlin

Bildrecherche: Peter Hartmann

Technische Umsetzung: CMS – Cross Media Solutions GmbH, Würzburg; Marina Wurdel

www.cornelsen.de
www.vwv.de

Unter der folgenden Adresse befinden sich multimediale
Zusatzangebote für die Arbeit mit dem Schülerbuch:
www.cornelsen.de/mathematik-plus
Die Buchkennung ist: **MPL000599**

1. Auflage, 1. Druck 2008

Alle Drucke dieser Auflage sind inhaltlich unverändert
und können im Unterricht nebeneinander verwendet werden.

Druck: CS-Druck CornelsenStürtz, Berlin

ISBN: 978-3-06-000599-4

Inhalt gedruckt auf säurefreiem Papier aus nachhaltiger Forstwirtschaft.

Inhalt

*Die mit einem Stern gekennzeichneten Lerneinheiten gehen – zumindest teilweise – über die im Lehrplan ausgewiesenen Themen hinaus. Sie können also übergangen oder verkürzt behandelt werden. Zum Teil sind aber gerade diese Ergänzungen besonders geeignet, den über die reine Wissensvermittlung hinausgehenden Intentionen des Rahmenlehrplans gerecht zu werden (Stichworte: Kompetenzentwicklung, Vernetzung). Ähnliches gilt für die Sonderseiten der Rubriken „Historisches“, „Gesundheit“, „Projekt“, „Unser Thema“.

Terme und Gleichungen

Das Gleichheitszeichen = trennt in der Mathematik zwei in ihrem Wert identische Ausdrücke.
In der antiken und mittelalterlichen Mathematik wurde die Gleichheit zweier Ausdrücke noch wörtlich (z. B. »est egale« für »ist gleich«) hingeschrieben. Descartes (1596-1650) kürzte dies etwa durch ein um 180° gedrehtes æ (lat. »aequalis«) ab. Als Begründer des modernen Gleichheitszeichens gilt der walisische Mathematiker Robert Recorde (1510-1558) mit seiner Schrift „The Whetstone of Witte“ (1557).

The whetstone
of witte,
whiche is the seconde parte of
Arithmetike: containyng thextraction of Rootes: The Cossike practise,
with the rule of Equation: and
the woorkes of Surde
Nombers.

...h many stones doe beare greate price,
...stone is for exersice
...full, and in woorke as straunge:
...ges and harde it will so chaunge,
...e them sharpe, to right good vse:
...men knowe, thei can not chuse,
...hic helpe: yet as men see,
...arpenesse semeth in it to bee.
...be grounde of artes did brede this stone:
...is vse is greate, and moare then one.
Here if you list your wittes to whette,
Moche sharpenesse therby shall you gette.
Dulle wittes hereby doe greately mende,
Sharpe wittes are fined to their fulle ende.
Now proue, and praise, as you doe finde,
And to your self be not vnkinde.

These Bookes are to bee solde, at
the Weste doore of Poules,
by Jhon Kyngstone.

Variablen und Terme

1

Wie alt wurde der griechische Mathematiker Diophantos von Alexandria?

HIER DAS GRABMAL DECKT DIOPHANTOS. SCHAUT DAS WUNDER.
DURCH DES ENTSCHLAFENEN KUNST LEHRET SEIN ALTER DER STEIN.
KNABE ZU SEIN GEWAEHRTE IHM GOTT EIN SECHSTEL SEINES LEBENS.
NOCH EIN ZWOELFTEL DAZU, SPROSS AUF DER WANGE DER BART.
DAZU EIN SIEBENTEL NOCH, DA SCHLOSS ER DAS BUENDNIS DER EHE.
NACH FUENF JAHREN ENTSPRANG AUS DER VERBINDUNG EIN SOHN.
WEHE, DAS KIND, DAS VIELGELIEBTE, DIE HAELFTE DER JAHRE
HATT' ES DES VATERS ERREICHT, ALS ES DEM SCHICKSAL ERLAG.
DRAUF VIER JAHRE HINDURCH DURCH DER GROESSEN BETRACHTUNG
DEN KUMMER VERSCHEUCHEND AUCH ER KAM AN DAS IRDISCHE ZIEL.

2

Vergleiche miteinander.

a) $\blacksquare \cdot 3 = 6$ $\quad a \cdot 3 = 6$ $\quad$ Das Dreifache einer Zahl ist 6; wie groß ist die Zahl?

b) Für jede Zahl a gilt $a - 0 = a$. Subtrahiert man von einer beliebigen Zahl die Zahl 0, so erhält man als Differenz diese Zahl.

3

Für welches Rechenzeichen steht ●, wenn eine wahre Aussage entstehen soll?

a) $\frac{1}{2} \bullet \frac{1}{2} = 0{,}25$ $\qquad$ **b)** $\frac{1}{3} \bullet \frac{1}{6} = \frac{1}{2}$ $\qquad$ **c)** $(-4) \bullet \frac{4}{3} = -3$

WISSEN

Unter einer **Variable** versteht man ein beliebiges Zeichen (oder eine Bezeichnung), für das jedes beliebige andere Zeichen *aus einem vorgegebenen Bereich* – der **Grundmenge** – eingesetzt werden kann. Eine Variable ist also ein Platzhalter für ein anderes Zeichen, welches in der Regel eine Zahl oder eine Größe aus einer gegebenen Menge von Zahlen oder Größen beschreibt.

Durch sinnvolle Zusammensetzungen von Zeichen für Zahlen, Größen und Operationen werden **Terme** gebildet. Um festzulegen, in welcher Reihenfolge die Operationen auszuführen sind, können Klammern gesetzt werden.

Mithilfe von Termen können viele sowohl mathematische als auch außermathematische Zusammenhänge übersichtlich dargestellt werden, die mit Worten nur sehr umständlich ausgedrückt werden könnten.

WUSSTEST DU SCHON?
Das Wort *Variable* stammt aus dem Lateinischen und bedeutet „veränderliche Größe". Im Sinne von „veränderlich" begegnet uns das Wort „variabel" auch in der Umgangssprache, z. B.: variabler Zinssatz; variable Raumaufteilung …

BEISPIEL

Beispiele für Terme: $-7{,}5$ $\quad |-3{,}42|$ $\quad \frac{7}{8}$ $\quad \sqrt{8}$ $\quad \left(-\frac{1}{2}\right)^2$

$4 + 7 - 9$ $\quad 3 \cdot (a + b)$ $\quad 7 \cdot x$ $\quad 3\,°\text{C}$ $\quad (4 - a) \cdot (7 + b)$

Keine Terme sind z. B.: $(4 +$ $\quad 3 + 5 < 9$ $\quad -7 \cdot$ $\quad P = W/t$

4

Welche Ausdrücke sind keine Terme?

a) $a + b + c$ **b)** $a \cdot b < b \cdot a$ **c)** $\sqrt{a^2}$ **d)** $a - 4{,}2 \cdot$
e) $a + (b + c)$ **f)** $\sqrt{4}$ **g)** $\sqrt{a^2} = a$ **h)** $(-3\,(a + x)$

5[L]

Schreibe in Termform.

a) Addiere die Summe zweier Zahlen und deren Produkt.
b) Dividiere die Differenz zweier Zahlen durch deren Summe.
c) Subtrahiere den Quotienten zweier Zahlen von deren Produkt.
d) Addiere das Quadrat der Differenz zweier Zahlen zu deren Quotienten.

BEISPIEL
zu Aufgabe 5:
„Multipliziere die Summe von x und 17 mit der Differenz von x und 32."
Als Term geschrieben ist das $(x + 17)\,(x - 32)$.

6

a) Verfünffache die Monatszahl deines Geburtstages. Addiere dazu die Zahl 30 und multipliziere das Ergebnis mit 20. Addiere dann die Tageszahl deines Geburtstags und subtrahiere 600. Aus dem Ergebnis kannst du dein Geburtsdatum ablesen.
b) Erkläre, warum auf diese Weise stets das Geburtsdatum „erraten" werden kann. Wähle dazu für Monats- und Tageszahl Variablen und stelle einen Term auf.
c) Erfinde weitere Rechnungen, mit denen das Geburtsdatum „erraten" werden kann.

BEACHTE
Bei Termen wie $7 \cdot x$, $a \cdot (d - e)$, $x \cdot y$ wird häufig das Multiplikationszeichen weggelassen.
Man schreibt kürzer $7x$, $a(d - e)$; xy.

7[L]

a) Petras Eltern sind zusammen m Jahre alt. Der Vater ist 4 Jahre älter als die Mutter. Welcher Term gibt das Alter der Mutter an?

$(m : 2) + 4$ $(m - 4) : 2$ $(m : 2) - 4$ $(m + 4) : 2$

b) Sabine und Steffen haben zusammen 242,60 € gespart. Sabine hat 21,40 € weniger als das Dreifache von Steffens Ersparnis. Welcher Term beschreibt die Sparsumme von Sabine, welcher die von Steffen?

$(242{,}60 - 21{,}40) : 3$ $(242{,}60 - 21{,}40) : 4$ $(242{,}60 + 21{,}40) : 4$
$((242{,}60 + 21{,}40) : 4) \cdot 3 - 21{,}40$ $((242{,}60 - 21{,}40) : 4) \cdot 3 - 21{,}40$

c) An der Universität in M-Stadt gibt es sechsmal so viele Studenten (S) wie Professoren (P). Durch welchen Term wird die Anzahl der Professoren bzw. die der Studenten beschrieben?

$6S$ $6P$ $\frac{1}{6}S$ $\frac{1}{6}P$ $P : 6$ $S : 6$

d) Vor 6 Jahren war Tanja halb so alt wie ihr Bruder. Welcher Term gibt das Alter von Tanja an, wenn das damalige Alter des Bruders mit a bezeichnet wird?

$\frac{1}{2}a + 3$ $a + 6$ $a + 3$ $\frac{1}{2}a + 6$

HINWEIS
Variablen findet man oft in der Mathematik, u. a. in der Geometrie, aber auch in anderen Wissenschaften, z. B. in der Physik.
Hier haben sich ganz bestimmte Bezeichnungen herausgebildet.
In der Geometrie z. B.: für Punkte $A, B, C \ldots$; für Winkelgrößen $\alpha, \beta, \gamma \ldots$; für den Flächeninhalt A.
In der Physik: für die Geschwindigkeit v; für den Ohmschen Widerstand R usw.

8

Was wird durch den angegebenen Term bezeichnet?

a) 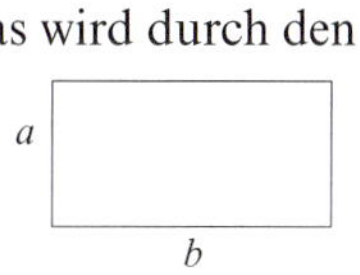

$2(a + b)$

b) 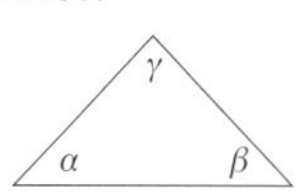

$180° - (\alpha + \beta)$

c) 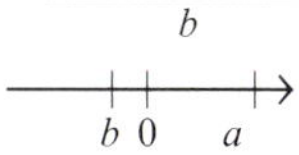

$|b - a|$

d) 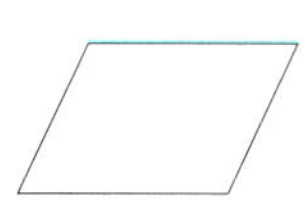
$\frac{u}{4}$ (u … Umfang)

9

Beschreibe die gesuchten Größen mithilfe eines Terms.

a) Peter kauft für sich und seinen Vater Konzertkarten. Die Karte für Jugendliche bis 16 Jahre kostet 6 € weniger als die für Erwachsene. Er bezahlt insgesamt 38,50 €. Wie viel kostet jede Karte?

b) Sandys 20jähriger Cousin wiegt 110 kg. Er macht eine Diät und nimmt in der ersten Woche 2,5 kg ab. Wie viel wiegt er nach 20 Wochen?

c) Multipliziere eine beliebige dreistellige Zahl der Reihe nach mit 7, 11 und 13.

d) Gib alle fünfstelligen Zahlen an, die an der Hunderterstelle eine 3 haben.

10

Welcher Sachverhalt aus dem Alltag, aus der Geometrie oder aus der Physik könnte durch folgenden Term beschrieben werden? Gib mehrere Möglichkeiten an.

a) $2a + 3b$ **b)** ab **c)** $(x+2)(y+3)$ **d)** $\frac{(a+b)}{2} \cdot h$ **e)** $\frac{x}{y}$

BEISPIELE
für Sachverhalte zum Term $2x + 2y$
Alltag:
Familie mit zwei Kindern fährt Bahn, x ist der Fahrpreis für Erwachsene, y der Fahrpreis für Kinder.
Geometrie:
Umfang eines Rechtecks mit den Seitenlängen x und y
Physik:
Ein Gewichtheber stemmt eine Hantel. Auf jeder Seite ist ein Gewicht x. Er lässt auf jeder Seite noch ein Gewicht y nachlegen.

11

Es sei n eine beliebige natürliche Zahl. Dann werden durch die Terme $2n$ und $2n + 1$ wieder natürliche Zahlen beschrieben. Alle natürlichen Zahlen des „Typs" $2n$ bzw. des „Typs" $2n + 1$ haben eine bestimmte Eigenschaft (wie z. B. dreistellig zu sein, gerade zu sein, größer als 10 zu sein, durch 3 teilbar zu sein …) gemeinsam. Welche?

12ᴸ

Beschreibe durch geeignete Terme

a) die Summe von 4 aufeinanderfolgenden natürlichen Zahlen,

b) das Produkt aus einer natürlichen Zahl und ihrem Nachfolger,

c) das Quadrat einer ungeraden Zahl.

BEISPIEL

Durch den Term $4n + 1$ werden die Elemente der Menge $\{1, 5, 9, \ldots\}$ beschrieben, wenn n die Menge der natürlichen Zahlen durchläuft.
Man schreibt: $\{4n + 1 \mid n \in \mathbb{N}\}$ und spricht auch von einer Folge.

ZUM KNOBELN
Welche Figur muss jeweils für die Variable □ eingefügt werden, damit die Figurenfolge logisch richtig fortgesetzt wird?

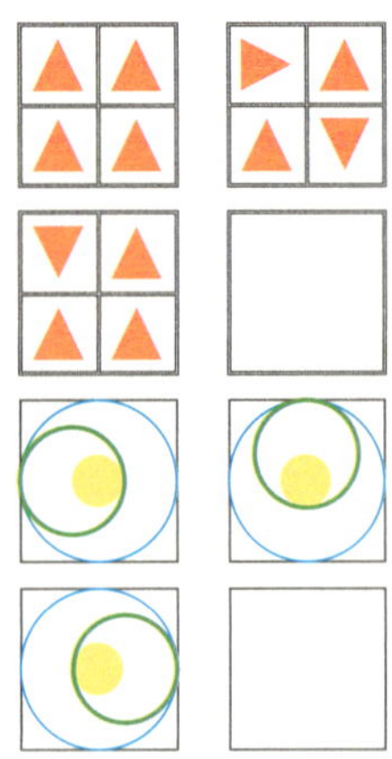

13ᴸ

Beschreibe die Menge jeweils durch einen Term (vgl. obiges Beispiel).

a) Die Menge der ungeraden Zahlen $\{1; 3; 5; 7; \ldots\}$

b) Die Menge der Quadratzahlen $\{1; 4; 9; 16; \ldots\}$

c) Die Menge $\{1; 5; 10; 16; 23; \ldots\}$

Gib für jede Menge das 5., 12. und 23. Element an.

14

Formuliere folgende Rechengesetze mithilfe von Variablen.

a) Multipliziert man eine beliebige natürliche Zahl mit 0, so erhält man 0.

b) Addiert man eine rationale Zahl und ihre Gegenzahl, erhält man 0.

c) Multipliziert man eine gebrochene Zahl (außer 0) mit der zu ihr reziproken Zahl, so erhält man 1.

WISSEN

Variablen für Zahlen treten auch in den uns bekannten Rechengesetzen auf. Es handelt sich dabei um Aussagen über natürliche, gebrochene bzw. rationale Zahlen.

Kommutativgesetz
- der Addition: Für alle rationalen Zahlen a, b gilt: $a + b = b + a$
- der Multiplikation: Für alle rationalen Zahlen a, b gilt: $a \cdot b = b \cdot a$

Assoziativgesetz
- der Addition: Für alle rationalen Zahlen a, b, c gilt: $(a + b) + c = a + (b + c) = a + b + c$
- der Multiplikation: Für alle rationalen Zahlen a, b, c gilt: $(a \cdot b) \cdot c = a \cdot (b \cdot c) = a \cdot b \cdot c$

Distributivgesetz
Für alle rationalen Zahlen a, b, c gilt: $(a + b) \cdot c = a \cdot c + b \cdot c$

ZUR ERINNERUNG
Aussageformen wie z. B. $3x = 6$ werden durch Belegung der Variablen zu Aussagen. Für $x = 2$ entsteht für das Beispiel eine wahre, für $x = 5$ eine falsche Aussage …

15

Die vierstellige Zahl 2713 kann mithilfe von Zehnerpotenzen so dargestellt werden:
$2713 = 2 \cdot 1000 + 7 \cdot 100 + 1 \cdot 10 + 3 \cdot 1 = 2 \cdot 10^3 + 7 \cdot 10^2 + 1 \cdot 10^1 + 3 \cdot 10^0$.
Verallgemeinere diese Darstellung mithilfe von Variablen zu einer Darstellung einer beliebigen *vierstelligen* natürlichen Zahl.
Welche Werte können dabei für die Variablen eingesetzt werden? Achte insbesondere darauf, ob eine oder mehrere der Variablen den Wert 0 nicht annehmen dürfen.

16

a) Gib eine Darstellung einer beliebigen fünfstelligen, sechsstelligen und zehnstelligen natürlichen Zahl an.
Welche Werte können für die einzelnen Stellen-Variablen eingesetzt werden?

b) Gib die Darstellung einer beliebigen zweistelligen Zahl an. Vertausche die Zehner- und die Einerstelle. Wie äußert sich das Vertauschen im Term?

AUFGABEN ZUR WIEDERHOLUNG

1. 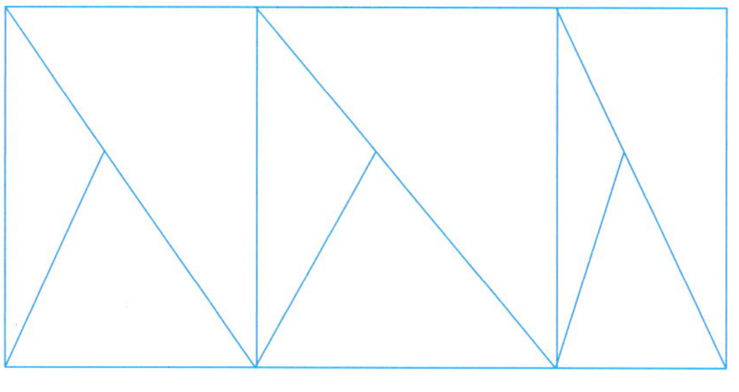

Wie viele spitzwinklige, rechtwinklige bzw. stumpfwinklige Dreiecke verstecken sich hier?

2. Ein Dreieck hat folgende Innenwinkel.
Wie groß ist jeweils der fehlende dritte Winkel?
a) $\alpha = 50°$; $\beta = 30°$ **b)** $\alpha = 37°$; $\beta = 78°$
c) $\alpha = 15°$; $\gamma = 85°$ **d)** $\gamma = 25{,}4°$; $\beta = 79{,}2°$
e) $\beta = 110°$; $\gamma = 25°$ **f)** $\alpha = 133{,}5°$; $\gamma = 90°$
g) $\alpha = 29°$; $\gamma = 129°$ **h)** $\alpha = 45°$; $\beta = 45°$

3. Berechne alle drei Innenwinkel des Dreiecks.
a) $\alpha + \beta + \gamma + \beta = 110° + \alpha$; $\gamma = 70° + \beta$
b) $\alpha = \gamma - 45°$; $\alpha = \beta$
c) $\alpha = \beta - 40°$; $\gamma = 65° + \alpha$
d) $\beta = \alpha + 15°$; $\alpha = \gamma - 66°$

4. Berechne die farbig gekennzeichneten Winkel.

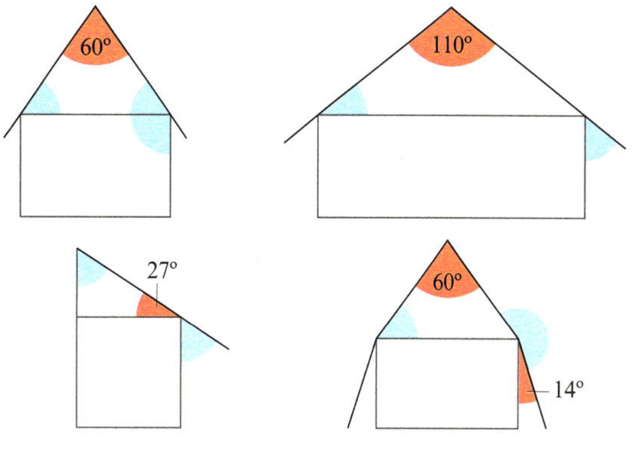

Struktur von Termen; Termwertberechnungen

1

Übertrage die folgende Tabelle in dein Heft und fülle sie aus. Überlege, wie du die „Rechenanweisungen“ in der Tabelle mit Worten ausdrücken kannst.

a	b	$a \cdot b$	$a^2 : b$	$\sqrt{b-a}$	$\lvert a^2 - b^2 \rvert$	$\frac{a}{b}$	$\frac{a+b}{a-b}$
1,5	4,5						
21	−12						
−3,8	11,7						

2

Setze a und b in den Term $a \cdot b$ ein und berechne das Ergebnis. Was fällt dir auf?

a) $a = 2\text{ cm},\ b = 3{,}5\text{ cm}$
b) $a = 24\text{ cm}^2,\ b = 4{,}5\text{ cm}$
c) $a = 12\text{ m}^3,\ b = 8{,}20\frac{€}{\text{m}^3}$
d) $a = 6,\ b = 1{,}99\,€$

Gib für jede Aufgabenstellung eine passende Formulierung mit Worten an.

HINWEIS

$8{,}20\frac{€}{\text{m}^3}$ bedeutet, dass 8,20 € pro m^3 zu bezahlen sind.

WISSEN

Um den Wert eines Terms zu berechnen, muss man wissen, welches die **Grundmenge** ist. Der Wert eines Terms kann zur selben Grundmenge gehören wie die Werte der eingesetzten Variablen, muss es aber nicht. Zum Beispiel ist das Produkt zweier Längen keine Länge, sondern ein Flächeninhalt.

3

a) Zu welcher Grundmenge gehört der Wert des Terms, wenn die Variablen aus der angegebenen Grundmenge stammen?

Term	Grundmenge
$a \cdot b$	natürliche Zahlen – Längen – gebrochene Zahlen
$a : b$	gebrochene Zahlen – Längen – rationale Zahlen
$\sqrt{a}$	natürliche Zahlen – nicht negative rationale Zahlen

b) Die Grundmenge sei die Menge der natürlichen Zahlen. Gib jeweils eine Bedingung an, dass $a - b$ bzw. $a : b$ wieder eine natürliche Zahl ist.

WUSSTEST DU SCHON?

Beim Programmieren von Computern werden auch Grundmengen festgelegt. Typ „integer“ bedeutet z. B., dass für eine derartige Variable nur ganze Zahlen eingesetzt werden dürfen, wogegen für eine Variable vom Typ „real“ rationale Zahlen eingesetzt werden können (z. B. rationale Näherungen von reellen Zahlen).

4

Übertrage die Tabelle in dein Heft und berechne den Wert der angegebenen Terme.

a	b	$\frac{a}{b}$	$a + b^2$	$(a-b)^2$	$a : (b-a)$
2	4				
−1	$\frac{2}{3}$				
1,5	−2,5				

5

Berechne jeweils den Wert der Terme $xy + yx$; $\frac{x+y}{x \cdot y}$; $|x - (y + z)|$ und $(x - y)^2$.

a) $x = 2$; $y = 4$; $z = 8$;
b) $x = 0{,}85$; $y = 2{,}4$; $z = -0{,}09$
c) $x = 0{,}5$; $y = 6$; $z = 5{,}7$
d) $x = 1024$; $y = 14$; $z = 109$

BEACHTE
In Aufgabe 6 steht s für den zurückgelegten Weg (z. B. $s = 500$ m) und s für die Maßeinheit Sekunde (z. B. $t = 30$ s).

6[L]

Setze s und t jeweils in den Term $\frac{s}{t}$ ein. Was wird mithilfe dieses Terms berechnet? Gib die berechnete Größe in der üblichen Maßeinheit an.

a) $s = 500$ m, $t = 30$ s
b) $s = 80$ cm, $t = 1{,}2$ s
c) $s = 7{,}5$ km, $t = 3$ min
d) $s = 0{,}42$ km, $t = 30$ s

7

Übertrage die Tabelle in dein Heft und berechne jeweils den Wert der Terme.

x	y	z	$xy - (z - y)$	$xy + y - z$
2	3	5		
−3	−5	−2		
2,5	0	3,6		

WISSEN

Wie beim Rechnen mit Zahlen gilt auch bei Termen: Was in Klammern steht, wird zuerst berechnet, und Punktrechnung geht vor Strichrechnung. Man kann z. B. statt $(a \cdot b) + c$ einfach $a \cdot b + c$ schreiben.
Diejenige Rechenoperation, die zuletzt ausgeführt wird, bestimmt die **Struktur eines Terms**. Unter anderem können folgende Termstrukturen unterschieden werden: Summe und Differenz, Produkt und Quotient, Potenz und Wurzel. Zum Beispiel hat der Term $a \cdot b + c$ die Struktur einer Summe.

Terme mit Quotientenstruktur werden häufig als **Bruchterme** geschrieben.

Zum Beispiel schreibt man anstelle von $(2\sqrt{x-7}) : (x^2 + 1)$ oft $\frac{2\sqrt{x-7}}{x^2+1}$.

Der Bruchstrich macht Klammern um Zähler oder Nenner überflüssig.

BEISPIEL

Der Term $(2a - 4b) \cdot 7$ ist ein Produkt, denn zum Schluss wird multipliziert.

Im Rechenbaum kann man die letzte Operation gut erkennen.

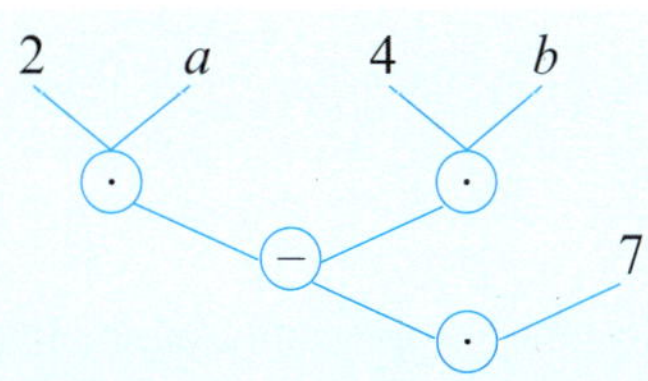

8

Welche Struktur haben die folgenden Terme?

a) $24a + 7b$ **b)** $(x - 12y) : 12$ **c)** $\frac{a+b}{ab}$ **d)** $6\left(a - \frac{1}{2}b\right)$ **e)** $7a - (4b - 2c)$

9

Zeichne zu folgenden Termen Rechenbäume auf.

a) $(3-4x)\cdot(2y+4)$ **b)** $\left(7a-\frac{4}{3}b\right)^2$ **c)** $4a-7b$

d) $(12-7(3+y)):a$ **e)** $(5\cdot(a-2b+7c))+11$ **f)** $(7b-3a):(2{,}1a-9{,}7b)$

10

Welche Struktur haben folgende Terme?
Schreibe zu jedem Rechenbaum zwei passende Terme auf.

a)

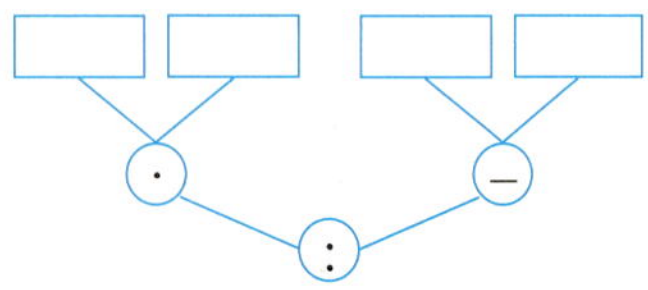

b)

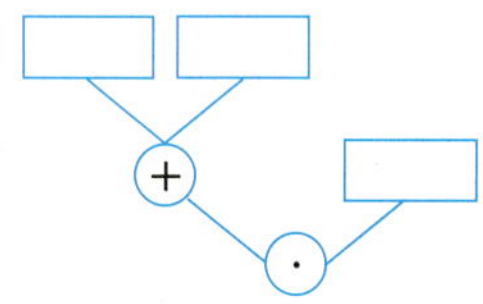

c)

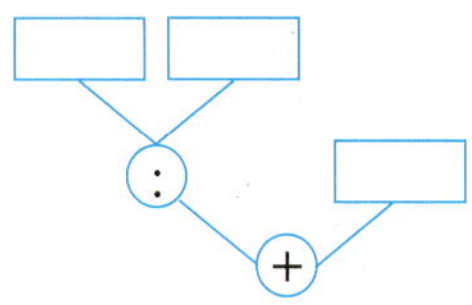

d)

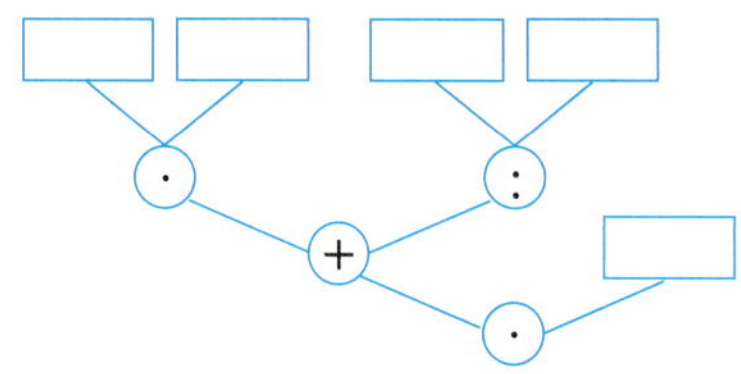

e)

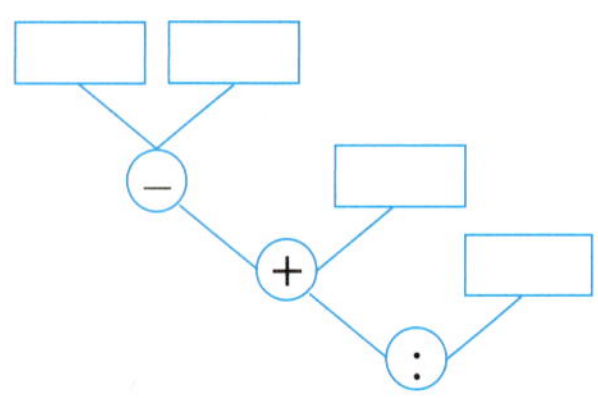

f)

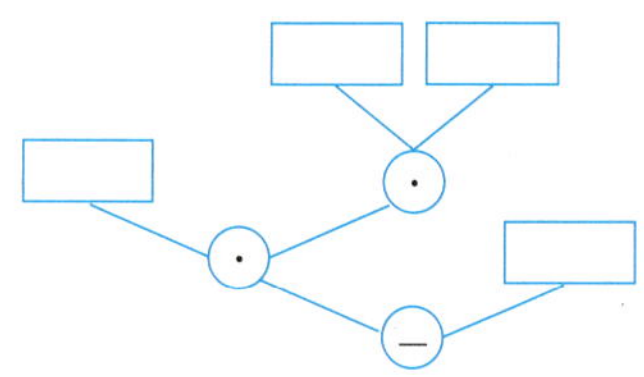

11

Ordne jedem Term seine Struktur zu.

a) $3\left(\frac{4}{7}x+\frac{1}{2}y\right)^2-(12x+0{,}6y)^2$ **b)** $(17a+12b-13c)\cdot(4a+b)$

c) $7(47x^2-5y)+2b$ **d)** $((4a+2b)^2-11)^2$ **e)** $(2\sqrt{x}-7):(x^2+1)$

12

Welche Struktur hat der Term? Berechne den Wert des Terms im Kopf.

a) $7+5\cdot 7-8$ **b)** $4(12-7{,}5)+2$ **c)** 2^3+3^3

d) $\frac{3}{2}\left(\frac{4}{9}-\frac{1}{3}\right)^2$ **e)** $24+3\cdot 5-6\cdot 4$ **f)** $((3^3-9)+7)^2$

13

Welche Terme werden hier mithilfe eines programmierbaren Taschenrechners berechnet?

a) [( ] [3] [÷] [2] [×] [X] [−] [2] [÷] [3] [×] [Y] [ )] [÷] [( ] [1] [÷] [X] [+] [3] [÷] [4] [×] [Y] [ )] [EXE]

b) [( ] [X] [+/–] [×] [7] [−] [2] [.] [3] [×] [Y] [ )] [x²] [+] [7] [×] [X] [÷] [3] [.] [5] [×] [Y] [EXE]

c) [3] [÷] [5] [×] [X] [×] [Y] [÷] [( ] [0] [.] [9] [×] [X] [x²] [−] [1] [.] [7] [×] [Y] [ )] [x²] [EXE]

Berechne jeweils die Termwerte für $X=-12{,}8$ und $Y=32{,}9$.

ZUM KNOBELN
(Variablen einmal anders)

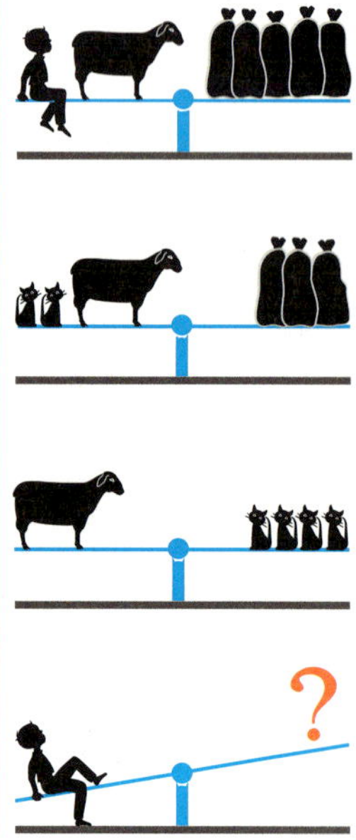

BEISPIEL

Der Wert des Terms $\frac{(2x+4)^2}{x-y}$ soll berechnet werden für

a) $x = 14{,}81,\ y = 7{,}42$ und für **b)** $x = -1\,023,\ y = 99{,}75.$

Zunächst wird der Term schrittweise unter Berücksichtigung der ersten Variablenbelegung eingegeben. Dabei sind, wenn notwendig, Klammern zu setzen.

[(] [2] [×] [1] [4] [.] [8] [1] [+] [4] [)] [x²] [÷] [(] [1] [4] [.] [8] [1] [−]
[7] [.] [4] [2] [)] [EXE]

Es erscheint als Ergebnis 152,950 527 7. Da beide Ausgangszahlen zwei Stellen nach dem Komma hatten, runden wir auf 152,95.

Zum Lösen der Teilaufgabe b) muss nun nur die Variablenbelegung verändert werden. Man geht dazu mit dem Cursor an die entsprechenden Stellen und gibt die neue Variablenbelegung ein. Ziffern, die noch von der alten Belegung stammen, können mit [DEL] gelöscht werden.

Als Ergebnis erhalten wir so für b) –3 713,884 658 und runden auf –3 713,88.

HINWEIS
Taschenrechnerergebnisse werden in der Regel so gerundet, dass sie nicht mehr Dezimalstellen nach dem Komma haben als der Eingabewert mit der geringsten Anzahl von Stellen nach dem Komma.

14

Berechne mit dem Taschenrechner jeweils den Wert des Terms $\frac{(2{,}7x-3{,}8)^2}{y-2x}$.

a) $x = 9{,}08,\ y = 41{,}7$ **b)** $x = -0{,}94,\ y = -0{,}87$ **c)** $x = -4{,}92,\ y = 27{,}4$
d) $x = 2\,345,\ y = -987$ **e)** $x = 0,\ y = 7{,}5$ **f)** $x = 14{,}8,\ y = 0$

METHODE

Computer-Algebrasysteme (CAS) helfen bei der Auswertung von Termen

Soll der Wert eines oder gar mehrerer Terme für verschiedene Belegungen der Variablen berechnet werden, so wird ein Mangel eines einfachen Taschenrechners deutlich: Man muss immer wieder dieselbe Folge von Rechenanweisungen mit wechselnden Variablenwerten eingeben.
In solchen Fällen ist ein **programmierbarer Taschenrechner** oder ein Computer, auf dem ein **Computer-Algebrasystem** läuft, hilfreich.
Bei der – lediglich einmal durchzuführenden – Programmerstellung wird nur die Folge der Rechenanweisungen eingegeben, wobei anstelle konkreter Variablenwerte die Variablen selbst als Zahlenspeicher unter Bezeichnungen wie z. B. *X* und *Y* berücksichtigt werden.
Bei dem – beliebig oft wiederholbaren – Programmablauf muss man nur noch die aktuellen Werte für die Variablen eingeben, um sofort das Ergebnis zu erhalten.
Für Termwertberechnungen kann auch eine **Tabellenkalkulation** nützlich sein. Sollen auch Termumformungen unter Beibehaltung bestimmter Variablen durchgeführt werden, ist ein CAS notwendig.
Von Taschenrechner zu Taschenrechner und auch zwischen verschiedenen Computer-Algebrasystemen kann es deutliche Unterschiede geben, wie man den zu berechnenden Term und die Variablenbelegungen einzugeben hat, welcher Befehl die Auswertung des Terms veranlasst und wie die Darstellung im Display oder am Bildschirm aussieht. Arbeite dich in ein geeignetes, dir zur Verfügung stehendes System ein.

Programmierbarer Taschenrechner

BEISPIEL

Wir berechnen für $a = -0{,}03$, $b = 29{,}27$, $c = -11{,}08$ die Werte der Terme $\frac{a-b}{c}$ und $\frac{(a+c)^2}{2b}$.

Sollen für eine Variablenbelegung die Werte verschiedener Terme berechnet werden, so ist es sinnvoll, die Variablenbelegung abzuspeichern und beim Berechnen des jeweiligen Termwerts aus dem Speicher abzurufen.

Speichern der Variablenbelegungen:

$-0{,}03 \rightarrow$ [ALPHA] [A] [EXE]

$29{,}27 \rightarrow$ [ALPHA] [B] [EXE]

$-11{,}08 \rightarrow$ [ALPHA] [C] [EXE]

Berechnung des Werts des ersten Terms:

[(] [ALPHA] [A] [−] [ALPHA] [B] [)] [÷] [ALPHA] [C] [EXE]

Als Ergebnis erscheint 2,644 404 332; wir runden auf 2,64.

Berechnung des Werts des zweiten Terms:

[(] [ALPHA] [A] [+] [ALPHA] [C] [)] [x²] [÷] [2] [÷] [ALPHA] [B] [EXE]

Als Ergebnis erscheint 2,108 508 712; wir runden auf 2,11.

TIPP
Auch bei Termwertberechnungen mit dem Taschenrechner sollte an einen Überschlag gedacht werden, um z. B. Eingabefehler zu erkennen.

15

Berechne mit den Variablenbelegungen aus dem letzten Beispiel die Werte folgender Terme.

a) $a\,b\,c$ **b)** $(a-b)(c+b)$ **c)** $(2a+7b) : \left(\frac{c}{2-b}\right)$

16

Berechne für $d = -0{,}734$, $e = 84{,}9$, $f = -35{,}7$, $g = 0{,}907$ die Werte der Terme.

a) $(d+e)(f+g)$ **b)** $(d-e) : f$ **c)** $(g-e+f)^2$

d) $\frac{4(f-g)}{(e-d)^2}$ **e)** $\frac{1}{2}(f+e) - \frac{2}{3}(e-f)$ **f)** $\frac{d+e+f}{d\,e\,f}$

g) $\frac{d\,e\,f}{d+e+f}$ **h)** $\frac{d^2(e-f)}{2g}$ **i)** $(d+e+f)^2 - g$

17

Berechne den Prozentsatz p für folgende Grundwerte G und Prozentwerte W.

a) $G = 476$, $W = 312$ **b)** $G = 12{,}9$, $W = 9{,}9$

c) $G = 125{,}50$ €, $W = 114{,}30$ € **d)** $G = 152$ km, $W = 208$ km

e) $G = 751$, $W = 743$ **f)** $G = 970$, $W = 1048$

18

a) Gib für jede Figur in der Randspalte einen Term an, mit dem der entsprechende Umfang berechnet werden kann.
Findest du verschiedene Möglichkeiten?

b) Schreibe für jede Figur ein kleines Programm für deinen Taschenrechner, mit dem du für verschiedene Belegungen der auftretenden Variablen den Umfang berechnen kannst.

(1)

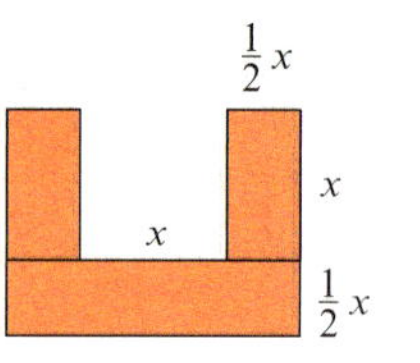

(2)

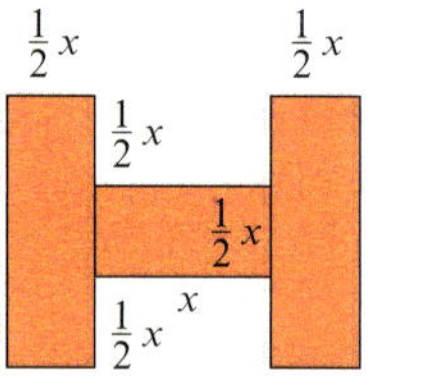

(3)

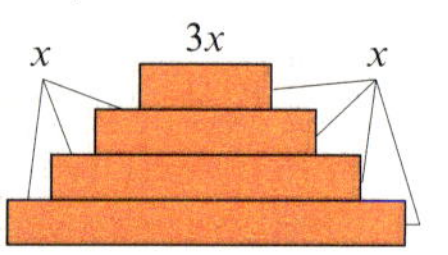

(4)

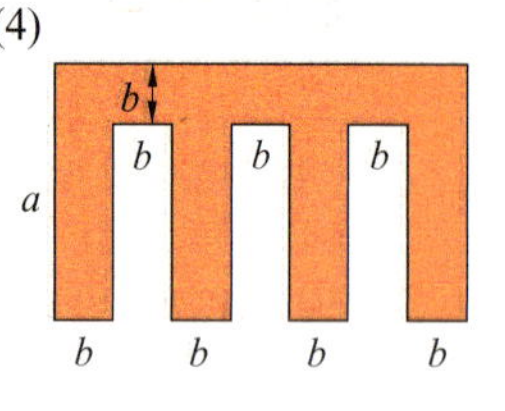

Addition und Subtraktion von Termen

1

Lichterkette an einem amerikanischen Haus

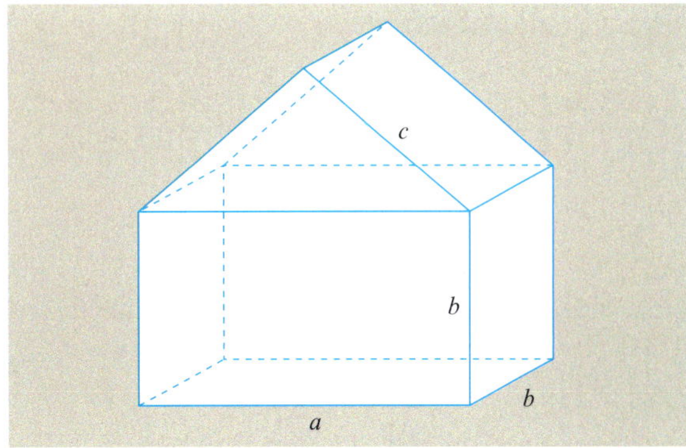

Peters Schwester ist Austauschschülerin in den USA. Vor den Feiertagen schickt sie Fotos von den Weihnachtsdekorationen ihrer amerikanischen Gastfamilie. Peter ist von der langen Lichterkette beeindruckt, die um das gesamte Haus gelegt wurde. An dem abgebildeten Modellhaus sollen die markierten Kanten mit Lichterketten versehen werden. Notiere einen Term, mit dem man die Länge einer solchen Lichterkette ermitteln kann.

2

Gegeben sind die Netze zweier Körper.

a) Welche Körper können aus diesen Netzen gebaut werden?

b) Stelle je eine Formel auf, mit der die Gesamtlänge der Körperkanten berechnet werden kann.

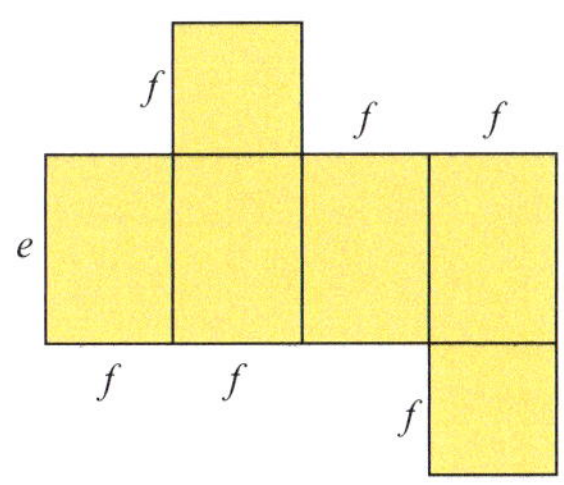

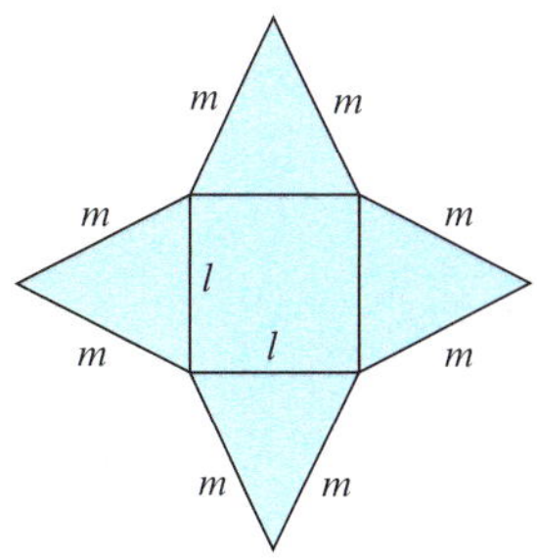

BEISPIEL

Die Gesamtlänge l der Kanten des dargestellten Körpers beträgt:

$l = \underline{4x} + \underline{8y} + \underline{6x}.$

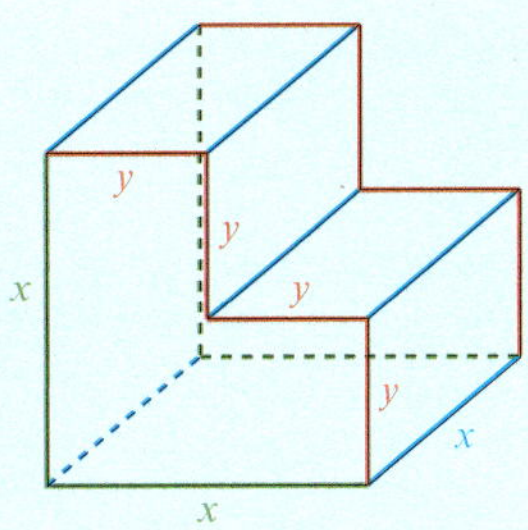

Die beiden äußeren Glieder der Summe unterscheiden sich nur in den Faktoren vor den Variablen (**Koeffizienten**), nicht aber in der Variablen selbst; es sind gleichartige Glieder.

Gleichartige Glieder kann man zusammenfassen:

$l = 4x + 6x + 8y$	Ordnen der Glieder nach den Variablen (Kommutativgesetz der Addition)
$l = (4 + 6)\,x + 8y$	Addieren gleichartiger Glieder, indem man ihre Koeffizienten addiert. (Distributivgesetz)
$l = 10x + 8y$	Ergebnis: vereinfachter Term

HINWEIS

Nur gleichartige Glieder kann man zusammenfassen (addieren oder subtrahieren).

4 Äpfel ($4a$) und 3 Birnen ($3b$) sind zwar ein „vitaminreicher Obstkorb“, aber z. B. gilt in den meisten Fällen $4a + 3b \neq 7a$ und $4a + 3b \neq 7ab$.

WISSEN

Gleichartige Glieder können bei Addition bzw. Subtraktion zusammengefasst werden. Dabei werden jeweils die Koeffizienten addiert bzw. subtrahiert.

BEISPIELE

$12{,}3\,ab + 0{,}49\,ac + 0{,}8\,ab$
$= 12{,}3\,ab + 0{,}8\,ab + 0{,}49\,ac$
$= 13{,}1\,ab + 0{,}49\,ac$

$9x - 18y - 2{,}5x + 14y$
$= 9x - 2{,}5x + 14y - 18y$
$= 6{,}5x - 4y$

BEACHTE

Wird die Struktur von Termen verändert, z. B. durch Zusammenfassen, Ausklammern oder Kürzen, so darf sich ihr Wert nicht verändern. Alter und neuer Term müssen **einsetzungsgleich** sein, d. h. bei einer vorgegebenen Variablenbelegung müssen die Werte der Terme gleich sein.
Z. B. sind die Terme $2a - (a - b)$ und $2a - a - b$ nicht einsetzungsgleich, denn
für $a = 3$ und $b = 2$ ist
$2a - (a - b)$
$= 2 \cdot 3 - (3 - 2)$
$= 6 - 1 = 5$
und
$2a - a - b$
$= 2 \cdot 3 - 3 - 2$
$= 1.$

3

Entscheide, welcher Term sich durch Zusammenfassen vereinfachen lässt.

a) $4b + 17b - 3b$ **b)** $a + 4a + 0{,}1a$ **c)** $0{,}2xy + 0{,}1yx$
d) $13abc - 7ab$ **e)** $17r - 17$ **f)** $9a^2 - 5a^2 + a^2$
g) $3pq - 3pq$ **h)** $4m^2n + mn^2$ **i)** $kl - 2lk - lk$

4

Zerlege jeden Term auf zwei Arten in eine Summe aus drei Summanden.

a) $25ab$ **b)** $0{,}02x$ **c)** $-2z$ **d)** $\frac{7}{10}opa$ **e)** $t + 1$ **f)** $-\frac{1}{7}xy^3$

5

Vereinfache die Terme.

a) $9c + 17c + c + 59c$
b) $\frac{1}{2}ab + 0{,}500\,ab - \frac{3}{4}ab$
c) $-98x^2 + 102x^2 - 73x^2$
d) $3{,}5t - t \cdot 7{,}5 + 15 - t$
e) $17xy^2 - 13xy^2 + xy^2 - 28{,}5\,x^2y$
f) $\frac{1}{10}s^2t + \frac{3}{1000}s^2t - 1{,}103\,s^2t$
g) $-31uv - 102uv - 13vu + 12uv$
h) $-u - v + u - 2v - 5w - v + w$

6

Vereinfache die folgenden Terme so weit wie möglich. Rechne geschickt. Gib die Rechengesetze an, die du dabei nutzt.

a) $27xy - 94xy + 95xy - 9xy$
b) $-25a + 68c - 14a + c - a$
c) $5lm^2 - 5lm + 50l^2m - 5m$
d) $-2{,}1r - 4{,}2s + 0{,}2r - 0{,}8s$
e) $t - 3 + 2k - 5t + 5 - 8t - k$
f) $\frac{2}{5}e - 3\frac{1}{5}f + 0{,}2e + 0{,}05f$
g) $\frac{p^2}{2} - 2 - 2q + \frac{1}{4}p^2 - \frac{q}{5}$
h) $\frac{1}{3}x - \frac{1}{4}y - \frac{1}{5}x + \frac{1}{6}y$
i) $\frac{4}{5}abc - 2\frac{3}{5}ab + 1{,}8ab - abc$
j) $0{,}4t^2 - 8{,}9k^2 - 0{,}3t^3 - 1{,}2k - 3$

7[L]

Fasse so weit wie möglich zusammen.

a) $\frac{3}{2}ab - \frac{2}{3}b + 2{,}5\,ab - \frac{3}{8}a + \frac{17}{3}b - 10{,}5\,ab - \frac{3}{32}a - \frac{5}{3}b$
b) $-0{,}3o - 0{,}3op - o - \frac{9}{10}o - 1{,}7op - 0{,}3 + 24{,}1\,op - 14{,}3p + 14{,}9$
c) $\frac{1}{3}kl - \frac{k^2}{4} + 2{,}25\,k^2 - \frac{5}{6}kl - 10{,}5\,k^2 + \frac{kl}{12} - kl + k^2 + 2\frac{1}{4}lk$
d) $1{,}1xy^2 - 1{,}1x^2y + 11{,}1xy^2 - 1{,}1\,xy - x^2y + 0{,}11xy^2 - 11xy + x^2y$

INFORMATION

Programmierbare Taschenrechner und Computer, auf denen entsprechende Programme (CAS) installiert sind, ermöglichen die automatische, maschinelle Umformung und Vereinfachung von Termen. Der spezielle Befehl, der die Vereinfachung eines Terms bewirkt, lautet meist: „expand“.
So führt z. B. die Eingabe expand ((–2x^4*y)^3 *(–x*y^6)) zum Ergebnis $8 \cdot x^{13} \cdot y^9$.

8

Ergänze die Terme so, dass bei jeder Variablenbelegung eine wahre Aussage entsteht.

a) $0{,}2\,a + \square = 0{,}1\,a - b + \square + 7\,b$ **b)** $20\,x = 17\,x - 23\,x - \square$

c) $\frac{1}{2}rs + \square - \square = -2\frac{1}{2}rs + 1{,}5\,r$ **d)** $3\frac{1}{3}e - \square = \square + e - \frac{1}{5}f$

9

Vereinfache zunächst und ermittle dann mit dem Taschenrechner den Termwert bei den Variablenbelegungen
(1) $x = 2{,}05;\ y = -3{,}7;\ z = 14{,}8,$ (2) $x = \frac{5}{7};\ y = 0{,}26;\ z = -3\frac{1}{3}$
und (3) $x = -0{,}0057;\ y = 3{,}01;\ z = -0{,}053.$

a) $-5\,x + 30{,}2 + 4\,y - 9{,}5\,z - 3{,}5\,y + 92{,}5\,x - 454{,}87 + 20{,}5\,z$

b) $34\frac{5}{7}z - \frac{1}{25}x + 30{,}56 + 200{,}17\,z - 23\frac{3}{4}x - 3{,}004\,y$

c) $2{,}1\,x - y + 0{,}021\,z - \frac{2}{21}y - z - x - \frac{21}{2}y + 0{,}21\,z - 21\,x$

10

Gegeben sind die Terme $2n + (10m - 9n) - (4m + 5)$ und $-7n + 6m - 5$.
Berechne die Termwerte bei der Variablenbelegung $n = 5$ und $m = -1$.
Vergleiche die ermittelten Werte der Terme und begründe das Ergebnis.

11

Vereinfache die Terme. Löse dafür zunächst die Klammern auf.

a) $\left(\frac{1}{2}xy + 2z\right) + \left(-z + \frac{3}{4}xy\right)$ **b)** $a + (b - c) - (a - b) + c$

BEISPIEL

Vereinfache den Term $7x + 3y + (5x - 11y)$.

$7x + 3y + (5x - 11y)$	
$= 7x + 3y + 5x - 11y$	Klammern, vor denen ein Pluszeichen steht, kann man weglassen (Assoziativgesetz der Addition)
$= 7x + 5x + 3y - 11y$	Ordnen der Glieder nach den Variablen
$= 12x - 8y$	Zusammenfassen gleichartiger Glieder

HINWEIS

Terme kann man oft auch grafisch veranschaulichen:

a) $a - (b + c)$

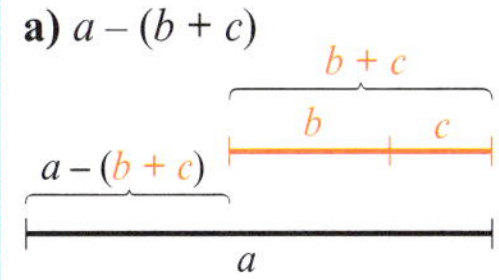

b) $a - b - c$

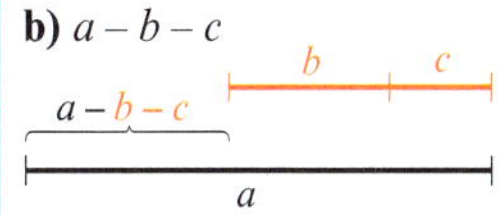

c) $a - b + c$

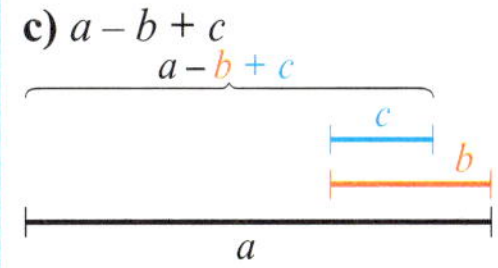

Man kann gut erkennen, dass gilt:
$a - (b + c) = a - b - c.$

12

Löse die Klammern auf und fasse zusammen.

a) $17\,a^2 + (13\,a^2 - 5\,a)$ **b)** $xy + (y - xy) - 14\,y$

c) $9 + (0{,}03\,a - 0{,}1\,b) - 19{,}5$ **d)** $(0{,}5\,l - 0{,}75\,m) + (-1{,}75\,m - 1{,}75\,l)$

BEISPIEL

Der Term $14a - (17b - 12a)$ soll vereinfacht werden.

$14a - (17b - 12a)$	
$= 14a + (-1)(17b - 12a)$	Subtraktion heißt Addition des Entgegengesetzten
$= 14a + (-17b + 12a)$	Anwenden des Distributivgesetzes
$= 14a - 17b + 12a$	Weglassen der Klammer
$= 26a - 17b$	Ordnen und zusammenfassen

HINWEIS

Klammern, vor denen ein Minuszeichen steht, kann man nicht einfach weglassen.

WISSEN

Beim Auflösen einer Klammer, vor der ein Minuszeichen steht, kehrt sich jedes Vorzeichen in der Klammer um.

MERKE
$a-(b+c)=a-b-c$
$a-(b-c)=a-b+c$

13

Löse die Klammern auf und fasse zusammen.

a) $3a-(21b-15a)-b$ **b)** $(-2u+4v)-(v-u)$
c) $k-(2{,}75l-0{,}45k)-l$ **d)** $(100{,}5m-10{,}5n)-(1{,}5n-0{,}5m)$
e) $-(-3rs-st)-(rs+3st)$ **f)** $7d-(4e-f+g-7d)-(e-g+f)$

14

Vereinfache die Terme.

a) $9x^2-(8y-3x^2)+3y$ **b)** $51+(11{,}2w-49)-2w$
c) $11a-(-67b+a)-43b$ **d)** $\frac{2}{3}n-(n-m)-\left(\frac{11}{6}n+\frac{1}{5}m-3\right)$
e) $14{,}3rs-(19{,}1rs^2-21{,}7rs)$ **f)** $0{,}15rst+st-(5{,}27tsr-4{,}1trs)+ts^2$

WUSSTEST DU SCHON?
Im Unterschied zu Termen gibt es auch Thermen, das sind warme Bäder.

15

Zerlege den Term auf zwei verschiedene Arten in die Differenz zweier Terme.

a) $15c+12d$ **b)** $e+f+g$ **c)** $0{,}5a+0{,}1bc+b$ **d)** $xyz+1$

16

Übertrage ins Heft und setze Klammern so, dass bei jeder Belegung der Variablen wahre Aussagen entstehen.

a) $2-5a+19b=-5a-19b+2$ **b)** $-0{,}2e+2f+0{,}2e-2+2f=-2$
c) $-x-y-7+3x=-4x-y-7$ **d)** $-q-s-t-2s-q=-(t+s)$

17[L]

Löse folgende Gleichungen.

a) $x+(100+4x)=4000$ **b)** $14x-5-(13x-18)=17$
c) $\left(2x+\frac{1}{2}\right)-\left(\frac{1}{2}-x\right)=0$ **d)** $x-(2x+3)+(5+3x)=4$
e) $4x+3=-(2-4x)$ **f)** $x-(5x+1)=2x-(6x+1)$

18

Löse die Klammern auf und vereinfache.

a) $\left(\frac{1}{2}a+b\right)-\left(\frac{1}{3}c+\frac{1}{6}a\right)-(a-b)+\left(c-\frac{1}{2}a\right)-(c-a)$
b) $-(xy-x-y)-(3y+2x)-(-3xy+2y-x)+(x+xy)-2xy$
c) $-3{,}24m-(4{,}05k-12{,}5m)+m-(-23{,}1k+53{,}6m)-51{,}9k$

19

Übertrage die Gleichungen ins Heft und setze in die Lücken Terme so ein, dass bei jeder beliebigen Variablenbelegung eine wahre Aussage entsteht.

$5x-6y-(\square+\square)=-x+y$ $7a+6b-3=-6a-(\square-\square+\square)$
$(-13l^2+\square-20)-(5kt-2l^2)-\square=-kt-\ l^2+\square$

20

Formuliere den Text jeweils als Rechenterm und vereinfache ihn.

a) Subtrahiere die Differenz von $9u$ und $5w$ von der Summe aus $33w$ und $72z$.

b) Subtrahiere von der Differenz von a und $(-3b)$ die Differenz von b und $16a$.

c) Bilde den Absolutbetrag der Differenz von $12k$ und der Summe von $(-k)$ und l.
Ermittle für Teilaufgabe c) den Absolutbetrag bei folgenden Variablenbelegungen:
(1) $k = 1, l = 1$ (2) $k = -1, l = -1$ (3) $k = 0, l = -1$

21

Bilde aus $A = 0{,}53c + e - \frac{11}{4}d$, $B = 218{,}3c - 0{,}58d$, $C = \frac{13}{20}c + \frac{6}{75}d$ und $D = -71{,}45e - \frac{3}{50}d$ die nachfolgend angegebenen Terme und vereinfache sie.

a) $A - D$ **b)** $C - (B + D)$ **c)** $-(B + A) - C$ **d)** $A - B - (D - C)$

22

Gegeben sind die Terme $T_1 = x + y$, $T_2 = x - y^2$, $T_3 = 2x - y$ und $T_4 = y^2 + x$.
Bilde daraus folgende Terme und vereinfache diese.

a) $T_2 - T_4 + T_1$ **b)** $T_2 - (-T_2 - T_3)$ **c)** $-T_3 + (T_1 - T_2)$
d) $T_4 + (T_1 - T_3 + T_2)$ **e)** $-T_2 - (T_4 - T_1) + T_3$ **f)** $-T_1 - (-T_4 + (-T_4) - 1)$

23

Сколько сантиметров (см) верёвки нужно, чтобы завязать пакет?
Прибавить ещё 20 см верёвки для узла и петли.

Длина 40 см
Широта 30 см
Высота 10 см

24

Quand Kelly a copié ses devoirs du manuel, elle a oublié de mettre les paranthèses afin que le résultat soit zéro.
$4a - b - 8a - a - b - 3a + b - 10a - b - 2a = ?$

VOKABELN

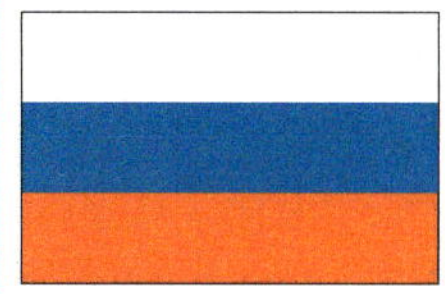

верёвка: Schnur
нужно: nötig
чтобы: um zu
завязать: verschnüren
прибавить: hinzufügen
узел: Knoten

devoir: Hausaufgaben
oublier: vergessen
paranthèses: Klammern

AUFGABEN ZUR WIEDERHOLUNG

1. Addiere möglichst vorteilhaft die natürlichen Zahlen von 61 bis 99.

2. **a)** Zähle von 643 in 35er Schritten vorwärts. Wie heißt die erste vierstellige Zahl, die du erreichst?
   b) Zähle von 117 aus in 13er Schritten rückwärts. Nach wie vielen Schritten unterschreitest du die Null?

3. Ergänze jeweils um die nächsten 6 Folgenglieder.
   a) 12; 17; 22; 27; … **b)** 1; 4; 9; 16; …
   c) 6; 12; 24; 48; … **d)** 2; 5; 10; 17; …

4. Rechne die folgenden Aufgaben schriftlich.
   a) 76,44 : 84 **d)** 0,851 · 0,3210
   b) 8,510 : 36,9 **e)** 9,81 · 1,001
   c) 1927,8 : 0,51 **f)** 0,25 · 7,13

5. Wie viele der Steine sind im Bild zu sehen? 

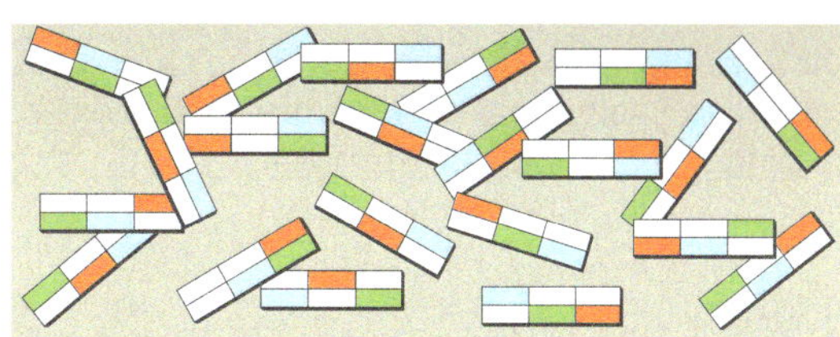

Multiplikation von Termen

Multiplizieren von Produkten

1

Gegeben ist ein Quader mit den Abmessungen Länge l, Breite b und Höhe h.
Länge, Breite und Höhe des Quaders werden verdoppelt.
Wie verändert sich dadurch das Volumen V des Quaders?
Erstelle eine Formel zur Berechnung des Volumens des neuen Quaders.

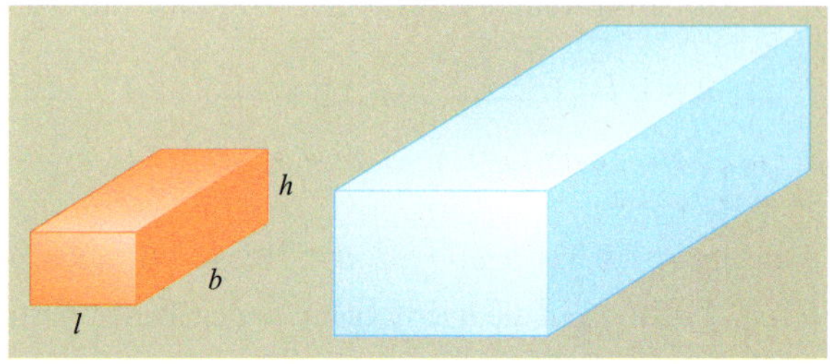

2

Ermittle eine Formel für den Flächeninhalt der in der Randspalte vorgegebenen Figur. Gib verschiedene Lösungswege an.
Versuche, die gefundene Formel zu vereinfachen.

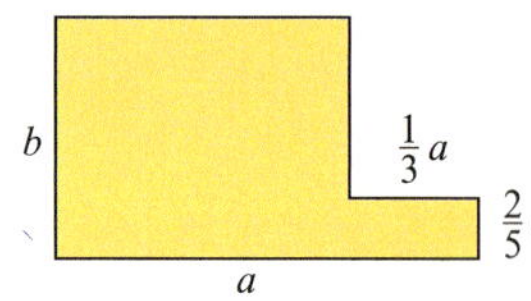

BEISPIEL

Bei einem Quader mit der Länge x, der Breite y und der Höhe z wird die Länge verdoppelt, die Höhe verdreifacht und die Breite halbiert.
Ermittle eine übersichtliche Formel zur Berechnung des Quadervolumens.

$V = 2x \cdot 3z \cdot \frac{1}{2}y$	Jeder Faktor dieses Produktes ist eine Variable mit einem Koeffizienten.
$V = 2 \cdot 3 \cdot \frac{1}{2} \cdot xzy$	Wegen dem Kommutativgesetz der Multiplikation kann man nach Koeffizienten und Variablen ordnen.
$V = 3 \cdot xzy$	Die Koeffizienten werden multipliziert.

Wir stellen fest:
Der veränderte Quader hat das dreifache Volumen des ursprünglichen.

3

Vereinfache die Terme so weit wie möglich.

a) $2{,}5a \cdot 6b$ **b)** $15z \cdot (-0{,}5xy)$ **c)** $\frac{1}{3}mn \cdot 27a$

d) $(-e) \cdot (-0{,}2f) \cdot 30g$ **e)** $-0{,}75v \cdot abc$ **f)** $8rs \cdot (-ab) \cdot \left(-\frac{1}{10}t\right)$

g) $(-5{,}6v) \cdot (-0{,}001cd)$ **h)** $xy \cdot (-0{,}02z) \cdot 27w$ **i)** $(-k) \cdot 0{,}1m\left(-\frac{1}{10}l\right)$

4

Die nachfolgenden Termumformungen enthalten Fehler. Gib an, gegen welche Gesetze diese Umformungen verstoßen. Nenne das korrigierte Ergebnis.

a) $(-3z) \cdot 25 = -75 \cdot (-3z) = 225z$ **b)** $5 \cdot (2ab) = 10a \cdot 10b = 100ab$

c) $(-12l) \cdot (3l) \cdot 5 = -60l + 15l = -45$ **d)** $3y \cdot (-8yz) \cdot \left(-\frac{1}{3}w\right) = 8wyz$

e) $\left(-\frac{2}{5}mn\right) \cdot 7m \cdot (-n) = \frac{14}{35}m^2n^2$ **f)** $x \cdot 0{,}3x^2(-7x^3) = 0{,}21x^5$

HINWEIS
Damit ein Ergebnis übersichtlicher wird, ordnet man unterschiedliche Variablen oftmals dem Alphabet nach (lexikografisch) an.
Potenzen von Variablen werden meist nach fallenden Exponenten geordnet.

WISSEN

Werden Produkte miteinander multipliziert, so kann man unter Beachtung der Vorzeichenregeln zunächst die Zahlen miteinander multiplizieren und dieses Ergebnis dann vor das Produkt der Variablen setzen.
Beispiel: $(-2x) \cdot (-4 \cdot 5y) = (-2) \cdot (-4) \cdot 5 \cdot x \cdot y = 8 \cdot 5 \cdot x \cdot y = 40xy$

ERINNERE DICH
Bei der Multiplikation von rationalen Zahlen gelten folgende Kurzregeln für die Vorzeichen:
minus mal plus gleich minus
und
minus mal minus gleich plus.

5[L]

Fasse geschickt zusammen. Zerlege Potenzen zunächst in einzelne Faktoren.

a) $12b \cdot (-11ab) \cdot \left(-\frac{1}{10}a\right)$
b) $-8{,}5xyz \cdot 0{,}2wxy \cdot (-w)$
c) $3\frac{1}{2}u \cdot \left(-2 \cdot \frac{2}{3} \cdot uvw\right)$
d) $kl^2m^3k^2lm \cdot (2n)^3$
e) $-3a \cdot \left(100b \cdot \frac{4}{10}a\right) \cdot \left(-\frac{1}{3}b\right)$
f) $0{,}1^2e^2 \cdot (-0{,}1)3e \cdot (-e) \cdot (-1)$
g) $rst \cdot (-rst) \cdot (-1)$
h) $(-x)^2 \cdot (-3)^3 \cdot (-x^3)$

6

Zerlege die Terme auf zwei verschiedene Arten in ein Produkt aus drei Termen.

a) $10a^3b$
b) $50k$
c) $-m^2no$
d) $\frac{2}{11}xyy^3$
e) $-23ab + 0{,}9ba$
f) $3x - 4y$

7

Untersuche die Struktur der Terme und vereinfache sie so weit wie möglich.

a) $(8c)14 - (12c)(-3)$
b) $2{,}5x(0{,}9xy - 19{,}3yx)(-y)$
c) $2{,}17a - (34{,}8pq(-0{,}34q))$
d) $3a^2a - (41a)(-a^2) + a(-20a^2)$
e) $-41e^2\,6f + 12f(3e)^2$
f) $(-r)^2 + rs + (-2r(-0{,}02r))$
g) $\frac{1}{2}c\left(-\frac{3}{7}cd\right)476{,}1d - c$
h) $-l^2(-m^3)\frac{1}{2}n - (-m)^2n\,8{,}5\,l^2m$

AUFGABE
Kennst du die bedeutenden Naturwissenschaftler Felix Klein, Francois Vieta und Isaac Newton?

KLEIN
+VIETA
= NEWTON

Belege die Buchstaben so mit Ziffern, dass eine richtig gelöste Aufgabe entsteht. Gleiche Buchstaben bedeuten gleiche Ziffern.
Gib alle Lösungen dieser Aufgabe an.

8

Berechne für die folgenden geometrischen Figuren jeweils den Inhalt der schraffierten Flächen unter Verwendung der angegeben Seitenlängen.

a)
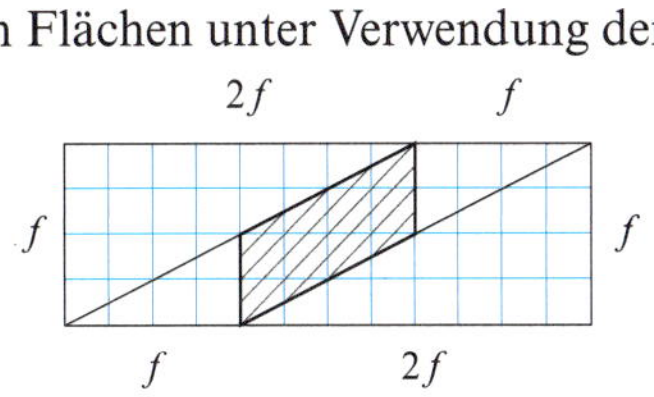

b)
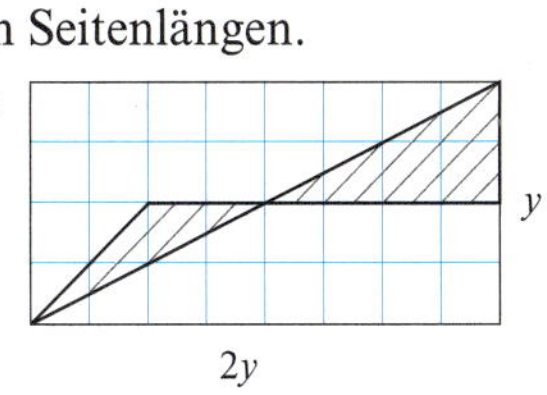

9

a) Bei einem geraden Kreiszylinder mit dem Grundkreisradius a und der Höhe $\frac{4}{3}a$ wird der Grundkreisradius halbiert und die Höhe verdoppelt.
Wie verändert sich dadurch das Volumen des Zylinders?

b) Elektrische Geräte mit einer Gesamtleistung P seien für die Zeit t in Betrieb. Erstelle eine Formel, die die Änderung des Energieverbrauchs angibt, wenn es gelingt, die elektrische Leistung um 15 % zu senken und gleichzeitig die Geräte nur noch drei Viertel der ursprünglichen Zeit in Betrieb sind.

HINWEIS
$P = \frac{W}{t}$
P … elektrische Leistung
W … elektrische Energie
t … Zeit

Multiplizieren von Summen

10

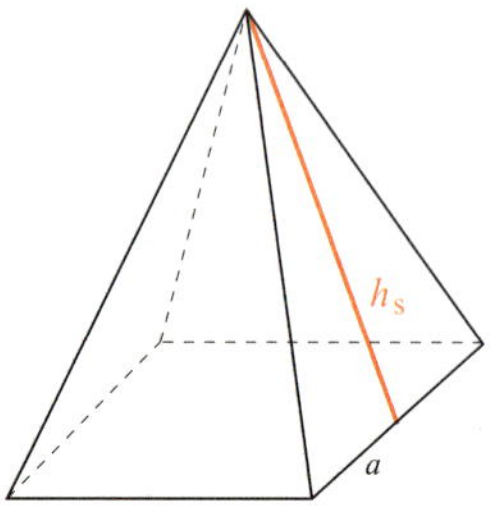

Gegeben ist eine gerade quadratische Pyramide mit einer Grundkantenlänge a und einer Seitenflächenhöhe h_s.

a) Erstelle je eine Formel zur Berechnung der Größe der Grundfläche und jeder Seitenfläche. Entwickle so eine Formel für den Oberflächeninhalt der Pyramide.

b) Berechne den Oberflächeninhalt A_O für $a = 3{,}85$ cm und $h_s = 7{,}15$ cm.
In Tafelwerken findest du für den Oberflächeninhalt einer geraden quadratischen Pyramide z.B. die Formel $A_O = a(a + 2h_s)$.
Stimmt diese Formel mit deiner unter a) ermittelten überein?

11

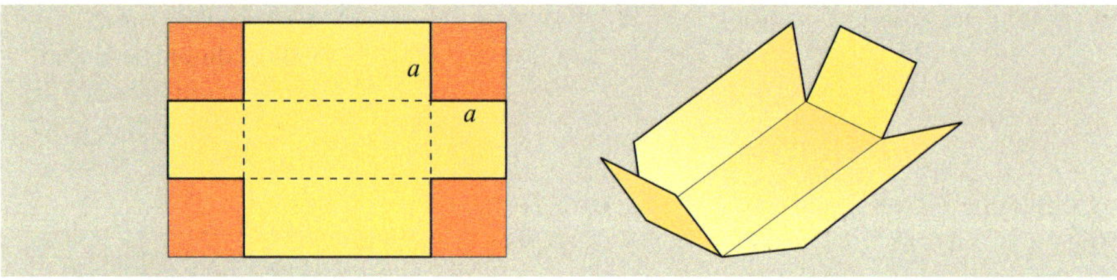

Bei einem rechteckigen Stück Pappe mit den Seitenlängen 25 cm und 10 cm werden an den Ecken Quadrate mit der Seitenlänge 3 cm so herausgeschnitten, dass durch Falzen des Pappestücks an den gestrichelten Linien eine nach oben offene Schachtel entsteht (siehe obiges Bild). Berechne das Volumen dieser Schachtel.
Erstelle eine Formel für das Volumen der Schachtel in Abhängigkeit von der Seitenlänge a des Quadrates. Vereinfache diese Formel.

WISSEN

Multiplikation von Summen

$$(a + b) \cdot (c + d) = a \cdot c + a \cdot d + b \cdot c + b \cdot d$$

Man multipliziert zwei Summen, indem man jeden Summanden der ersten Summe mit jedem Summanden der zweiten Summe multipliziert und die Produkte addiert.
Diese Regel lässt sich in zweifacher Hinsicht verallgemeinern:

- Es können auch Differenzen anstelle von Summen stehen, weil jede Subtraktion durch die Addition der Gegenzahl ersetzt werden kann.
- Der Wortlaut der Regel gilt auch für mehr als zwei Summanden, wie aus dem verallgemeinerten Distributivgesetz gefolgert werden kann.

BEISPIELE

$$(2a + 5d) \cdot (3c + 4f) = 2a \cdot 3c + 2a \cdot 4f + 5d \cdot 3c + 5d \cdot 4f$$
$$= 6ac + 8af + 15cd + 20df$$

$$\mathbf{(a + b - c) \cdot (d - e)} = (a + b + (-c)) \cdot (d + (-e))$$
$$= a \cdot d + a \cdot (-e) + b \cdot d + b \cdot (-e) + (-c) \cdot d + (-c) \cdot (-e)$$
$$\mathbf{= ad - ae + bd - be - cd + ce}$$

12

Multipliziere aus.

a) $(6x+8)(2x+1)$ **b)** $(xy+a^2)(x+a)$ **c)** $(5ab+3z)(az^3+b)$
d) $(5a+6b)(8x+3y)$ **e)** $(f+h^2)(12h+f^3)$ **f)** $(2xyzb+1)(5+xz)$
g) $(a+b)(c+d-e)$ **h)** $(a-b+c)(d-e)$ **i)** $(a-b+c)(d+e-f)$

13

Forme die Terme in eine Summe um.

a) $9(x+4)$ **b)** $a(5b-3)$ **c)** $21k(l-4k)$
d) $\frac{1}{2}y\left(u-\frac{1}{2}v+\frac{1}{3}w\right)$ **e)** $\left(\frac{3}{8}a-\frac{6}{7}b\right)(-56a)$ **f)** $(0-7r)(-s^2)$
g) $-\frac{1}{2}(-4o+p)$ **h)** $\left(\frac{2}{7}e-\frac{3}{7}e^2\right)\frac{14}{15}$ **i)** $(9a-28b)(-0{,}5ab)$
j) $-(-m^2-7n+0{,}9o)$ **k)** $(-2(-xy+z))\left(-\frac{1}{5}z\right)$ **l)** $\frac{t}{4}\left(3t-\frac{1}{6}\right)\left(-\frac{t}{2}\right)$

ERINNERE DICH

$(15a \cdot 20b) : 5 \neq 3a \cdot 4b$
(für $a, b \neq 0$)
$(15a \cdot 20b) : 5 = 3a \cdot 20b$
$= 60ab$

Wird ein Produkt durch eine Zahl dividiert, dividiert man nur einen Faktor durch diese Zahl.

14

Löse die Klammern auf und fasse danach zusammen.

a) $10(a-b)+a(7+3b)$ **b)** $-kl+k(l-1)-4(kl-k)$
c) $(-8)(x-8)+x(13-x)-12{,}5x^2$ **d)** $18v+5(-4v-9p)-102p$
e) $25a-\frac{2{,}5}{-4{,}5b}-\frac{4}{5}a$ **f)** $18\left(\frac{1}{3}a^2-1{,}5b\right)-\frac{a}{2}(4a+8b)$
g) $-\frac{x}{3}(21-y^2)-\left(\frac{2}{3}x-y^2\right)(-3)$ **h)** $99ak(-2a-k):(-3)-43a^2\,3k$

BEACHTE

$(5a)^2 \neq 5a^2$ (für $a \neq 0$)
$(5a)^2 = (5a)(5a)$
$= 5 \cdot 5 \cdot a \cdot a$
$= 25a^2$

$(b^4)^2 \neq b^6$ ($b \neq 0, b \neq 1$)
$(b^4)^2 = b^4 \cdot b^4$
$= b \cdot b \cdot b \cdot b$
$\cdot\, b \cdot b \cdot b \cdot b$
$= b^8$

15

Multipliziere aus und fasse zusammen.

a) $(a-9)(a-4)$ **b)** $(13-x)(y+11)$ **c)** $(4{,}1k-l)(-3k+4l^2)$
d) $(-a^2+2bc^2)(1{,}5a-c)$ **e)** $\left(\frac{1}{3}x-2y\right)(y+15x)$ **f)** $(opa-oma)(opa+oma)$
g) $(-x^3-x)(-x-x^2)$ **h)** $\left(\frac{5}{2}a+\frac{7}{4}b\right)\left(\frac{2}{7}b-\frac{9}{5}a\right)$ **i)** $(x-y+z)(-x-y+2z)$
j) $\left(\frac{4}{9}ab-1\right)\left(\frac{4}{9}ab+1\right)$ **k)** $(0{,}1h-2i)(h^3-0{,}1)$ **l)** $\left(\frac{b}{5}-c\right)(12c-1{,}2b)(-d)$

16

Wo steckt der Fehler in folgenden Termumformungen?

a) $(p^3-p)(1-q)=p^3-p+pq$ ↯ **b)** $4(2a-b)-4+2(a+b)=4(2a-b)-2(a+b)$ ↯
c) $12a-3a(b-5)=9a(b-5)$ ↯ **d)** $(13x-y)(-y+x)-(x+y)^2$
$=-13xy+y^2+13x^2-x^2-y^2$ ↯
e) $-(x-y)u-w=-ux-yu-w$ ↯ **f)** $-52(e-f)-(f-e)13=-52(e-f)-13(e-f)$ ↯
g) $9l^2-m^2=(3l-m)(3l+m)$ ↯ **h)** $-n(-1-m)-\left(\frac{m}{2}-n\right):(-2)=n+mn-m+\frac{n}{2}$ ↯

17

Ergänze die Terme so, dass fehlerfreie Umformungen entstehen.

a) $(2x-\square)(x+7)=2x^2+11x-21$ **b)** $(\square+\square)\left(\frac{1}{4}k-0{,}5l\right)=\frac{1}{4}k^2-\square+\square-0{,}5l$
c) $1{,}75q(8r+\square)=14qr-\frac{7}{2}q^3$ **d)** $5(\square-\square)-14x=-14x+15y-5z$
e) $(a+\square)(a-\square)=a^2-4$ **f)** $(2k-\square)(\square+5)=2kl^2-\square+10k-15$

Binomische Formeln

18

Berechne die Werte folgender Terme für $a = 15$ und $b = -2$.
$(a+b)^2$; $a^2 - 2ab + b^2$; $(a+b)(a-b)$; $a^2 + b^2$; $(a-b)^2$; $a^2 + 2ab + b^2$;
$a^2 + ab + b^2$; $a^2 - b^2$; $a^2 - ab + b^2 - ab$; $a^2 + b^2 - ab$
Begründe, warum bestimmte Terme in ihrem Wert übereinstimmen.

TIPP
Binom: zweigliedrige Summe
Trinom: dreigliedrige Summe

19

Gegeben ist ein Quadrat mit der Seitenlänge c. Durch Verlängern von c um d entsteht ein neues Quadrat. Ermittle eine Formel zur Berechnung des Flächeninhaltes des neuen Quadrates. Welche Einschränkungen gelten für die Variablen?
Das Bild in der Randspalte veranschaulicht die Terme der gesuchten Formel geometrisch. Interpretiere die Aussage der Skizze.

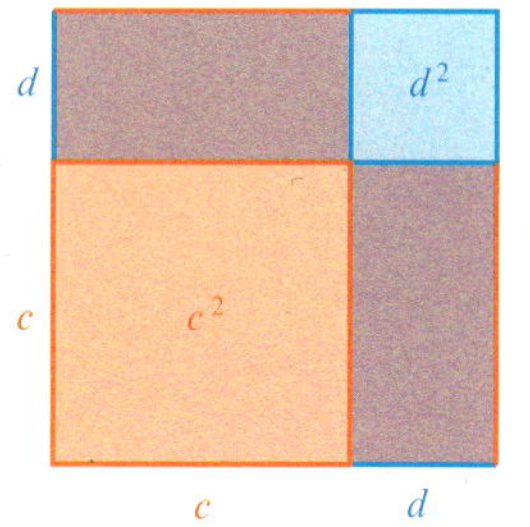

BEISPIEL

Schreibe folgende Terme als Summe.
a) $(x+y)^2$ **b)** $(7a-2b)^2$ **c)** $(e+f)(e-f)$ **d)** $(3k-0{,}5l)(3k+0{,}5l)$

a) $(x+y)^2 = (x+y)(x+y) = x^2 + xy + yx + y^2 = x^2 + 2 \cdot xy + y^2$

b) $(7a-2b)^2 = (7a-2b)(7a-2b) = (7a)^2 - 14ab - 14ba + (2b)^2 = 49a^2 - 28ab + 4b^2$

c) $(e+f)(e-f) = e^2 - ef + fe - f^2 = e^2 - f^2$

d) $(3k-0{,}5l)(3k+0{,}5l) = (3k)^2 + 1{,}5kl - 1{,}5kl - (0{,}5l)^2 = 9k^2 - 0{,}25l^2$

WISSEN

Folgende Formeln nennt man die **binomischen Formeln**:
$(a+b)^2 = a^2 + 2ab + b^2$
$(a-b)^2 = a^2 - 2ab + b^2$
$(a+b)(a-b) = a^2 - b^2$

TIPP
Präge dir diese Formeln gut ein, sie können dir das Umformen von Produkten in Summen oft erleichtern.

20

Schreibe den Term als Summe. Wende die binomischen Formeln an.

a) $(x+11)^2$ **b)** $(5-m)^2$ **c)** $(12-z)(12+z)$
d) $(5k-l)(5k+l)$ **e)** $(-a+4b)^2$ **f)** $\left(a-\frac{1}{10}b\right)\left(a+\frac{1}{10}b\right)$
g) $(rs-1)^2$ **h)** $\left(u^2-\frac{1}{2}w\right)^2$ **i)** $(a^3b-bc^2)^2$
j) $\left(\frac{1}{3}ab+\frac{3}{5}a\right)^2$ **k)** $(x^2-x)(x+x^2)$ **l)** $(gh-0{,}2ik)^2$

HINWEIS
Die Formel für $(a-b)^2$ ergibt sich aus der Formel für $(a+b)^2$ durch Einsetzen von $(-b)$ für b.

21

Forme die Produkte mithilfe der binomischen Formeln in Summen um.

a) $(-m-n)^2$ **b)** $(-a^2-1)^2$ **c)** $(r-(-s))^2$
d) $\left(-0{,}9a-\frac{b}{4}\right)^2$ **e)** $(-o+p)(p+o)$ **f)** $(-ab+2ba)^2$
g) $-\left(\frac{1}{4}x-y\right)^2$ **h)** $(e^4-(-2f))^2$ **i)** $(-0{,}1a-10b)^2$
j) $(u-v^2)(-u-v^2)$ **k)** $(x(-y)^2-y^2)^2$ **l)** $(-a-b)(b+a)$

22

Anke ermittelt das Quadrat der Zahl 49 sehr schnell im Kopf, indem sie rechnet: $(50-1)^2 = 2\,500 - 100 + 1 = 2\,401$.
Versuche auch du dich als Schnellrechner.

a) 79^2 **b)** 61^2 **c)** $102 \cdot 98$ **d)** 47^2
e) 53^2 **f)** $88 \cdot 92$ **g)** $19 \cdot 21$ **h)** $2{,}01 \cdot 1{,}99$

ACHTUNG
Präge dir die binomischen Formeln richtig ein!

$(a+b)^2 \neq a^2 + b^2$
(für $a \neq 0$ oder $b \neq 0$)
$\mathbf{(a+b)^2 = a^2 + 2ab + b^2}$

$(a+b)(a-b) \neq a^2 + b^2$
(für $b \neq 0$)
$\mathbf{(a+b)(a-b) = a^2 - b^2}$

23

Vereinfache folgende Terme so weit wie möglich.

a) $(2a-b)^2 - (6ab - b^2)$ **b)** $(x+y)^2 - (x-y)^2$
c) $-0{,}25 - \left(\frac{1}{4} - \frac{1}{3}g^2\right)^2$ **d)** $(a-3)\,a\,(a+3)$
e) $-(r+s)^2 - (r^2 - s^2)$ **f)** $(2x-z)^2(2x+z)^2$
g) $(-a-c)^2 - (a-c)(c+a)$ **h)** $\left(\frac{x}{3} - \frac{y}{4}\right)^2 + \left(\frac{x}{3}\frac{y}{4}\right)^2$
i) $(u+w)^2 + (u-w)^2 - (u+w)(u-w)$ **j)** $(13k - l + 1)(13k - l - 1) + 1$
k) $(5x-3y)^2 + z^2 - (x-z)(z-x)^2$ **l)** $\left(\frac{p}{2} - \left(\frac{p}{2}\right)^2\right)^2 - \left(\frac{p}{4} - \left(-\frac{p^2}{4}\right)\right)^2$

24

Finde die Fehler und forme richtig um.

a) $(3x-2y)^2 = 9x^2 + 4y^2$ **b)** $(o-pa)(o-pa) = o^2 - opa + p^2a^2$
c) $(-k-4l)^2 = k^2 - 8kl + 16l^2$ **d)** $(b^3 - 2c)(b^3 + 2c) = b^6 + 4c^2$
e) $(-3a+b)(3a+b) = 9a^2 - b^2$ **f)** $(-0{,}5x - 5xy)^2 = -(0{,}25x^2 + 5x^2y + 25x^2y^2)$
g) $(x+y+z)^2 = x^2 + 2xy + y^2 + 2yz + z^2$

25

Wie in Aufgabe 19 können auch die binomischen Formeln $(a-b)^2$ und $(a+b)(a-b)$ geometrisch als Flächeninhalte veranschaulicht werden.

a) Entwirf für $(a-b)^2$ eine entsprechende Skizze.
b) Interpretiere die Formel $(a+b)(a-b)$ anhand der Abbildung in der Randspalte.

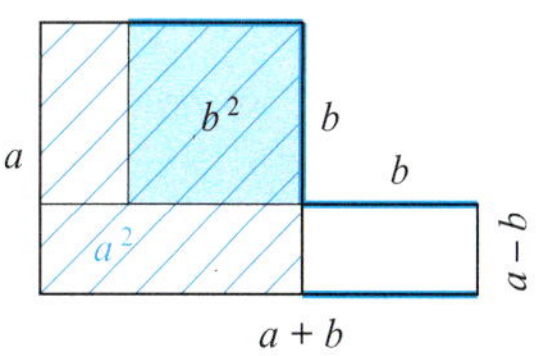

26

Ergänze so, dass richtige Termumformungen entstehen.

a) $\left(\frac{4}{5}a - \frac{1}{3}b\right)^2 = \frac{16}{25}a^2 + \square + \frac{1}{9}b^2$ **b)** $b^2 + 4b + \square = (\square + \square)^2$
c) $0{,}25x^2 - \square + y^2 = (\square - \square)^2$ **d)** $9z^2 - 6z + 1 = (3z - \square)^2$
e) $-(\square - 3o)^2 = \square + \square - 9o^2$ **f)** $\left(\frac{1}{4}m^2 - \square\right)\left(\frac{1}{4}m^2 + \square\right) = \square - 25$
g) $a^4 - 0{,}01b^2 = (\square + \square)(\square - \square)$ **h)** $\square - \square(-6uv) + \square = (1{,}5u + \square)^2$

27

Wer wagt sich an diese Aufgaben heran?

a) $(2x+3y-z)^2$ **b)** $(a+b)^3$ **c)** $(5x-9)^3$
d) $(4x-k)^0$ **e)** $\left(\frac{1}{6}ab^5 + c\right)^1$ **f)** $(k-4)^4$
g) $(-x-y-z)^3$ **h)** $(3+s)^4$ **i)** $(i+j)^2(i-j)^3$

Gib auch für das Umschreiben der Potenzen $(a-b)^3$ und $(a+b)^4$ eine Formel an.

Ausklammern

28

Ermittle möglichst schnell im Kopf die Ergebnisse folgender Aufgaben.

a) $7{,}8 \cdot \frac{1}{4} + 7{,}8 \cdot 0{,}75$ **b)** $12{,}7 \cdot 13{,}5 + 13{,}5 \cdot 87{,}3$

ZUM KNOBELN
Welchen Wert nimmt der Term
$y(y+2) + z(z-2) - 2yz$
an, wenn
$y - z = 7$ ist?

29

Für welche Werte von x werden die nachfolgenden Terme Null?

a) $x(x-2)$ **b)** $x^2 + 5x$ **c)** $(x-1)(x+3)$ **d)** $x^2 - 2x + 1$

30

Forme die Summen in Produkte um.

a) $17ab + 15ac$ **b)** $35x^2 - 7y^2$ **c)** $9c^3de^2 - 3c^2de$ **d)** $4 - a^2$

BEISPIEL

Umformen einer Summe in ein Produkt durch Ausklammern

Der Term $21xy - 7xyz + 14xy^2z$ soll in ein Produkt umgewandelt werden. Man sucht in jedem Summanden nach einem oder mehreren gemeinsamen Faktoren. Diese können nach dem Distributivgesetz $ab + ac = a(b+c)$ ausgeklammert werden.

$$21xy - 7xyz + 14xy^2z = 7 \cdot 3xy - 7xyz + 7 \cdot 2xyyz$$
$$= 7xy(3 - z + 2yz)$$

31

Schreibe die Summen in Produkte um.

a) $18a - 6ab$ **b)** $-5rs - 5rt$ **c)** $x^3 - x^2y^2$
d) $z^2 - z$ **e)** $5x + x$ **f)** $\frac{4}{5}op - 8opq - \frac{1}{5}pqh$
g) $20uv - 4uv^2 + 100u^2l$ **h)** $-kn - lm - kl$ **i)** $1{,}8x^6z^3 - 0{,}3x^4z^2 + x^2z^3$
j) $-11ab + 53ba - 2ab$ **k)** $c - c^2 + c^3 - c^4 + c^5 - 2c^6$ **l)** $0{,}1q^2r - 0{,}01qr^2 + q^2r^2$
m) $-t^3 - t^2 + (-t)^4 - t$ **n)** $(7b + c) - 5c + b$ **o)** $5a + b$

32

Klammere so weit wie möglich aus.

a) $\frac{1}{3}xyz^2 - \frac{5}{6}x^2z^2 + \frac{5}{12}xy^2z^2$ **b)** $\frac{3}{7}ab + \frac{6}{21}a^2b - \frac{9}{63}ab^2$
c) $0{,}5r^2s - r^3s + 0{,}75r^2s^2 - 0{,}25$ **d)** $7(x-y) + 21z(x-y)$
e) $5m(l+2) - (l+2)$ **f)** $8(d-3) - 3e(4d-12)$
g) $5(a+b) - 35(a+b) + 50a + 50b$ **h)** $2x^2 - 2xy - 3xz^2 + 3yz^2$

AUFGABE
Setze für die neun Variablen in den nachfolgenden Gleichungen die neun Ziffern 1, 2, …, 9 so ein, dass eine wahre Aussage entsteht.
$a + b + c = d + e + f$
$= g + h + i$
Gib möglichst viele Lösungen an.

33

Welche Fehler wurden beim Ausklammern gemacht?

a) $8abc + 4a = 4a(bc)$ ↯ **b)** $\frac{3}{5}x^2 + xy = \frac{3}{5}x(x+y)$ ↯
c) $84cd^2 - 21c^2 = 4c(21d^2 - c)$ ↯ **d)** $-c^4 - c^3 = -c^3(c-1)$ ↯
e) $32k^2lo^2 + 8klo + 24kl^3o^5 = 8klo(4ko + 3l^2o^4)$ ↯
f) $0{,}02s - s + 0{,}1s^2 = 0{,}02(1 + 5s^2)$ ↯ **g)** $11(d-3) + (3-d) = 12(d-3)$ ↯

BEISPIEL

Umformen einer Summe in ein Produkt mithilfe binomischer Formeln

$$81x^2 + 4y^2 - 36xy = 81x^2 - 36xy + 4y^2$$
$$= 9^2x^2 - 2 \cdot 9 \cdot 2xy + 2^2y^2$$
$$= (9x - 2y)^2$$

$$\frac{4}{49}l^2 - 0{,}25m^2 = \left(\frac{2}{7}\right)^2 l^2 - 0{,}5^2 m^2$$
$$= \left(\frac{2}{7}l + 0{,}5m\right)\left(\frac{2}{7}l - 0{,}5m\right)$$

Die Struktur der gegebenen Terme entspricht der Struktur der Terme $a^2 + 2ab + b^2$ bzw. $a^2 - b^2$.
Sie können deshalb mithilfe der binomischen Formeln $a^2 + 2ab + b^2 = (a+b)^2$ und $a^2 - b^2 = (a+b)(a-b)$ in das Produkt zweier Binome umgewandelt werden.

34

Zerlege die Summe in Faktoren. Wende die binomischen Formeln an.

a) $4a^2 + 4ab + b^2$ **b)** $36 - c^2$ **c)** $t^4 - \frac{1}{16}s^2$
d) $h^2 - 40h + 400$ **e)** $1 - 1{,}44m^6$ **f)** $a^4b^2 - 2a^2b^2 + b^2$
g) $\frac{s^2}{100} - v^4$ **h)** $121x^2 + 88xy + 16y^2$ **i)** $900t^2 + 25v^4 - 300tv^2$

NACHGEDACHT
Kannst du auch diese Summen in ein Produkt zweier Binome umschreiben?
a) $3 + 4x + x^2$
b) $ab - a - b + 1$
c) $l^2 + 5l + 6$
d) $c^2 - c - \frac{3}{4}$
e) $1 - \frac{10}{3}y + y^2$
f) $k^3 - 1$

35

Schreibe die gegebenen Terme so in ein Produkt um, dass ein möglichst einfacher Term entsteht.

a) $9m^2 - 18mn + 9n^2$ **b)** $12a^2 - 3$ **c)** $800k^2 - 1800l^6$
d) $60h^2 + 60hp + 15p^2$ **e)** $ka + kb + a + b$ **f)** $3xy + 3xz + 2y + 2z$
g) $20 + 5n^2 - 20n$ **h)** $ax^4 - y^2a$ **i)** $a^2b^2 + b^2c^2 - 2acb^2$

36

Korrigiere falsche Umformungen.

a) $4e^2 + 2ef + f^2 = (2e + f)^2$ ↯ **b)** $(a+1)a + (a+1) = (a+1)^2$ ↯
c) $0{,}25u^2 - v^2 = (0{,}5u - v)^2$ ↯ **d)** $a(a - 2b) - (a - 2b)2b = (a + 2b)^2$ ↯
e) $-15x^2 - 5xy - 10xz = -5x(3x - y + 2z)$ ↯
f) $7c^2 - 7d^2 + 7 = 7(c+d)(c-d)$ ↯ **g)** $5op^2 - 2pq + q^2 = 5o(p-q)^2$ ↯

37

Übertrage ins Heft und fülle die Lücken aus.

a) $a^2 - \square + \frac{25}{64} = \left(a - \frac{5}{8}\right)^2$ **b)** $(c + 0{,}2)(\square + \square) = 0{,}04 - c^2$
c) $x^2 + \frac{2}{5}xy + \square = (x + \square)^2$ **d)** $1 + w + \square = (1 + \square)^2$
e) $\frac{1}{9}k^2 + \square + l^2 = (\square + \square)^2$ **f)** $e^4 - \frac{e^2f}{2} + \square = (e^2 - \square)^2$
g) $\square + \square + 169 = (\square - \square)^2$ **h)** $(2 + a)(\square + b) = 3 + a + \square + 2b$

NACHGEDACHT
Warum ist für jede rationale Zahl r der Wert des Terms $(r^2 - 2r + 2)$ positiv?

38

Ermittle eine Variablenbelegung so, dass der Term den Wert null annimmt.

a) $24 - 4p$ **b)** $4a^2 + 16a + 16$ **c)** $x^2 - 1$ **d)** $z^2 - 6z + 9$

Bruchterme

1

Stelle jeweils einen Term auf, der zur Beantwortung der Frage hilfreich ist.

a) Gegeben ist der Flächeninhalt A eines Trapezes, die Länge einer der parallelen Seiten a und die Höhe h auf der Seite a. Wie lang ist die zu a parallele Seite b?

b) Herr Müller fährt jeden Tag mit gleich bleibender Geschwindigkeit die Strecke von A nach B und braucht dafür eine Zeit t. Wie schnell müsste er fahren, wenn er nur halb so viel Zeit für seinen Weg zur Verfügung hätte?

c) In einen geraden Messbecher mit der Grundfläche A_G wird 1 Liter Wasser gegossen. Wie hoch steht die Flüssigkeit im Messbecher?

ERINNERE DICH

Terme mit Quotientenstruktur nennt man **Bruchterme**.
Bruchterme sind also Brüche, bei denen im Zähler und im Nenner Variablen auftreten können.

Bsp.: $\frac{a}{b}$; $\frac{x-1}{y}$; $\frac{5}{z-1}$

Der Nenner darf nicht null werden

2

Ermittle jeweils den Wert der Terme $T_1 = \frac{3x+1}{x-1}$ und $T_2 = \frac{5-x}{(x+3)x^2}$ für die Variablenbelegung $x = -5; -3; -1{,}5; 0; 1; \frac{7}{3}$.
Warum lässt sich der Wert des Terms manchmal nicht berechnen?

BEISPIEL

Der Wert eines Terms kann nicht berechnet werden, wenn der Nenner null wird. Wann ist das der Fall für den Term $\frac{2x-5}{x^2-4}$?

Wir formen den Term um: $\frac{2x-5}{x^2-4} = \frac{2x-5}{(x+2)(x-2)}$

Für $x = -2$ wird der Faktor $(x + 2)$ gleich null, für $x = 2$ wird der Faktor $(x - 2)$ gleich null und damit ist in beiden Fällen der gesamte Nenner null.
Der Wert des Terms kann also für $x = -2$ und für $x = 2$ nicht berechnet werden.

WISSEN

Um herauszufinden, für welche Variablenbelegung der Wert eines Bruchterms nicht berechnet werden kann, muss man wissen, wann der Nenner den Wert null annimmt. Dabei ist es oftmals zweckmäßig, den Nenner in ein Produkt umzuformen.

3

Für welche Werte der Variablen kann man den Wert des Terms nicht berechnen?

a) $\frac{k}{k+2}$ **b)** $\frac{1}{4(o-1)}$ **c)** $\frac{x-7}{(x-3)(x+2)}$

d) $\frac{9}{2+x} \cdot \frac{x+2}{x-1}$ **e)** $\frac{y-2}{6y^2-3y}$ **f)** $\frac{5k}{4k^2-12k+9}$

BEACHTE

Durch null darf man nicht teilen.

4

Stelle je drei verschiedene Bruchterme auf, deren Werte man für

a) 2 **b)** $-\frac{1}{2}$ **c)** 0 **d)** 3 oder -3 **e)** 5 oder 1 **f)** $e = 2f$

nicht berechnen kann.

5

Berechne mit dem Taschenrechner die Werte folgender Terme für $a = -4{,}025$ und $b = \frac{23}{71}$. Überprüfe vorher, ob diese Belegungen zulässig sind.

a) $\frac{4}{4a(b+1)}$ **b)** $\frac{2a}{b^2-9}$ **c)** $\frac{1}{a^2+5}$ **d)** $\frac{5-3b}{2b-1}$

e) $\frac{a^2-b}{a^2-b^2}$ **f)** $\frac{a^2}{b^2-7b}$ **g)** $\frac{-14}{(b^2-1)(a+1)}$ **h)** $\frac{6a}{a^2-2a-3}$

BEACHTE

Bei einer Summe von Bruchtermen müssen beide Nenner ungleich null sein.
Z. B. kann man den Wert des Terms $\frac{a}{b-a} - \frac{c}{3c-d}$ nur berechnen, wenn $a \neq b$ und $3c \neq d$ gilt.

6

Ermittle das Reziproke der vorgegebenen Terme. Für welche Variablenbelegung kann man den Ausgangsterm und sein Reziprokes berechnen?

a) 7 **b)** $-6xy$ **c)** $\frac{100-o^2}{op}$

d) $-\frac{5}{2}$ **e)** $\frac{1}{8a^2}$ **f)** $\frac{2a-b}{a+2b}$

g) $0{,}25$ **h)** $\frac{2c}{9b}$ **i)** $\frac{x(x-1)}{x^2-4x}$

j) $4a$ **k)** $\frac{5}{y-5}$ **l)** $\frac{1}{(4a-1)(1-4a)}$

ERINNERE DICH

Um zu einer Zahl das Reziproke zu ermitteln, werden Zähler und Nenner vertauscht.
$\frac{5}{3}$ ist das Reziproke zu $\frac{3}{5}$.
$\frac{1}{4}$ ist das Reziproke zu 4.
-6 ist das Reziproke zu $-\frac{1}{6}$.

Erweitern und Kürzen

7[L]

Ergänze so, dass richtige Termumformungen entstehen. Begründe, warum die Einschränkungen, die in den Klammern stehen, gemacht werden müssen.

a) $\frac{40a^2b}{80ab^2} = \frac{\square}{5b}$ $(a \neq 0,\ b \neq 0)$ **b)** $\frac{7}{(x-1)\,\square} = \frac{7x+7}{x^2-1}$ $(x \neq 1,\ x \neq -1)$

c) $\frac{\square}{3y+6} = \frac{3z}{y+2}$ $(y \neq -2)$ **d)** $\frac{5z^3}{4} = \frac{5z^4+z^3}{\square}$ $(z \neq -0{,}2)$

8

Erweitere und kürze so, dass der in Klammern gegebene Term der neue Nenner wird.

a) $\frac{x}{2y}$ $(6xy)$ **b)** $\frac{t}{t-2}$ $(2t-4)$ **c)** $\frac{7}{x-1}$ $((x-1)^2)$

d) $\frac{3c}{5ab}$ $(45a^2b)$ **e)** $\frac{2a}{9a^2}$ $(3a)$ **f)** $\frac{kl+2l}{(k+2)^2}$ $(k+2)$

BEISPIEL

(1) Der Bruchterm $\frac{x}{2z}$ soll auf den Nenner $14z^2$ erweitert werden.
Wir multiplizieren Zähler und Nenner mit dem gleichen Term.
$\frac{x}{2z} = \frac{x \cdot 7z}{2z \cdot 7z} = \frac{7xz}{14z^2}$

(2) Der Bruch $\frac{2e-2}{e^2-1}$ soll so weit wie möglich gekürzt werden.
Wir zerlegen den Zähler durch Ausklammern und den Nenner mithilfe der binomischen Formeln jeweils in ein Produkt. Gleiche Faktoren können dann gekürzt werden.
$\frac{2e-2}{e^2-1} = \frac{2(e-1)}{(e-1)(e+1)} = \frac{2}{e+1}$

ZUR ERINNERUNG

Erweitern eines Bruches:
$\frac{a}{b} = \frac{a \cdot c}{b \cdot c} = \frac{ac}{bc}$
Zähler und Nenner werden mit der gleichen von null verschiedenen Zahl multipliziert.

Kürzen eines Bruches:
$\frac{ac}{bc} = \frac{ac : c}{bc : c} = \frac{a}{b}$
Zähler und Nenner werden durch die gleiche von null verschiedene Zahl dividiert.

Zahl

WISSEN

Ein Bruchterm wird erweitert, indem man Zähler und Nenner mit dem gleichen Term multipliziert, der dabei nicht den Wert null annehmen darf.

Ein Bruchterm wird gekürzt, indem man Zähler und Nenner durch den gleichen Term dividiert, der dabei nicht den Wert null annehmen darf.

HINWEIS
Wird ein Bruchterm durch Erweitern oder Kürzen verändert, sollte man stets prüfen, ob sich neue Bedingungen für die vorkommenden Variablen ergeben.
Wird z. B. der Term $T_1 = \frac{1}{x-1}$ $(x \neq 1)$ mit $x + 1$ erweitert, so erhalten wir $T_2 = \frac{x+1}{(x-1)(x+1)} = \frac{x+1}{x^2-1}$.
T_1 nimmt für $x = -1$ den Wert $-\frac{1}{2}$ an, der Wert von T_2 kann für $x = -1$ nicht berechnet werden.

9

Erweitere auf die vorgegebenen Nenner. Für welche Variablenbelegungen können keine Werte für den Ausgangsterm bzw. den erweiterten Term berechnet werden?

a) $\frac{2xy^2}{3z}$ $(18xz^2)$ **b)** $\frac{-1}{k-p}$ (p^2-k^2)

c) $\frac{3}{5abc}$ $(5a^2bc^2)$ **d)** $\frac{3k}{2k+1}$ $(8k^2-2)$

e) $\frac{a}{a+b}$ $\left(\frac{1}{10}a^2 + \frac{2}{10}ab + \frac{1}{10}b^2\right)$ **f)** $\frac{1}{12v}$ $(-6v^2)$

10

Vereinfache die Terme durch Kürzen so weit wie möglich. Für welche Werte der Variablen kann man die Werte der Terme nicht berechnen?

a) $\frac{b}{b^3}$ **b)** $\frac{14uv^2}{63vw}$ **c)** $\frac{10x-5}{5}$ **d)** $\frac{4}{3u-6}$

e) $\frac{z^2+\frac{3}{4}}{z^4-\frac{9}{16}}$ **f)** $\frac{a^2b-a^3}{a^2-ba}$ **g)** $\frac{5uv}{uv-u^2v^2}$ **h)** $\frac{op-op^2}{p^2-1}$

BEACHTE
Kürze niemals bei einer Summe! Zerlege die Summe zuerst in ein Produkt und kürze dann.
$\frac{6a+2ab}{4a} \neq \frac{6+2ab}{4}$
$\frac{6a+2ab}{4a} = \frac{2a(3+b)}{{}_2 4a}$

Addition und Subtraktion von Bruchtermen

11

Für ein physikalisches Experiment werden drei Widerstände wie im nebenstehenden Bild geschaltet. Prüfe genau, in welcher Schaltungsart sich die Widerstände R_1, R_2 und R_3 befinden und ermittle den Gesamtwiderstand R_G.

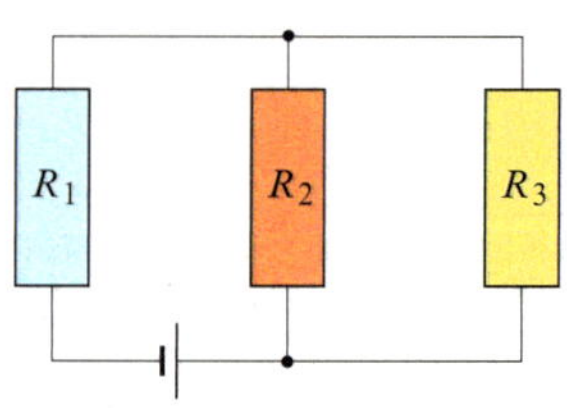

BEISPIEL

Gegeben sind die elektrischen Widerstände R_1 und R_2 in Parallelschaltung. Ermittle eine Formel zur Berechnung des Gesamtwiderstands R_G.

Es gilt: $\frac{1}{R_G} = \frac{1}{R_1} + \frac{1}{R_2}$.

Um die Brüche addieren zu können, müssen wir sie so erweitern, dass sie einen gemeinsamen Nenner haben.
Ein gemeinsamer Nenner ist in diesem Fall $R_1 R_2$.

$$\frac{1}{R_G} = \frac{1}{R_1} + \frac{1}{R_2} = \frac{R_2}{R_1 R_2} + \frac{R_1}{R_1 R_2} = \frac{R_2 + R_1}{R_1 R_2}$$

Also: $R_G = \frac{R_1 R_2}{R_2 + R_1}$.

ZUR INFORMATION

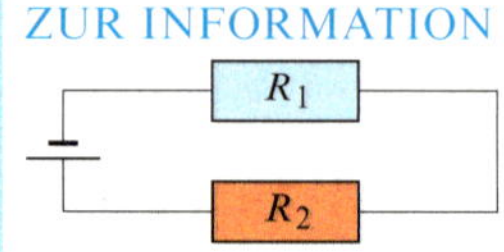

Für den elektrischen Widerstand in Reihenschaltung gilt:
$R_G = R_1 + \ldots + R_n$

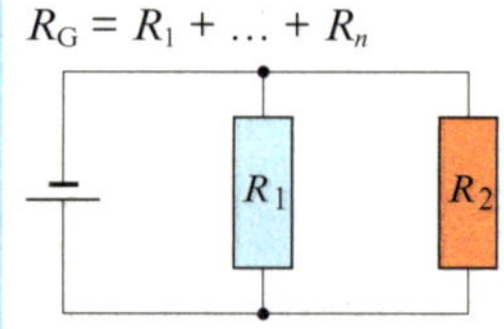

Für den elektrischen Widerstand in Parallelschaltung gilt:
$\frac{1}{R_G} = \frac{1}{R_1} + \ldots + \frac{1}{R_n}$

12

Berechne die Summen bzw. die Differenzen der Bruchterme.

a) $\frac{5}{a+b}+\frac{7}{a-b}$ **b)** $\frac{2x}{2a^2}-\frac{3y}{2b}+\frac{y}{a^2}$ **c)** $\frac{7}{x^2-y^2}+\frac{13}{x+y}$

WISSEN

Bruchterme werden addiert, indem man sie gleichnamig macht und die Zähler der gleichnamigen Bruchterme addiert.

ERINNERE DICH

Ungleichnamige Brüche müssen erst gleichnamig gemacht werden, bevor man sie addieren oder subtrahieren kann.

Bsp.: $\frac{2}{3}+\frac{5}{4}=\frac{8}{12}+\frac{15}{12}=\frac{23}{12}$

BEISPIELE

(1) Die Bruchterme $\frac{3}{a}$ und $\frac{a}{b}$ sollen addiert werden.
Der kleinste gemeinsame Nenner der Bruchterme ist hier das Produkt der beiden Nenner: ab.
Wir müssen also beide Terme erweitern, den ersten mit b und den zweiten mit a.

$$\frac{3}{a}+\frac{a}{b}=\frac{3\cdot b}{a\cdot b}+\frac{a\cdot a}{b\cdot a}=\frac{3b+a^2}{ab}.$$

(2) Die Terme $\frac{7x+4}{x^2-4}$ und $\frac{2x+7}{x+2}$ sollen subtrahiert werden.
Der Nenner des ersten Terms ist hier bereits ein gemeinsamer Nenner.
Das heißt, nur der zweite Bruchterm muss erweitert werden (mit $(x-2)$).

$$\frac{7x+4}{x^2-4}-\frac{2x+7}{x+2}=\frac{7x+4}{x^2-4}-\frac{(2x+7)(x-2)}{(x+2)(x-2)}$$
$$=\frac{7x+4-(2x^2+7x-4x-14)}{x^2-4}$$
$$=\frac{7x+4-2x^2-7x+4x+14}{x^2-4}$$
$$=\frac{-2x^2+4x+18}{x^2-4}$$

HINWEIS

Versuche stets, einen möglichst einfachen Nenner zu finden. (Multiplizieren ergibt nicht immer den kleinsten gemeinsamen Nenner.)

13

Schreibe folgende Summen und Differenzen jeweils als einen Bruchterm.

a) $\frac{2}{x+y}-\frac{1}{x-y}$ **b)** $\frac{4}{y}+\frac{3}{x-y}+\frac{2}{x}$

c) $\frac{a}{a+b}-\frac{a}{a-b}+\frac{2ab}{a^2-b^2}$ **d)** $\frac{3a+2}{3(a-1)}+\frac{a-1}{2(a+1)}-\frac{a^2-2a-4}{12(a^2-1)}$

e) $\frac{a+b}{a-b}+\frac{a-b}{a+b}$ **f)** $\frac{x+y}{x}-\frac{x}{x+y}$

g) $\frac{1}{x-1}+\frac{1}{x+1}-\frac{1}{(x-1)^2}+\frac{1}{(x+1)^2}$ **h)** $x+y-\frac{x^2-y^2}{4(x-y)}$

NACHGEDACHT

Für welche natürlichen Zahlen x und y gilt: $\frac{1}{x}+\frac{1}{y}+\frac{1}{xy}=1$?

14[L]

Fasse zusammen und gib jeweils einen möglichst einfachen Nenner an.
Welche Variablenbelegungen müssen jeweils ausgeschlossen werden?

a) $\frac{y+2}{2y+8}-\frac{4-y}{2y-8}+\frac{2}{y}$ **b)** $\frac{a-4}{2a-1}+\frac{3a-3}{a+1}-\frac{4a+6}{2a^2+a-1}$

c) $\frac{y^5-4y^4+4y^3}{y^4-4y^2}-\frac{2y^3-8y^2+4}{2y^2-8}$ **d)** $\frac{8-4x}{2{,}25-3x-x^2}+\frac{x-2}{4(2-x)}$

15

Berechne und vereinfache soweit wie möglich. Für welche Variablenbelegungen kann man die Werte der Summanden und den Wert des Summenterms nicht berechnen?

a) $\frac{-2}{x-5}+\frac{4}{x^2-25}$ **b)** $\frac{y^2}{x^2-y^2}+\frac{x}{x+y}$ **c)** $\frac{7b}{a-b}-\frac{5a}{ab}$

d) $\frac{1}{x}+\frac{1}{y}-\frac{xy}{x^2-y^2}$ **e)** $\frac{0{,}5e}{x+5}-\frac{2e}{-3x+15}$ **f)** $\frac{b+a}{a-b}-\frac{4a}{\frac{1}{4}a^2-ab+b^2}$

16

Was wurde hier falsch gemacht?

a) $\frac{1}{x}+\frac{1}{y}=\frac{1}{z}$ wird umgeformt in: $x+y=z$

b) $\frac{1}{2a}-\frac{3b}{a^2}$ wird umgeformt in: $\frac{a-3b}{2a^2}$

c) $\frac{a}{2}+\frac{a}{b}$ wird umgeformt in: $\frac{2a}{2b}$

d) $\frac{7}{a}-7a$ wird umgeformt in: $\frac{7-1}{7a}=\frac{6}{7a}$

17

Fasse zusammen. Gib jeweils möglichst einfache Nenner an.
Welche Variablenbelegungen müssen ausgeschlossen werden?

a) $\frac{x}{x^2-y^2}+\frac{y}{x^2-y^2}$ **b)** $\frac{x^2}{x^2-y^2}-\frac{y}{x^2-y^2}$

c) $\frac{8x^2+2y}{9y}-\frac{2x+y^2}{3y^2}$ **d)** $\frac{5k+10l}{-25l-5k}+\frac{l-k}{25l^2+k^2}$

Multiplikation und Division von Bruchtermen

18

Vereinfache die Terme so weit wie möglich.

a) $\frac{a}{4}\cdot\frac{2b}{3a}$ **b)** $\frac{a}{b}:\frac{a^2}{2b}$ **c)** $\frac{63ab^2}{15b}\cdot\frac{45a}{7b}$ **d)** $\frac{4}{25xy}:\frac{16}{20x^2y}$

WISSEN

Bruchterme werden multipliziert, indem die Terme der Zähler miteinander multipliziert werden und die Terme der Nenner miteinander multipliziert werden.

Beispiel: $\frac{4}{a}\cdot\frac{b+1}{a}=\frac{4\cdot(b+1)}{a^2}$

Bruchterme werden dividiert, indem man mit dem Kehrwert des Divisors multipliziert.

Beispiel: $\frac{x+y}{2x}:\frac{x-y}{x}=\frac{x+y}{2x}\cdot\frac{x}{x-y}=\frac{(x+y)\cdot x}{2x\cdot(x-y)}=\frac{x+y}{2(x-y)}$

Doppelbrüche werden als Divisionsaufgaben geschrieben.

Beispiel: $\frac{\frac{6x}{5y}}{\frac{18x^2}{15y}}=\frac{6x}{5y}:\frac{18x^2}{15y}=\frac{6x}{5y}\cdot\frac{15y}{18x^2}=\frac{6x\cdot15y}{5y\cdot18x^2}=\frac{1}{x}$

AUFGABE

Brüche der folgenden Form nennt man auch **Kettenbrüche:**

$$2+\cfrac{1}{2+\cfrac{1}{2+\frac{1}{2}}}$$

Berechne den Wert dieses Kettenbruches.

NACHGEDACHT

Kannst du diesen Kettenbruch vereinfachen?

$$a+\cfrac{1}{a+\cfrac{1}{a+\frac{1}{a}}}$$

ERINNERE DICH

Brüche multipliziert man, indem man Zähler mit Zähler und Nenner mit Nenner multipliziert.

Bsp.: $\frac{3}{5}\cdot\frac{4}{7}=\frac{3\cdot4}{5\cdot7}=\frac{12}{35}$

Brüche dividiert man, indem der erste Bruch mit dem Kehrwert des zweiten Bruches multipliziert wird.

Bsp.: $\frac{3}{4}:\frac{5}{7}=\frac{3}{4}\cdot\frac{7}{5}=\frac{21}{20}$

19

Kürze vor dem Ausrechnen soweit wie möglich. Gib jeweils an, für welche Variablenbelegungen die Terme nicht berechnet werden können.

a) $\frac{2b+7}{b+3} \cdot \frac{3b-8}{b-3}$ **b)** $\frac{x+y}{x^2+y^2} \cdot (x-y)$ **c)** $\left(\frac{2y-3y}{x+y}\right)^2$ **d)** $\frac{b^2-1}{a+b} \cdot \frac{a-b}{b+1}$

e) $\frac{17x^2+51xy}{25y^2-10xy+x^2} \cdot \frac{x-5y}{34x}$ **f)** $\frac{r^2+2s}{7r} \cdot \frac{14s^2}{2r^2+4s}$

20

Berechne die Quotienten. Kürze soweit wie möglich.

a) $\frac{39ab}{13xy^2} : \frac{4xy}{26a^2b}$ **b)** $\frac{15xy}{12z} : \frac{30zx}{18y}$ **c)** $\frac{2x-y}{4x+y} : \frac{x-y}{2x}$

d) $\frac{2x-1}{5x+15} : \frac{2}{x-3}$ **e)** $\frac{169x^2y^3}{121x} : \frac{13y^2z}{55y}$ **f)** $\left(\frac{x}{a+1} + \frac{y}{a-1}\right) : \frac{a-1}{a+1}$

g) $\frac{a^2-b^2}{a^4} : \frac{a+b}{a-b}$ **h)** $9a^3b^2 : \frac{12a^2b}{a-b}$ **i)** $\frac{15x^3y}{x^2-4} : \frac{y+5x}{x+2}$

21

Schreibe die Doppelbrüche zunächst als Divisionsaufgabe und vereinfache dann soweit wie möglich.

a) $\frac{\frac{1}{2a}}{\frac{1}{b}}$ **b)** $\frac{\frac{4xy}{5z}}{\frac{ab}{ac}}$ **c)** $\frac{ab}{\frac{a}{c}}$ **d)** $\frac{\frac{1+b}{1-b}}{\frac{2}{1-b}}$ **e)** $\frac{\frac{1}{a}+\frac{1}{b}}{\frac{1}{a}-\frac{1}{b}}$

FÜR HELLE KÖPFE

Gegeben sind vier aufeinander folgende natürliche Zahlen a, b, c, d.

a) Welches Produkt ist größer: ac oder bd? Ermittle den Betrag der Differenz der beiden Produkte.

b) Welches Produkt ist größer: bc oder ad? Ermittle auch hier den Betrag der Differenz beider Produkte.

AUFGABEN ZUR WIEDERHOLUNG

1. Wie teuer sind die Waren jetzt?

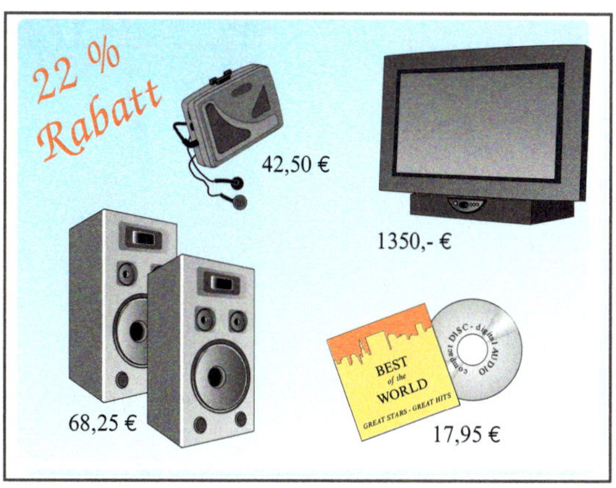

2. Was bedeuten die Begriffe *Rabatt* und *Skonto*? Wie groß ist üblicherweise ein Skonto?

3. Wie viel Rabatt gibt es, wenn eine Ware
   a) anstelle von 145 € jetzt 116 €;
   b) anstelle von 165 € jetzt 150 €;
   c) anstelle von 56 € 27,99 €;
   d) anstelle von 9,95 € jetzt 6,99 €;
   e) anstelle von 124,99 € jetzt 99,99 € kostet?

4. Wie viel muss man jeweils bezahlen, wenn auf einen Rechnungsbetrag das angegebene Skonto gezahlt wird?

Rechnungsbetrag	Skonto
5476 €	3 %
12354,60 €	5 %
128,43 €	2 %
281 €	2,5 %
1965,86 €	1 %

5. Was bedeuten die Begriffe *Brutto* und *Netto*? Erkläre auch die Begriffe *Bruttolohn*, *Nettolohn*, *Bruttogewicht*, *Nettogewicht*.

6. Wie viel Prozent vom Bruttobetrag beträgt jeweils der Nettobetrag?

Brutto	Netto
2890 €	2088,80 €
4,600 kg	4,554 kg
15,8 Mill. €	14 Mill. €

Nutzung von Variablen in mathematischen Beweisen

1

Wahr oder falsch? Begründe deine Entscheidung.

a) Die Summe zweier ungerader Zahlen ist wieder eine ungerade Zahl.
b) Das Produkt zweier beliebiger ungerader Zahlen ist eine ungerade Zahl.
c) Die Summe einer geraden und einer ungeraden Zahl ist stets ungerade.
d) Das Produkt einer geraden und einer ungeraden Zahl ist stets ungerade.
e) Das Produkt einer geraden und einer ungeraden Zahl ist stets eine gerade Zahl.

ZUM NACHDENKEN

(1) Unter einem Beweis versteht man den Nachweis der Richtigkeit eines Satzes, wobei man sich auf bereits als richtig erkannte Voraussetzungen stützt.

(2) Beweise werden auch vor Gericht geführt. Hier geht es darum, Richter von der Wahrheit bestimmter Behauptungen zu überzeugen.

Gibt es einen *prinzipiellen* Unterschied?

WISSEN

Um zu zeigen, dass eine Aussage, die für alle Objekte einer Art gelten soll, falsch ist, reicht es aus, ein Gegenbeispiel anzugeben, das heißt, ein Beispiel, für das diese Aussage nicht gilt.
Beispielsweise ist die Aussage „Alle durch 3 teilbaren natürlichen Zahlen sind auch durch 6 teilbar“ falsch, denn 9 ist zwar durch 3, aber nicht durch 6 teilbar.

Um die Wahrheit einer Aussage, die für alle Objekte einer Art gelten soll, zu beweisen, reicht es dagegen nicht aus, ein Beispiel anzugeben, für das diese Aussage stimmt.
Beispielsweise ist die Aussage „Alle natürlichen Zahlen, die auf 0 enden, sind durch 5 teilbar“ noch nicht bewiesen, wenn man 10 als Beispiel einer solchen Zahl angibt. Hier muss bewiesen werden, dass wirklich jede natürliche Zahl, die auf 0 endet, durch 5 teilbar ist.

In solchen Fällen sind Kenntnisse über die Darstellung von Zusammenhängen mithilfe von Variablen von Nutzen, wie die folgenden Beispiele zeigen.

BEISPIELE

(1) *Behauptung:*
Die Summe von drei aufeinanderfolgenden natürlichen Zahlen ist stets durch 3 teilbar.

Beweis:
Die Summe von drei aufeinanderfolgenden Zahlen können wir durch $n + (n + 1) + (n + 2)$ darstellen.
Diese Summe formen wir nun unter Nutzung der Rechengesetze um:
$n + (n + 1) + (n + 2) = n + n + n + 1 + 2 = 3n + 3 = 3(n + 1)$
Diese Zahl ist durch 3 teilbar, da sie den Faktor 3 enthält.

(2) *Behauptung:*
Das Quadrat einer beliebigen ungeraden Zahl lässt bei Division durch 8 den Rest 1.

Beweis:
Eine beliebige ungerade Zahl hat die Form $2n + 1$.

Dann ist $(2n + 1)^2 = 4n^2 + 4n + 1$ (binomische Formel)
$= 4n(n + 1) + 1$ (Distributivgesetz)

Das Produkt $4n(n + 1)$ ist stets durch 8 teilbar, denn der Faktor 4 ist bereits erkennbar und von den aufeinanderfolgenden Zahlen n und $n + 1$ muss eine Zahl gerade, also durch 2 teilbar sein.

2

Gib ein Gegenbeispiel an oder beweise die Aussage.

a) Die Summe von vier aufeinanderfolgenden natürlichen Zahlen ist durch 4 teilbar.

b) Die Summe von fünf aufeinanderfolgenden natürlichen Zahlen ist durch 5 teilbar.

c) Das Quadrat einer beliebigen ungeraden Zahl ist ungerade.

d) Die Summe zweier gerader Zahlen ist eine gerade Zahl.

3

Beweise folgende Aussagen über Quadratzahlen.

a) Das Quadrat einer geraden Zahl ist stets durch 4 teilbar.

b) Wenn eine beliebige Quadratzahl mit 4 multipliziert wird, entsteht wieder eine Quadratzahl.

c) Die Differenz der Quadrate zweier aufeinanderfolgender natürlicher Zahlen ist stets eine ungerade Zahl.

4

a) Wähle zwei beliebige unterschiedliche Ziffern und bilde daraus zwei zweistellige Zahlen, subtrahiere die kleinere von der größeren Zahl.

b) Führe a) für fünf weitere Beispiele durch. Was fällt dir auf? Formuliere eine Vermutung.

In manchen Fällen ist es hilfreich, die Darstellung natürlicher Zahlen mithilfe von Variablen und Zehnerpotenzen zu nutzen.

BEISPIEL

Behauptung:
Wählt man drei beliebige, verschiedene Ziffern und bildet die Differenz der größtmöglichen und der kleinstmöglichen dreistelligen Zahlen mit diesen Ziffern, so ist diese Differenz durch 99 teilbar.

Beweis:
Seien a, b, c die drei Ziffern, a die größte und c die kleinste.
Dann erhalten wir folgende Darstellung für die dreistelligen Zahlen:

$a \cdot 10^2 + b \cdot 10 + c$
$c \cdot 10^2 + b \cdot 10 + a$

Wir bilden die Differenz und formen um:

$(a \cdot 10^2 + b \cdot 10 + c) - (c \cdot 10^2 + b \cdot 10 + a)$
$= (a - c) \cdot 10^2 + (c - a)$
$= (a - c) \cdot 10^2 - 1\,(a - c)$
$= (a - c) \cdot (100 - 1)$
$= 99\,(a - c)$

Wir erhalten eine durch 99 teilbare Zahl.

BEISPIEL
Wir wählen die Ziffern: 8; 4 und 5.
Größtmögliche dreistellige Zahl: 854
Kleinstmögliche dreistellige Zahl: 458
Wir bilden die Differenz: $854 - 458 = 396$.
396 ist durch 99 teilbar. $(4 \cdot 99 = 396)$

5

Beweise, dass die Differenz zweier „Spiegelzahlen“ (siehe Randspalte) stets durch 9 teilbar ist.

BEACHTE
Zwei zweistellige Zahlen werden manchmal als **Spiegelzahlen** bezeichnet, wenn sie durch Vertauschen der Zehner- und Einerziffern auseinander hevorgehen.

6

a) Wähle zwei beliebige Ziffern. Bilde daraus zwei vierstellige „ANNA-Zahlen“, das sind Zahlen, bei denen die erste und die letzte sowie die beiden mittleren Ziffern übereinstimmen, z.B. 2 552 und 5 225.
Subtrahiere die kleinere von der größeren Zahl.

b) Bilde weitere solche Differenzen von zusammengehörigen „ANNA-Zahlen“.

c) Beweise, dass die Differenz von zusammengehörigen „ANNA-Zahlen“ stets ein Vielfaches von 891 ist.

Wir können auch bereits bekannte Teilbarkeitsregeln beweisen:

BEISPIEL

Behauptung:
Eine natürliche Zahl ist genau dann durch 3 teilbar, wenn ihre Quersumme durch 3 teilbar ist.

Beweis:
Wir wollen den Beweis beispielhaft für eine fünfstellige natürliche Zahl führen. Die natürliche Zahl n sei durch folgende Darstellung gegeben:

$$n = a_4 10^4 + a_3 10^3 + a_2 10^2 + a_1 10^1 + a_0 10^0.$$

Die Quersumme ist folgende Summe:
$a_4 + a_3 + a_2 + a_1 + a_0$.
Wir spalten diese Quersumme in der Darstellung von n ab:

$$\begin{aligned} n &= (a_4 + a_3 + a_2 + a_1 + a_0) + a_4 (10^4 - 1) + a_3 (10^3 - 1) + \\ &\quad a_2 (10^2 - 1) + a_1 (10^1 - 1) \\ &= (a_4 + a_3 + a_2 + a_1 + a_0) + 9\,999\, a_4 + 999\, a_3 + 99\, a_2 + 9\, a_1 \\ &= (a_4 + a_3 + a_2 + a_1 + a_0) + 9(1\,111\, a_4 + 111\, a_3 + 11\, a_2 + a_1). \end{aligned}$$

Damit haben wir n in die Summe zweier Zahlen zerlegt, von denen die zweite offensichtlich durch 3 teilbar ist.
Damit die Zahl n durch 3 teilbar ist, muss auch der erste Summand – die Quersumme von n – durch 3 teilbar sein.

BEISPIEL
357 ist durch 3 teilbar, denn 3 + 5 + 7 = 15 ist durch 3 teilbar.

7

Begründe anhand der Darstellung im obigen Beispiel, dass eine natürliche Zahl genau dann durch 9 teilbar ist, wenn ihre Quersumme durch 9 teilbar ist.

8

Für die Teilbarkeit einer natürlichen Zahl durch 11 gilt folgende Regel:
Eine natürliche Zahl ist genau dann durch 11 teilbar, wenn ihre alternierende Quersumme (siehe Randspalte) durch 11 teilbar ist.
Beweise diese Regel für fünfstellige Zahlen.

BEISPIEL
2794 ist durch 11 teilbar, da
4 – 9 + 7 – 2 = 0 durch 11 teilbar ist;
2 729 ist nicht durch 11 teilbar, da
9 – 2 + 7 – 2 = 12 nicht durch 11 teilbar ist.

9

a) Welche Teilbarkeitsregeln für natürliche Zahlen sind dir bekannt?

b) Beweise diese Teilbarkeitsregeln für fünfstellige natürliche Zahlen.

c) Beweise diese Teilbarkeitsregeln für k-stellige natürliche Zahlen.

Auch bei geometrischen Beweisen werden Variablen verwendet.

BEISPIEL

Behauptung:
In einem Rechteck halbieren die Diagonalen einander.

Beweis:
Sei $ABCD$ ein beliebiges Rechteck. Den Schnittpunkt der Diagonalen bezeichnen wir mit M.
Wir müssen zeigen, dass die Strecken $\overline{AM}$ und $\overline{MC}$ bzw. $\overline{BM}$ und $\overline{MD}$ gleich lang sind. Dazu zeigen wir, dass die Dreiecke ABM und CDM kongruent sind.
Es gilt:

$\overline{AB} \cong \overline{CD}$ (gegenüberliegende Seiten im Rechteck)
$\gamma \cong \gamma_1$ (Scheitelwinkel)
$\alpha \cong \alpha_1$ (Wechselwinkel an geschnittenen Parallelen)
$\beta \cong \beta_1$

Also gilt $\Delta ABM \cong \Delta CDM$ und damit $\overline{AM} \cong \overline{MC}$ und $\overline{BM} \cong \overline{MD}$.

10

a) Beweise, dass die Diagonalen in einem Parallelogramm einander halbieren.
b) Beweise, dass in jedem Dreieck die Summe der Innenwinkel 180° beträgt.

11

Beweise folgenden Satz: Verbindet man die Mittelpunkte der Seiten eines Rechtecks der Reihe nach miteinander, so entsteht ein Rhombus.

AUFGABEN ZUR WIEDERHOLUNG

1. Richtig oder falsch?
   a) Wenn 2 kg Äpfel 3 € kosten, bezahlt man für 3,5 kg Äpfel 5,25 €.
   b) Wenn 40 l Benzin 30,80 € kosten, bezahlt man für 6 l Benzin 4,62 €.
   c) Wenn 1 l Milch 3,5 % Fett enthalten, dann enthalten 3 l Milch 10,5 % Fett.
   d) Ein regelmäßiges 17-Eck mit einer Seitenlänge von 4 cm hat einen Umfang von 68 cm. Verdoppelt man die Seitenlänge, verdoppelt sich auch der Umfang des 17-Ecks.
   e) Wenn 2 Beutel Reis 20 min bis zum Garwerden kochen müssen, benötigen 3 Beutel 30 min.
   Welche der Aufgaben beschreiben eine direkt proportionale Zuordnung?

2. **a)** Was bedeutet es, wenn zwei Größen direkt proportional sind?
   b) Was bedeutet es, wenn zwei Größen indirekt proportional sind?
   c) Gib jeweils 2 Beispiele für Größen an, die direkt bzw. indirekt proportional sind.

3. Welche Größe wird jeweils durch den Graphen beschrieben? Gib eine Formel zur Berechnung der entsprechenden Größe an.

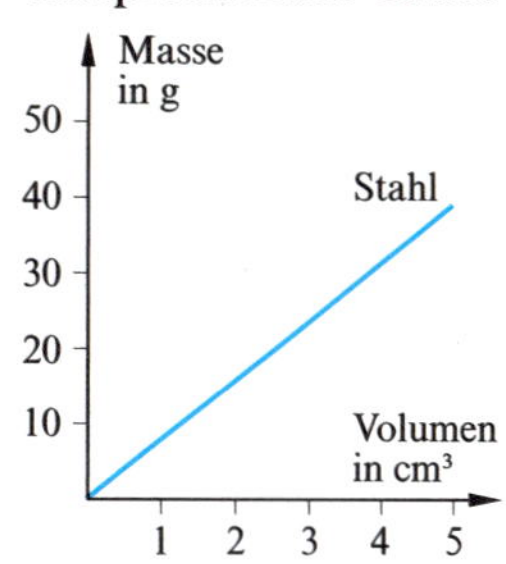

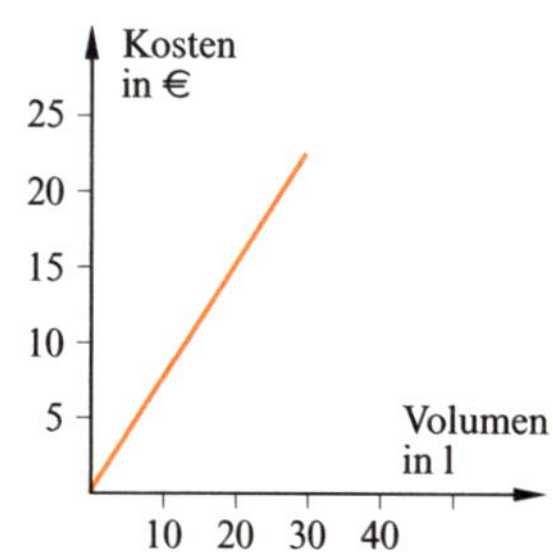

4. Für ein gleichmäßig fahrendes Auto wurden folgende Werte gemessen. Übertrage die Tabelle und ergänze die fehlenden Werte.
   Welche Geschwindigkeit hat das Auto?

Weg	500 m		164 km		20 km
Zeit		20 min	2 h	$\frac{3}{4}$ h	

Lösen einfacher Gleichungen und Ungleichungen (Wiederholung)

1

2

Eine Saftflasche mit Pfand kostet 1,10 €. Der Saft selbst kostet 1 € mehr als das Pfand für die Flasche beträgt. Wie viel Pfand muss man für diese Flasche bezahlen?

3

Marina sagt: „Ich kann Zahlen raten. Jeder von euch denke sich eine ganze Zahl und addiere die nächsten fünf Zahlen dazu. Dann nennt mir eure Ergebnisse.“
Als Sarah das Ergebnis 51 nennt, antwortet Marina: „Aha, du hast dir also die 6 gedacht“. Christoph sagt: „Mein Ergebnis ist – 3. Damit errätst du meine Zahl nie!“ „Na klar“, ruft Marina, „es war die – 3 selbst“. Wie hat sie das gemacht?

WISSEN

Eine **Gleichung** entsteht durch Verknüpfung zweier Terme durch ein Gleichheitszeichen.

Eine **Ungleichung** entsteht durch Verknüpfung zweier Terme durch ein Ungleichheitszeichen.

Die **Grundmenge** ist eine nichtleere Menge von Elementen (meistens von Zahlen), die zur Belegung der Variablen zugelassen sind.

Eine **Lösung** einer Gleichung oder einer Ungleichung ist ein Element (eine Zahl) aus der Grundmenge, das beim Einsetzen für die entsprechende Variable zu einer wahren Aussage führt.

Die Menge aller Lösungen heißt **Lösungsmenge**. Sie wird oft mit ***L*** bezeichnet. Die Lösungsmenge ist stets eine Teilmenge der Grundmenge. Sie kann auch leer sein.

4

Löse im Kopf die folgenden Gleichungen für die Grundmenge $\mathbb{Q}$.
Formuliere die Gleichungen jeweils mit Worten.

a) $4x = 48$	**b)** $7x = 63$	**c)** $156 = 12x$	**d)** $2x + 1 = 11$
e) $17x = 187$	**f)** $-7x = 189$	**g)** $456 = 6x$	**h)** $x - 7 = 13$
i) $-2x = 1$	**j)** $7x = -756$	**k)** $-432 = 16x$	**l)** $7x + 52 = 304$
m) $-14x = 35$	**n)** $-36x = -522$	**o)** $-558 = -36x$	**p)** $372 - 3x = 75$
q) $-17x = 0$	**r)** $-19x = 665$	**s)** $588 = -24x$	**t)** $0 = -4 + 3x$
u) $8x = 8$	**v)** $-15x = -15$	**w)** $0 = -379x$	**x)** $-7 = 7 - 7x$

ERINNERE DICH
Für die verschiedenen Grundmengen gibt es verschiedene Zeichen:
$\mathbb{N}$ – natürliche Zahlen
$\mathbb{Z}$ – ganze Zahlen
$\mathbb{Q}$ – rationale Zahlen

BEISPIEL

Zahlenrätsel: Ich denke mir eine ganze Zahl, addiere Vorgänger und Nachfolger und teile durch 3. Diesen Quotienten multipliziere ich mit 10 und subtrahiere davon 5. Als Ergebnis erhalte ich 75.
Welche Zahl habe ich mir gedacht?

Lösung:

1. Möglichkeit (systematisches Probieren)

gedachte Zahl	Ergebnis	Kommentar
5	$4 + 5 + 6 = 15$; $15 : 3 = 5$; $5 \cdot 10 = 50$; $50 - 5 = 45$	zu klein
10	$9 + 10 + 11 = 30$; $30 : 3 = 10$; $10 \cdot 10 = 100$; $100 - 5 = 95$	zu groß
7	$6 + 7 + 8 = 21$; $21 : 3 = 7$; $7 \cdot 10 = 70$; $70 - 5 = 65$	zu klein
8	$7 + 8 + 9 = 24$; $24 : 3 = 8$; $8 \cdot 10 = 80$; $80 - 5 = 75$	stimmt

2. Möglichkeit (inhaltliches Überlegen)

Wenn man zu einer Zahl ihren Vorgänger und ihren Nachfolger addiert, so erhält man das Dreifache der Zahl. Diese Summe durch drei dividiert, ist also die Zahl wieder selbst. Vom 10fachen der Zahl werden dann 5 subtrahiert, um auf das Ergebnis zu kommen.
Um die gedachte Zahl zu finden, geht man umgekehrt vor: Man addiert zu dem Ergebnis 5 ($75 + 5 = 80$), dividiert durch 10 ($80 : 10 = 8$) und hat schon das Ergebnis.

3. Möglichkeit (äquivalente Gleichungen)

Text	Terme/Gleichung
1. gedachte Zahl	x
2. Summe aus Zahl, Vorgänger und Nachfolger	$x + (x - 1) + (x + 1)$
3. Summe durch 3, dann mal 10, dann minus 5	$\left(\frac{x + (x - 1) + (x + 1)}{3} \cdot 10\right) - 5$
4. Ergebnis ist 75	$\left(\frac{x + (x - 1) + (x + 1)}{3} \cdot 10\right) - 5 = 75$

Diese Gleichung wird nun mithilfe von Äquivalenzumformungen in dem Variablengrundbereich $\mathbb{Z}$ gelöst.

$$\begin{aligned}
\left(\frac{x + (x - 1) + (x + 1)}{3} \cdot 10\right) - 5 &= 75 && |+5 \\
\frac{x + (x - 1) + (x + 1)}{3} \cdot 10 &= 80 && |:10 \\
\frac{x + (x - 1) + (x + 1)}{3} &= 8 && |\cdot 3 \\
x + (x - 1) + (x + 1) &= 24 && |\text{ Klammern auflösen} \\
x + x - 1 + x + 1 &= 24 && |\text{ zusammenfassen} \\
3 \cdot x &= 24 && |:3 \\
x &= 8
\end{aligned}$$

Damit hat die Gleichung die Lösungsmenge $L = \{8\}$.

Die *Antwort* lautet damit: Zum Ergebnis 75 gehört die gedachte Zahl 8.

WUSSTEST DU SCHON,
dass das Symbol = für das Gleichheitszeichen von dem englischen Arzt und Rechenmeister Robert Recorde (1510–1558) stammt, der es in seinem 1557 erschienenen Buch „The Whetstone of Witte“ (Wetzstein des Witzes) vorschlug?

5[L]

Ermittle mithilfe der drei Möglichkeiten aus dem Beispiel die gesuchte Zahl.

a) Addiert man zu einer ganzen Zahl die beiden vorhergehenden und die vier nachfolgenden Zahlen, erhält man als Ergebnis 56 (bzw. 7; 0; –21; –56).

b) Wenn man zu einer ungeraden ganzen Zahl sowohl die beiden vorhergehenden ungeraden als auch die drei nachfolgenden geraden Zahlen addiert, dann erhält man als Ergebnis 33 (bzw. 57; –3; –27; 45).

c) Wenn man zu einer natürlichen Zahl sowohl die vier vorhergehenden als auch die drei nachfolgenden Zahlen addiert, dann erhält man ein kleineres Ergebnis als 68 (bzw. 36; 0; –4; 760).

d) Wenn man zu einer geraden natürlichen Zahl sowohl die drei vorhergehenden geraden als auch die vier nachfolgenden ungeraden Zahlen addiert, dann erhält man ein kleineres Ergebnis als 76 (bzw. 124; 4; 222; 444).

6

Löse im Kopf die folgenden Ungleichungen für die Grundmenge $\mathbb{Q}$.
Formuliere die Ungleichungen jeweils mit Worten.

a) $7x < 56$	**b)** $4x > 2$	**c)** $156x - 78 < 0$	**d)** $155x - 78 < 852$
e) $147x < 588$	**f)** $16x > 136$	**g)** $-2x - 12 > 0$	**h)** $9 + 11x > 97$
i) $-5x < 45$	**j)** $-12x > 96$	**k)** $4x + 8 > 24$	**l)** $-30 + 20x < -10$

WUSSTEST DU,
dass die Symbole
< und > für
das Kleinerzeichen bzw.
das Größerzeichen
von dem englischen
Mathematiker
Thomas Harriot
(1560–1621)
in seinem 1631 erschienenen Buch
„Artis analyticae praxis“
(Praxis der Rechenkunst)
vorgeschlagen wurden?

7[L]

Löse die Gleichungen und Ungleichungen in der angegebenen Grundmenge.

a) $2x + 1 = -1;\ \mathbb{Z}$ **b)** $2x + 1 < -1;\ \mathbb{Z}$ **c)** $2x - 1 = -2;\ \mathbb{N}$

d) $2x - 1 > -2;\ \mathbb{N}$ **e)** $0{,}1 - 5x = 0{,}9;\ \mathbb{Q}$ **f)** $0{,}1 - 0{,}5x < 0{,}11;\ \mathbb{Q}$

g) $0{,}5 - 0{,}3x = 9{,}5;\ \{1, 3, 5, \ldots, 39\}$ **h)** $-0{,}4x + 2{,}8 > 14;\ \{1, 3, 5, \ldots, 39\}$

i) $16{,}6 = -0{,}8x + 30{,}2;\ \{-1, -10, -20\}$ **j)** $12{,}7 < -0{,}6x + 24{,}1;\ \{-1, -10, -20\}$

k) $12{,}1 - 0{,}1y = 12;\ \{1\}$ **l)** $15{,}8 - 0{,}8y < 15{,}0;\ \{1\}$

8

a) Das Fünffache einer gesuchten Zahl, vermehrt um 17, ist genauso groß wie die Zahl, vermehrt um 67.

b) Subtrahiert man vom Dreizehnfachen einer Zahl 4, so erhält man eine größere Zahl, als wenn man vom Einundzwanzigfachen der Zahl 12 subtrahiert.

9

Löse die Gleichungen und Ungleichungen mithilfe von Äquivalenzumformungen.

a) $-3x + 9 - 7x = 6 - 12x + 23$ **b)** $-x + 3 + 4x - 2 = -17 + 3x - 6$

c) $8x - 12x - 16 < -2x - 6 + 3x$ **d)** $12 + 6x + 53 > 7(2x - 8) - 7$

e) $0{,}5x + 0{,}2 + 3{,}75x \leq 2{,}8 + 6{,}25x$ **f)** $0{,}5x + 0{,}75 = 5(3x - 3) + 1{,}25$

BEACHTE
Wenn die Angabe einer Grundmenge fehlt, dann sind immer die rationalen Zahlen $\mathbb{Q}$ gemeint.

10

Welche Fehler wurden gemacht? Wie hätte richtig umgeformt werden müssen?

a) $6x = 36$ $x = 30$ *f*	**b)** $40x = 5$ $x = 8$ *f*	**c)** $4x + 8 = 6x$ $2x + 8 = 3x$ *f*	**d)** $3x : 11 = 44$ $3x = 4$ *f*
e) $-3x < 12$ $x < -4$ *f*	**f)** $4x + 8 \geq 6x$ $-2x + 8 \geq 1$ *f*	**g)** $-3x \leq 9x - 15$ $x \geq 3x - 5$ *f*	**h)** $7 - 14x > 0$ $2x > -1$ *f*
i) $17x = -75 - 8x$ $x = 3$ *f*	**j)** $9x - 13 > 14$ $9x < 1$ *f*	**k)** $-9 = 4x - 7$ $x = -2$ *f*	**l)** $-4 \geq 5 - 3x$ $-x \geq 3$ *f*

11

Bestimme die Lösungsmenge der folgenden Gleichungen. Mache eine Probe.

a) $28x + 13 = 573$ **b)** $666 + 17x = 1584$ **c)** $492 - 84x = 156$
d) $x \cdot 35 + 123 = 858$ **e)** $125 + x : 24 = 150$ **f)** $77 + x : 13 = 1001$
g) $125 - x \cdot 32 = -547$ **h)** $17 = x : 8 - 123$ **i)** $159 = 208 - x : 17$

12

Bestimme die Lösungsmenge der folgenden Ungleichungen. Mache eine Probe.

a) $4x + 21 < 205$ **b)** $572 - 18x > 158$ **c)** $x : 3 - 23 \leq 749$
d) $458 - 731 > x : 5$ **e)** $-10x - 165 \geq 0$ **f)** $-172 < -12x - 28$
g) $-4 > -13 - 4x$ **h)** $23 \geq -14 + x : 6$ **i)** $-368 \geq 639 - x : 2$

13

Bestimme die Lösungsmenge der folgenden Gleichungen. Mache eine Probe.

a) $2x + 6 = 11x - 9$ **b)** $12y - 30 = 34y - 15$ **c)** $258 - 17z = 198 - 13z$
d) $55x - 32 = 39 - 16x$ **e)** $45 - 12r = -5r - 32$ **f)** $9u + 6 = 4u - 7$
g) $0{,}5y + 0{,}4 = 0{,}6y$ **h)** $0{,}5v - 4 = 0{,}3v - 4$ **i)** $4{,}5t + 13{,}5 = 2{,}3t - 4{,}1$
j) $\frac{25}{3}x = \frac{31}{9}x$ **k)** $\frac{4}{18}w - \frac{5}{7} = \frac{8}{36}w$ **l)** $\frac{2}{9} - \frac{1}{3}y = -\frac{1}{9}y + \frac{2}{3}$

14

Bestimme die Lösungsmenge der folgenden Ungleichungen. Mache eine Probe.

a) $5x + 31 > 3x + 47$ **b)** $13y - 79 < 8y + 21$ **c)** $258 - 37z \leq 198 - 33z$
d) $58 - 6v \geq 13v - 75$ **e)** $154u + 154 > 154u$ **f)** $738w - 738 \geq 0$
g) $0{,}2x + 0{,}6 \geq -0{,}8x$ **h)** $0{,}27r + 1{,}0 < 0{,}27r$ **i)** $-4{,}2w + 1{,}3 \geq -2{,}8w - 0{,}38$
j) $\frac{9}{4}z - 2 < \frac{9}{2}z + 2$ **k)** $-\frac{1}{3}t + \frac{8}{2} \leq \frac{8}{9}t + 2$ **l)** $-\frac{1}{12}y + \frac{2}{3} \geq -\frac{3}{4} + \frac{1}{24}y$

METHODE

Lösen von Gleichungen und Ungleichungen – verschiedene Möglichkeiten

Gleichungen und Ungleichungen können durch **systematisches Probieren**, durch **inhaltliche Überlegungen** oder durch **Äquivalenzumformungen** gelöst werden.

Äquivalenzumformungen sind Umformungen, bei denen sich die Lösungsmenge nicht ändert:
- Termumformungen auf der einen oder auf der anderen Seite
- Addieren oder Subtrahieren desselben Terms auf jeder Seite
- Multiplizieren oder Dividieren mit demselben von Null verschiedenen Term auf beiden Seiten (Ist der Faktor oder der Divisor negativ, so muss bei einer Ungleichung das Ungleichheitszeichen umgedreht werden!)
- Vertauschen beider Seiten (Bei einer Ungleichung muss dann das Ungleichheitszeichen umgedreht werden!)

Bei Äquivalenzumformungen und überhaupt beim Lösen von Gleichungen können auch **CAS-Rechner** nützlich sein. Nach einer Eingabe nach dem Schema **solve(Gleichung, Lösungsvariable)** wird die Lösung sofort angezeigt. Dabei bedeutet „true“, dass eine Gleichung allgemeingültig ist, „false“, dass sie unlösbar ist.

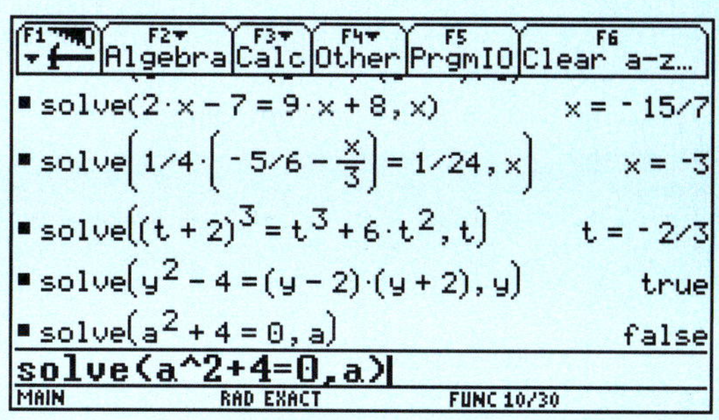

Gleichungen mit Klammern

1

Linda und Lisa haben dieselbe Gleichung an der Tafel gelöst.

Linda:		*Lisa:*	
$3(x+9)+6=72$	| Termumf.	$3(x+9)+6=72$	| Termumf.
$3x+9+6=72$	| Termumf.	$3x+27+6=72$	| Termumf.
$3x+15=72$	| -15	$3x+33=72$	| -15
$3x=57$	| $:3$	$3x=39$	| $:3$
$x=19$		$x=13$	

Wer hat die Gleichung richtig gelöst? Welche Fehler wurden gemacht?

BEISPIEL

In einer Box befinden sich rote und blaue zylinderförmige Bausteine, die alle den gleichen Durchmesser haben. Gleichfarbige Steine haben auch die gleiche Höhe. Stapelt man auf zwei rote Steine einen blauen, so erhält man eine 20 cm hohe Säule. Stapelt man dagegen auf einen roten Stein drei blaue und dann wieder einen roten, so ist diese zweite Säule 28 cm hoch.
Ermittle die Höhe eines roten und eines blauen Bausteins.

Lösung durch inhaltliches Überlegen

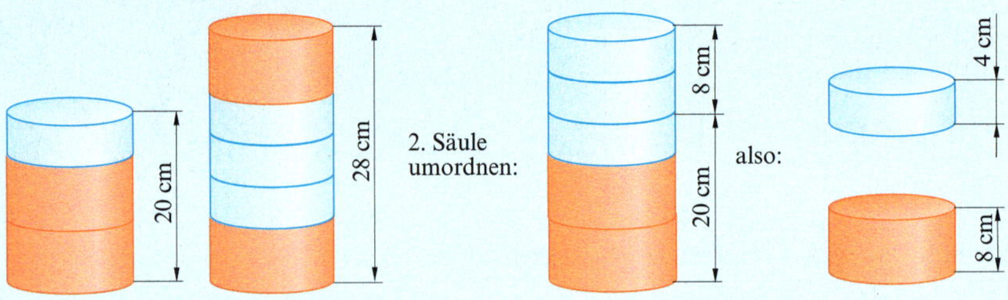

Lösung durch Aufstellen einer Gleichung und äquivalentes Umformen

Text	Terme/Gleichungen
Höhe eines roten Bausteins	r
Höhe eines blauen Bausteins (mithilfe der 1. Säule)	$b = 20 - 2r$
Höhe der zweiten Säule	$2r + 3b = 28$ bzw. $2r + 3(20 - 2r) = 28$

Diese Gleichung wird nun mithilfe von Äquivalenzumformungen gelöst.

$$\begin{aligned} 2r + 3(20 - 2r) &= 28 && \mid \text{Klammer auflösen} \\ 2r + 60 - 6r &= 28 && \mid \text{zusammenfassen} \\ -4r + 60 &= 28 && \mid -60 \\ -4r &= -32 && \mid :(-4) \\ r &= 8 \end{aligned}$$

Antwort:
Ein roter Baustein ist 8 cm hoch.
Ein blauer Baustein ist wegen der ersten Säule $(20 - 2 \cdot 8)$ cm = 4 cm hoch.

MERKE
Gleichungen, die durch Äquivalenzumformungen auseinander hervorgehen, nennt man **zueinander äquivalent**.

ERINNERE DICH
Klammern auflösen nach dem Distributivgesetz:
$a(b + c) = ab + ac$

2

Partnerarbeit
Denke dir selbst Längen von roten und blauen Bausteinen sowie andere damit erstellte Säulen aus. Nenne deinem Partner bzw. deiner Partnerin zwei Säulen mit den zugehörigen Höhen, wie im Beispiel auf der Vorseite.
Er bzw. sie soll dann daraus die Bausteinlängen ermitteln.

3

Bestimme jeweils die Lösung der Gleichung.

a) $3(4x + 7) = 69$ **b)** $117 = 13(4x + 11)$ **c)** $7(9y + 34) = -644$
d) $6(4x - 15) = 72$ **e)** $627 = 19(8x - 15)$ **f)** $66(3z - 19) = -1202$
g) $8(7 + 2x) = 200$ **h)** $-667 = 23(7 + 3x)$ **i)** $11(16 - 15t) = -814$

4

Für welchen Wert der Variablen entsteht eine wahre Aussage?

a) $4(x - 1) = 3x + 10$ **b)** $7(x + 3) = 5x + 11$
c) $7(3x + 2) = 6x - 16$ **d)** $9(-x + 18) = 9x + 151$
e) $6(-2 + x) = 5x + 5$ **f)** $39 - 17x = 3(13 - 5x)$
g) $3(4 + 6x) = 20 + 16x$ **h)** $51 - 17x = 17(-3x + 3)$

5^L

Gib jeweils die Lösungsmenge der gegebenen Gleichung an.

a) $5(-1 + 3x) = -20 + 20x$ **b)** $1{,}5(x + 5) = 0{,}4x + 2$
c) $9(-4 - 7x) = -37 - 62x$ **d)** $5 - 0{,}25t = 0{,}5(t + 8)$
e) $5(3z - 2) = 15z - 12$ **f)** $3x - 15 = 1{,}25(20 - 4x)$
g) $8(-7x - 1) = -8 - 56x$ **h)** $68 + 0{,}02u = 98(1 - 0{,}01u)$

6

Von zwei ganzen Zahlen weiß man, dass die Summe aus dem 2fachen der ersten Zahl und dem 3fachen der zweiten Zahl 100 beträgt.

a) Wie groß ist die Summe aus dem 4fachen der ersten Zahl und dem 6fachen der zweiten Zahl (bzw. aus dem 10fachen der ersten und dem 15fachen der zweiten Zahl)?
b) Wie lauten die beiden Zahlen, wenn man zusätzlich weiß, dass ihre Differenz 25 (bzw. 70) ist?

7

Welche der folgenden Gleichungen sind lösbar?

a) $-2(6x + 14) = -12x + 5$ **b)** $-(z + 1) = -z + 1$
c) $-4(6 - 3x) = -16 - 12x$ **d)** $6(7 - 8t) = -8(6t + 5)$
e) $-18y - 24 = -3(6y + 8)$ **f)** $-3(2x - 9) = 5(x - 10)$
g) $-(x - 1) = x - 1$ **h)** $3(-5 + 2u) = -9(-u - 5)$

8

Löse die folgenden Gleichungen.

a) $-2(6x - 24) = 8(x - 2) - 64$ **b)** $1{,}5(6x - 4) = -2{,}5(6 - 4x)$
c) $3(-5 + 9x) - 8 = 7(-3 + 4x)$ **d)** $2{,}5(7y - 6) = -8(4y - 1{,}5) - 0{,}5y$
e) $-4(4 - 3t) - 12 = 3(-6 - 5t)$ **f)** $0{,}8 + 0{,}4(4z - 3) = -0{,}4(3z + 3) - 1{,}6$
g) $-6(3x - 12) + 18 = -37 - 4(2x + 1)$ **h)** $-1{,}0(0{,}75t + 0{,}75) - 3 = 4{,}0 + 2(t + 1{,}5)$

ERINNERE DICH
„Eine Probe machen“ heißt, durch Einsetzen des errechneten Ergebnisses für die Variablen in die Ausgangsgleichung zu überprüfen, ob daraus eine wahre Aussage entsteht.

9

Löse erst alle Klammern auf und berechne dann die Lösung der Gleichung.

a) $-4(6-3x)+3(3x+13)=23$ **b)** $6(x+1)-2(5x-10)=-18$

c) $4(3y-3)+3(4y+4)=4y+40$ **d)** $7(x+1)=6(x-1)+9(-x-3)$

e) $5(3v-4)-2(9v-10)=-3v-1$ **f)** $2{,}4(2x-1)+4{,}4=0{,}4(x-4)$

10

Wenn man alle Klammern auflöst und die Variablen zusammenfasst, ist schon fast alles getan.

a) $3(x+2)-2(x-3)=7(x-2)-5(x-6)$

b) $8y-4(3y+4)=-2(y-5)+6(3y-9)$

c) $-3(2z+4)-(6z-7)=4(5z-8)-(2z+12)$

d) $8(-3+4t)-2(18t-10)=-2t-2(t+2)$

e) $5(6u-6)-(10u-5)+12=4(5u-5)+8$

f) $4{,}4-0{,}8(6-3x)=9-3(0{,}6x+2{,}6)$

11 L

Wenn man hier beide Seiten mit einer geeigneten (gleichen) Zahl multipliziert, sieht alles schon viel einfacher aus.

a) $\frac{3x-15}{5}=\frac{-12+4x}{4}$ **b)** $\frac{7x-4}{5}+\frac{7}{5}=\frac{5x+16}{10}+\frac{7}{10}$

c) $\frac{4y+1}{6}=\frac{9y+10}{12}$ **d)** $\frac{1}{2}\left(y-\frac{2}{3}\right)+\frac{3y}{4}=\frac{2}{3}\left(1-\frac{3}{8}y\right)-\frac{3y}{2}$

e) $\frac{-20(z+2)}{8}=\frac{-3(-5-z)}{2}$ **f)** $\frac{1}{2}\left(\frac{3t}{4}-\frac{4}{3}\right)+\frac{1}{2}t=-\frac{3}{2}\left(t+\frac{2}{9}\right)+\frac{t}{16}$

12

Schau genau hin. Auch hier kann man zuerst die Brüche verschwinden lassen.

a) $\frac{2}{3}\left(x+\frac{1}{4}\right)=\frac{5}{6}\left(\frac{9}{10}x+1\right)$ **b)** $\frac{5}{4}\left(x-\frac{4}{15}\right)=-\frac{1}{2}(x-1)$

c) $\frac{5}{4}\left(\frac{22}{35}x+1\right)=\frac{1}{20}\left(1-\frac{20}{21}x\right)$ **d)** $-\frac{1}{5}\left(x-\frac{10}{3}\right)=-\frac{1}{3}\left(-\frac{5}{2}-x\right)$

e) $\frac{1}{4}\left(\frac{7}{4}x+\frac{4}{3}\right)=-\frac{1}{8}\left(15x-\frac{16}{3}\right)$ **f)** $\frac{1}{2}\left(\frac{1}{16}v-\frac{1}{8}\right)-2=-\frac{1}{8}\left(\frac{3}{8}v-\frac{3}{4}\right)$

ERINNERE DICH

Es gilt: $\frac{a}{b}x=\frac{ax}{b}$.

$\frac{a}{b}=\frac{c}{d}$

kann man äquivalent umformen in $ad=bc$

13

Paul sagt zu seinem Freund: „Wetten, dass ich die Anzahl der Münzen in deinem Portemonnaie raten kann, wenn du meine Anweisungen befolgst? Zähle verdeckt die Anzahl der Münzen, multipliziere sie mit 2, addiere 4 hinzu, multipliziere dann mit 5 und subtrahiere anschließend 11. Wie lautet die errechnete Zahl?“

Erkennst du das Prinzip?

BEISPIEL

Anzahl der Münzen: 13

$2\cdot 13=26$

$26+4=30$

$5\cdot 30=150$

$150-11=139$

Streicht man in 139 die Einerstelle 9, erhält man die Anzahl der Münzen, also 13.

(Beachte die Darstellung einer Zahl im Dezimalsystem.)

14

Teste das „Raten“ der Anzahl von Münzen in der Klasse. Denke dir andere Rechenanweisungen aus, mit denen man ebenfalls die Anzahl von Münzen raten kann.

15

Das Lebensalter und die Schuhgröße einer Person lassen sich mithilfe folgender Rechnung „erraten“. Wieso geht das? Multipliziere das Lebensalter mit 20, addiere das Tagesdatum (ohne Monat und Jahr) hinzu, multipliziere mit 5, addiere die Schuhgröße dazu und subtrahiere anschließend das 5fache des Tagesdatums.

16

Beachte den Hinweis in der Randspalte.

a) $3x(5-8x)+4x(6x+9)=-51$
b) $(x+1)(x+1)=x^2-1$
c) $x(x+2)+6(x+2)=x^2+7x+15$
d) $(y-2)(y+3)=y(4+y)+5$
e) $6x(3-7x)-22x(5-2x)=2x^2-4x-22$
f) $(6-x)(x+10)=(10-x)(x+6)$
g) $9z(1-z)=3z(3-z)-6z(-6+z)$
h) $(x+3)(x+5)-(x-3)(x-5)=0$
i) $x^2-1=x(x-1)-x(x+1)+x^2+x$
j) $(7-u)(8+u)=(9-u)(10+u)$

ERINNERE DICH
Das Produkt zweier Summen kann man folgendermaßen umformen:
$(a+b)(c+d)$
$=a(c+d)+b(c+d)$
$=ac+ad+bc+bd$

17[L]

Hier können dir die binomischen Formeln weiterhelfen.

a) $(y+1)(y-1)=y^2+4y+4$
b) $(x-6)^2+(x+1)^2=2x^2+32$
c) $(x+3)(x+3)=x^2-4x+15$
d) $0=(z-4)^2-(z-8)^2+45$
e) $(t+1)^2-(t+2)^2=0$
f) $(u+7)(u-7)+(u-6)^2=u(2u+1)$
g) $(x-3)^2=x^2-3(x+1)$
h) $x^2-16+(2x-1)^2=x(5x-4)$
i) $z^2+8z+20=(z+4)^2$
j) $2(y-1)^2-3(y+1)^2=-(y+4)^2$

AUFGABEN ZUR WIEDERHOLUNG

1. Gib den Flächeninhalt der Figuren an. Beachte den Maßstab.

1 : 100

2. Berechne den Stoffverbrauch für die folgenden Stücke.

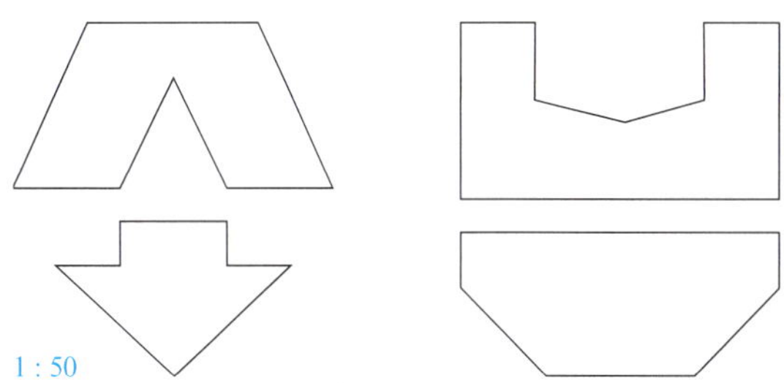

1 : 50

3. Die Umrisse zweier Orte sind im Atlas so dargestellt. Schätze die Größe ihrer Fläche. Handelt es sich eher um Städte oder um Ortschaften/Dörfer?

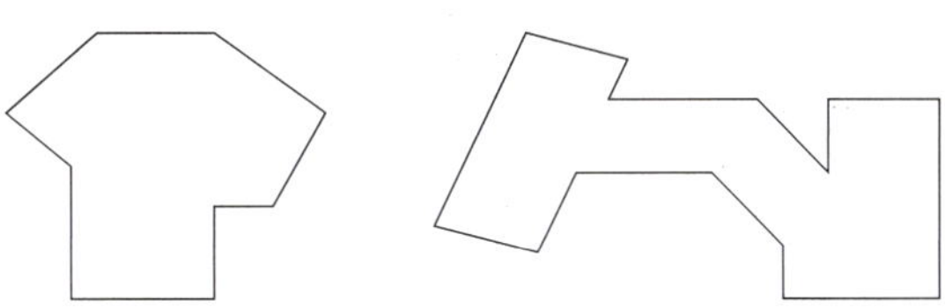

1 : 1500 1 : 2000

4. Rechne richtig um.
   a) 1210 cm in m; 345 dm in m; 12,56 m in dm; 0,013 m in cm; 0,25 dm in mm; 0,000 000 561 m in mm
   b) 15 cm² in dm²; 418 dm² in cm²; 0,09 m² in cm²; 17,43 cm² in dm²; 4 ha in m²; 23 dm² in ha
   c) 0,1 mm² in dm²; 56 km in cm; 19,6 dm in mm; 8,4 a in m²; 0,87 ha in m²; 5 mm in km

Lösen von Sachaufgaben

1

Ein Vermesser soll ein Grundstück durch eine senkrecht zur Straßenfront verlaufende Grenzlinie so teilen, dass Teil II um 25 m² größer ist als Teil I. Beschreibe, wo der Vermesser die Grenzlinie ziehen soll.

Hinweis:
Benenne die Länge der rot gestrichelten Linie im Bild mit x und beschreibe die Breite der Fläche II mithilfe von x.
Beschreibe den Inhalt A_I der Fläche I.
Beschreibe den Inhalt A_{II} der Fläche II.
Es ist $A_I + 25\ m^2 = A_{II}$.
Löse die Gleichung.

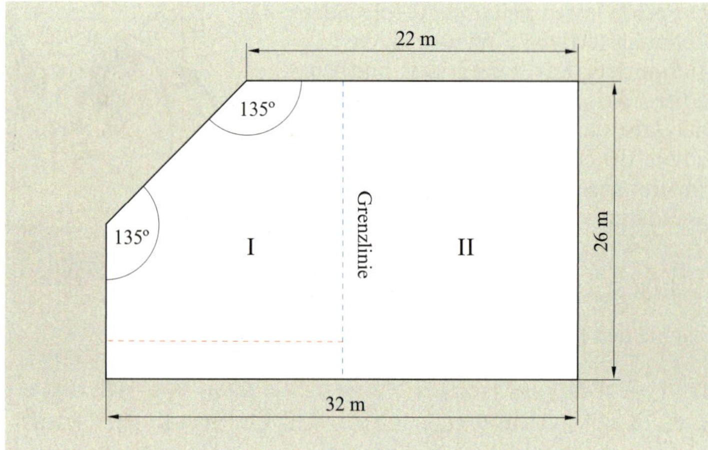

BEISPIEL

Markus verrät uns über seine gedachte Zahl Folgendes:
„Wenn ich 24 zum 12fachen der gedachten Zahl addiere, erhalte ich dieselbe Zahl, die ich erhalte, wenn ich zur gedachten Zahl 9,5 addiere und die Summe verdreifache.“
Welche Zahl hat sich Markus gedacht?

Lösung:

gedachte Zahl	x
24 zum 12fachen der Zahl addieren	$12 \cdot x + 24$
zur gedachten Zahl 9,5 addieren und anschließend die Summe verdreifachen	$3 \cdot (x + 9{,}5)$
Gleichung	$12 \cdot x + 24 = 3 \cdot (x + 9{,}5)$
Beim Lösen der Gleichung ergibt sich	$x = 0{,}5$

Probe:
Das 12fache von 0,5 ist 6, dazu 24 addiert ergibt 30.
9,5 zu 0,5 addiert ergibt 10. Das Dreifache von 10 ist ebenfalls 30.

Antwort:
Markus hat sich die Zahl 0,5 gedacht.

MERKE

Beim Lösen von Sachaufgaben mithilfe einer Gleichung muss man unbedingt beachten:
1. Text genau lesen
2. Aufschreiben, wofür eine Variable eingeführt wird
3. Vorkommende Terme mithilfe der Variablen beschreiben
4. Gleichung aufstellen
5. Gleichung lösen
6. Probe am Text machen
7. Antwortsatz

2

Welche Zahl hat sich Verena gedacht?

3

Pia ist drei Jahre älter als Eric, und Vater ist fünfmal so alt wie Eric. Zusammen sind die drei Personen 52 Jahre alt. Wie alt sind Pia, Eric und der Vater?

4

Welche Zahl ist es?

a) Addiert man zur gesuchten Zahl 1,6, erhält man das Fünffache der gesuchten Zahl, vermindert um 17,6.

b) Vermindert man die gesuchte Zahl um 0,8, so erhält man ein Drittel der gesuchten Zahl.

c) Die Summe aus einem Drittel der gesuchten Zahl und 1,7 ergibt das um 0,8 verminderte Doppelte der gesuchten Zahl.

5

Elisa, Linn und Rico sind jetzt zusammen 40 Jahre alt. Elisa ist zwei Jahre jünger als Linn und Linn ist drei Jahre älter als Rico. Wie alt ist Linn in fünf Jahren?

6

In der Klasse 8 b sind 28 Schüler. In der Gruppe der Dreizehnjährigen sind vier Schüler weniger als in der Gruppe der Vierzehnjährigen. Zwei Schüler sind bereits 15 Jahre alt. Das Alter aller Schüler zusammen ergibt 5 Jahre mehr als das Neunfache des Alters des Lehrers. Wie alt ist der Lehrer?

Geometrisches

7^L

Beschreibe Umfang und Flächeninhalt der Figuren durch je einen Term.

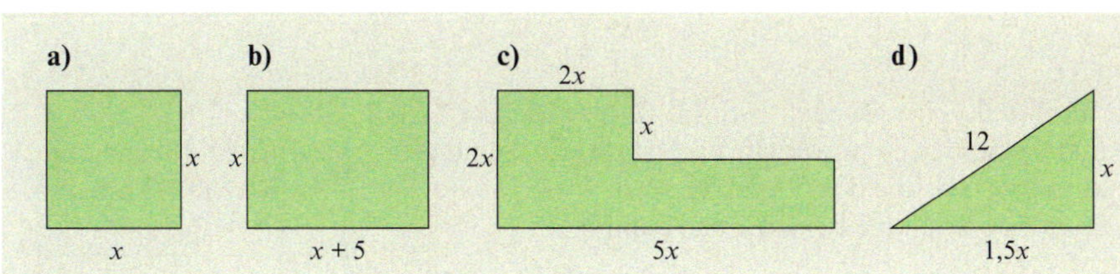

8

Zeichne geometrische Figuren, deren Umfang oder Flächeninhalt durch folgenden Term beschrieben wird.

a) $2x + 6x$ **b)** $9x^2$ **c)** $12x$ **d)** $5x^2$

9

Ein Dreieck hat einen Umfang von 28,7 cm. Die längste Seite ist 2,7 cm länger als die mittlere Seite. Die kürzeste Seite ist 2,2 cm kürzer als die mittlere Seite. Gib die Seitenlängen des Dreiecks an.

10

Ein Drachenviereck, dessen eine Seite 3,4 cm länger ist als eine andere Seite des Drachenvierecks, hat einen Umfang von 35,6 cm. Wie lang sind die Seiten des Vierecks?

HINWEIS
zu Aufgabe 5
Du kannst auch systematisch probieren: Schätze zunächst das gesuchte Alter von Elisa. Führe dann eine Probe am Sachverhalt durch. Ergibt die Probe, dass Elisa älter sein muss, als du geschätzt hast, wähle einfach die nächstgrößere Zahl für Elisas Alter und probiere erneut.

AUFGABE
Wie groß ist x?
$A = 101{,}92\ \text{m}^2$

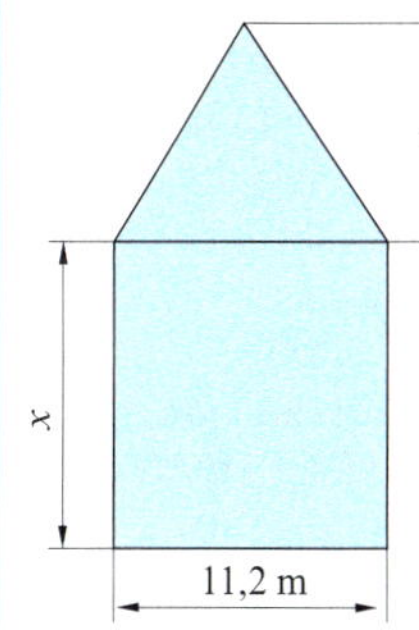

Alltägliches

11

Familie Lucht interessiert sich für die Energiebilanz ihrer Lichtquellen. Herr Lucht hat erfahren, dass für die zwei Glühlampen und die zwei Energiesparlampen gleicher Helligkeit bei 1000 Betriebsstunden insgesamt 180 Kilowattstunden erforderlich sind. Für die Herstellung und Entsorgung der vier Lampen sind insgesamt 27,4 Kilowattstunden notwendig.

a) Wie viel Energie ist zur Herstellung und Entsorgung der zwei Glühlampen erforderlich?

b) Wie viel Energie benötigt eine Energiesparlampe für 1000 Betriebsstunden?

HINWEIS
Eine Glühlampe erfordert fünfmal so viel Energie wie eine Energiesparlampe gleicher Helligkeit.
Für ihre Herstellung und Entsorgung werden aber 1,3 Kilowattstunden weniger benötigt als für die Herstellung und Entsorgung einer Energiesparlampe.

12[L]

Herr Frost hat gelesen, dass er 25 % der jährlichen Heizkosten für sein Einfamilienhaus einsparen kann, wenn er die Temperatur nachts und bei Abwesenheit um 3° in allen Räumen absenkt und die Temperatur in den Schlafräumen konstant auf 16 °C hält. Die Kosten für die Heizung des Hauses betragen das Sechsfache der Kosten für die Erzeugung des warmen Wassers.
Wie viel Geld kann Herr Frost sparen, wenn er jetzt für Heizung und Warmwasser jährlich etwa 700 € bezahlt?

13

Ein Güterzug fährt von A-Stadt um 6.00 Uhr ab nach B-Stadt. Zum gleichen Zeitpunkt fährt im 120 km entfernten B-Stadt ein Interregio nach A-Stadt. Seine Geschwindigkeit ist anderthalbmal so groß wie die des Güterzuges.
In welcher Entfernung von A-Stadt begegnen die beiden Züge einander?

TIPP
Fertige eine Skizze zum Sachverhalt an, z. B.

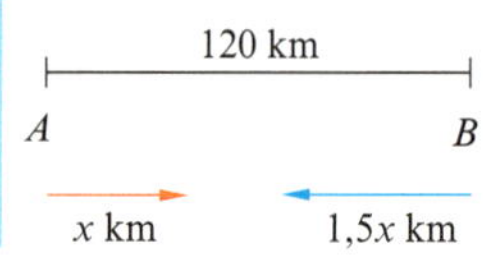

14

Kleines Flugzeug

Jumbo-Jet

Ein kleines Flugzeug fliegt von Dresden nach Mallorca mit einer Geschwindigkeit von 480 km pro Stunde. Eine halbe Stunde später folgt auf gleichem Kurs ein Jumbo-Jet mit einer Reisegeschwindigkeit von 920 km pro Stunde.

a) Nach wie vielen Flugminuten holt der Jumbo-Jet das kleine Flugzeug ein?

b) Wie weit sind beide Flugzeuge zum Zeitpunkt des Überholens vom Startort entfernt?

15

René geht von A nach B mit einer Geschwindigkeit von 4 km pro Stunde. Als René 45 Minuten unterwegs ist, bemerkt Rico, dass René etwas vergessen hat. Er folgt ihm sofort mit einer Geschwindigkeit von 6 km pro Stunde. Als dieser ebenfalls bereits 45 Minuten unterwegs ist, bemerkt Jana, dass René noch etwas vergessen hat. Sie nimmt das Fahrrad und fährt beiden mit einer Geschwindigkeit von 10 km pro Stunde hinterher. Wer holt René zuerst ein, Rico oder Jana?
Welche Strecke hat jede der drei Personen zu dem Zeitpunkt zurückgelegt, zu dem Jana René einholt?

16

Wie viel Gramm 333er Gold benötigt man für 14 g 585er Gold?

HINWEIS
333er Gold ist eine Legierung mit 33,3 % Gewichtsanteilen Gold.

BEISPIEL

Messing ist eine Kupfer-Zink-Legierung. Wie viel Kilogramm Zink und wie viel Kilogramm Messing mit einem Zinkanteil von 10 % sind zu verschmelzen, um 250 kg Messing mit einem 30 %igen Zinkanteil zu erhalten?

Lösung:

Stoff	Gesamtmasse in kg	Zinkanteil in kg
Zink	x	x
Messing mit 10 % Zink	$250 - x$	$\frac{250 - x}{10}$

Nach dem Verschmelzen soll 250 kg Messing 30 % Zink, also 75 kg Zink enthalten. Damit ergibt sich die Gleichung: $\frac{250 - x}{10} + x = 75$

Als Lösung dieser Gleichung erhält man $x = \frac{500}{9} \approx 55{,}56$.

Antwort:
Es sind also 55,56 kg Zink und 194,44 kg Messing mit 10 % Zinkanteil zu verschmelzen, um 250 kg Messing mit 30 % Zinkanteil zu erhalten.

17

Erkläre die einzelnen Lösungsschritte im Beispiel oben und mache die Probe.

18

Wie viel Kilogramm Zink und wie viel Kilogramm Messing mit 15 % Zinkanteil muss man verschmelzen, um 400 kg Messing mit einem Zinkanteil von 40 % zu erhalten?

19

a) Für eine Medizin benötigt ein Apotheker 100 ml 30%igen Alkohol. Er hat aber nur 20 %igen und 60 %igen Alkohol zur Verfügung. Wie viel soll er von jeder Sorte nehmen, damit er die gewünschte Menge 30 %igen Alkohol erhält.

b) Wie viel von jeder der zur Verfügung stehenden Sorten (siehe Aufgabenteil a) muss der Apotheker nehmen, wenn er 250 ml 50 %igen Alkohol herstellen will?

HINWEIS
bei 30 %igem Alkohol sind 30 % des Gesamtvolumens Alkohol, der Rest ist Wasser. Man spricht deshalb auch von Volumenprozent.

Bruchgleichungen

1

Eine Tankstelle hat einen Vorrat an Normalbenzin, der bei einem täglichen Verkauf von 1200 l für 30 Tage reicht.
Wie lange reicht der Vorrat, wenn täglich 1800 l verkauft werden?

2

Welche Zahl muss man zum Nenner des Bruches $\frac{5}{7}$ addieren, damit man einen Bruch mit dem Wert $\frac{1}{3}$ erhält?

BEISPIEL

Ein Tanker kann durch zwei Rohre mit Öl beladen werden.
Durch Rohr A allein dauert das Beladen 18 h; werden beide Rohre gleichzeitig benutzt, dauert es 6 h. Wie lange dauert das Beladen allein durch Rohr B?

Öltanker im Hafen von Mina-Jebel-Ali, Vereinigte Arabische Emirate

Lösung:
Die gesamte Menge Öl (wir nennen sie M) fließt durch Rohr A in 18 Stunden, d.h. in einer Stunde fließt durch Rohr A ein Achtzehntel von M, also $\frac{M}{18}$.

Die Zeit, in der die gesamte Menge Öl durch Rohr B fließt, ist gesucht, wir nennen sie x. In einer Stunde fließt durch Rohr B dementsprechend ein x-tel von M, also $\frac{M}{x}$.

Fließt das Öl durch beide Rohre gleichzeitig, so fließen $\frac{M}{18} + \frac{M}{x}$ stündlich in den Tanker.
Da aber das Beladen mit beiden Rohren zusammen 6 Stunden dauert, fließt in diesem Fall pro Stunde ein Sechstel der gesamten Ölmenge in den Tanker, also $\frac{M}{6}$.

Wir können also $\frac{M}{18} + \frac{M}{x}$ und $\frac{M}{6}$ gleichsetzen.

Aufstellen der Gleichung: $\frac{M}{18} + \frac{M}{x} = \frac{M}{6}$.

Äquivalentes Umformen der Gleichung:

$$\frac{M}{18} + \frac{M}{x} = \frac{M}{6} \quad |:M$$

$$\frac{1}{18} + \frac{1}{x} = \frac{1}{6} \quad \left|-\frac{1}{18}\right.$$

$$\frac{1}{x} = \frac{1}{6} - \frac{1}{18} \quad |\text{ausrechnen}$$

$$\frac{1}{x} = \frac{3}{18} - \frac{1}{18} = \frac{2}{18} = \frac{1}{9} \quad |\text{Kehrwerte}$$

$$x = 9$$

Antwort:
Das volle Beladen des Öltankers allein durch Rohr 2 dauert 9 h.

ERINNERE DICH
Auf den Seiten 28 bis 33 dieses Buches hast du **Bruchterme** kennengelernt, auch wie man mit ihnen rechnet.
Besonders wichtig:
Der Nenner darf niemals null werden.

WISSEN

Gleichungen, in denen Bruchterme mit einer Variablen im Nenner vorkommen, nennt man **Bruchgleichungen.**
Die Menge aller Zahlen, für welche die Bruchterme einer Bruchgleichung definiert sind, d. h. für welche Zahlen der Nenner ungleich null ist, nennt man **Definitionsbereich *D*** der Bruchgleichung.

BEISPIEL

Zu der Bruchgleichung $\frac{2}{x+1} = \frac{1}{3}$
gehört der Definitionsbereich $D = \{x \mid x \in \mathbb{Q} \text{ und } x + 1 \neq 0\} = \mathbb{Q} \setminus \{-1\}$
und die Lösungsmenge $L = \{5\}$.

HINWEIS
Die Schreibweise $\mathbb{Q} \setminus \{-1\}$ bedeutet die Menge der rationalen Zahlen ohne –1.
Man spricht: $\mathbb{Q}$ ohne –1.

3

Bestimme zu folgenden Bruchgleichungen den Definitionsbereich.

a) $\frac{x}{x-5} = \frac{7}{8}$ **b)** $\frac{1}{x} = \frac{x-3}{x+2}$ **c)** $\frac{4-x}{6-x} = \frac{5+x}{x+9}$ **d)** $\frac{2x-1}{1+3x} = \frac{1+2x}{2-7x}$

4

Stelle zu jeder Aufgabe eine Bruchgleichung auf und löse sie.
Welche Zahlen gehören jeweils nicht zum Definitionsbereich?

a) Welche Zahl muss man zum Nenner des Bruches $\frac{11}{7}$ addieren, um $\frac{1}{2}$ zu erhalten?

b) Welche Zahl muss man vom Nenner des Bruches $\frac{21}{34}$ subtrahieren, um $\frac{3}{4}$ zu erhalten?

c) Welche Zahl muss man zum Nenner des Bruches $\frac{7}{17}$ addieren, um $\frac{1}{2}$ zu erhalten?

d) Welche Zahl muss man vom Nenner des Bruches $\frac{13}{35}$ subtrahieren, um $\frac{1}{2}$ zu erhalten?

BEISPIEL
zu Aufgabe 4
Welche Zahl muss man zum Nenner des Bruches $\frac{3}{4}$ addieren, um $\frac{1}{8}$ zu erhalten?
Aufstellen der Bruchgleichung:
$\frac{3}{4+x} = \frac{1}{8}$
Lösen der Bruchgleichung:
$\frac{3}{4+x} = \frac{1}{8}$
$\frac{3 \cdot 8}{(4+x) \cdot 8} = \frac{4+x}{(4+x) \cdot 8}$
$x = 20$

METHODE

Schrittfolge zum Lösen von Bruchgleichungen

Beispiel: $\frac{x-1}{x+2} = \frac{x+3}{x-4}$

(1) Bestimmen des Definitionsbereichs: Keiner der auftretenden Nenner darf null werden.

(1) $D = \mathbb{Q} \setminus \{-2; 4\}$

(2) Umformen der Bruchgleichung in eine Gleichung ohne Bruchterme: Beide Seiten der Gleichung werden auf den gemeinsamen Hauptnenner gebracht.
Dann werden die Zählerterme der beiden Seiten gleichgesetzt.

(2) $\frac{(x-1) \cdot (x-4)}{(x+2) \cdot (x-4)} = \frac{(x+3) \cdot (x+2)}{(x+2) \cdot (x-4)}$

$(x-1)(x-4) = (x+2)(x+3)$

(3) Lösen der neuen, aus den Zählertermen gebildeten Gleichung (z. B.) durch Äquivalenzumformungen.

(3) $x^2 - 5x + 4 = x^2 + 5x + 6$
$-10x = 2$
$x = -\frac{1}{5}$

(4) Überprüfen, ob das Ergebnis zum Definitionsbereich gehört.

(4) $-\frac{1}{5} \in \mathbb{Q} \setminus \{-2; 4\}$

(5) Lösungsmenge angeben.

(5) $L = \left\{-\frac{1}{5}\right\}$

5[L]

Bestimme Definitionsbereich und Lösungsmenge folgender Bruchgleichungen.

a) $\frac{3}{x-2} = \frac{5}{x}$ **b)** $\frac{2y-3}{3y-2} = \frac{7}{3}$ **c)** $\frac{3}{x-8} = \frac{-2}{x+2}$

d) $\frac{x}{x-9} = \frac{x+5}{x}$ **e)** $\frac{2-y}{3-y} = \frac{y-3}{y+2}$ **f)** $\frac{2}{4x+6} = \frac{-1}{5x}$

g) $\frac{3x+1}{3x-1} = \frac{x+1}{x-1}$ **h)** $\frac{1+4y}{7y-2} = \frac{-3+8y}{14y-4}$ **i)** $\frac{3z+15}{-3z+15} = \frac{15-3z}{15+3z}$

BEACHTE
Die Lösungsmenge L muss immer eine Teilmenge des Definitionsbereichs D sein.

6

Löse folgende Zahlenrätsel mithilfe von Bruchgleichungen in deren jeweiligem Definitionsbereich. Kontrolliere die Ergebnisse.

a) Addiert man zum Zähler und Nenner des Bruches $\frac{7}{12}$ dieselbe Zahl, so erhält man $\frac{1}{2}$. Wie lautet die Zahl?

b) Subtrahiert man vom Zähler und Nenner des Bruches $\frac{5}{8}$ dieselbe Zahl, so erhält man $\frac{1}{4}$. Wie lautet die Zahl?

c) Der Zähler eines Bruches ist um 6 kleiner als der Nenner; addiert man zum Zähler und zum Nenner jeweils 25, so erhält man $\frac{6}{7}$. Wie lautet der Bruch?

7

Bestimme Definitionsbereich und Lösungsmenge folgender Bruchgleichungen.

a) $\frac{1}{x} + \frac{1}{2x} = 1$ **b)** $\frac{5}{2x} + \frac{3}{8x} = -2$ **c)** $\frac{3}{4x} - \frac{1}{6x} = \frac{7}{24}$

d) $\frac{2}{x} - \frac{7}{6} = \frac{3}{2x}$ **e)** $\frac{3}{2x} - \frac{3}{4} = \frac{6}{7x}$ **f)** $\frac{4}{3x} - \frac{1}{3} = \frac{3}{2x}$

g) $-\frac{1}{9y} + \frac{2}{3} = -\frac{3}{2} + \frac{1}{6y}$ **h)** $\frac{3}{u} - \frac{1}{12u} = \frac{5}{12u} + \frac{5}{2}$ **i)** $-\frac{13}{12z} + 1 = -10 + \frac{5}{8z}$

HINWEIS
Wiederhole noch einmal anhand der Seiten 30 bis 32, wie man Bruchterme addiert.

8

Bestimme Definitionsbereich und Lösungsmenge folgender Bruchgleichungen.

a) $\frac{5}{x-2} + \frac{4}{x+3} = \frac{9}{x}$ **b)** $\frac{2}{x-2} + \frac{2}{x+2} = \frac{4}{x-1}$ **c)** $\frac{4}{z+2} + \frac{1}{1-z} = \frac{3}{z+1}$

d) $\frac{4}{y-2} - \frac{2}{y+3} = \frac{1}{y-2}$ **e)** $\frac{2}{u+1} - \frac{6}{u-2} = \frac{4}{1-u}$ **f)** $\frac{6}{v+5} - \frac{12}{v-1} = \frac{-6}{v-9}$

BEISPIEL

$\frac{2}{x+1} + \frac{3}{x-2} = \frac{5}{x-4}$; $D = \mathbb{Q} \setminus \{-1; 2; 4\}$

$\frac{2}{x+1} + \frac{3}{x-2} = \frac{5}{x-4}$ | Hauptnenner bilden

$\frac{2(x-2)(x-4)}{(x+1)(x-2)(x-4)} + \frac{3(x+1)(x-4)}{(x+1)(x-2)(x-4)} = \frac{5(x+1)(x-2)}{(x-4)(x+1)(x-2)}$ | Zähler gleichsetzen

$2(x-2)(x-4) + 3(x+1)(x-4) = 5(x+1)(x-2)$ | Klammern auflösen

$2x^2 - 12x + 16 + 3x^2 - 9x - 12 = 5x^2 - 5x - 10$ | zusammenfassen

$-16x = -14$ | :(−16)

$x = \frac{7}{8}$; $\frac{7}{8} \in D$, also $L = \left\{\frac{7}{8}\right\}$

BEACHTE
1. Bestimmen des Definitionsbereichs
2. Umformen der Bruchgleichung in eine Gleichung ohne Bruchterme
3. Äquivalent umformen
4. Überprüfen, ob x zum Definitionsbereich gehört
5. Lösungsmenge angeben

9

Sind die folgenden Bruchgleichungen richtig gelöst? Notiere jede Umformung.

a) $\frac{3(x-3)}{x-5} - 2 = \frac{x+1}{x+6}$

$G = \mathbb{Q} \setminus \{5; -6\}$

$\frac{3(x-3) - 2(x-5)}{x-5} = \frac{x+1}{x+6}$

$\frac{x+1}{x-5} = \frac{x+1}{x+6}$

$\frac{1}{x-5} = \frac{1}{x+6}$

$x + 6 = x - 5$

$6 = -5$ ↯

$L = \emptyset$

b) $\frac{1}{x+1} + \frac{1}{x+3} = \frac{2}{x+2}$

$G = \mathbb{Q} \setminus \{-1; -2; -3\}$

$\frac{(x+3)+(x+1)}{(x+1)\cdot(x+3)} = \frac{2}{x+2}$

$\frac{2x+4}{(x+1)\cdot(x+3)} = \frac{2}{x+2}$

$(2x+4)(x+2) = 2(x+1)(x+3)$

$2x^2 + 8x + 8 = 2x^2 + 8x + 6$

$2 = 0$ ↯

$L = \emptyset$

c) $\frac{2-x}{1-2x} = \frac{1-3x}{3-x}$

$G = \mathbb{Q} \setminus \{0{,}5; 3\}$

$(2-x)(3-x) = (1-3x)(1-2x)$

$6 - 5x + x^2 = 1 - 5x + 6x^2$

$x^2 - 1 = 6x^2 - 6$

$x^2 - 1 = 6(x^2 - 1)$

$1 = 6$ ↯

$L = \emptyset$

10

Bei einem Rechteck beträgt die Differenz aus der längeren und der kürzeren Seite 10 cm. Der Quotient dieser beiden Seiten ist 11. Wie lang sind die Seiten?
Denke dir andere Differenzen und Quotienten aus der längeren und der kürzeren Seite aus und lasse die Seitenlängen von deinen Tischnachbarn ermitteln.

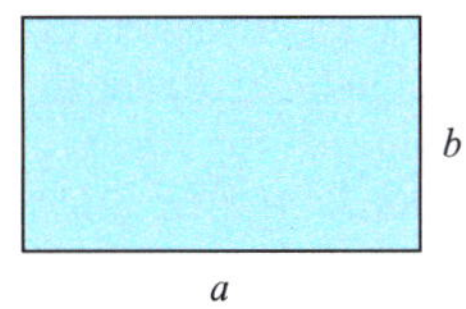

11

a) Addiert man zum Reziproken einer Zahl den Bruch $\frac{3}{7}$, so erhält man 1. Wie lautet die Zahl?

b) Welche Zahl muss man zum Zähler und Nenner des Bruchs $\frac{5}{11}$ jeweils addieren, um den dazu reziproken Bruch zu erhalten?

c) Welche Zahl muss man vom Zähler und Nenner des Bruchs $\frac{7}{10}$ jeweils subtrahieren, um den dazu reziproken Bruch zu erhalten?

d) Welche Zahl muss man zum Zähler des Bruchs $\frac{9}{13}$ addieren und von seinem Nenner subtrahieren, um den dazu reziproken Bruch zu erhalten?

e) Welche Zahl muss man vom Zähler des Bruchs $\frac{8}{15}$ subtrahieren und zu seinem Nenner addieren, um den dazu reziproken Bruch zu erhalten?

f) Löse die voranstehenden Teilaufgaben b) bis e) jeweils für mindestens drei weitere selbst gewählte Beispiele. Formuliere einen Zusammenhang zwischen den vorgegebenen Brüchen und der zugehörigen Lösung.

ERINNERE DICH
Die beiden Brüche $\frac{a}{b}$ und $\frac{b}{a}$ mit $a, b \neq 0$ heißen zueinander reziprok.
So sind z. B. $\frac{2}{3}$ und $\frac{3}{2}$, 5 und $\frac{1}{5}$ sowie $\frac{1}{4}$ und 4 zueinander reziprok.

12

Die Länge l einer Eisenbahnschiene bei der Temperatur t lässt sich mithilfe der Formel $\frac{l - l_0}{l_0} = 12 \cdot 10^{-6} \frac{1}{°C} \cdot t$ berechnen, wobei l_0 die Länge der Eisenbahnschiene bei $t_0 = 0$ °C ist.

a) Wie groß kann für $l_0 = 20$ m der Längenunterschied werden, wenn die Temperaturen zwischen den Werten $t_S = 60$ °C (im Sommer) und $t_W = -25$ °C (im Winter) schwanken?

b) Welche Länge hat eine Eisenbahnschiene bei $t_0 = 0$ °C, wenn bei der Temperatur $t = 40$ °C (bzw. bei -15 °C) ihre Länge 25,012 m (bzw. 22,496 m) beträgt?

Gleichungen mit Parametern

1

Eine Wandergruppe mietet für einen Tagesausflug einen Kleinbus zu 165 €. In ihrer Kasse hat die Gruppe noch 83 €. Was muss jeder Teilnehmer zuzahlen?

BEISPIEL

Herr Kaiser überlegt, wie viel Geld er für ein Jahr fest anlegen muss, um danach 10 000 € zu erhalten. Er überlegt zuerst allgemein:

$10\,000\text{ €} = x\left(1 + \frac{p}{100}\right)$ und damit $x = \frac{1\,000\,000}{100 + p}$ €.

Bei 2,5% Zinsen müsste er 9756,10 € und bei 4% Zinsen 9615,39 € einzahlen.

WISSEN

Wie das Beispiel zeigt, haben Variablen in Gleichungen manchmal unterschiedliche Bedeutung. So steht x im Beispiel für die gesuchte Größe. p steht dagegen für eine gegebene Größe, die unterschiedliche Werte annehmen kann. Der Wert, den x annimmt, hängt davon ab, welchen Wert man für p einsetzt.

Variablen wie x im Beispiel nennt man auch **Lösungsvariable**. Variablen wie p im Beispiel nennt man dagegen **Parameter** oder **Formvariablen**.

Enthält eine Gleichung Parameter, so ist oft eine **Fallunterscheidung** nötig, um alle Lösungsmöglichkeiten zu ermitteln. Dies ist meist eine Folge davon, dass Variablen im Nenner nicht null sein dürfen.
Nebenstehend wird z. B. durch eine Fallunterscheidung untersucht, unter welchen Bedingungen die Gleichung $ax + b = c$ eindeutig lösbar, unlösbar oder allgemeingültig ist.

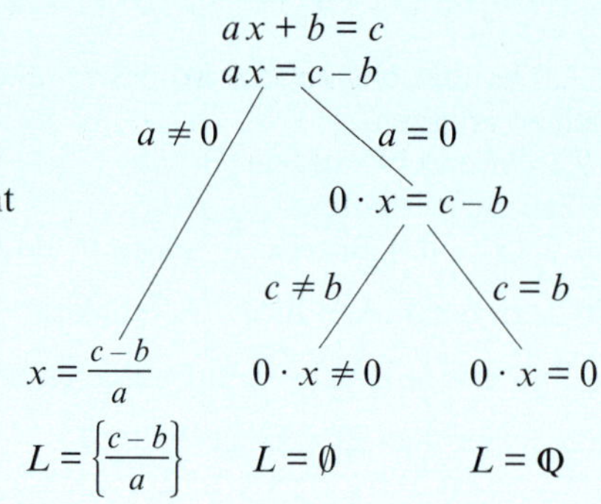

HINWEIS
Gebräuchliche Lösungsvariablen sind x, y, z, während a, b, c, oder p, q, t oft für Parameter genommen werden.

2

Löse die folgenden Gleichungen. Die Lösungsvariablen sind x, y bzw. z.

a) $2a + 5b = 7x - 3c$ **b)** $12 - 3y = a + 2y + 5c$ **c)** $(2x - a) : (b + c) = a$
d) $4(x + p) = 3q + 8p$ **e)** $6z - 5(a - b) = z + 1$ **f)** $5(y - t) + 8t = y - 3t$

BEISPIEL
$5x + b = c$
$5x = c - b$
$x = \frac{c-b}{5}$
$L = \left\{\frac{c-b}{5}\right\}$

3^L

Löse die folgenden Gleichungen nach x auf ($a \neq 0$ und $b \neq 0$).

a) $ax - 7 = 9$ **b)** $3x + a = 8$ **c)** $5x - 7 = a$
d) $9x - 3a = a$ **e)** $ax = a^2 - 1$ **f)** $ax - 4 = 2a$
g) $\frac{x}{32} = \frac{1}{a}$ **h)** $\frac{x}{a} + \frac{1}{a} = 1$ **i)** $\frac{ax}{6} - 5 = \frac{a}{3}$
j) $(ax + 3)(bx + 5) = 0$ **k)** $(2x + a)(4x + b) = 0$ **l)** $(ax - 7)(8 - bx) = 0$
m) $(6x - a)(b - 9x) = 0$ **n)** $(-5x + a)(-4x - b) = 0$ **o)** $ax(bx - 1{,}1) = 0$
p) $3{,}8x(0{,}5x - a) = 0$ **q)** $ax(-x) = 0$ **r)** $(-ax)(x - b) = 0$

4

Gib zur Gleichung $ax + b = c$ jeweils eine Belegung der Parameter an, so dass die Gleichung eine, keine oder unendlich viele Lösungen besitzt.

5

Ermittle alle Lösungsmöglichkeiten durch eine Parameter-Fallunterscheidung.

a) $bx + 4 = x$ **b)** $ax - 8 = 2ax$ **c)** $ax - 1 = bx$ **d)** $ax - b(x+2) = 0$

6

Ermittle die Lösungsmengen bzgl. x unter Beachtung möglicher Parameterwerte.

a) $a - \frac{3}{x} = 0$ **b)** $\frac{a}{x} - \frac{b}{2x} = 5$ **c)** $\frac{a}{x-1} + b = \frac{x}{x-1}$

BEISPIEL

Fallunterscheidung für eine Bruchgleichung mit Parametern

$\frac{a}{2x} - b = \frac{1}{x} \Leftrightarrow \frac{a}{2x} - \frac{1}{x} = b \Leftrightarrow \frac{a-2}{2x} = b$ bezüglich $D = \mathbb{Q}\setminus\{0\}$.

$\boldsymbol{b \neq 0}$

$\frac{a-2}{2x} = b \Leftrightarrow x = \frac{a-2}{2b}$

$\boldsymbol{a = 2}$	$\boldsymbol{a \neq 2}$
unlösbar	eindeutig lösbar
$L = \emptyset$	$L = \left\{\frac{a-2}{2b}\right\}$

$\boldsymbol{b = 0}$

$\frac{a}{2x} - b = \frac{1}{x} \Leftrightarrow \frac{a}{2x} = \frac{1}{x} \Leftrightarrow \boldsymbol{ax = 2x}$

$\boldsymbol{a = 2}$	$\boldsymbol{a \neq 2}$
allgemeingültig	unlösbar
$L = D = \mathbb{Q}\setminus\{0\}$	$L = \emptyset$

MERKE

Das Symbol $\Leftrightarrow$ steht für „äquivalent zu“.

BEACHTE

$ax = 2x$ hat für $a \neq 2$ die Lösung $x = 0$.
0 gehört aber nicht zum Definitionsbereich der ursprünglichen Gleichung.

7

Unter welchen Voraussetzungen existieren eindeutige Lösungen?

a) $\frac{a}{bx} = c$ **b)** $b - \frac{a}{x} = c$ **c)** $\frac{x}{a+x} = 1$ **d)** $\frac{c}{x-2} = 0$

e) $\frac{x}{x-t} = 6k$ **f)** $\frac{1}{x} - \frac{a}{x} = 1 - \frac{1}{a}$ **g)** $\frac{a+x}{4x+4} = \frac{3}{8}$ **h)** $\frac{1}{x} + \frac{1}{a} = \frac{1}{b}$

8

Ermittle alle Lösungsmöglichkeiten mithilfe von Fallunterscheidungen.

a) $\frac{x}{x+1} + \frac{k}{x+1} = 1$ **b)** $\frac{5}{2x-3} = \frac{t}{12x-6}$ **c)** $\frac{5}{2x-3} = \frac{t}{12x-18}$

d) $\frac{a-bx}{b+2x} = \frac{b}{2}$ **e)** $\frac{x+m}{x-m} - 2 = \frac{m-x}{m+x}$ **f)** $\frac{a}{2x-3} = \frac{b}{12x-18}$

9

Die folgenden Formeln kennst du entweder schon oder du wirst sie später kennen lernen. Löse die Formeln nach jeder vorkommenden Variablen auf.
Beachte: π ist keine Variable, sondern eine Zahl ($\pi \approx 3{,}14$).

a) $s = vt$ **b)** $u = 2\pi r$ **c)** $A_O = 2ab + 2ac + 2bc$

d) $F_1 \cdot l_1 = F_2 \cdot l_2$ **e)** $p_1 \cdot V_1 = p_2 \cdot V_2$ **f)** $l = l_0 \cdot (1 + \alpha t)$

g) $\frac{U_1}{U_2} = \frac{I_1}{I_2}$ **h)** $\frac{B}{G} = \frac{b}{g}$ **i)** $v_2 = \frac{2m_1}{m_1 + m_2} \cdot v_1$

WUSSTEST DU SCHON?

In den Naturwissenschaften und in der Technik werden zum Zwecke von Berechnungen Gesetze sehr häufig als **Formeln** formuliert.
Formeln kann man als Gleichungen mit Parametern ansehen und entsprechend umformen.

Umstellen von Formeln

1

a) Suche aus deinem Tafelwerk oder dem Physikbuch jeweils eine Formel heraus, die zur Berechnung der angegebenen Größe dient.
- Geschwindigkeit bei einer gleichförmigen Bewegung
- Reibungskraft
- Längenänderung fester Stoffe beim Erwärmen

b) Nenne die Bedeutung der in den Formeln auftretenden Variablen.

c) Welche Formeln sind dir aus dem Unterricht in anderen Fächern bekannt?

BEISPIEL

Die Formel zur Berechnung der Dichte eines Körpers lautet $\varrho = \frac{m}{V}$.

Sind die Masse m und das Volumen V eines Körpers bekannt, so kann man die Dichte ϱ leicht berechnen und den Stoff bestimmen, aus dem der Körper besteht.
Kennt man dagegen den Stoff und das Volumen eines Körpers, dann kann man seine Masse berechnen. Dazu wird die Formel wie eine Gleichung behandelt und umgeformt:

$$\varrho = \frac{m}{V} \quad | \cdot V$$
$$\varrho \cdot V = m.$$

Ebenso leicht lässt sich die Formel nach dem Volumen V auflösen, falls m und ϱ bekannt sind:

$$\varrho \cdot V = m \quad | : \varrho$$
$$V = \frac{m}{\varrho}.$$

2

a) Berechne die Dichte eines Stoffes, von dem 2,3 cm³ eine Masse von 18,1 g besitzen. Um welchen Stoff könnte es sich dabei handeln? Welche Masse besitzt ein Körper aus dem gleichen Material, wenn sein Volumen 25 cm³ beträgt?

b) Berechne das Volumen von 5 t Kies.

INFORMATION
Die Dichte einiger Stoffe:

Stoff	Dichte in g/cm³
Eisen	7,86
Diamant	3,5
Kies	1,9
Benzin	0,72
Wasser	1,00

3

Stelle die folgenden Formeln nach der angegebenen Größe um. Was bedeuten die Variablen in den Termen? Erkundige dich gegebenenfalls in einem Nachschlagewerk.

a) $V = a \cdot b \cdot c \quad [b]$ **b)** $A = \frac{a \cdot b}{2} \quad [a]$ **c)** $u = 2(a + b) \quad [b]$

d) $R = \frac{U}{I} \quad [I]$ **e)** $v = \frac{s}{t} \quad [s]$ **f)** $p = \frac{m \cdot g}{A} \quad [A]$

4

Zum Lösen von Anwendungsaufgaben sind dir die geltenden Formeln sowie einige Größen gegeben. Finde heraus, in welchen Fällen ausreichende Angaben gemacht wurden. Wo sind zu viele Größen gegeben und wo zu wenige?
Stelle die Formeln nach der gesuchten Größe um.

a) $R_{ges} = R_1 + R_2 + R_3$ gesucht: R_1 gegeben: R_2, R_3 und R_{ges}
b) $W = F \cdot s$ gesucht: F gegeben: W und s
c) $u = a + b + c$ gesucht: a gegeben: b, c und u
d) $V = a^2 \cdot h$ gesucht: a gegeben: h und V des Prismas

5

Bei Erwärmung dehnt sich ein fester Stoff fast immer aus. Welche Länge l er nach der Erwärmung um die Temperaturdifferenz $\Delta\vartheta$ erreicht, lässt sich mithilfe der Formel $l = l_0 \cdot (1 + \alpha \cdot \Delta\vartheta)$ berechnen. Dabei bedeutet l_0 die Anfangslänge und α ist der Ausdehnungskoeffizient, der vom Stoff abhängt, aus dem der Körper besteht.

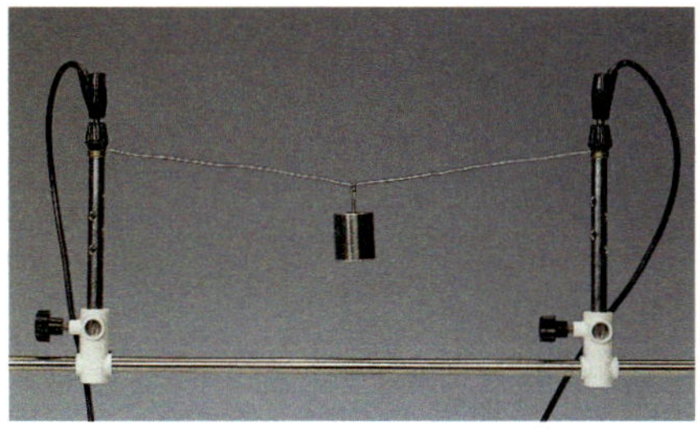

INFORMATION

Ausdehnungskoeffizienten α einiger Stoffe:

Aluminium	$0{,}024\,\frac{\text{mm}}{\text{m} \cdot \text{K}}$
Eisen	$0{,}012\,\frac{\text{mm}}{\text{m} \cdot \text{K}}$
Kupfer	$0{,}016\,\frac{\text{mm}}{\text{m} \cdot \text{K}}$
Glas	$0{,}010\,\frac{\text{mm}}{\text{m} \cdot \text{K}}$
Zinn	$0{,}027\,\frac{\text{mm}}{\text{m} \cdot \text{K}}$
Messing	$0{,}018\,\frac{\text{mm}}{\text{m} \cdot \text{K}}$

a) Zeige, dass die nach α umgestellte Formel $\alpha = \frac{l - l_0}{l_0 \cdot \Delta\vartheta}$ lautet.

b) Ein 75 cm langer Metallstab dehnt sich bei der Erwärmung von 20 °C auf 100 °C um 1,08 mm aus. Berechne den Ausdehnungskoeffizienten α.

c) Suche aus der nebenstehenden Tabelle den zugehörigen Stoff heraus.

d) Um welche Strecke dehnt sich ein gleich langer Glasstab bei diesem Experiment aus? Berechne dies mithilfe der nebenstehenden Tabelle.

6

Beim Umstellen der folgenden Formeln sind Schülern einige Fehler unterlaufen. Finde die fehlerhaften Umformungen heraus und berichtige sie.
Welcher Sachverhalt wird durch die angegebenen Formeln beschrieben?

a) $U_1 + U_2 = U_{Ges}$

$U_1 = \frac{U_{Ges}}{U_2}$ ↯

b) $F_1 \cdot l_1 = F_2 \cdot l_2$

$\frac{F_1}{F_2} = \frac{l_1}{l_2}$

$F_1 = \frac{l_1}{l_2} \cdot F_2$ ↯

c) $V = a^3 + a^2 \cdot c$

$V - a^3 = a^2 \cdot c$

$V - \frac{a^3}{a^2} = c$

$V - a = c$ ↯

d) $W = F \cdot s$

$\frac{s}{W} = F$

$F = \frac{s}{W}$ ↯

7

Ein Satellit umrundet die Erde mit einer konstanten Geschwindigkeit von 7,65 km/s.

a) Gib die Gleichung zur Berechnung der Geschwindigkeit bei einer gleichförmigen Bewegung an. Stelle die Formel nach allen auftretenden Variablen um.

b) Welche Umlaufzeit hat ein Satellit, wenn seine Bahn ca. 41 300 km lang ist?

c) Welche Strecke legt der Satellit an einem Tag zurück?

d) Die Erde bewegt sich zusammen mit dem Satelliten um die Sonne. Dabei hat sie eine Geschwindigkeit von 28,9 km/s. Überlege, welche Geschwindigkeit der Satellit bezüglich der Sonne besitzt. Betrachte dabei verschiedene Punkte der Bahn des Satelliten.

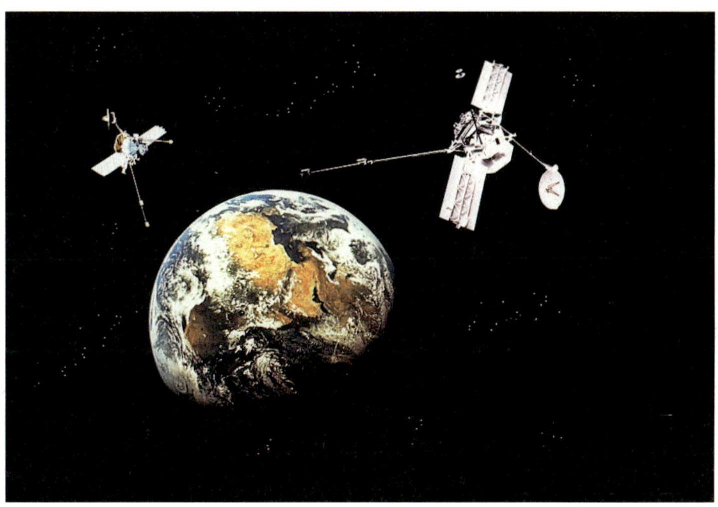

Satelliten in der Erdumlaufbahn

Ungleichungen

1

Ein Pkw wiegt leer 1,7 t. Sein zulässiges Gesamtgewicht ist 2,3 t.
Es werden 200 kg Gepäck zugeladen.
Wie viele Personen können außer dem Fahrer noch mitfahren, wenn niemand mehr als 80 kg wiegt?

BEISPIEL

für das Lösen einer Ungleichung

Eine Fähre besitzt eine Tragfähigkeit von 85 t. Es befinden sich bereits zwei Lkw von 14 t bzw. 32 t auf der Fähre.
Wie viele Pkw können noch hinzukommen, wenn ein Pkw einschließlich Insassen durchschnittlich 1,6 t schwer ist?

Aufstellen einer Ungleichung:
Wir betrachten bei den Massen nur die Zahlenwerte (Einheit Kilogramm).

Text	Term oder Gleichung
Masse der beiden Lkw zusammen	46 000
Masse eines Pkw	1600
Anzahl der hinzukommenden Pkw	x ($x \in \mathbb{N}$)
Masse aller hinzukommenden Pkw	$1600 \cdot x$
Tragfähigkeit der Fähre	85 000
Summe der Massen ≤ Tragfähigkeit	$46\,000 + 1600 \cdot x \leq 85\,000$

Lösen der Ungleichung durch inhaltliches Überlegen:
$46\,000 + 1600 \cdot x$ kann nur kleiner oder höchstens gleich 85 000 sein, wenn $1600 \cdot x$ kleiner oder höchstens gleich 39 000 ist.
$1600 \cdot x$ kann nur kleiner oder höchstens gleich 39 000 sein, wenn x kleiner oder höchstens gleich $390 : 16 \approx 24{,}4$ ist.
Wegen $x \in \mathbb{N}$ muss gelten: $x \leq 24$.

Lösen der Ungleichung durch systematisches Probieren:

x	10	20	30	25	24
$46\,000 + 1600 \cdot x$	62 000	78 000	94 000	86 000	84 400
Kommentar	geht	geht	zu viel	zu viel	geht gerade noch

Ergebnis: Es können noch bis zu 24 Pkw auf die Fähre fahren.

2

Zum Dreifachen einer Zahl wird die Zahl 5 addiert. Das Ergebnis soll
a) kleiner als 32
b) höchstens 32
c) mindestens 32
d) größer als 32
sein. Welche rationalen (ganzen, natürlichen) Zahlen kommen in Frage?
Markiere sie auf der Zahlengeraden.

Zahl

WISSEN

Die Lösungsmengen von Ungleichungen können auch durch das **Intervall** der Zahlen beschrieben werden, in dem die Lösungen liegen.
Wir vereinbaren dazu Kurzschreibweisen für Intervalle wie:

$[a; b] = \{x \in \mathbb{Q} \mid a \leq x \leq b\}$

$(a; b) = \{x \in \mathbb{Q} \mid a < x < b\}$

$[a; b) = \{x \in \mathbb{Q} \mid a \leq x < b\}$

$(-\infty; a) = \{x \in \mathbb{Q} \mid x < a\}$

$[a; \infty) = \{x \in \mathbb{Q} \mid x \geq a\}$

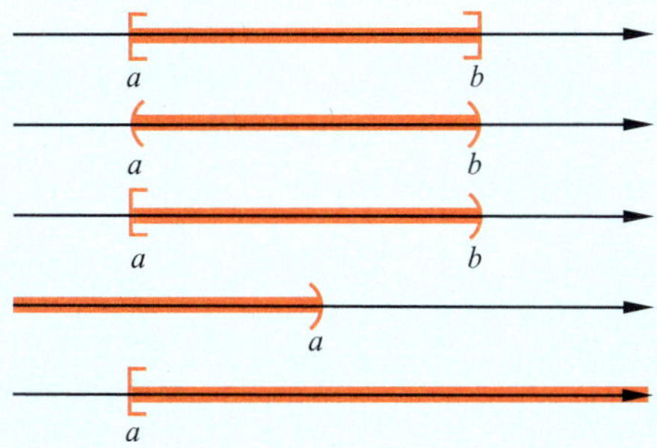

HINWEISE
intervallum (lat.)
Zwischenraum

$[a; b]$ bedeutet: a bzw. b gehört zum Intervall.
$(a; b)$ bedeutet: a bzw. b gehört nicht zum Intervall.
Das Symbol ∞ bedeutet: „Unendlich“.

$[a; b]$ nennt man geschlossenes Intervall,
$(a; b)$ offenes Intervall
und $[a; b)$ bzw. $(a; b]$ halboffenes Intervall.

3

Ermittle die Lösungsmengen und stelle sie auf der Zahlengeraden dar.
a) $3x + 1 \leq 10 \quad (x \in \mathbb{N})$ **b)** $18x - 12 < 24 \quad (x \in \mathbb{Z})$ **c)** $2x > x + 2 \quad (x \in \mathbb{Q})$

4

Schreibe als Intervall bzw. als Menge und kennzeichne das Intervall (bzw. die Menge) auf der Zahlengeraden.
a) $\{x \in \mathbb{Q} \mid 3 \leq x < 7\}$ **b)** $\{x \in \mathbb{Q} \mid -1 < x \leq 2\}$ **c)** $\{x \in \mathbb{Q} \mid x \leq 2\}$
d) $\{x \in \mathbb{Q} \mid -4 \leq x \leq -1\}$ **e)** $\{x \in \mathbb{Q} \mid -2 < x < 5\}$ **f)** $\{x \in \mathbb{Q} \mid x \geq -3\}$
g) $[-9; 8)$ **h)** $(-\infty; 17)$ **i)** $[-12; -1)$
j) $[-7; -4]$ **k)** $[1; \infty)$ **l)** $(11; 19]$

5

Überzeuge dich durch Einsetzen einer Zahl, dass die folgenden Ungleichungen falsch gelöst wurden. Was wurde falsch gemacht?
Löse die Ungleichungen richtig.

a) $3 > 7x + 11 - 3x - 4$
$7x + 11 - 3x - 4 > 3$
$x > -1$

b) $1 - (2 + 3x) < 2(3x - 4) - 6x$
$1 - 2 - 3x < 6x - 8 - 6x$
$x < 3$

c) $(x - 3)^2 < 0$
$x - 3 < 0$
$x < 3$

d) $\frac{-3}{x} > 1 \quad (x \neq 0)$
$-3 > x$
$x < -3$

e) $\frac{3 - 5x}{2} < \frac{5x - 7}{4}$
$6 - 10x < 10x - 14$
$-20x < -20$
$x > 1$

f) $\frac{2x}{3} < \frac{x}{2}$
$4x < 3x$
$4 < 3$
keine Lösung

TIPP
Bei 5 f) kannst du dir mindestens eine Zahl überlegen, die doch eine Lösung ist.

6

Frau Mörner benötigt einen Leihwagen, um wichtige Unterlagen von München nach Hamburg zu transportieren. Sie kann wählen zwischen einem Wagen mit 40 € Grundgebühr und 8 ct pro Kilometer und einem zweiten mit 25 € Grundgebühr und 10 ct pro Kilometer. Welches Angebot würdest du Frau Mörner empfehlen? Begründe deine Antwort.

7

Beweise: Die Summe aus einem positiven gemeinen Bruch und seinem Kehrwert ist stets größer als 2 oder mindestens gleich 2.

Teste dich!

Grundwissen

1

Vereinfache die folgenden Terme soweit wie möglich.

a) $(abc) : (bcd)$

b) $2ab + 4bc - \frac{1}{3c}(6abc + 2{,}4c \cdot 5bc)$

c) $(-9x + 3a) \cdot \left(-\frac{4}{9}a - x\right) + \frac{1}{3}(a - 2\sqrt{2}x) \cdot (a + x\sqrt{8})$

2

Übertrage die Terme ins Heft und ergänze dabei die Lücken so, dass wahre Aussagen entstehen.

a) $(a + 4)^2 + (8 + \_)^2 = \frac{5}{4}a^2 + 80$

b) $(\_ + y) \cdot (x^2 + \_) = x^4 - y^2$

c) $(\_ + 4) \cdot ((a - 2)^2 + \_) = a^4 - 16$

d) $(\_ + 1)^2 + (1 - \sqrt{x}) \cdot (\_ + \sqrt{x}) + \_ = x \cdot (x + 1)$

3

Berechne jeweils den kleinsten Wert, den der Term annehmen kann. Welchen Wert hat x in diesem Fall?

a) $(x + 5)^2$

b) $81 - 36x + 4x^2$

c) $x^2 - 20x$

d) $x^2 - 8x + 13$

4

Gib die Definitionsbereiche der folgenden Terme an. Vereinfache die Terme soweit wie möglich und untersuche, ob sich durch das Vereinfachen der Definitionsbereich geändert hat.

a) $\frac{15b}{6 + 3b}$

b) $\frac{(2x - 3) \cdot (5x + 1)}{(5x + 1)^2}$

c) $\frac{x^2 - 1}{(x + 1)^2}$

d) $\frac{a^2 - 5a + 6}{a - 3}$

5

Gib jeweils zwei verschiedene Terme mit dem angegebenen Definitionsbereich an.

a) $D = \{x \mid x \in \mathbb{Q} \text{ und } x \neq 3\}$

b) $D = \{x \mid x \in \mathbb{Q} \text{ und } x \neq 0, x \neq 2, x \neq -2\}$

6

Um welche Zahlen handelt es sich?

a) Wenn man vom Dreifachen einer Zahl die Zahl 5 abzieht, erhält man das gleiche Ergebnis wie bei der Subtraktion der Zahl 21 vom Siebenfachen derselben Zahl.

b) Vermehrt man das Sechsfache einer Zahl um 8, so erhält man das Doppelte der Zahl.

c) Eine Zahl ist doppelt so groß wie ihre Quadratwurzel.

7

Die Abbildung zeigt ein Ikosaeder; das ist ein Körper, der von 20 gleichseitigen Dreiecken begrenzt wird.
Wie lang sind alle Kanten dieses Körpers zusammen?

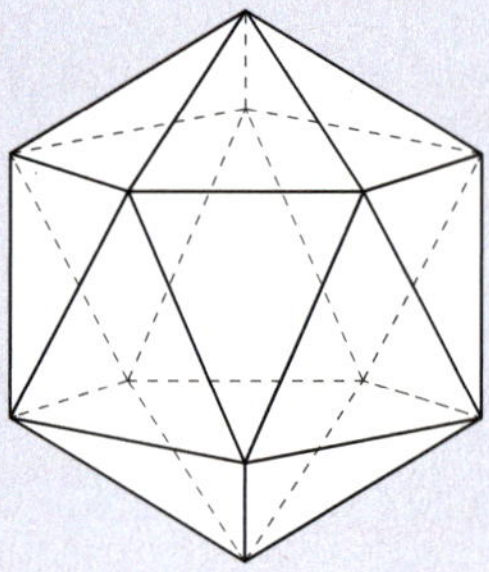

8

Beweise:

a) Ist die erste von fünf aufeinander folgenden natürlichen Zahlen gerade, so ist die Summe dieser Zahlen durch 10 teilbar.

b) Die Differenz aus einer dreistelligen Zahl und der aus ihr durch Umkehren der Reihenfolge der Ziffern entstehenden Zahl ist durch 99 teilbar.

9

Löse die folgenden Ungleichungen.

a) $21x + 79 < x + 159$

b) $54y - 19 \geq 3 \cdot (38 - y);\ y \in \mathbb{Z}$

Sachaufgaben und Probleme

10

Die Klasse 8 b beginnt um 8 Uhr eine Wanderung und kommt dabei 4 Kilometer in der Stunde vorwärts. Sven kommt 5 Minuten zu spät und läuft mit einem Tempo von 5 km/h hinterher. Wann und nach wie viel Kilometern holt er die Klasse ein?

11

Um einen Hohlkörper herzustellen, wird aus dem Quader Q_a der Quader Q_i herausgeschnitten (siehe Abbildung rechts).
Ermittle eine Formel zur Berechnung des Volumens des Hohlkörpers.

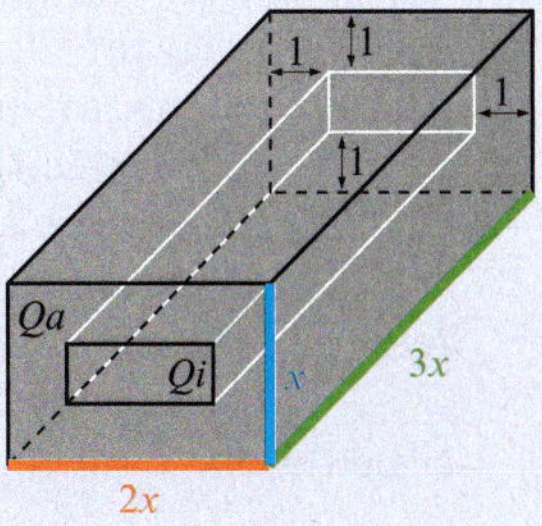

12

Frau Herwig will einen Mobiltelefon-Vertrag abschließen. Sie prüft zwei Angebote.
Bei Angebot I beträgt die monatliche Grundgebühr 13,49 € und die einzelnen Gespräche kosten 0,29 € je angefangene Minute.
Bei Angebot II beträgt die monatliche Grundgebühr 9,89 € und die einzelnen Gespräche kosten 0,59 € je angefangene Minute.
Das Handy selbst ist in beiden Fällen kostenlos.
Bis zu wie viel Gesprächsminuten pro Monat ist das Angebot II günstiger?

AUSWERTUNG

Terme und Gleichungen – Überprüfe dein Wissen und Können!

Schätzt eure Leistung zunächst selbst ein, nachdem ihr die Aufgaben bearbeitet habt.
Konntest du nicht alle Aufgaben lösen? Die folgende Tabelle enthält einige Tipps, mit denen du vielleicht doch noch zum Ziel kommen kannst.

Aufgabe	Tipp
1	Ausmultiplizieren, kürzen, gleichartige Glieder zusammenfassen – darum geht es hier. Die binomischen Formeln können nützlich sein. Schreibe sorgfältig und notiere Zwischenschritte.
2, 3	Beachte die binomischen Formeln (Seite 24).
3	Manchmal kann man durch Addition einer passenden Zahl, – die man aber gleich wieder subtrahieren muss, damit der Term seinen Wert nicht ändert, – dem Term unter Anwendung einer binomischen Formel die Struktur einer Summe aus einem Quadrat und einer Zahl geben. Welches ist der kleinste Wert, den ein Quadrat annehmen kann?
4, 5	Welche Werte dürfen die Nenner eines Bruchterms niemals annehmen?
6	Übersetze die Texte in Gleichungen und löse diese.
7	Die Antwort besteht aus einem Term mit einer selbstgewählten Variablen.
8	Sieh dir die Seiten 34 bis 37 noch einmal genau an.
9	Sieh dir die Seiten 58 und 59 noch einmal an. Beachte die Definitionsbereiche.
10	Wie berechnet man aus der Geschwindigkeit den pro Zeiteinheit zurückgelegten Weg? Ermittle mithilfe einer Gleichung, wann die Klasse und Sven denselben Weg zurückgelegt haben.
11	Welche Abmessungen hat der Quader Q_i? Berechne die Volumina beider Quader und fasse die entstehenden Terme geeignet zusammen.
12	Stelle für jedes Angebot einen Term auf, aus dem man die Kosten in Abhängigkeit der Gesprächsminuten berechnen kann. Aus diesen Termen ist dann eine Ungleichung zu bilden.

Beratet mit eurer Lehrerin oder eurem Lehrer, wie ihr eventuell noch vorhandene „Wissenslücken“ schließen könnt. Die Lösungen zu den Aufgaben findest du auf Seite 239.

ZUSAMMENFASSUNG

Terme und Variablen

Sinnvolle Zusammensetzungen von Zeichen für Zahlen, Größen und Operationen nennt man **Terme**.
Beispiele für Terme sind: 3,75; $7a + 3b$; $|6e - 5|$; $\sqrt{27a^2}$; 3,78 km
Terme können Variablen enthalten. Die **Variablen** eines Terms sind Zeichen (meistens Buchstaben), die als Platzhalter für Elemente aus einer vorgegebenen **Grundmenge** stehen. Falls ein Term einen konkreten Sachverhalt beschreibt, ist der Variablengrundbereich in der Regel durch den Sachverhalt selbst schon bestimmt. (Beispiel: Ist P der Preis einer Ware in der kleinsten Währungseinheit, so ist die Grundmenge für P die Menge der nichtnegativen ganzen Zahlen.)
Bei reinen Rechentermen ohne konkreten Sachbezug kann die Grundmenge willkürlich eingeschränkt sein; ist dies nicht der Fall, so nehmen wir die Menge $\mathbb{Q}$ der rationalen Zahlen als Grundmenge.

Struktur von Termen	**Beispiele**
– Summen und Differenzen	$15(3d^2 - 7) + (3 - b)^2$; $23(2b^2 - 7c) - 4(c^3 - d)$
– Produkte und Potenzen	$(2{,}4x - 7y) \cdot (8{,}4x^2 - 9{,}1z)$; $((e^2 - 2f) \cdot 3x)^3$
– Quotienten (Bruchterme)	$\frac{5y^3 - 2x^2}{x + y}$ $(x \neq -y)$

Umformen von Termen	**Beispiele**
– Gleichartige Glieder können zusammengefasst werden.	$3a - 4b + 2a + 5b + 2z = 5a + b + 2z$
– Klammern, vor denen ein „+“-Zeichen steht, können weggelassen werden.	$2y + (2a + 5b) = 2y + 2a + 5b$
– Beim Auflösen von Klammern, vor denen ein „–“ steht, kehren sich alle Rechenzeichen in den Klammern um.	$2y - (4b + 2a - 14) = 2y - 4b - 2a + 14$
– Bei der Produktbildung von Klammern ist jedes Glied der einen Klammer mit jedem Glied der anderen Klammer zu multiplizieren.	$(2x - 3y) \cdot (a + b) = 2xa + 2xb - 3ya - 3yb$
– Umformen von Summen in Produkte durch Ausklammern und mithilfe der binomischen Formeln	$ax + ay + x^2 - y^2 = a(x + y) + (x + y) \cdot (x - y) = (a + x - y) \cdot (x + y)$

Binomische Formeln

$(a + b)^2 = a^2 + 2ab + b^2$ $\quad$ $(a - b)^2 = a^2 - 2ab + b^2$ $\quad$ $(a + b) \cdot (a - b) = a^2 - b^2$

Bruchterme, Bruchgleichungen

Bruchterme sind Brüche, bei denen im Zähler und im Nenner Variablen auftreten können.
Eine **Bruchgleichung** ist eine Gleichung, in der mindestens ein Bruchterm mit einer Variablen im Nenner vorkommt.
Achtung: Der Nenner eines Bruchterms darf bei keiner Variablenbelegung null werden.
Der größtmögliche Definitionsbereich einer Bruchgleichung besteht also aus allen rationalen Zahlen, für die jeder der in der Bruchgleichung vorkommenden Bruchterme einen von null verschiedenen Nenner hat.
Für das Rechnen mit Bruchtermen gelten die gleichen Regeln wie für das Rechnen mit Bruchzahlen.
Beispiel: Lösen der Gleichung $\frac{2}{x-1} = \frac{3}{x+2}$; $D = \mathbb{Q} \setminus \{1; -2\}$. Multiplizieren der Gleichung mit dem Hauptnenner liefert: $2(x + 2) = 3(x - 1) \Leftrightarrow 2x + 4 = 3x - 3 \Leftrightarrow x = 7$. Die Lösungsmenge ist $L = \{7\}$.

Quadratwurzeln und Potenzen

Um sehr große bzw. sehr kleine Zahlen schnell erfassen zu können, benutzt man einen Trick: Man trennt Zehnerpotenzen ab.

Masse eines Elektrons: $9{,}1 \cdot 10^{-31}$ kg

Masse der Erde: $6{,}0 \cdot 10^{24}$ kg

Entfernung Sonne – Erde: $1{,}5 \cdot 10^{8}$ km

Elementarladung: $1{,}6 \cdot 10^{-19}$ C

Volumen der Erde: $1{,}1 \cdot 10^{12}$ km^3

Quadrate und Wurzeln

1

An einer Straßenkreuzung liegt ein 576 m^2 großes, quadratisches Eckgrundstück. Wie hoch sind die Straßenreinigungsgebühren im Jahr, wenn für jeden Meter Straßenfront pro Jahr 4,30 € zu zahlen sind?
Nach dem Ausbau der Kreuzung durch einen überall gleich breiten Fuß- und Radweg ist das Grundstück nur noch 529 m^2 groß. Wie hoch sind jetzt die Straßenreinigungsgebühren im Jahr?

2

Das Schwimmbecken eines Freibades hat die Form eines Quadrats mit der Seitenlänge $a = 25$ m. Es soll so vergrößert werden, dass die neue Wasserfläche doppelt so groß wie die bisherige ist. Dabei soll die quadratische Form des Schwimmbeckens erhalten bleiben.
Wie groß ist die Seitenlänge x des neuen Beckens?

a) Wie kann man die neue Seitenlänge x zeichnerisch ermitteln? Führe deinen Vorschlag aus.

b) Ermittle einen groben Näherungswert für x auf folgende Weise:
Gib ein Intervall mit ganzzahligen Grenzen an, in dem x liegen muss. Berechne dann zu verschiedenen Werten mit einer Nachkommastelle aus diesem Intervall die zugehörige Wasserfläche. Notiere die Werte in einer Tabelle.

c) Verbessere die Näherungslösung aus Aufgabenteil b) nach der dort angewendeten Methode um eine Nachkommastelle.

3

a) Zeichne auf Millimeterpapier über der Zahlengeraden jeweils vom Nullpunkt aus Quadrate der Seitenlängen $a = 1$; 1,5; 2; 2,5; …; 5 cm und zeichne in jedes Quadrat die Diagonale ein (vgl. nebenstehendes Bild).

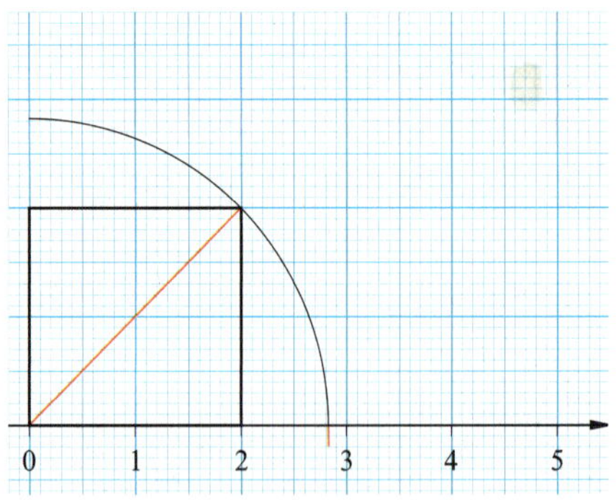

b) Ermittle für jedes gezeichnete Quadrat mit der Seitenlänge a die Länge x seiner Diagonalen, durch Abtragen der Diagonalenlänge auf der Zahlengeraden. Halte entsprechende Wertepaare für a und x in einer Tabelle fest.

c) Begründe, dass es sich bei der Zuordnung $a \rightarrow x$ um eine proportionale Zuordnung handelt. (Erinnere dich: Was ist eine proportionale Zuordnung? Welche Eigenschaften hat sie?)

d) Nutze das Resultat aus der Aufgabe in der Randspalte, um den Proportionalitätsfaktor als Quadratwurzel einer bestimmten Zahl auszudrücken.

AUFGABE
Begründe, dass der Flächeninhalt des Quadrats über der Diagonalen eines Quadrats doppelt so groß ist wie der Flächeninhalt des ursprünglichen Quadrats.

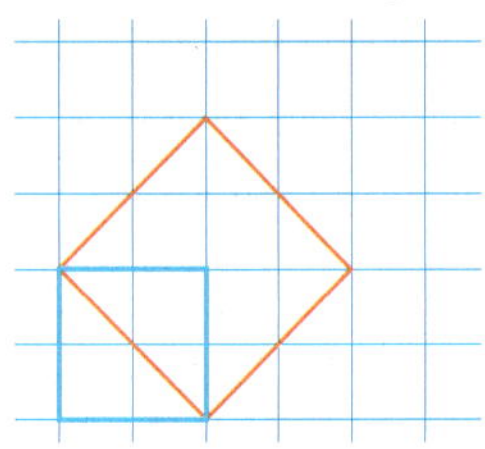

WISSEN

Für Zahlen a und x gilt: Ist $x = a^2$, so heißt x das **Quadrat von *a***.

Als **Quadratwurzel** (oder kurz als **Wurzel**) **aus *a*** ($a \geq 0$) bezeichnet man die Zahl x, die die folgenden beiden Bedingungen erfüllt: $x^2 = a$ und $x \geq 0$.
Man schreibt für diese Zahl $\sqrt{a}$.
Die Zahl a nennt man **Radikand**, das Berechnen der Wurzel wird als **Wurzelziehen** oder **Radizieren** bezeichnet.

Für nichtnegative Zahlen ist das Radizieren die Umkehrung des Quadrierens, d. h. für $a \geq 0$ ist $\sqrt{a^2} = a$ und $(\sqrt{a})^2 = a$.

BEISPIEL
Das Quadrat von 5 ist 25, denn $5^2 = 25$.
Die Quadratwurzel aus 25 ist 5, denn $\sqrt{25} = 5$ *und* $5 \geq 0$.

BEACHTE
Stets gilt: $\sqrt{a} \geq 0$, also: $\sqrt{x^2} = |x|$.

4 L

Ziehe wenn möglich aus folgenden Zahlen die Wurzel (ohne Taschenrechner).

a) 100 **b)** 625 **c)** 289 **d)** –36 **e)** 841
f) 6,25 **g)** 0,25 **h)** 5,76 **i)** 0,04 **j)** –0,0009
k) $\frac{25}{36}$ **l)** $\frac{100}{49}$ **m)** $\frac{144}{121}$ **n)** $\frac{4}{10\,000}$ **o)** $\frac{361}{576}$

5

Berechne wenn möglich (ohne Taschenrechner).

a) $\sqrt{1}$ **b)** $\sqrt{121}$ **c)** $-\sqrt{1600}$ **d)** $\sqrt{0}$ **e)** $\sqrt{-400}$
f) $\sqrt{64}$ **g)** $-\sqrt{0{,}64}$ **h)** $\sqrt{-6\,400}$ **i)** $\sqrt{640\,000}$ **j)** $\sqrt{0{,}0064}$
k) $\sqrt{(9)^2}$ **l)** $\sqrt{-1}$ **m)** $\sqrt{(169)^2}$ **n)** $\sqrt{0{,}000\,001}$ **o)** $\sqrt{(-9)^2}$
p) $\sqrt{\frac{1}{4}}$ **q)** $\sqrt{\frac{361}{256}}$ **r)** $\sqrt{\left(-\frac{36}{121}\right)^2}$ **s)** $-\sqrt{\frac{900}{1\,600}}$ **t)** $\sqrt{\frac{1}{256}}$

6

Berechne und kontrolliere dann dein Ergebnis mit einem Taschenrechner.

a) $\sqrt{\frac{1}{49}}$ **b)** $\sqrt{\frac{1}{100}}$ **c)** $\sqrt{\frac{4}{16}}$ **d)** $\sqrt{\frac{64}{9}}$ **e)** $\sqrt{\frac{225}{324}}$
f) $\sqrt{7\frac{1}{9}}$ **g)** $\sqrt{\frac{5}{405}}$ **h)** $\sqrt{\frac{7}{252}}$ **i)** $\sqrt{\frac{112}{175}}$ **j)** $\sqrt{\frac{588}{432}}$

7 L

Berechne die Werte folgender Terme. Kontrolliere mit dem Taschenrechner.

a) $2 \cdot \sqrt{36}$ **b)** $\frac{1}{3} \cdot \sqrt{9}$ **c)** $\frac{3}{5} \cdot \sqrt{0{,}25}$ **d)** $\frac{4}{3} \cdot \sqrt{0{,}81}$ **e)** $\sqrt{25} \cdot \sqrt{36}$
f) $\sqrt{36} : \sqrt{81}$ **g)** $\sqrt{0{,}16} : \sqrt{64}$ **h)** $\sqrt{\frac{4}{9}} \cdot \sqrt{\frac{16}{25}}$ **i)** $\sqrt{6{,}25} \cdot \sqrt{\frac{1}{0{,}25}}$ **j)** $\sqrt{\frac{9}{16}} : \sqrt{\frac{0{,}09}{2{,}56}}$

8

Das Bild in der Randspalte zeigt die Konstruktion des Punktes auf der Zahlengeraden, der zu der Zahl $\sqrt{2}$ gehört. In Aufgabe 3 hast du auf dieselbe Weise noch weitere Punkte auf der Zahlengeraden konstruiert.

a) Gib alle diese Zahlen jetzt mithilfe des Wurzelzeichens exakt an.
b) Konstruiere den Punkt auf der Zahlengeraden, der zur Länge der Diagonalen eines Quadrats der Seitenlänge $\sqrt{2}$ gehört. Erläutere dein Ergebnis.

WUSSTEST DU SCHON?
Das Wurzel-Zeichen ($\sqrt{\ }$) wurde 1525 von Christoph Rudolff eingeführt und ab 1544 durch das Buch „Arithmetica integra“ von Michael Stifel verbreitet. Es stellt ein stilisiertes r dar und steht für *radix*, (lat.) Wurzel.

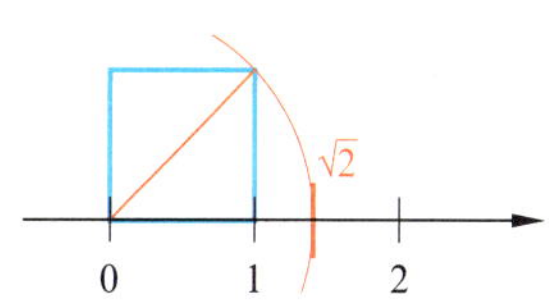

Ausblick: Irrationale Zahlen

Du hast selbst festgestellt, dass man ein Quadrat mit der Seitenlänge $\sqrt{2}$ cm konstruieren kann. Es wird nun gezeigt, dass $\sqrt{2}$ aber keine rationale Zahl ist.

WISSEN

Jede rationale Zahl lässt sich auf zweierlei Weise darstellen, nämlich
als (endlicher oder periodischer) Dezimalbruch und
als gemeiner Bruch $\frac{p}{q}$ mit $p, q \in \mathbb{Z}, q \neq 0$.

Es gibt sogar immer einen gekürzten Bruch $\frac{p}{q}$ (p und q sind teilerfremd).

Wir wollen uns am Beispiel von $\sqrt{2}$ klarmachen, warum die meisten Wurzeln nicht durch einen gemeinen Bruch und damit auch nicht durch einen endlichen oder periodischen Dezimalbruch dargestellt werden können.

Idee: Wir nehmen einmal an, $\sqrt{2}$ ließe sich als gemeiner Bruch darstellen. Wenn wir zeigen können, dass diese Annahme zu einer offensichtlich unmöglichen oder falschen Schlussfolgerung führt (zu einem Widerspruch), dann muss die Annahme falsch sein, das heißt, $\sqrt{2}$ lässt sich dann doch nicht als gemeiner Bruch darstellen.

9

Annahme: $\sqrt{2}$ lässt sich als gemeiner Bruch darstellen, also $\sqrt{2} = \frac{p}{q}$ $(q \neq 0)$.

Der Bruch sei gekürzt, d. h., p und q sind teilerfremde natürliche Zahlen.

Schlussfolgerungen: $(\sqrt{2})^2 = 2 = \frac{p^2}{q^2}$ und damit $p^2 = 2 \cdot q^2$

Die natürlichen Zahlen p^2 und $2 \cdot q^2$ müssen beide auf dieselbe Ziffer enden.

a) Begründe: Die Zahlen p und q können nicht beide auf 0 enden. Es ist auch nicht möglich, dass eine auf 0 und die andere auf 5 endet. (Siehe die Annahme.)

b) Begründe mithilfe der noch zu vervollständigenden Tabellen, dass die Zahlen p^2 und $2 \cdot q^2$ nie auf dieselbe Ziffer enden können. Beachte auch a)!

Endziffer von q	0	1	2	3	4	5	6	7	8	9
Endziffer von q^2	0	1		9						
Endziffer von $2 \cdot q^2$	0	2		8						

Endziffer von p	0	1	2	3	4	5	6	7	8	9
Endziffer von p^2	0	1	4							

WISSEN

$\sqrt{2}$ kann weder durch einen gemeinen Bruch noch durch einen endlichen oder periodischen Dezimalbruch dargestellt werden. $\sqrt{2}$ ist keine rationale Zahl.
Zahlen wie $\sqrt{2}$ nennt man **irrationale Zahlen**.
Weitere irrationale Zahlen sind z. B. $\sqrt{3}$, $\sqrt{5}$, $\sqrt{7}$.

Zum Rechnen mit irrationalen Zahlen benutzt man häufig rationale Näherungswerte – z. B. die Taschenrechnerwerte.

INFORMATION
„Irrational“ bedeutet „nicht rational“.
Es gibt einen Zahlenbereich, der die rationalen und die irrationalen Zahlen umfasst. Er heißt Bereich der reellen Zahlen.

Näherungsweises Berechnen von Wurzeln

1

Anke liebt ihr schönes, quadratisch geformtes Blumenbeet ebenso wie ihren Hund Struppi. Weil Struppi jedoch auf den Blumen achtlos herumtrampelt, muss sie das 20 m^2 große Beet mit einem Zaun umgeben. Bekommst du die ungefähre Zaunlänge auch ohne Taschenrechner heraus (auf eine Stelle nach dem Komma)?

WISSEN

Sehr häufig kann man $\sqrt{a}$ nicht als gemeinen oder als endlichen Dezimalbruch angeben. Dann gibt man einen Näherungswert für $\sqrt{a}$ an.

BEISPIEL

Gesucht ist ein Näherungswert für $\sqrt{1000}$.

Abschätzen und Probieren
In der Nähe von 1000 liegt die Quadratzahl $900 = 30^2$.
Wegen $900 < 1000$ probieren wir die nächstgrößeren Quadratzahlen aus:
$31^2 = 961 < 1000$; $32^2 = 1024 > 1000$, also $31 < \sqrt{1000} < 32$
Diese Abschätzung kann man durch weiteres Probieren noch verbessern:
$31{,}5^2 = 992{,}25$; $31{,}6^2 = 998{,}56$; $31{,}7^2 = 1004{,}89$, also $31{,}6 < \sqrt{1000} < 31{,}7$

Ein **Taschenrechner** zeigt für $\sqrt{1000}$ einen besseren Näherungswert an, in der Regel 31,622 776 6.

BEACHTE
Nicht auf allen Taschenrechnern wird $\sqrt{1000}$ in gleicher Weise berechnet.

Meistens: 1000 [$\sqrt{x}$]

Manchmal:
[$\sqrt{\ }$] 1000 [EXE]

2

Gib eine Abschätzung für die Wurzeln an (wie $31 < \sqrt{1000} < 32$).

a) $\sqrt{170}$ **b)** $\sqrt{575}$ **c)** $\sqrt{440}$ **d)** $\sqrt{290}$ **e)** $\sqrt{0{,}161}$ **f)** $\sqrt{5000}$ **g)** $\sqrt{3{,}6}$ **h)** $\sqrt{2{,}57}$

3

Ermittle einen Näherungswert mithilfe des Taschenrechners.

a) $\sqrt{37}$; $\sqrt{317}$; $\sqrt{4098}$; $\sqrt{28\,700}$

b) $\sqrt{23\,040\,897}$; $\sqrt{7{,}5}$; $\sqrt{17{,}8}$; $\sqrt{304{,}6}$

c) $\sqrt{\frac{1}{2}}$; $\sqrt{\frac{3}{4}}$; $\sqrt{0{,}874}$; $\sqrt{0{,}008}$

d) $\sqrt{\frac{5}{7}}$; $\sqrt{\frac{7}{13}}$; $\sqrt{\frac{34}{123}}$; $\sqrt{0{,}000\,17}$

BEISPIEL
$\sqrt{\frac{11}{15}} \approx 0{,}856\,348\,838\,6$

11 [÷] 15 [=] [$\sqrt{x}$]

4

Ermittle die Wurzeln mit dem Taschenrechner. Was fällt dir auf?

a) $\sqrt{5}$; $\sqrt{50}$; $\sqrt{500}$; $\sqrt{5000}$; $\sqrt{50\,000}$; $\sqrt{500\,000}$; $\sqrt{5\,000\,000}$

b) $\sqrt{123\,456\,790}$; $\sqrt{12\,345\,679}$; $\sqrt{1\,234\,567{,}9}$; $\sqrt{123\,456{,}79}$; $\sqrt{12\,345{,}679}$

5

Ermittle aus dem Flächeninhalt des Quadrats die Seitenlänge. Runde das Taschenrechnerergebnis auf 2 Stellen nach dem Komma.

a) 40 m^2 **b)** 826 cm^2 **c)** 335 mm^2 **d)** 17 dm^2 **e)** 0,5 m^2 **f)** 36,25 cm^2

HINWEIS
Der Taschenrechner liefert häufig mehr Stellen als zur Beantwortung einer Frage sinnvoll sind.

Potenzen mit natürlichen Exponenten

1

Von der Sonne weiß man, dass sie fast ausschließlich aus den Gasen Wasserstoff und Helium besteht. In der Erdatmosphäre hat die Luft eine Dichte von ca. $1{,}3\,\frac{\text{kg}}{\text{m}^3}$.
Die durchschnittliche Dichte der Sonne beträgt $\rho_{\text{Sonne}} = \frac{2{,}0 \cdot 10^{30}\,\text{kg}}{1{,}4 \cdot 10^{27}\,\text{m}^3}$.

Schreibe Zähler und Nenner des Terms ohne Potenzen, kürze soweit wie möglich und vergleiche mit der Dichte der Luft. Wie erklärst du dir den Unterschied?

2

Berechne die Potenzen im Kopf.

a) 2^5 **b)** 3^3 **c)** $(-4)^3$ **d)** $1{,}5^2$
e) -2^{10} **f)** 5^4 **g)** $(-6)^3$ **h)** -6^3

WISSEN

Wir wissen bereits: Das **Potenzieren** einer Zahl ist das mehrfache Multiplizieren der Zahl mit sich selbst.
Für $a \in \mathbb{Q}$ und $n \in \mathbb{N}$ $(n \geq 1)$ ist
$a^n = \underbrace{a \cdot a \cdot a \cdot \ldots \cdot a \cdot a}_{(n \text{ Faktoren } a)}$.

a^n — Exponent (Hochzahl): n; Basis: a

a^n heißt die **Potenz** mit der **Basis** a und dem **Exponenten (Hochzahl)** n.

MERKE
Für alle $a \neq 0$ ist $a^0 = 1$.
Der Ausdruck 0^0 ist nicht definiert.
Beachte auch die Randspalte auf Seite 69 unten.

3[L]

Schreibe die Terme ohne Klammern und ohne Potenzen.

a) $(a+b)^3$ **b)** $2b^3 + (3a)^2$ **c)** $(1a^2b)^3$ **d)** $(-3)^5 \cdot a^2$
e) $4a^4 : (2a)^2$ **f)** $(15a^6)^2$ **g)** $(8^2 \cdot 4^3) : (-2)^{10}$ **h)** $3 \cdot 3^5 - 3^4$

4

Ermittle das Vorzeichen der Potenz, ohne den Wert auszurechnen.

a) $(-10{,}267)^5$ **b)** $-(23{,}8)^{17}$ **c)** $-14{,}3^{44}$ **d)** $-0{,}368^{102}$
e) $(-1)^{12}$ **f)** -1^{13} **g)** $(-23)^{100}$ **h)** $-0{,}125^2$

Formuliere eine Regel über das Vorzeichen einer Potenz mit negativer Basis.

BEACHTE
$(-2)^4 = (-2)\cdot(-2)\cdot(-2)\cdot(-2)$
$= 16$
aber:
$-2^4 = -(2 \cdot 2 \cdot 2 \cdot 2)$
$= -16$

WISSEN

Addition von Potenzen mit natürlichen Exponenten
Haben Potenzen dieselbe Basis, sind zwei Fälle für die Umformung ihrer Summe interessant ($k, l, x \in \mathbb{Q}$ und $m, n \in \mathbb{N}$):
(1) gleiche Exponenten: $k \cdot x^n + l \cdot x^n = (k+l) \cdot x^n$
(2) verschiedene Exponenten: $k \cdot x^m + l \cdot x^n = x^m \cdot (k + l \cdot x^{n-m})$, falls $m < n$

BEISPIELE
$3x^4 + 5x^4 = (3+5)\,x^4$
$= 8x^4$
$a^4 + a^3 = a \cdot a \cdot a \cdot a + a \cdot a \cdot a$
$= a \cdot a \cdot a \cdot (a+1)$
$= a^3\,(a+1)$

5

Vereinfache die folgenden Terme.

a) $2p^4 + 6p^4$ **b)** $14k^3 - 11k^3$ **c)** $3a^2 + 4a^2$ **d)** $8a^3 - 6a^4$
e) $6x^3 + 12x^3 - 8x^3$ **f)** $(a+b)^2 + (a+b)^2$ **g)** $7k^5 - 7k^4$ **h)** $2t^2 + 2t^2$

6

Schreibe in den folgenden Termen zunächst alle Potenzen als Produkte. Fasse dann wieder so weit wie möglich zusammen. Verallgemeinere dann deine Ergebnisse und formuliere Rechengesetze für die Multiplikation von Potenzen.

a) $2^4 \cdot 2^6$ **b)** $4^3 \cdot 4^5$ **c)** $x^4 \cdot x^3$
d) $3^2 \cdot 5^2$ **e)** $2a^3 \cdot 3a^4$ **f)** $(2a)^3 \cdot (3a)^4$
g) $(5a)^3 \cdot (2a)^3$ **h)** $6^4 \cdot 1{,}5^4$ **i)** $16^2 \cdot 4^3$

AUFGABE
Ordne der Größe nach.
$2 \cdot 2 \cdot 2$; 22^2; 2^{22}; $(2^2)^2$; 222; $2 \cdot 2^2$; $(2 \cdot 2)^2$
Welche Zahl ist die größte, die man mit vier Zweien darstellen kann?

7

Übertrage die folgenden Satz- und Beweisstücke ins Heft und vervollständige sie.

1. Werden zwei Potenzen mit gleicher Basis multipliziert, so gilt:
$a^m \cdot a^n = \dots\dots\dots\dots$, wobei $a \in \mathbb{Q}$; $m, n \in \mathbb{N}$
Beweis: $a^m \cdot a^n = \underbrace{(a \cdot a \cdot a \cdot \ldots \cdot a)}_{m \text{ Faktoren}} \cdot \underbrace{(a \cdot a \cdot a \cdot \ldots \cdot a)}_{\ldots\ldots \text{ Faktoren}} = \underbrace{a \cdot a \cdot a \cdot \ldots \cdot a}_{\ldots\ldots \text{ Faktoren}} = \dots\dots\dots\dots$

2. Werden zwei Potenzen mit gleichen Exponenten multipliziert, so gilt
$a^m \cdot b^m = \dots\dots\dots\dots$, $a, b \in \mathbb{Q}$; $m \in \mathbb{N}$
Beweis: $a^m \cdot b^m = \underbrace{(a \cdot a \cdot a \cdot \ldots \cdot a)}_{m \text{ Faktoren}} \cdot \underbrace{(b \cdot b \cdot b \cdot \ldots \cdot b)}_{m \text{ Faktoren}} = \underbrace{\dots\dots\dots\dots\dots\dots}_{m \text{ Faktoren}} = (a \cdot b)$

8

Schreibe entsprechend Aufgabe 7 Sätze zur Division von Potenzen bzw. zum Potenzieren von Potenzen auf und beweise sie.

9

Vereinfache die Bruchterme so weit wie möglich. Ändern sich durch die Umformungen die größtmöglichen Definitionsbereiche der Bruchterme?

a) $\frac{y^5 + y^4}{y^3}$ **b)** $\frac{b^4 + 3b^2 - 5b^6}{b^2 + 3 - 5b^4}$ **c)** $\frac{5a(a+b)^2 - 3a(a^2 - b^2)}{12a(a+b)}$
d) $\frac{7x^4 + 4x^6 - 3x^4}{2x^3}$ **e)** $\frac{a^2 + 2ab + b^2}{4(a+b)^3}$ **f)** $\frac{a^4 + 5a^3 + 3a^2 + 3a}{2a^5 + 10a^4 + 6a^3 + 6a^2}$

NACHGEDACHT
Was könnte „Null hoch Null“ bedeuten?
Es ist
$3^0 = 1$;
$2^0 = 1$;
$1^0 = 1$.
Angenommen $0^0 = 1$.
Dann wäre
$1 = 0^0 = 0^{2-2}$
$= \frac{0^2}{0^2} = \frac{0}{0} = 1$.
Damit würde man (zumindest in einem speziellen Fall) die Division durch Null zulassen. Dies führt jedoch zu vielen Widersprüchen.

10

Wende Potenzgesetze an, um die Terme zu vereinfachen.

a) $2x^4 \cdot 3x^6$ **b)** $5xyz^2 \cdot 3x^2y^2z$ **c)** $\left(\frac{3}{b^n}\right) \cdot b^n \cdot 3^4$
d) $2y^7 \cdot 12y$ **e)** $6 \cdot a \cdot a^2 \cdot a^3$ **f)** $ax^3 \cdot ax^3$
g) $b^{4+n} \cdot 2b^{4+n}$ **h)** $\frac{5a^2b^3 \cdot 12b^3}{10a^2b^3}$ **i)** $\left(\frac{15a^3b}{5b}\right) \cdot \left(\frac{25a^3b^2}{10b^2}\right)$

WISSEN

Multiplikation und Division von Potenzen mit natürlichen Exponenten
Es seien $a, b \in \mathbb{Q}\setminus\{0\}$; $m, n \in \mathbb{N}$. Es gilt:
(1) $a^m \cdot a^n = a^{m+n}$; $a^m : a^n = a^{m-n}$, falls $m \geq n$
(2) $a^m \cdot b^m = (a \cdot b)^m$; $a^m : b^m = (a : b)^m$

Potenzieren von Potenzen mit natürlichen Exponenten
Es seien $a \in \mathbb{Q}\setminus\{0\}$; $m, n \in \mathbb{N}$. Es gilt: $(a^m)^n = a^{m \cdot n}$

11

Vereinfache die folgenden Terme.

a) $2a^4 \cdot 3b^4 \cdot (ab)^4$ **b)** $4^{3x-2} \cdot 0{,}25^{3x-2}$ **c)** $(a+b)^3 \cdot (2a-b)^3$

d) $\left(\frac{2{,}4a^2}{1{,}2a^2}\right)^5 \cdot \left(\frac{1{,}2b^3}{2{,}4b^3}\right)^5$ **e)** $\frac{5}{b^n} \cdot \frac{4b^n}{10} \cdot \left(\frac{1}{b}\right)^n$ **f)** $(3a+1)^{3n} \cdot (3-6a)^{3n}$

g) $(ax^2 + bx^2) \cdot 3x^2$ **h)** $8y^{3n+1} \cdot (2z)^{3n+1}$ **i)** $a^2 \cdot (a+b)^2$

12L

Löse die folgenden Gleichungen mithilfe von Potenzgesetzen.

a) $4^2 \cdot 4^x = 4^{12}$ **b)** $5 \cdot (2^y)^4 = 5 \cdot 2^8$ **c)** $\frac{2^x}{2^4} = 2^7$

d) $2y^3 = 54$ **e)** $7^y : 7^4 = 49$ **f)** $(3+z)^2 = 25$

13

Finde die Fehler bei folgenden Termumformungen heraus. Forme die Terme dann richtig um.

a) $a^5 - a^7 = a^2$ ↯ **b)** $5x^2 \cdot 12x^4 = 60x^8$ ↯ **c)** $x^6 \cdot x^2 - x^{12} = 0$ ↯

d) $\frac{(a+b)^2}{(a-b)^2} \cdot \frac{a^2-b^2}{a+b} = \frac{(a+b)^2 \cdot (a-b)^2}{(a-b)^2 \cdot (a+b)} = a + b$ ↯

e) $\frac{a^3}{a^2} + \frac{a^2}{a^3} = \frac{a^3 + a^2}{a^2 + a^3} = 1$ ↯

f) $(14a^2b \cdot 12ab^2) : (36ab \cdot (7ab)^2) = \frac{14a^2b \cdot 12ab^2}{36ab \cdot 7a^2b^2} = 8$ ↯

14

Ergänze so, dass richtige Termumformungen entstehen.

a) $3a^4 \;\square\; 7a^3 \;\square\; 4a = (5a^2)^2$ **b)** $4x^{\square} : 8x^5 = 2x^5$

c) $\square\; y^{\square} \cdot 4y^6 = 8y^{11}$ **d)** $(\square\; ab^2)^{\square} = 81a^4b^{\square}$

15

Vereinfache die Terme so weit wie möglich, rechne dann aus.

a) $\left(\frac{1}{3}\right)^8 : \left(\frac{2}{3}\right)^8 \cdot 4^4$ **b)** $\frac{0{,}4^8 \cdot 10^2 \cdot 10^4}{4^9}$

c) $\frac{2{,}5^5 \cdot \left(\frac{1}{2}\right)^6 : 1{,}3^5}{9^3 \cdot \left(\frac{1}{9}\right)^4}$ **d)** $\frac{5^3 \cdot 5^4 \cdot 2^6 \cdot 7^3}{10^7 \cdot 7^2}$

16

Stefan nimmt folgende Umformung vor:
$x^4 - 2^4 = (x-2) \cdot (x^3 + 2x^2 + 4x + 8)$.
Maria überprüft die Rechnung durch Ausmultiplizieren. Zu welchem Ergebnis kommt sie dabei?
Marc will von Stefan wissen, wie er auf diese Umformung gekommen ist. Er findet durch Anwenden der Potenzgesetze keinen eigenen Weg.
Stefan gibt daraufhin folgende Zwischenschritte an:
$x^4 - 2^4 = (x^2)^2 - (2^2)^2 = (x^2 - 2^2) \cdot (x^2 + 2^2) = (x-2) \cdot (x+2) \cdot (x^2 + 2^2)$.
Begründe jede Umformung.
Stelle eine Vermutung auf, wie man $x^3 - a^3$ entsprechend umformen kann.
Überprüfe deine Vermutung.

AUFGABE

Die Figuren veranschaulichen geometrisch die binomischen Formeln (siehe Seite 24). Erkläre die Darstellungen und gib die zugehörigen Formeln an.

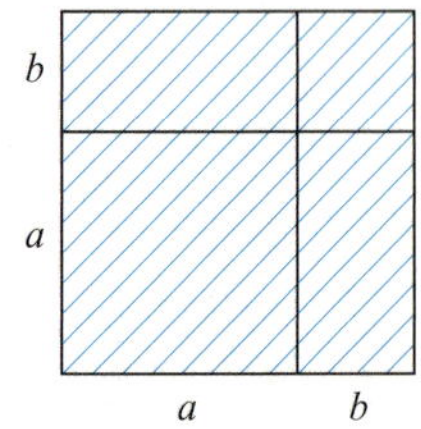

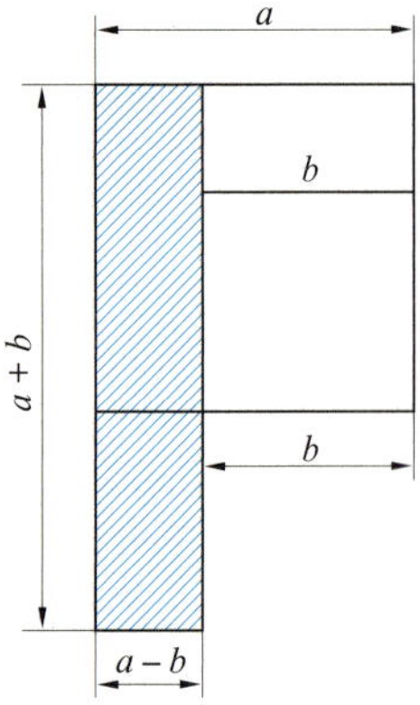

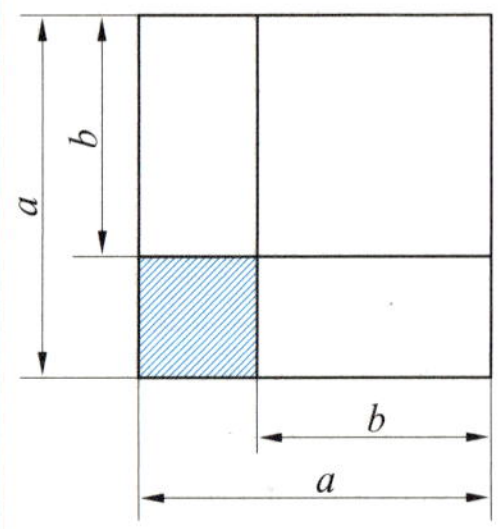

AUFGABE

Ein DIN-A3-Bogen wird fünfmal jeweils in der Mitte gefaltet. Dann werden mit einem Locher zwei Löcher in den Papierstapel gestanzt. Wie viele Löcher hat das auseinandergefaltete DIN-A3-Blatt?

BEISPIEL

Es wird ein Kapital K_0 von 500 € angelegt und dann jährlich mit 4 % verzinst.
Die Zinsen werden auf dem Konto belassen und deshalb mit verzinst.
Das Kapital wächst dann in folgender Weise:

nach einem Jahr: $K_1 = 1{,}04 \cdot K_0 = 1{,}04 \cdot 500$ €

nach zwei Jahren: $K_2 = 1{,}04 \cdot K_1 = 1{,}04 \cdot (1{,}04 \cdot 500\,€) = 1{,}04^2 \cdot 500$ €

nach drei Jahren: $K_3 = 1{,}04 \cdot K_2 = 1{,}04 \cdot (1{,}04^2 \cdot 500\,€) = 1{,}04^3 \cdot 500$ €

…

INFORMATION

Den Faktor 1,04, um den im Beispiel das Kapital von Jahr zu Jahr wächst, nennt man den **Zinsfaktor**.
Bei einem Prozentsatz von p % ist der Zinsfaktor $\left(1 + \frac{p}{100}\right)$.

17

a) Berechne für das Beispiel K_1 bis K_5.
b) Stelle eine Formel auf, nach der man im Beispiel das Kapital K_n nach n Jahren berechnen kann.
c) Untersuche den Zusammenhang *n Jahre* $\rightarrow K_n$ im Zeitraum von 20 Jahren.
Stelle eine Wertetabelle auf und zeichne ein Diagramm.
Was stellst du fest? Nach wie viel Jahren hat sich das Kapital verdoppelt?
d) Untersuche, ob durch eine Verdopplung des Zinssatzes auf 8 % das Kapital bereits in der Hälfte der Zeit verdoppelt wird.

18

Eine Familie hat einen Kredit von 10 000 € zu einem Jahreszins von 11 % aufgenommen, schafft es aber weder den Kredit zu tilgen (auch nicht teilweise) noch die fälligen Zinsen zu bezahlen. In diesem Falle wachsen die Schulden genauso wie ein Kapital, bei dem die Zinsen mit verzinst werden.
a) Untersuche das Wachstum der Schulden innerhalb eines Zeitraumes von 12 Jahren. Erläutere, was du erkennst.
b) Diskutiert in Gruppen oder in der Klasse folgende Situation:
Jemand hat bereits Schulden und wird von seinen Gläubigern gedrängt, endlich seine Schulden zu begleichen. In seiner Not überlegt er, einen Kredit aufzunehmen, um wenigstens einen Teil seiner Schulden zurückzuzahlen. Was würdet ihr ihm raten?

19

Die Erde entstand vor ca. $4{,}5 \cdot 10^9$ Jahren. Um uns wichtige Etappen in der Entwicklung der Erde anschaulich zu machen, stellen wir uns diese Zeitspanne auf die 45 Jahre vom 1.1.1956 bis zum 31.12.2000 verkürzt vor.
a) Auf welchen Zeitraum verkürzen sich dann 10^9 Jahre, 10^8 Jahre, 10^7 Jahre, …, 10^2 Jahre?
b) Vor ca. 3 500 Millionen Jahren entstanden die ersten einfachen Lebewesen. Die ersten Wirbeltiere traten vor 525 Millionen Jahren auf.
Bestimme das zugehörige Datum in unserem „Zeitraffermodell" der Erdentwicklung.
c) Wann fanden in diesem Modell die folgenden Ereignisse statt? (Schlage dazu in einem Lexikon nach.)
Zeitalter der Dinosaurier; Entstehung der ersten Säugetiere; Auftauchen der ersten Menschen; Beherrschen des Feuers durch den Menschen; Bau der Cheops-Pyramide; Zeit der Kreuzzüge; Bau des ersten Automobils; Erfindung des Fernsehens; deine Geburt
d) Stelle einige Ergebnisse auf einem Zeitstrahl dar.

Potenzen mit negativen ganzzahligen Exponenten

1

a) In welcher Einheit wird die physikalische Größe Dichte angegeben? Welche Bedeutung muss dann die Angabe $g \cdot cm^{-3}$ im nebenstehend abgebildeten Tabellenkopf haben?
b) Der Taschenrechner zeigt das Ergebnis der Division 0,0055 : 200 000 000 an. Schreibe den Quotienten als Dezimalbruch.

Dichten fester Stoffe (bei 20 °C)

Stoff	ρ in $g \cdot cm^{-3}$
Aluminium	2,70
Beton (Stahlbeton)	2,3
Blei	11,39
Diamant	3,51
Glas (Fensterglas)	2,5
Gold	19,3

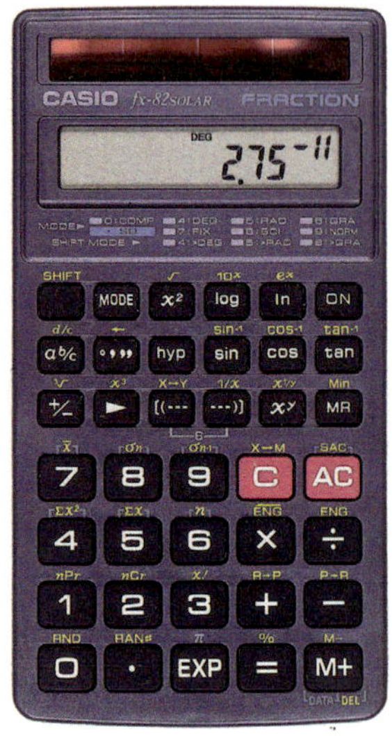

2

3^5	3^4	3^3	3^2	3^1	3^0	3^{-1}	3^{-2}	3^{-3}	3^{-4}
243	81	27	9	3	1				

a) Wie verändert sich der Exponent von einer Potenz zur nächsten (oberen Zeile der Tabelle)?
b) Wie ändert sich der Wert der Potenz von einer Potenz zur nächsten (untere Zeile der Tabelle)?
c) Wie könnte die 2. Zeile sinnvoll fortgesetzt werden? Gib die Zahlen als Brüche an.

3

a) Stelle für die Potenzen der Zahlen 2 und 5 Tabellen wie in Aufgabe 2 auf.
b) Welche Brüche haben sinnvoller Weise den Wert der Potenzen 4^{-1} bzw. 4^{-2}?

WISSEN

Es sei n eine natürliche Zahl mit $n \geq 1$ und a eine rationale Zahl mit $a \neq 0$.
Es wird festgelegt: $\boldsymbol{a^{-n} = \frac{1}{a^n}}$.

4^L

Berechne. Gib das Ergebnis als gemeinen oder als Dezimalbruch an.

a) 5^{-1} **b)** 7^0 **c)** 2^{-7} **d)** $(-4)^2$ **e)** 4^{-2} **f)** $(-4)^{-2}$ **g)** $0{,}3^0$ **h)** 1^{-4}
i) $(2^3)^0$ **j)** -4^2 **k)** -4^{-2} **l)** $0{,}2^{-5}$ **m)** $0{,}3^{-2}$ **n)** $(-0{,}4)^{-2}$ **o)** $0{,}1^{-1}$ **p)** $1 : 5^{-2}$

5

Schreibe als oder mit einer Potenz mit negativem Exponenten.

a) $\frac{1}{2^3}$ **b)** $\frac{5}{10^4}$ **c)** $\frac{1}{16}$ **d)** $\frac{3}{125}$ **e)** $\frac{1}{1024}$ **f)** $\frac{8}{0{,}2^5}$ **g)** $-\frac{2}{(-0{,}4)^3}$

6

Schreibe ohne Zehnerpotenz.

a) $2{,}5 \cdot 10^{-3}$ **b)** $-1{,}8 \cdot 10^2$ **c)** $5 \cdot 10^{-6}$ **d)** $7{,}357 \cdot 10^{-10}$ **e)** 10^{-9}
f) $267 \cdot 10^{-1}$ **g)** $8 \cdot 10^{-20}$ **h)** $8{,}2645062 \cdot 10^5$ **i)** $-23720{,}4 \cdot 10^{-4}$ **j)** $3 \cdot 10^0$

NACHGEDACHT
Welche größte (kleinste) Zahl lässt sich auf deinem Taschenrechner eingeben bzw. darstellen?

7

Schreibe mit abgetrennten Zehnerpotenzen.

a) 0,0007 **b)** 0,000 004 89 **c)** 0,001 007 **d)** 0,000 000 009 34
e) 1 000 300 **f)** 0,093 84 **g)** 835 120 **h)** 0,000 000 180 4

8

Bei der Lösung physikalischer Aufgaben sind die Einheiten zu berücksichtigen. Berechne jeweils das Ergebnis. Berücksichtige dabei die Einheit. (*Hinweis:* Einheiten von Größen schreibt man manchmal auch mit negativen Exponenten, um Brüche zu vermeiden.)

a) $10\ \mathrm{m\,s^{-1}} \cdot 60\ \mathrm{s}$ **b)** $8\ \mathrm{g\,cm^{-3}} \cdot 500\ \mathrm{cm^3}$ **c)** $6\ \mathrm{ms^{-2}} \cdot 16\ \mathrm{s}$
d) $2\ \mathrm{kg\,m\,s^{-3}} \cdot 0{,}5\ \mathrm{s}$ **e)** $\frac{30\ \mathrm{V}}{15\ \mathrm{VA^{-1}}}$ **f)** $\frac{25\ \mathrm{kg\,ms^{-2}}}{50\ \mathrm{Nm^{-2}}}$

ANREGUNG
zu Aufgabe 8
Gib jeweils an, welche physikalische Größe berechnet wurde. Verwende gegebenenfalls dein Tafelwerk.
Entwickle jeweils eine physikalische Aufgabe, die mithilfe der angegebenen Produkte bzw. Quotienten gelöst werden kann.

WISSEN

In den Naturwissenschaften sind häufig sehr große oder sehr kleine Größen von Interesse.

Beispiele dafür sind:

Masse eines Protons:	0,000 000 000 000 000 000 000 000 001 67 kg
Loschmidtsche Zahl:	602 213 670 000 000 000 000 000 pro mol
Entfernung Erde–Sonne:	149 600 000 000 m

Solche Angaben sind unübersichtlich, und es kann mit ihnen nur umständlich gerechnet werden.
Für eine überschaubarere Darstellung werden zwei Möglichkeiten gewählt.

1. Möglichkeit:
Es werden den Einheiten **Vorsätze** vorangestellt. Einige davon, z. B. „Milli“ und „Kilo“, sind dir schon bekannt.
Beispiele:
65 200 g = 65,2 kg
0,001 m = 0,1 cm = 1 mm
12 500 000 W = 12,5 MW
0,000 000 000 23 m = 0,23 nm = 230 μm

2. Möglichkeit:
Die Größen werden in der **wissenschaftlichen Schreibweise** angegeben.
D. h. der Zahlenwert der Größe wird als Produkt $r \cdot 10^n$ mit $1 \le r < 10$ und $n \in \mathbb{Z}$ dargestellt.
Beispiele:
149 600 000 000 m = $1{,}496 \cdot 10^{11}$ m
0,000 000 000 000 000 000 000 000 001 67 kg = $1{,}67 \cdot 10^{-27}$ kg
9 460 500 000 000 000 m = $9{,}4605 \cdot 10^{15}$ m (= 1 Lichtjahr)
1 073 741 824 Byte ≈ $1{,}074 \cdot 10^{9}$ Byte (= 1024 MByte = 1 GByte)

AUFGABE
Informiere dich in deinem Tafelwerk über gebräuchlichen Vorsätze von Einheiten und deren Bedeutung.

9

Schreibe jeweils in der Grundeinheit mithilfe von Zehnerpotenzen sowie in der wissenschaftlichen Schreibweise.

a) 17 pm **b)** 0,23 μg **c)** 212 GW **d)** 3,22 fs
e) 20,7 mm **f)** 342 μm **g)** 0,33 pm **h)** 0,0765 TW

HINWEIS
Die TR-Eingabe einer Zahl in wissenschaftlicher Schreibweise mit einer Zehnerpotenz mit einem negativen Exponenten erfolgt analog zur Eingabe einer Zehnerpotenz mit positivem Exponenten.
Viele Taschenrechner haben Tasten, mit denen Zahleneingaben von der normalen in die wissenschaftliche Schreibweise oder umgekehrt überführt werden. Informiere dich mithilfe der Bedienungsanleitung über die Lage dieser Tasten auf deinem Taschenrechner.

10

Verwende Vorsätze in den Einheiten. Der Zahlenwert soll zwischen 1 und 1000 liegen. Schreibe dann auch in wissenschaftlicher Schreibweise.

a) 3 420 000 V **b)** 0,000 057 8 A **c)** 97 760 000 000 W
d) 0,000 000 000 399 m **e)** 299 792 000 m **f)** 0,000 000 000 667 g
g) 89 640 000 m **h)** 0,000 000 36 A **i)** 1 270 000 000 W
j) 0,000 000 024 7 V **k)** 568 300 000 000 m **l)** 0,000 000 000 041 g

11

In der Randspalte ist das elektromagnetische Spektrum des Lichtes abgebildet. Es sind die Wellenlängen der Bereiche ultraviolettes, sichtbares und infrarotes Licht angegeben.

a) Gib die Wellenlängen der einzelnen Bereiche in wissenschaftlicher Schreibweise an.
b) Gib die Wellenlängen der einzelnen Farben des sichtbaren Lichts in wissenschaftlicher Schreibweise an.

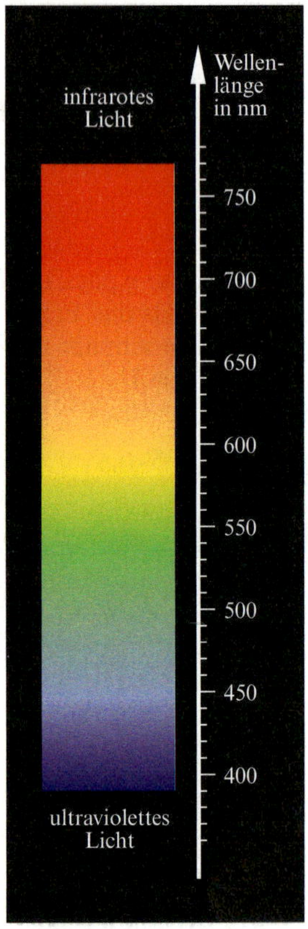

12

Berechne die folgenden Produkte und Quotienten. Führe zunächst einen Überschlag aus.

a) $2{,}1 \cdot 10^5 \cdot 3{,}22 \cdot 10^3$ **b)** $4{,}3 \cdot 10^{-5} \cdot 9{,}8 \cdot 10^6$ **c)** $8{,}7 \cdot 10^{-7} \cdot 8{,}1 \cdot 10^{-3}$

d) $\frac{3{,}4 \cdot 10^4}{2{,}1 \cdot 10^7}$ **e)** $\frac{7{,}2 \cdot 10^{-5}}{6{,}3 \cdot 10^{-11}}$ **f)** $\frac{4{,}74 \cdot 10^{-6}}{2{,}56 \cdot 10^{-4}}$

g) $\frac{3{,}44 \cdot 10^{-2} \cdot 4{,}76 \cdot 10^5}{2{,}22 \cdot 10^{-1}}$ **h)** $\frac{1{,}7 \cdot 10^3 \cdot 1{,}3 \cdot 10^{-4}}{1{,}9 \cdot 10^{-3} \cdot 1{,}1 \cdot 10^4}$ **i)** $\frac{4{,}2 \cdot 10^{-5} \cdot 6{,}4 \cdot 10^7}{8{,}9 \cdot 10^{-4} \cdot 7{,}4 \cdot 10^6}$

AUFGABEN ZUR WIEDERHOLUNG

1. Übertrage folgenden Zahlenstrahl ins Heft.
Welche Zahlen gehören an die markierten Punkte? Trage sie ein.
Trage zu jeder Zahl die entgegengesetzte Zahl ein.

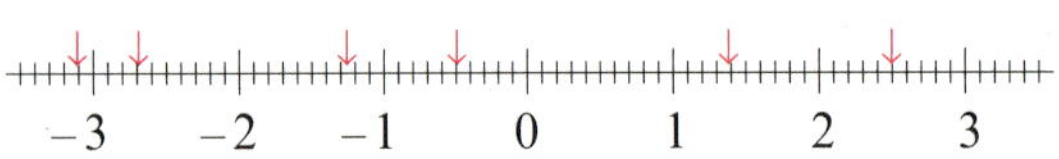

2. Übertrage jeweils die Zahlengerade und ordne den angegebenen Zahlen Punkte auf der Zahlengeraden zu.
a) –63; –57; –42; –66; –39; –72

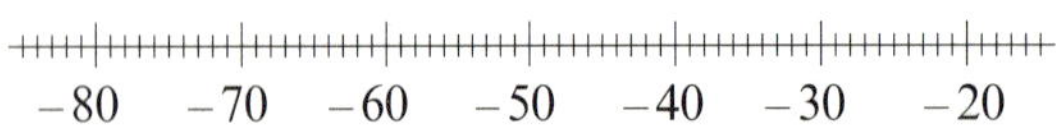

b) $\frac{1}{5}$; –2,2; $-\frac{14}{10}$; 0,8; $-\frac{7}{5}$; 1,25; –1,9; –0,3; $\frac{3}{10}$; –0,6

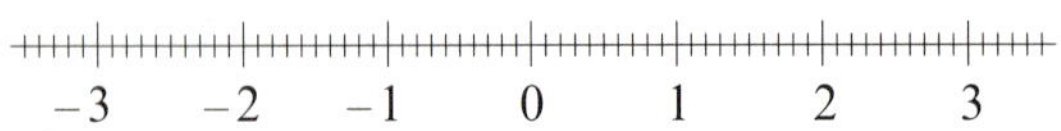

3. Übertrage die folgende Tabelle in dein Heft und ergänze:

a	$-a$	$\lvert a \rvert$	a^2
	$\frac{3}{7}$		
$\frac{5}{6}$			
2,107			
		0,6	
	–5,7		
		–39	
$\frac{99}{100}$			
	–66		

4. Berechne jeweils $a + b$, $a - b$, $a \cdot b$ und $a : b$. Überlege zuerst, welches Vorzeichen das Ergebnis hat.

a	36	–7,2	$-\frac{3}{4}$	305	–0,5	25
b	18	1,8	$-\frac{1}{2}$	–61	13,2	–60

Radizieren als eine Umkehrung des Potenzierens

1

a) Ermittle die Kantenlänge a eines Würfels mit dem Volumen $V = 27\ \text{cm}^3$.
b) Schätze die Kantenlänge a eines Würfels mit dem Volumen $V = 20\ \text{cm}^3$ ab.

2

Ermittle alle Zahlen, die die folgenden Gleichungen erfüllen.

a) $2^x = 16$ **b)** $5^y = 25$ **c)** $3^z = 27$ **d)** $(-2)^x = 64$
e) $(-4)^x = -64$ **f)** $x^4 = 16$ **g)** $y^3 = 1\,000$ **h)** $z^5 = -32$

WISSEN

Eine Umkehrung des Potenzierens ist das **Radizieren** (Wurzelziehen).
a sei eine nichtnegative rationale Zahl ($a \geq 0$).
n sei eine natürliche Zahl mit $n \geq 2$.
Als **n-te Wurzel aus a** bezeichnet man die Zahl x, die zwei Bedingungen erfüllt:
$x \geq 0$ und $x^n = a$.

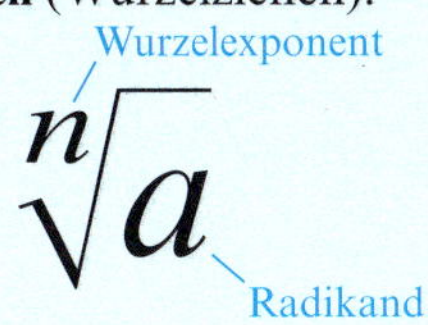

BEACHTE
Die Gleichung $x^3 = -64$ hat eine Lösung: $x = -4$, denn $(-4)^3 = -64$.
Lösungsangabe mithilfe einer Wurzel: $x = -\sqrt[3]{64}$.
Falsch wäre dagegen $x = \sqrt[3]{-64}$, denn $\sqrt[3]{-64}$ ist nicht definiert.
Aber Vorsicht!
Einige Taschenrechner zeigen für $\sqrt[3]{-64}$ das Ergebnis -4 an. Das ist falsch, denn $-4 < 0$.

BEISPIEL

a) $\sqrt[4]{81} = 3$, denn $3 > 0$ und $3^4 = 81$ (Beachte: $-3 \neq \sqrt[4]{81}$, da $-3 < 0$)
b) $\sqrt[3]{\frac{8}{27}} = \frac{2}{3}$, denn $\frac{2}{3} > 0$ und $\left(\frac{2}{3}\right)^3 = \frac{2^3}{3^3} = \frac{8}{27}$

3

Ziehe, wenn möglich, die Wurzel (ohne Taschenrechner).

a) $\sqrt[3]{27}$ **b)** $\sqrt[5]{32}$ **c)** $\sqrt[4]{-16}$ **d)** $\sqrt[3]{8000}$ **e)** $\sqrt[4]{81}$
f) $\sqrt[3]{0{,}008}$ **g)** $\sqrt[3]{-8}$ **h)** $\sqrt[3]{\frac{64}{125}}$ **i)** $\sqrt[6]{\frac{1}{64}}$ **j)** $\sqrt[4]{\frac{625}{256}}$

BEISPIEL

Die Kantenlänge eines Würfels mit dem Volumen $10\ \text{cm}^3$ ist $a = \sqrt[3]{10}$ cm.
Wegen $2^3 = 8$ und $3^3 = 27$ muss $2 < \sqrt[3]{10} < 3$ sein.
Mit einem Taschenrechner rechnen wir: 3 [$\sqrt[x]{y}$] 10 [=] [2.15443469]
Ein sinnvoller Näherungswert für die Kantenlänge a ist $a \approx 2{,}2$ cm.

HINWEIS
Bei einigen Taschenrechnern wird die n-te Wurzel mit der Zweitbelegung der Taste [y^x] bzw. [x^y] berechnet – z. B. $\sqrt[3]{10}$:
10 [2nd] [y^x] 3 [=]
Manchmal haben Taschenrechner auch keine Zweitbelegung für die n-te Wurzel. In diesem Falle lässt sich oft so rechnen:
10 [y^x] 3 [1/x] [=]
(Das kann hier noch nicht begründet werden.)

4

a) Stelle für die Zuordnung *Volumen V eines Würfels → Kantenlänge a des Würfels* eine Wertetabelle für Volumina von $0\ \text{cm}^3$ bis $10\ \text{cm}^3$ auf.
b) Untersuche, ob die Zuordnung proportional oder umgekehrt proportional ist.

5

Löse, wenn möglich, die folgenden Gleichungen mithilfe des Taschenrechners.

a) $x^3 = 1\,728$ **b)** $x^4 = 53{,}1441$ **c)** $y^4 = -244$ **d)** $z^5 = 7\,776$
e) $z^3 = -1\,331$ **f)** $x^5 = -3{,}712\,93$ **g)** $y^6 = -729$ **h)** $x^6 = 0{,}000\,729$

Teste dich!

Grundwissen

1

Berechne ohne Taschenrechner.

a) $\sqrt{16}$ b) $\sqrt{64}$ c) $\sqrt{289}$ d) $\sqrt{0{,}25}$

e) $\sqrt{(12)^2}$ f) $\sqrt{-4}$ g) $-\sqrt{4900}$ h) $\sqrt{\frac{1}{625}}$

2

Berechne den Wert der Terme.
In welchen Fällen geht das auch leicht ohne Taschenrechner?

a) $\sqrt{3} + \sqrt{13}$ b) $\sqrt{64} - \sqrt{7}$ c) $\sqrt{69} - \sqrt{5}$

d) $\sqrt{121} + \sqrt{2}$ e) $\sqrt{7} \cdot \sqrt{7}$ f) $\sqrt{125} : \sqrt{5}$

g) $-\sqrt{\frac{192}{12}}$ h) $\frac{1}{\sqrt{3}} : \sqrt{\frac{1}{27}}$

3

a) Es ist ein Quadrat mit dem Flächeninhalt $A = 33\ \text{cm}^2$ gegeben. Gib auf zwei Dezimalstellen genau die Seitenlänge des Quadrates an.
b) Ein Rechteck mit den Seitenlängen 3 cm und 19 cm soll in ein Quadrat mit demselben Flächeninhalt überführt werden.
Wie lang sind näherungsweise die Seiten des Quadrates?

4

Gib die Werte der folgenden Potenzen als Dezimalzahl oder als Bruch an.
a) 5^3; 5^{-3}; $\sqrt[3]{5}$
b) $0{,}25^0$; $0{,}25^{-1}$; $0{,}25^1$; $0{,}25^{-2}$

5

Gib an, welche Werte die Basen der folgenden Potenzen annehmen dürfen: a^4; x^{-2}; $\sqrt{z^{-1}}$; $\sqrt[3]{c}$; y^0

6

Vereinfache so weit wie möglich.

a) $\frac{(a^2 + 5a)^{-k-2}}{(a+5)^{-k-2}}$ b) $\frac{p^3 q^{-2}}{r^{-4} s^{-5}} : \frac{r^{-6} s^{-1}}{p^{-1} q^2}$

7

Schreibe die folgenden Angaben in wissenschaftlicher Notation und – falls dies sinnvoll erscheint – mit Einheitenvorsätzen.
a) Durchmesser eines Eisenatoms:
0,000 000 000 248 m
b) Masse eines Eisenatoms:
0,000 000 000 000 000 000 000 000 092 99 kg
c) Löslichkeit von Calciumcarbonat in 100 g Wasser (bei 25 °C): 0,002 g

Sachaufgaben und Probleme

8

Ein Gyro-Drop-Tower ist ein spezieller Freifallturm. Die Fahrgastkabine ist kreisrund und dreht sich während des Aufstiegs. Die Geschwindigkeit, mit der man in die Tiefe fällt, lässt sich anhand der Formel $v_{\text{freier Fall}} = \sqrt{2 \cdot g \cdot s}$ berechnen.
(Darin ist g die ortsabhängige Fallbeschleunigung, die in Deutschland mit dem Näherungswert $9{,}81\ \frac{\text{m}}{\text{s}^2}$ angegeben wird, und s die zurückgelegte Fallstrecke in m.)
Der höchste Gyro-Drop-Tower Deutschlands ist 103 m hoch mit einer Gesamtfallhöhe von 71 m.
a) Gib die Geschwindigkeit nach $s = 10$ m; 20 m; …; 70 m freien Falls in km/h an.
b) Um wie viel Prozent höher ist die Fallgeschwindigkeit nach $s = 70$ m im Vergleich zur Fallgeschwindigkeit nach $s = 10$ m?

9

Eine Legende erzählt, dass der herrschende Sultan vom Schachspiel so begeistert war, dass er dem Erfinder einen Wunsch freistellte. Über den anscheinend sehr bescheidenen Wunsch des einfachen Mannes wunderte sich der Sultan zwar, sagte aber dennoch schnell zu. Der Mann hatte sich Weizenkörner gewünscht. Und zwar eines auf das erste Feld eines Schachspiels, zwei auf das zweite, vier auf das dritte, acht auf das nächste und so weiter bis zum letzten Feld. Der Sultan ahnte nicht, wie viel Weizen das ist.

a) Gib einen Term an, der die Anzahl der Körner auf dem n-ten Feld beschreibt.

b) Berechne, wie viele Körner auf dem letzten Feld des Schachbretts liegen müssten.

c) Schätze einmal diese Menge ab, indem du annimmst, 100 Körner wiegen nur 10 Gramm. Zum Vergleich: 1990 betrug die Weizenproduktion in der Welt 595 Millionen Tonnen.

10

Berechne den Oberflächeninhalt eines Würfels mit der Kantenlänge $a = 5$ cm. Welche Kantenlänge hat ein Würfel, der eine doppelt so große Oberfläche hat?

AUSWERTUNG

Quadratwurzeln und Potenzen – Überprüfe dein Wissen und Können!

Schätzt eure Leistung zunächst selbst ein, nachdem ihr die Aufgaben bearbeitet habt. Konntest du nicht alle Aufgaben lösen? Die folgende Tabelle enthält einige Tipps.

Aufgabe	Tipp
1	Es reicht schon, einige Quadratzahlen auswendig zu können.
2	Nutze den Taschenrechner. Rechne Schritt für Schritt und notiere eventuell Zwischenergebnisse. Einige der auftretenden Wurzeln kannst du sicher im Kopf ausrechnen.
3	Wie berechnet man die Seitenlängen eines Quadrates aus seinem Flächeninhalt?
4, 5	Beachte die Wissenskästen auf den Seiten 68, 69, 72 und 75.
6	Beachte die Wissenskästen auf den Seiten 68, 69 und 72. Vereinfache die Terme Schritt für Schritt. Denke dabei auch an die Regeln für die Bruchrechnung.
7	Beachte den Wissenskasten auf Seite 73 und die Zusammenfassung auf Seite 78.
8	Man muss nur die richtigen Werte in die Formel einsetzen. Achte auf die Einheiten!
9	Wie viele Felder hat ein Schachbrett? Beachte, dass sich die Anzahl der Reiskörner von Feld zu Feld verdoppelt und nutze die Potenzschreibweise.
10	Drücke die Kantenlänge eines Würfels durch seinen Oberflächeninhalt aus.

Beratet mit eurer Lehrerin oder eurem Lehrer, wie ihr eventuell noch vorhandene „Wissenslücken" schließen könnt. Die Lösungen zu den Aufgaben findest du auf Seite 240.

ZUSAMMENFASSUNG

Quadratwurzeln

Es sei $a \geq 0$ eine reelle Zahl. Die **Quadratwurzel** von a ($a \geq 0$) ist diejenige Zahl x, für die $x^2 = a$ und $x \geq 0$ gilt.
Sie wird mit $\sqrt{a}$ bezeichnet.
Für alle Zahlen x gilt $\sqrt{x^2} = |x|$, da $\sqrt{a}$ nie negativ ist.

Potenzen und Rechnen mit Potenzen

Für alle $a \in \mathbb{Q}$ und $n \in \mathbb{N}$ ($n \geq 1$) ist $a^n = \underbrace{a \cdot a \cdot a \cdot \ldots \cdot a}_{(n \text{ Faktoren } a)}$ und $a^{-n} = \frac{1}{a^n}$ (für $a \neq 0$).
Außerdem ist $a^0 = 1$ für $a \neq 0$.

Daraus folgt z. B.
für $m > 0$ und $n > 0$:

$$a^m \cdot a^n = \underbrace{a \cdot a \cdot a \cdot \ldots \cdot a}_{(m \text{ Faktoren } a)} \cdot \underbrace{a \cdot a \cdot a \cdot \ldots \cdot a}_{(n \text{ Faktoren } a)} = \underbrace{a \cdot a \cdot a \cdot \ldots \cdot a}_{(m+n \text{ Faktoren } a)} = a^{m+n}$$

für $m > 0$ und $n > 0$ und $m > n$:

$$\frac{a^m}{a^n} = \frac{\overbrace{a \cdot a \cdot a \cdot \ldots \cdot a}^{(m \text{ Faktoren } a)}}{\underbrace{a \cdot a \cdot a \cdot \ldots \cdot a}_{(n \text{ Faktoren } a)}} = \underbrace{a \cdot a \cdot a \cdot \ldots \cdot a}_{(m-n \text{ Faktoren } a)} = a^{m-n} \quad (a \neq 0)$$

für $m > 0$ und $n > 0$:

$$(a^m)^n = \underbrace{a^m \cdot a^m \cdot a^m \cdot \ldots \cdot a^m}_{(n \text{ Faktoren } a^m)} = \underbrace{a \cdot a \cdot a \cdot \ldots \cdot a}_{(n \cdot m \text{ Faktoren } a)} = a^{m \cdot n}$$

Darstellung von Größen; Vorsätze

Zur Darstellungsehr großer oder sehr kleiner Größen gibt es zwei Möglichkeiten:
– den Einheiten werden Vorsätze (z. B. Milli oder Mega) vorangestellt
– Zehnerpotenzen werden abgetrennt (wissenschaftliche Schreibweise)
Beispiel: Astronomische Einheit: 1 AE = 149 600 000 000 m = 149,6 Gm (Gigameter) = $1{,}496 \cdot 10^{11}$ m
In der Technik verwendet man Exponenten der Zehnerpotenzen, die sich durch 3 teilen lassen.
Beispielsweise schreibt man 287 350 000 in der Technik als
$287{,}35 \cdot 10^6$ und nicht als $2{,}873\,5 \cdot 10^8$.
Der technischen Notation entsprechen auch die **Vorsätze vor Einheiten**. Sie geben an, mit welcher Zehnerpotenz die Einheit multipliziert werden muss. Dabei wurden die folgenden Namen und Abkürzungen vereinbart.

Name	Piko	Nano	Mikro	Milli	Kilo	Mega	Giga	Tera
Abk.	p	n	µ	m	k	M	G	T
Wert	10^{-12}	10^{-9}	10^{-6}	10^{-3}	10^3	10^6	10^9	10^{12}

So sind z. B. 25,3 µm (Mikrometer) $25{,}3 \cdot 10^{-6}$ m = 0,000 025 3 m.

***n*-te Wurzel**

Für $a \in \mathbb{Q}$, $a \geq 0$ und $n \geq 2$ ($n \in \mathbb{N}$) ist $x = \sqrt[n]{a}$, wenn $x \geq 0$ und $x^n = a$ sind.
Die n-te Wurzel aus einer rationalen Zahl ist oft keine rationale Zahl, sondern eine irrationale Zahl.
Ist die n-te Wurzel eine irrationale Zahl, so verwendet man zum Rechnen einen rationalen Näherungswert (z. B. den Taschenrechnerwert).

Längen und Maßstäbe: Ähnlichkeit

Ein Fraktal ist eine geometrische Figur, in der sich das gleiche Motiv in immer kleinerem Maßstab fortlaufend wiederholt. Teile der Figur sehen im Idealfall genauso aus wie die ganze Figur. Dieses Phänomen nennt man Selbstähnlichkeit. Selbstähnliche Strukturen gibt es auch in der Natur, etwa bei Pflanzen oder auch bei Schneekristallen.

Maßstäbliche Modelle

1

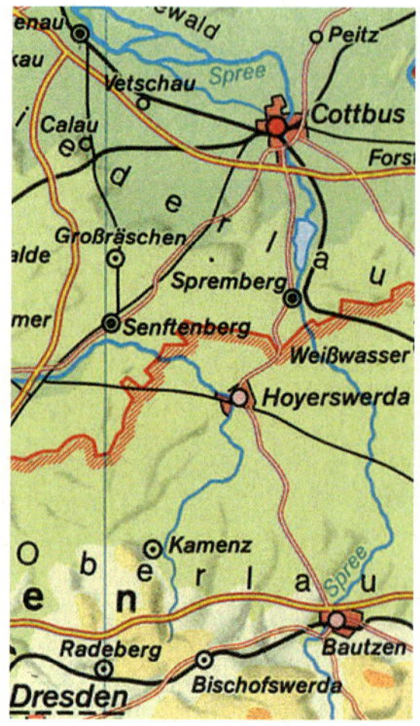

Der kleine Kartenausschnitt in der Randspalte hat einen Maßstab von 1 : 1 500 000. Ermittle anhand dieser Information aus dem großen Kartenausschnitt möglichst genau die Luftlinienentfernung zwischen Bautzen und Königsbrück und näherungsweise die Länge der in der Karte hervorgehobenen Straßenverbindung zwischen diesen beiden Städten.

2

Betrachte die Figur in der Randspalte genau. Wenn man die Figur in einem geeigneten Maßstab vergrößert, dann ist ein Teil der vergrößerten Figur identisch mit der Ausgangsfigur. Ermittle diesen Maßstab so genau wie möglich, vergrößere die Figur entsprechend mithilfe eines Fotokopiergeräts und überzeuge dich durch Ausschneiden (nicht aus dem Buch!) davon, dass ein Teil der vergrößerten Figur genau auf die Ausgangsfigur passt.

3

Übertrage den Turm aus der Randspalte in dein Heft und vergrößere die Figur im Maßstab 2 : 1.

WISSEN

Den **Maßstab** k gibt man als Streckenverhältnis einer beliebig gewählten Strecke im Bild und der entsprechenden Strecke im Original an.

Der Maßstab 1 : 300 000 bedeutet z. B., dass eine Strecke der Länge 1 cm auf der Karte einer Strecke von 300 000 cm (= 3 km) im Original entsprechen.

Zur Ermittlung des Maßstabes bildet man den Quotienten der Längen einer Bildstrecke und der entsprechenden Originalstrecke.

Beispiel: Länge der Originalstrecke: $\overline{AB} = 3$ m
Länge der Bildstrecke: $\overline{A'B'} = 15$ mm
Für den Maßstab k ergibt sich:
$k = 15 \text{ mm} : 3000 \text{ mm} = 1 : 200$ oder $k = 0{,}005$.

4[L]

Übertrage die Tabelle und berechne die fehlenden Angaben.

Bildstrecke	1 m	1 cm		5 mm	12,3 cm	
Originalstrecke	1 000 m		20 000 m	6 cm		2,4 cm
Maßstab		1 : 30 000	1 : 5 000		1 : 0,2	5 : 1

5

Das Bild zeigt ein Architekturmodell. Dargestellt ist der Potsdamer Platz in der Mitte Berlins. Die Architekten wählten für ihr Modell einen Maßstab von 1 : 100.
Welche Aufgabe haben derartige Modelle?
Erkundige dich, wann ein Architekt ein Modell erstellen muss und welcher Maßstab gewählt wird.

a) Die markierten Strecken sind im Modell 40 cm, 25 cm und 1,2 m lang. Wie groß sind sie in Wirklichkeit?
b) Welche Größe hätte ein 4 m hoher Baum im Modell?

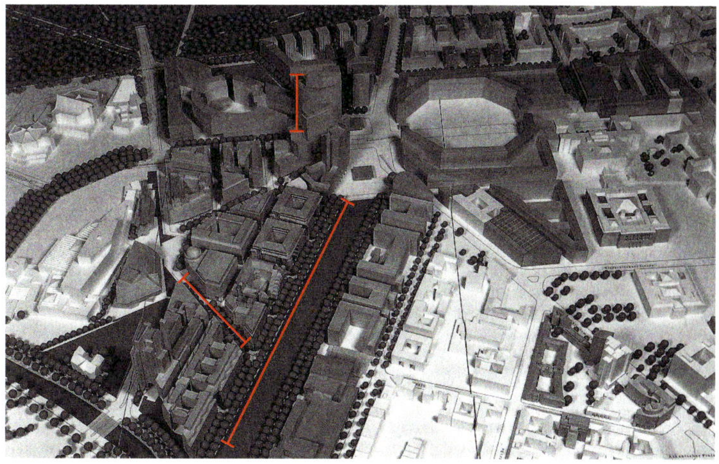

Architekturmodell vom Potsdamer Platz in Berlin

6

Überprüfe, ob die angegebenen Dinge jeweils durch maßstäbliche Verkleinerungen oder Vergrößerungen auseinander hervorgehen. Gib gegebenenfalls den Maßstab an.

a) Barbiepuppe / Mensch
b) Modelleisenbahn / Eisenbahn
c) Matchbox / Auto
d) Globus / Erde
e) Schallplatte / CD
f) DIN-A4-Blatt / DIN-A3-Blatt

7

Von einem neu entwickelten Schiffstyp wird in der Regel ein Modell gebaut. Damit werden dann Fahrversuche in einem Strömungskanal durchgeführt. Das nebenstehende Bild zeigt eine Werkstatt für Schiffsmodelle.

a) Berechne die Maße eines Modells im Maßstab 1 : 50.
Maße im Original:
Länge: 305 m
Breite: 40 m
Tiefgang: 26 m
b) Nicht alle Teile des Schiffes werden im Modell maßstabsgetreu dargestellt. Auf welche Teile beschränkt sich die Maßstabstreue zwischen Schiff und Modell? Warum?

Modellwerkstatt

8

Welche Funktion haben Modelle oder Computersimulationen in den folgenden Beispielen? Bei welchen Beispielen kann man von maßstäblichen Modellen sprechen?
(1) Architekturmodell
(2) Modell und fertige Plastik beim Bildhauer
(3) künstliches Herz
(4) Spielzeugeisenbahn
(5) Modell des Auges aus der Biologiesammlung
(6) 3-D-Simulation eines Werkstücks am Computer

INFORMATION
Computersimulationen ersetzen oder vereinfachen heute in vielen Fertigungsverfahren den Bau eines Modells oder Prototypen.

9

An einem Kopiergerät werden maßstäbliche Verkleinerungen und Vergrößerungen oft durch Prozentangaben im Display angezeigt.

a) Gib jeweils den Maßstab an, der zu folgenden Prozentangaben gehört:
80 %; 120 %; 130 %; 95 %; 75 %.

b) Welche Prozentangaben muss man einstellen, wenn man Vergrößerungen oder Verkleinerungen im Maßstab 1 : 1,2 (1 : 1,15; 1,2 : 1; 1,35 : 1) wünscht?

c) Zeichne auf ein DIN-A4-Blatt die beiden folgenden Figuren:
Rechteck mit den Seitenlängen 5 cm und 6 cm;
Dreieck mit einer 7 cm langen Seite und anliegenden Winkeln von 45° und 60°.
Stelle mit einem Kopiergerät zwei Vergrößerungen und zwei Verkleinerungen der Vorlage her. Notiere die Prozentangaben und berechne die Maßstäbe.

d) Überprüfe an ausgewählten Strecken, wie genau das Gerät gearbeitet hat.

e) Vergleiche bei allen Figuren aus Aufgabenteil c) einander entsprechende Winkel in Bild (Kopie) und Original.
Was stellst du fest?

f) Vergleiche die Flächeninhalte der Bildfiguren aus c) mit denen der Originalfiguren. Versuche einen Zusammenhang zu formulieren.

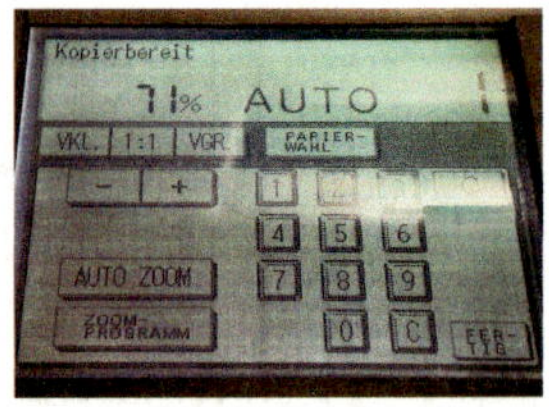

Kopiererdisplay

AUFGABE
Probiere Folgendes und erläutere:
Mit der Einstellung 141 % erhält man aus einer DIN-A5-Seite eine DIN-A4-Seite.

10

Cornelia meint: „Es ist klar, dass sich die Winkel nicht ändern dürfen, wenn für eine Figur ein maßstäbliches Modell gebildet wird. Aber warum sind wir sicher, dass sie sich nicht ändern? Wir haben bisher doch nur über Längen gesprochen."
Patrick erwidert: „Denk dir ein Quadrat, das im Maßstab $k = 2$ gezeichnet werden soll. Die Seitenlängen werden verdoppelt, sind also untereinander wieder gleich lang. Deshalb ist die Bildfigur sicher ein Rhombus. Aber die beiden Diagonalen des Originalquadrats müssen auch jeweils die doppelte Länge bekommen. Das heißt, ihre Bilder bleiben ebenfalls gleich lang. Dann kann die Bildfigur aber nur ein Quadrat sein. Genauso kannst du bei jedem anderen Maßstab k vorgehen."
Anita ergänzt noch: „Jedes maßstäbliche Bild eines Dreiecks ist jedenfalls ein Dreieck mit denselben Innenwinkeln, da habe ich gar keinen Zweifel!"

a) Diskutiert über Cornelias Frage und die Erwiderung von Patrick. Ist die Frage „berechtigt"? Sind die Aussagen von Patrick schlüssig? Ist damit die Frage von Cornelia schon beantwortet?

b) „Überprüfe" Anitas Behauptung experimentell: Wähle beliebige (aber für die Konstruktion eines Dreiecks mögliche) Seitenlängen a, b und c und konstruiere daraus ein Dreieck. Konstruiere dann ein Dreieck mit den Seitenlängen $k\,a$, $k\,b$ und $k\,c$ ($k \neq 0$ beliebig) und vergleiche die Innenwinkel der beiden Dreiecke miteinander.

c) Folgere aus der (tatsächlich richtigen) Aussage von Anita, dass jedes im Maßstab veränderte Vieleck dieselben Winkel besitzt wie das Ausgangsvieleck. (*Tipp:* Diagonalen einzeichnen.)

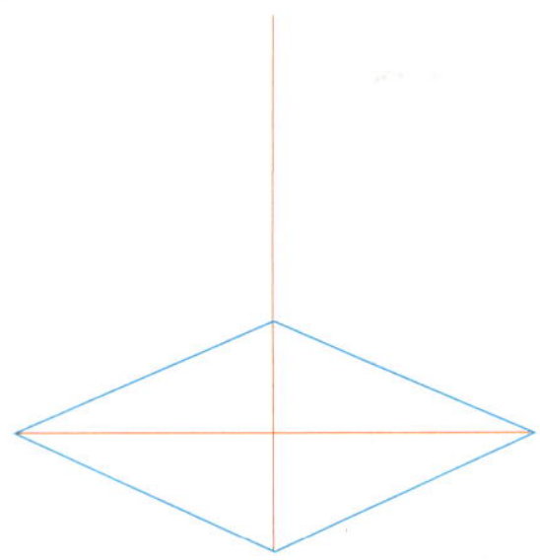

11

Mit den folgenden Experimenten kann untersucht werden, wie sich das Volumen von Körpern bei ihrer maßstäblichen Vergrößerung verändert. Arbeitet zu zweit.

a) Bastelt aus Pappe zwei verschieden große Würfel, die oben offen sind. Ermittelt für jeden Würfel das Volumen, indem ihr ihn mit Sand füllt und den Sand dann in ein Messgefäß umschüttet.Vergleicht das Verhältnis der Kantenlängen mit dem Verhältnis der Volumina der beiden Würfel.

b) Bastelt aus Pappe 2 Quader, die durch maßstäbliche Vergrößerung auseinander hervorgehen. Vergleicht das Verhältnis der Kantenlängen mit dem Verhältnis der Volumina.

c) Nehmt zwei verschieden große Kugeln aus Stahl, Glas oder Stein. Messt ihren Durchmesser und ermittelt mithilfe der Überlaufmethode ihr Volumen. Vergleicht das Verhältnis der Durchmesser mit dem Verhältnis der Volumina.

HINWEIS

Überlaufmethode:

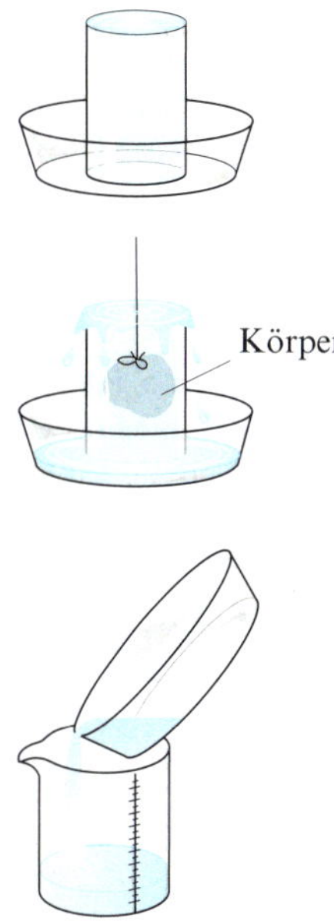

12

Arbeitet in Gruppen. Zeichnet Quadrate, Dreiecke, Rechtecke und Parallelogramme. Verlängert alle ihre Seiten im Maßstab 3 : 1 und vergleicht die Flächeninhalte der vergrößerten Figuren mit den Ausgangsfiguren. Was vermutet ihr?
Überprüft eure Vermutungen durch das Anwenden der Flächeninhaltsformeln.

WISSEN

Eine ebene oder räumliche Figur *B* sei eine maßstäbliche Vergrößerung oder Verkleinerung der Originalfigur *O*. Der Maßstab sei *k*.
Dann gilt für alle Streckenlängen, Flächeninhalte, Volumina und Winkel:

Größe	im Original	im Bild/Modell	Beziehung
Streckenlänge	s_O	s_B	$s_B = k \cdot s_O$
Flächeninhalt	A_O	A_B	$A_B = k^2 \cdot A_O$
Volumen	V_O	V_B	$V_B = k^3 \cdot V_O$
Winkel	α_O	α_B	$\alpha_B = \alpha_O$

13

Übergroße Science-Fiction-Lebewesen in Büchern, Computerspielen oder Filmen sind für dich bestimmt nicht neu. Versetze dich in eine Modellwelt, in der alle Lebewesen achtfach (maßstäblich) vergrößert sind. Überlege, rechne und begründe:
Wie groß und wie schwer wärest du in dieser Welt? Reichen das achtfache deiner jetzigen Nahrung und das achtfache des jetzt benötigten Kleiderstoffes in dieser Modellwelt für dich aus? Wie viel Limonade wäre dort in einer Flasche?

14

a) Die Flächeninhalte zweier Rechtecke, von denen das zweite eine maßstäbliche Vergrößerung oder Verkleinerung ist, verhalten sich wie 1 : 4 (9 : 16; 25 : 9). Welcher Maßstab wurde verwendet?

b) Ein Dreieck mit $c = 6$ cm wurde maßstäblich verändert, sodass das Bilddreieck die Seitenlänge $c_B = 4{,}2$ cm und den Flächeninhalt 20 cm² besitzt. Welchen Flächeninhalt hatte das ursprüngliche Dreieck?

15

Suche im Bild Paare von Figuren, die durch maßstäbliche Vergrößerungen bzw. Verkleinerungen auseinander hervorgegangen sind.
Überprüfe deine Auswahl durch das Bilden entsprechender Streckenverhältnisse.

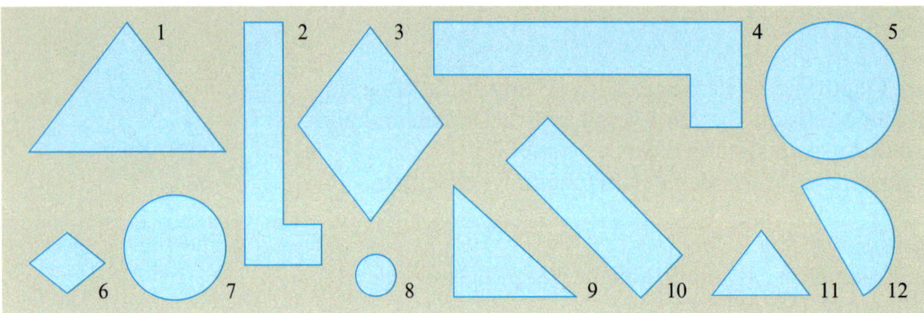

16

Vergleicht jeweils Quadrate, Rauten, gleichseitige Dreiecke, Kreise, Würfel bzw. Kugeln verschiedener Größen miteinander. Handelt es sich dabei jeweils um maßstäbliche Vergrößerungen bzw. Verkleinerungen?

Gruppenarbeit

WISSEN

Ebene oder räumliche Figuren, die durch maßstäbliches Vergrößern oder Verkleinern auseinander hervorgehen, bezeichnen wir auch als **zueinander ähnlich**. Zum Maßstab *k* sagt man auch **Ähnlichkeitsfaktor** oder Ähnlichkeitsverhältnis.

Die ebenen Figuren *A* und *B* sind zueinander ähnlich.
Man schreibt auch $A \sim B$.

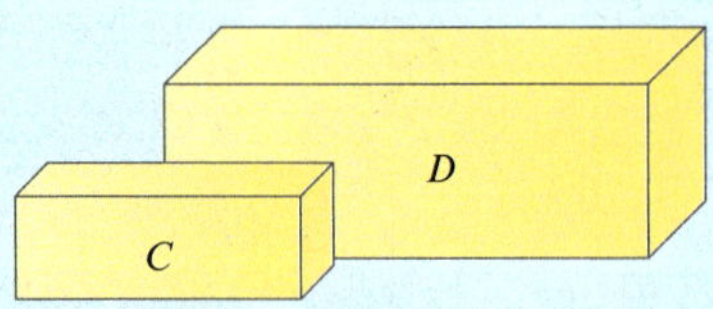

Die räumlichen Figuren *C* und *D* sind zueinander ähnlich.
Man schreibt auch $C \sim D$.

INFORMATION
Das Zeichen ~ für „ähnlich" ist aus einem umgekehrt liegenden S, dem Anfang des lateinischen *similis* entstanden

17^L

a) Die Kongruenz ist ein Spezialfall der Ähnlichkeit. Wie groß ist der Ähnlichkeitsfaktor für zwei zueinander kongruente Figuren?

b) Du hast früher gelernt, dass Figuren zueinander kongruent heißen, wenn sie in Größe und Form übereinstimmen. Wie könnte man einen entsprechenden Satz für zueinander ähnliche Figuren formulieren?

ERINNERE DICH
Man kann zu einer vorgegebenen Figur eine kongruente Figur erzeugen, indem man sie verschiebt, spiegelt, dreht oder mehrere dieser Abbildungen nacheinander ausführt.

Zentrische Streckung mit DGS

1

85-1

Die Vierecke *ABCD* und *EFGH* wurden auf die Vierecke *A′B′C′D′* bzw. *E′F′G′H′* abgebildet.

a) Ziehe an *Z* und an den Eckpunkten des Vierecks *ABCD* und beobachte die Auswirkungen auf das rote Bildviereck *A′B′C′D′*. Nutze die Messwerkzeuge. Welche Eigenschaften hat die Abbildung?

b) Prüfe nach, dass die beiden Vierecke *ABCD* und *EFGH* zueinander kongruent sind. (*Tipp:* Drehung).

c) Das blaue Viereck *E′F′G′H′* ist das Bild des Vierecks *EFGH*. Untersuche analog zu Aufgabenteil b) mit dem Zugmodus auch die Eigenschaften dieser Abbildung. Welche Wirkungen hat die Anwendung des Zugmodus auf das rote bzw. auf das blaue Viereck? Was ist unterschiedlich, was ist gleich?

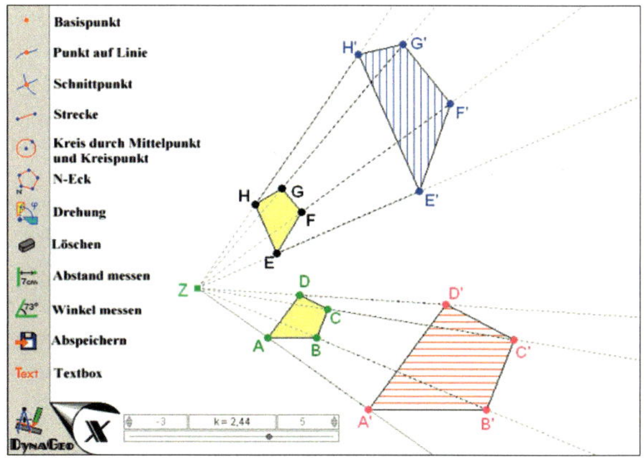

2

85-2

Das Viereck *ABCD* wurde auf das Viereck *A′B′C′D′* abgebildet. An den grünen Punkten kannst du ziehen.

a) Verschiebe *A′* und *B′* so, dass die beiden Vierecke annähernd zueinander ähnlich sind.

b) Wenn du nun an *Z* oder an dem Schieberegler ziehst, wird diese Ähnlichkeit aber wieder zerstört. Suche eine Konstruktion für *A′* und *B′*, bei der die Ähnlichkeit der beiden Vierecke auch im Zugmodus stabil erhalten bleibt. Führe diese Konstruktion aus und beschreibe sie.

c) Miss die Abstände von *Z* zu *D* und von *Z* zu *D′*, die Abstände von *Z* zu *C* und von *Z* zu *C′*. Welche Zusammenhänge kannst du hier feststellen? Überprüfe deine Konstruktion von *A′* und *B′* mithilfe der gefundenen Zusammenhänge.

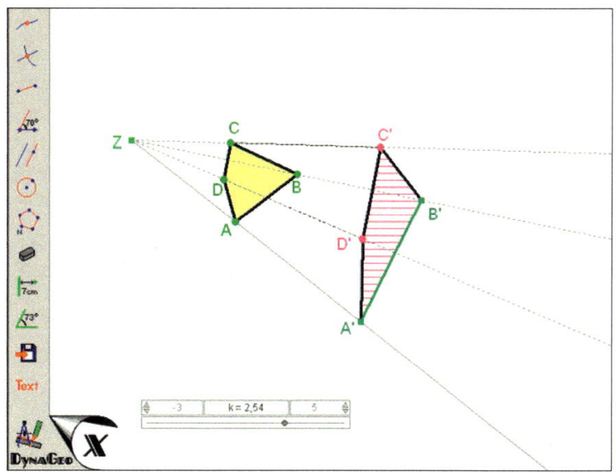

3

85-3

Zu dem Dreieck *ABC* wurde mit einer **zentrischen Streckung** das ähnliche Dreieck *A′B′C′* konstruiert. An den grünen Punkten und am Schieberegler kannst du ziehen.

a) Untersuche verschiedene Lagen von *Z* bezogen auf die Lage der beiden Dreiecke und der Eckpunkte des Dreiecks *ABC*. Beschreibe die besondere Lage der Eckpunkte von Original- und Bilddreieck.

b) Die Anzeige des Schiebereglers zeigt den jeweils aktuellen Wert des zu der zentrischen Streckung gehörenden **Streckungsfaktors** an.
Verändere den Streckungsfaktor und beobachte die Wirkung. Beschreibe wiederum die besondere Lage der Eckpunkte der Dreiecke. Was passiert, wenn der Streckungsfaktor negativ ist?

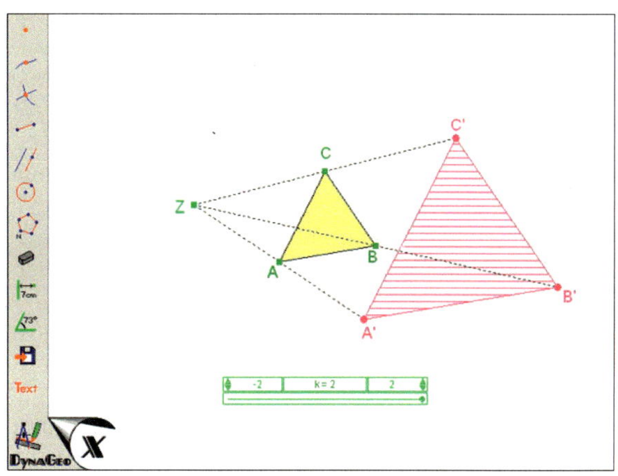

4

Was ist eine **zentrische Streckung mit dem Streckungszentrum Z und dem Streckungsfaktor k**? Versucht gemeinsam, anhand eurer Beobachtungen eine Definition zu formulieren. Besprecht diese Definition in der Klasse und mit eurer Lehrerin oder eurem Lehrer. Korrigiert und ergänzt eure Definition nötigenfalls.

5

a) Untersuche noch einmal deine Konstruktionsvorschrift aus Aufgabe 2 a). Handelt es sich um eine zentrische Streckung?

b) Handelt es sich bei den Abbildungen aus Aufgabe 1 um zentrische Streckungen?

6

www 86-1

Zu einem Quadrat $ABCD$ wurde mithilfe einer zentrischen Streckung das ähnliche Viereck $A'B'C'D'$ konstruiert.

a) Ermittle den Flächeninhalt von $ABCD$ und des Bildvierecks $A'B'C'D'$ durch verschiedene Verfahren (z. B. Schätzen, Ausmessen der Figuren, Verwendung eines Termobjektes, …).

b) Ziehe an B und verändere den Streckungsfaktor der zentrischen Streckung. Wie ändern sich die Flächeninhalte der Figuren? Welcher Zusammenhang besteht zwischen beiden Flächeninhalten?

c) Konstruiere mit deiner DGS zu weiteren Figuren (Rechteck, Dreieck, …) die Bildfiguren bei einer zentrischen Streckung. Lässt sich der bei b) entdeckte Zusammenhang auch auf diese Figuren übertragen?

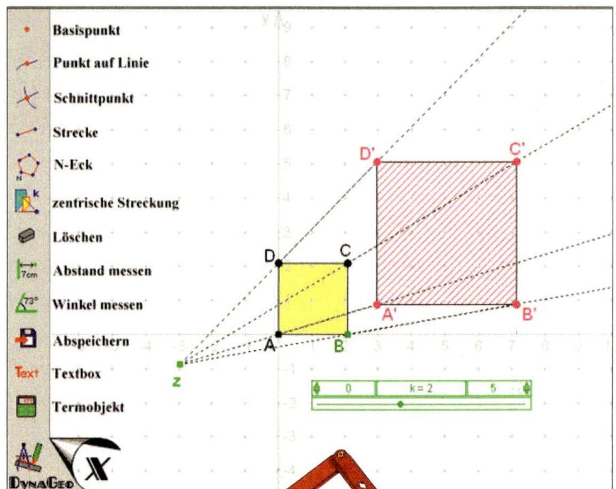

7

www 86-2

„Pantograph“ (griech.) bedeutet wörtlich übersetzt „Allesschreiber“. Der Pantograph (auch Storchenschnabel genannt) ist ein Instrument zum Übertragen von Zeichnungen im gleichen, größeren oder kleineren Maßstab. Experimentiere mit einem echten Pantographen bzw. mit dem Pantographen aus der Datei zu dieser Aufgabe und beschreibe seine Funktionsweise.

a) Mit dem Werkzeug *Ortslinie* wurde zu einem Dreieck durch den DGS-Pantographen eine Ortslinie erzeugt. Welches Bild des gelben Dreiecks ergibt sich, wenn du die Ortslinie vervollständigst?

b) Welche Zusammenhänge erkennst du zwischen dem gelben Ausgangsdreieck und seiner Bildfigur?

c) Experimentierecke: Nutze für die folgenden Aufträge die im Onlineangebot zu deinem Schulbuch angegebenen Weblinks:
- Experimentiere mit einem dynamischen Pantographen.
- Bastele selbst einen Pantographen.
- Erkundige dich durch eine Internetrecherche, wozu ein Pantograph früher gebraucht wurde.

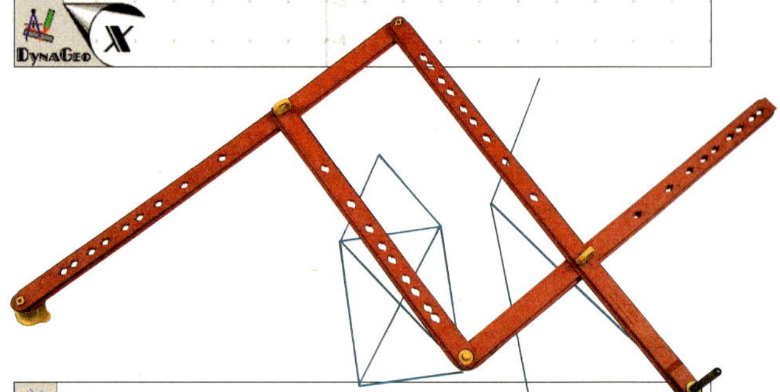

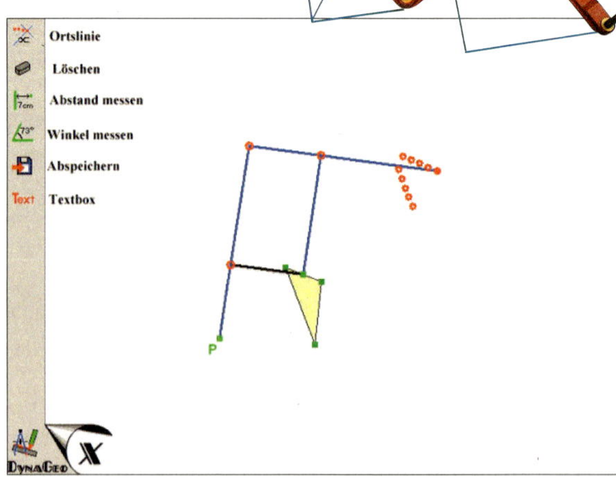

Zentrische Streckung

1

Mit einem einfachen Gummiring, in den ein Knoten geknüpft wurde, kann man ebene Figuren maßstäblich vergrößern. Man befestigt dazu einen Gummiring in einem Punkt und spannt ihn dann mit einem Zeichenstift. Beim Zeichnen muss der Knoten möglichst genau über den Punkten des Originals liegen.

a) Probiere das Verfahren an einer eigenen Zeichnung aus.

b) Wie kannst du durch die Lage des Knotens den Maßstab beeinflussen?

Maßstabsgetreues Vergrößern mithilfe eines Gummis

2

a) Zeichne ein Koordinatensystem und trage die Punkte $A(2|4)$, $B(5|1)$ und $C(-3|0{,}5)$ ein. Verbinde den Punkt $O(0|0)$ mit den Punkten A, B und C und verlängere diese Strecken über den jeweiligen Punkt hinaus.
Zeichne für jeden der gegebenen Punkte A, B und C einen Bildpunkt, der auf dem entsprechenden Strahl $\overline{OA}$, $\overline{OB}$ bzw. $\overline{OC}$ liegt und doppelt so weit entfernt ist von O wie der Punkt selbst.
Verbinde die Punkte A, B und C bzw. die Punkte A', B' und C' miteinander.
Handelt es sich hierbei um eine maßstäbliche Vergrößerung?

b) Trage die Punkte $E(6|-7)$, $F(8|-1)$ und $G(-1|8)$ in das Koordinatensystem ein. Gehe so vor wie in a) und zeichne die Bildpunkte von E, F und G, die nur ein Drittel so weit entfernt sind von $O(0|0)$.

c) Vergleiche das Vorgehen in Aufgabe 1 mit dem in Aufgabe 2.

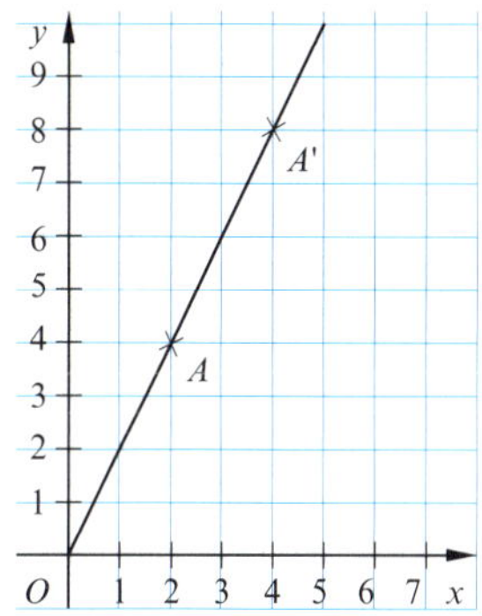

WISSEN

Eine **zentrische Streckung** $(Z; k)$ mit dem **Streckungszentrum** Z und dem **Streckungsfaktor** k ist eine Abbildung, die jedem Punkt A $(\neq Z)$ einen Punkt A' zuordnet, der auf der Geraden ZA liegt und für den gilt: $\overline{ZA'} = k \cdot \overline{ZA}$.
Der Bildpunkt von Z ist Z selbst: $Z' = Z$.

Wenn $k < 0$, liegt Z zwischen A und A', wenn $0 < k < 1$, liegt A' zwischen Z und A, wenn $k > 1$, liegt A zwischen Z und A'.

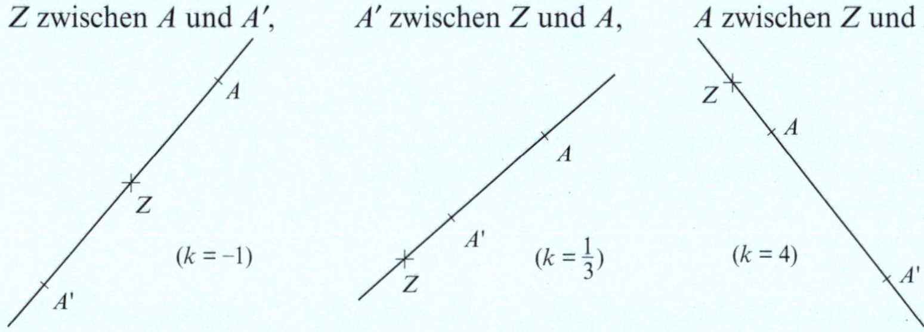

3

Welche Bedeutung hat der feste Punkt des Gummibandes in Aufgabe 1?
Wodurch legt man beim Gummiband den Streckungsfaktor fest?

4

Die folgenden Bilder zeigen Beispiele für zentrische Streckungen. Ermittle jeweils den Streckungsfaktor.

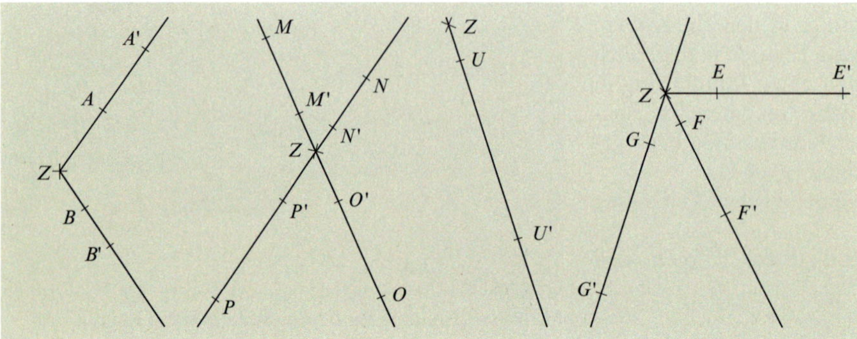

BEACHTE
Bei $k = 1$ gilt für jeden Punkt $P = P'$.
Bei $k \neq 1$ ist Z der einzige Punkt mit $Z = Z'$.

5[L]

a) Suche im nebenstehenden Bild für die zentrische Streckung $(B; 0{,}5)$ drei Originalpunkte und die dazugehörigen Bildpunkte.

b) Wie viele solcher Punktepaare findest du für die zentrischen Streckungen $(P; 3)$ und $(T; 0{,}25)$?

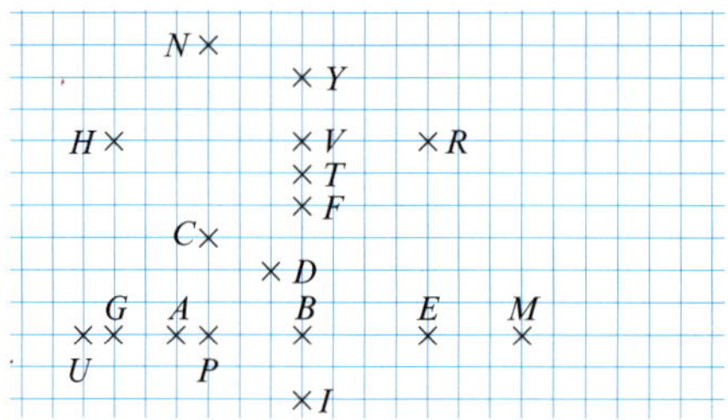

6

Arbeitet zu zweit.

a) Gib deinem Partner passend zum Bild jeweils ein Streckungszentrum und einen Streckungsfaktor vor. Lass ihn mögliche Original- und Bildpunkte ermitteln.

b) Gib deinem Partner Original- und Bildpunkt vor und lass ihn Streckungszentrum und -faktor suchen.

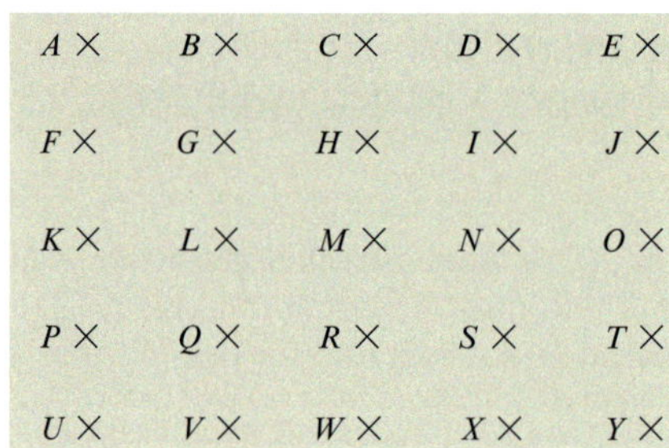

BEISPIEL
Der Punkt M ist das Bild des Punktes G bei der zentrischen Streckung $(A; 2)$.

7

Zeichne eine eckige Figur und einen Punkt Z außerhalb der Figur. Suche für jeden Eckpunkt deiner Figur den Bildpunkt bei der zentrischen Streckung **a)** $(Z; 3)$ und **b)** $(Z; 0{,}5)$. Verbinde jeweils die Bildpunkte und vergleiche Original- und Bildfigur.

8

a) Zeichne einen Punkt P und einen Punkt Z sowie eine Gerade g, die durch P, aber nicht durch Z verläuft. Ermittle P' bei der zentrischen Streckung $\left(Z; \frac{7}{4}\right)$.

b) Ermittle für einen weiteren Punkt Q auf der Geraden g das Bild bei der zentrischen Streckung $\left(Z; \frac{7}{4}\right)$. Verbinde die Bildpunkte P' und Q' durch eine Gerade g' und beurteile die Lage der beiden Geraden g und g'.

c) Liegt auch das Bild eines beliebigen anderen Punktes R von g auf g'?

NACHGEDACHT
Was passiert, wenn die Gerade durch das Streckungszentrum geht?

WISSEN

Eigenschaften zentrischer Streckungen

- Eine Gerade, die nicht durch das Streckzentrum verläuft, wird bei einer zentrischen Streckung auf eine zu ihr parallele Gerade abgebildet.
- Ein Winkel α wird auf einen gleich großen Winkel α' abgebildet.
- Zwei zueinander parallele Geraden werden auf zueinander parallele Geraden abgebildet.
- Ist $\overline{A'B'}$ das Bild der Strecke $\overline{AB}$ bei einer zentrischen Streckung $(Z; k)$, dann gilt $\overline{A'B'} = k \cdot \overline{AB}$.

9

Begründe anhand einer Skizze, dass bei einer zentrischen Streckung zueinander parallele Geraden wieder auf zueinander paralle Geraden abgebildet werden.

TIPP
Zeichne zur Begründung eine ganze Parallelenschar.

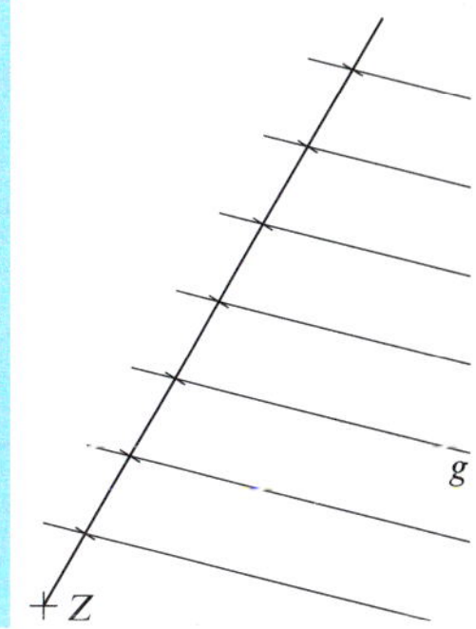

10

Zeichne ein Dreieck ABC mit den Seitenlängen 3 cm, 4 cm und 5 cm. Zeichne jeweils das Dreieck $A'B'C'$ bei der zentrischen Streckung $(Z; k)$ und vergleiche die Längen und die Lage entsprechender Seiten von Original und Bilddreieck.

a) $k = 2$ und Z liegt innerhalb des Dreiecks ABC
b) $k = 3$ und $Z = A$
c) $k = 2$ und Z liegt außerhalb des Dreiecks ABC
d) $k = 2$ und Z liegt auf AB, aber $Z \neq A$ und $Z \neq B$

11

Zeichne ein Quadrat $ABCD$ mit 5 cm Seitenlänge. Der Schnittpunkt der beiden Diagonalen sei S. Ermittle die Bildpunkte von A, B, C, D bei den zentrischen Streckungen $(S; 3{,}5)$ und $(D; 3{,}5)$. Verbinde die jeweiligen Bildpunkte zu Vierecken. Vergleiche sie mit dem Originalquadrat.

12

Begründe: Ist $A'B'C'$ das Bild eines Dreiecks ABC bei einer zentrischen Streckung $(Z; k)$, dann sind die Dreiecke $A'B'C'$ und ABC zueinander ähnlich.

WISSEN

Bei einer zentrischen Streckung einer Figur F ist die Bildfigur F' zu F ähnlich.
$F \sim F'$

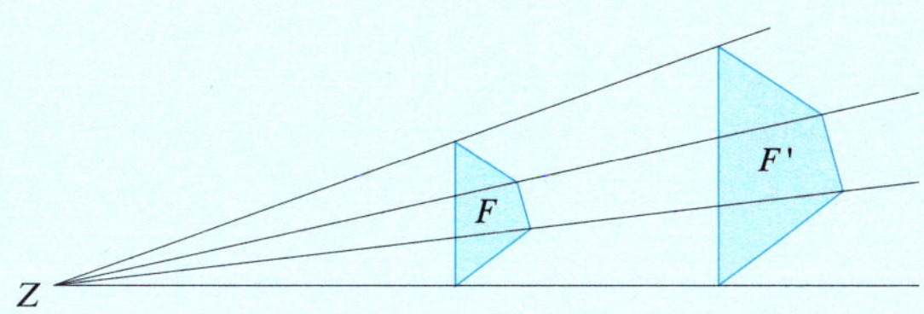

Daraus folgt:
Wenn es eine zentrische Streckung gibt, die eine Figur F auf eine Figur G abbildet, dann sind die Figuren F und G zueinander ähnlich.

13

Wie müssen zwei zueinander ähnliche Figuren zueinander liegen, damit man die Ähnlichkeit unmittelbar mithilfe einer zentrischen Streckung nachweisen kann?

14

Überprüfe für jede der gelben Figuren, ob sie Bild einer der blauen Figuren bei einer zentrischen Streckung sein kann.

15

Übertrage die Figurenpaare ins Heft. Untersuche bei jedem Paar, ob es eine zentrische Streckung gibt, die die eine Figur auf die andere abbildet. Falls es keine solche zentrische Streckung gibt: Sind die Figuren trotzdem zueinander ähnlich? Begründe.

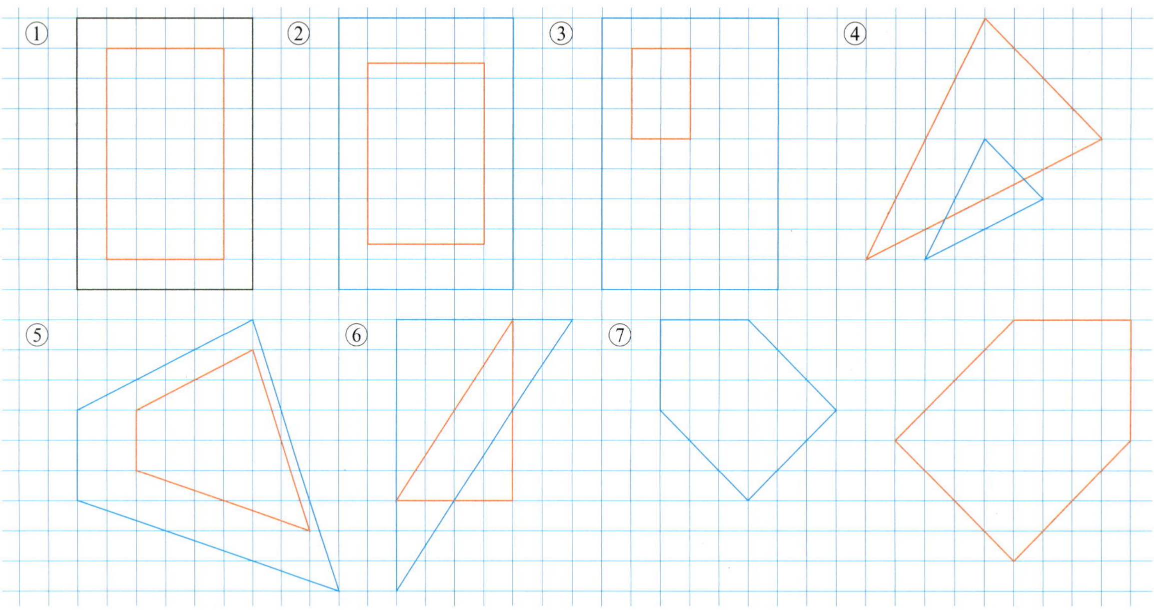

16

Ein Quader mit den Kantenlängen 3 cm, 6 cm und 2,5 cm soll wie im Bild zentrisch gestreckt ($k = 3$) werden, wobei einer der Eckpunkte des Quaders das Streckungszentrum bildet.
Zeichne das Schrägbild des Quaders und führe die zentrische Streckung durch.
Wie groß ist das Volumen des Original- und des Bildquaders?

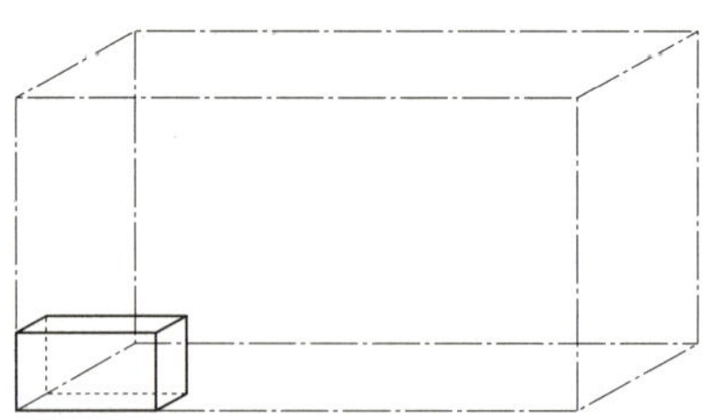

WISSEN

Die Eigenschaften der zentrischen Streckung gelten auch im Raum.
Wird ein Körper (Oberflächeninhalt A_O, Volumen V_O) mit dem Streckungsfaktor k gestreckt, so gilt für den Oberflächeninhalt A_B und das Volumen V_B des Bildkörpers:

$A_B = k^2 A_O$ $\qquad$ $V_B = k^3 V_O$

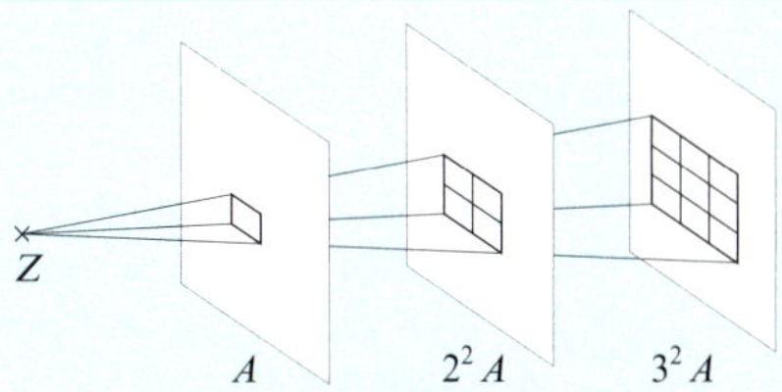

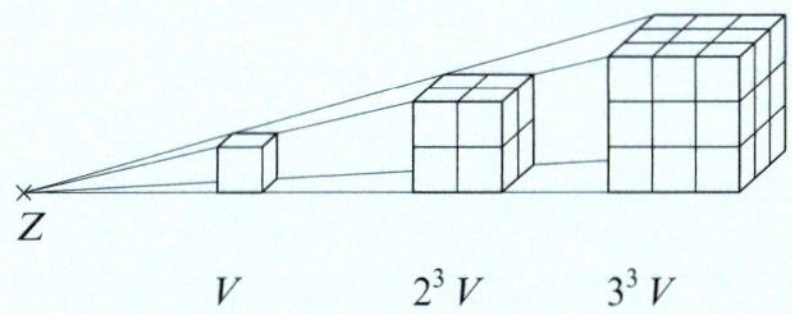

17

Gestalte ein DIN-A4-Blatt durch zentrische Streckungen.
Zeichne dazu die Diagonalen des Blattes und wähle Z auf einer der Diagonalen (Z sei nicht der Schnittpunkt der Diagonalen).
Führe folgende Streckungen $(Z; k)$ aus:
$k_1 = \frac{1}{2}$; $k_2 = \frac{1}{4}$; $k_3 = \frac{1}{8}$; $k_4 = \frac{1}{16}$; $k_5 = \frac{1}{32}$.
Vergleiche die Flächeninhalte der entstandenen Vierecke ohne zu messen.
Färbe die Vierecke, sodass ein möglichst effektvolles Bild entsteht.

WAS MEINST DU DAZU?
Das Bildviereck eines DIN-A5-Blattes bei einer zentrischen Streckung $\left(Z; \frac{1}{2}\right)$ entspricht dem DIN-A6-Format und bei $\left(Z; \frac{1}{4}\right)$ dem DIN-A8-Format. Von einem DIN-A-Format zum nächstkleineren halbiert sich der Flächeninhalt.

18

a) Zeichne eine Strecke $\overline{AB}$ und einen Punkt Z außerhalb von $\overline{AB}$.
Führe die beiden zentrischen Streckungen $\left(Z; \frac{3}{4}\right)$ und $(Z; 2)$ hintereinander aus.

b) Zeichne eine Strecke $\overline{AB}$ und zwei Punkte Z_1 und Z_2, die auf verschiedenen Seiten der Geraden durch A und B liegen.
Führe die beiden zentrischen Streckungen $\left(Z_1; \frac{3}{4}\right)$ und $\left(Z_2; \frac{4}{3}\right)$ hintereinander aus.

c) Gibt es bei a) und b) jeweils nur eine einzige zentrische Streckung, die gleich die Ausgangsfigur auf die Endfigur abbildet?
Suche jeweils nach dem entsprechenden Streckungszentrum und dem Ähnlichkeitsfaktor.

19

Zeichne auf ein Blatt Papier ein Rechteck und bilde es mit einer zentrischen Streckung ab. Bilde dann das Bildrechteck mit einer zweiten zentrischen Streckung ab, die dasselbe Streckungszentrum, aber einen anderen Streckungsfaktor hat.
Begründe, dass die beiden Abbildungen durch eine einzige zentrische Streckung ersetzt werden können.
Formuliere deine Erkenntnis als mathematischen Satz.

20

a) Schneide aus einem Stück Papier in Form eines rechtwinkligen Dreiecks ein Rechteck mit möglichst großer Fläche aus. Es soll doppelt so lang wie breit sein und den rechten Winkel des Dreiecks enthalten. Probiere.

b) Offensichtlich ist es schwierig, alle Bedingungen gleichzeitig zu erfüllen. Deshalb zeichnet man zunächst eine Hilfsfigur (linkes Bild), die schon einige Bedingungen erfüllt. Welche sind das?

c) Durch eine zentrische Streckung dieser Hilfsfigur erhält man dann die gesuchte Figur (rechtes Bild). Erkläre, warum die Figur jetzt alle Bedingungen erfüllt.

HINWEIS

Viele Konstruktionsaufgaben lassen sich lösen, indem man zunächst eine Hilfsfigur konstruiert. Ihre Seiten sollten parallel zu den Seiten der gesuchten Figur sein und dasselbe Längenverhältnis haben. Dann braucht man diese Hilfsfigur nur noch geeignet zentrisch zu strecken.

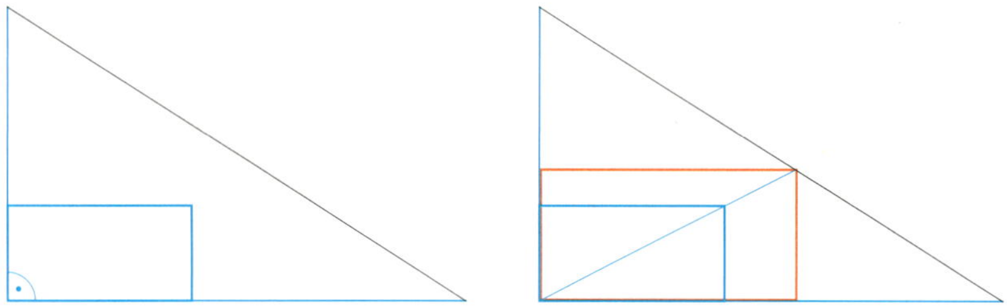

21

a) Zeichne in einen Kreis ($r = 4$ cm) ein größtmögliches Quadrat.

b) Zeichne in einen Kreis ($r = 4$ cm) ein Rechteck, das dreimal so breit ist wie hoch und dessen Eckpunkte auf dem Kreis liegen.

c) Zeichne in einen Halbkreis ($r = 5$ cm) ein Quadrat, von dem zwei Eckpunkte auf dem Durchmesser und die anderen beiden Eckpunkte auf dem Kreisbogen liegen;

d) Zeichne in einen Halbkreis ($r = 5$ cm) ein Rechteck mit dem Seitenverhältnis 3 : 2, von dem zwei Eckpunkte auf dem Durchmesser und die anderen beiden Eckpunkte auf dem Kreisbogen liegen. Findest du beide Lösungen?

AUFGABEN ZUR WIEDERHOLUNG

1. Zeichne mithilfe eines kreisförmigen Gegenstandes (Glas, Tasse, etc.) einen Kreis.
   Konstruiere den Mittelpunkt des Kreises.

2. Zeichne die Punkte $P(1|3)$ und $M(5|0)$ in ein geeignetes Koordinatensystem.
   Zeichne einen Kreis mit $r = 1{,}5$ cm um M.
   Konstruiere die Tangente durch den Punkt P an den Kreis um M.

3. Konstruiere ein rechtwinkliges Dreieck ABC mit dem rechten Winkel bei C aus den folgenden Stücken:
   a) $c = 6$ cm, $\alpha = 55°$
   b) $c = 8{,}2$ cm, $b = 3{,}7$ cm
   c) $c = 7{,}4$ cm, $a = 4{,}7$ cm
   d) $c = 6$ cm, $b = 4$ cm
   e) $a = b$, $h_c = 2$ cm
   f) $h_c = 5$ cm, $a = 3{,}6$ cm

4. Konstruiere folgende Vierecke.
   a) Raute mit der Seitenlänge 4,2 cm und einem Innenwinkel von 110°
   b) Parallelogramm mit den Seitenlängen 6,8 cm bzw. 3,7 cm und einem Innenwinkel von 83°
   c) Viereck mit den Seitenlängen 6 cm, 3 cm, 5,5 cm bzw. 5 cm und einer Diagonalen der Länge 6,5 cm

5. **a)** Welche Vierecksart spielt bei der Konstruktion der abgebildeten Gegenstände eine Rolle?
   b) Welche Funktion hat dieses Viereck?
   c) Skizziere die Gegenstände jeweils in einer anderen Lage.

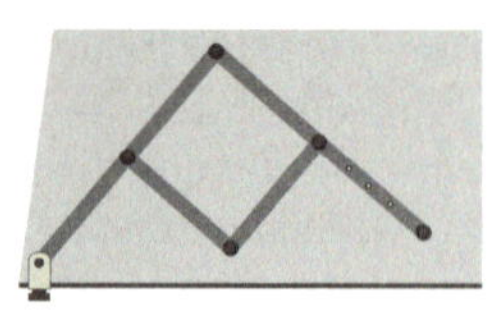

Ähnlichkeitssätze für Dreiecke

1

In alten Überlieferungen wird berichtet, dass der griechische Mathematiker Thales von Milet (ca. 600 v. Chr.) die Höhe einer ägyptischen Pyramide zum Erstaunen der Priester nur mithilfe seines Schattens bestimmt hat.
Die Skizze zeigt, wie er dabei vorgegangen sein könnte.

a) Was musste Thales messen, um die Pyramidenhöhe zu berechnen?

b) Wie könnte er bei seinen Berechnungen vorgegangen sein? Erläutere das an einer Skizze der Seitenansicht.

2

Zeichne ein beliebiges Dreieck. Suche dir eine Seite aus und zeichne dazu eine Parallele durch das Dreieck. Vergleiche das abgeschnittene Dreieck mit dem Ausgangsdreieck. Vergleicht eure Ergebnisse untereinander.

3

ABC sei ein beliebiges Dreieck und *DE* eine Gerade durch *ABC*, die parallel zu *AB* verläuft. Dann sind die Dreiecke *ABC* und *DEC* zueinander ähnlich. Der Beweis dieser Behauptung ergibt sich aus den folgenden Aufgabenteilen a) und b).

a) Begründe, dass alle Seiten des Dreiecks *CDE* durch dieselbe maßstäbliche Verkleinerung der entsprechenden Seiten des Dreiecks *ABC* entstehen. (*Hinweis:* Beachte die Eigenschaften einer zentrischen Streckung auf Seite 89.)

b) Wäre das Dreieck *CDE* dennoch keine maßstäbliche Verkleinerung des Dreiecks *ABC*, dann müsste es ein anderes Dreieck $C'D'E'$ geben, das dieselben Seitenlängen wie das Dreieck *CDE* hat, aber nicht kongruent zum Dreieck *CDE* ist. Begründe, dass das nicht der Fall sein kann.

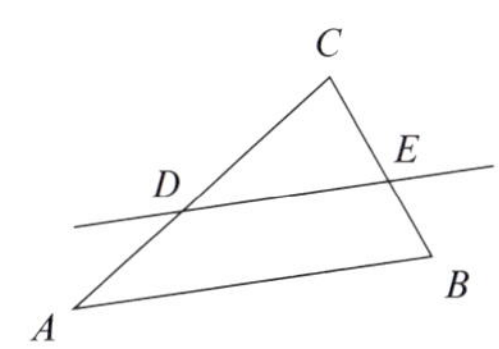

4

Pause oder zeichne die kleinen Dreiecke ab und schneide sie aus.
Lege sie so auf das große Dreieck, dass sie jeweils einen gemeinsamen Innenwinkel haben.
Bei welchen Dreiecken ist das für alle drei Ecken möglich?
Welche der Dreiecke sind zueinander ähnlich?

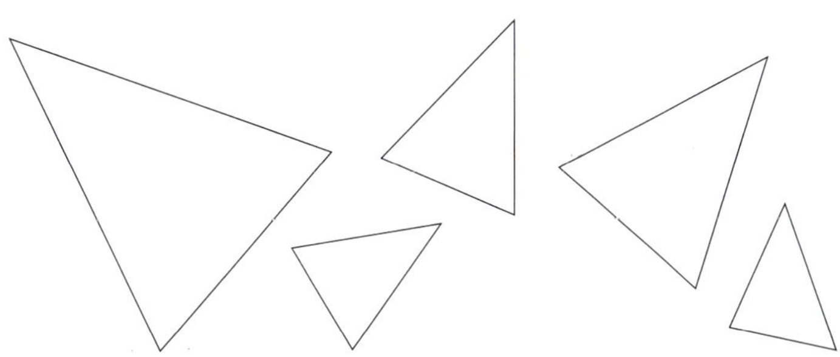

WISSEN

Hauptähnlichkeitssatz
Wenn zwei Dreiecke in zwei Winkeln übereinstimmen, so sind sie einander ähnlich.

Beweis des Hauptähnlichkeitssatzes

Gegeben seien zwei Dreiecke ABC und DEF und es gelte $\alpha = \delta$ sowie $\gamma = \varphi$.

Zu zeigen ist die Ähnlichkeit der beiden Dreiecke zueinander, d. h. $\overline{AC} : \overline{DF} = \overline{AB} : \overline{DE} = \overline{BC} : \overline{EF}$.

Beweisidee: Zuerst wird gezeigt, dass das Dreieck DEF kongruent zu einem Dreieck CPQ ist, das vom Dreieck ABC durch eine Parallele abgeschnitten wurde. Damit ist es entsprechend der Überlegung aus Aufgabe 3 zum ganzen Dreieck ABC ähnlich.

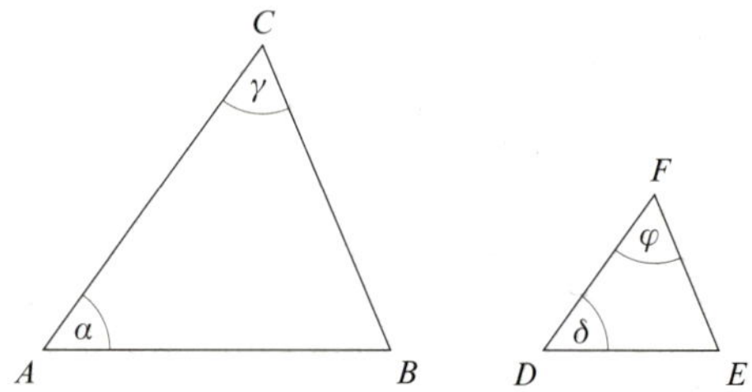

- Abtragen der Strecke $\overline{FD}$ auf der Strecke $\overline{CA}$ von C aus, Schnittpunkt sei P
- Abtragen der Strecke $\overline{FE}$ auf der Strecke $\overline{CB}$ von C aus, Schnittpunkt sei Q
- Verbinden von P und Q
- Da $\overline{CP} = \overline{FD}$ und $\overline{CQ} = \overline{FE}$ und $\gamma = \varphi$, sind nach Kongruenzsatz (sws) die Dreiecke DEF und PQC kongruent.
- Daraus folgt: $\sphericalangle CPQ = \delta$, also auch $\sphericalangle CPQ = \alpha$ (da ja $\alpha = \delta$).
- Das bedeutet: $\sphericalangle CPQ$ und α sind Stufenwinkel an geschnittenen Parallelen, also sind $\overline{AB}$ und $\overline{PQ}$ parallel.

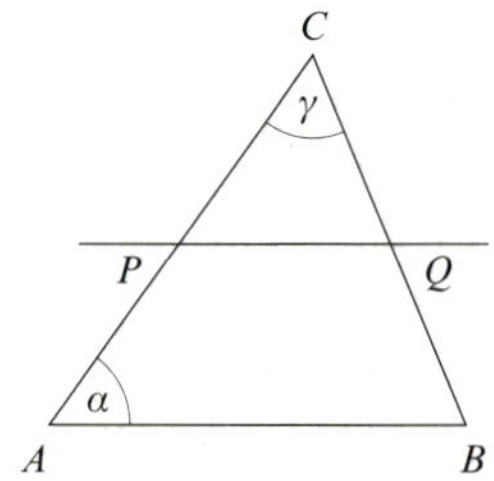

5

Verfolge den Weg der Lichtstrahlen.

a) In welcher Höhe trifft das Licht auf die gegenüberliegende Wand?

b) Wo liegen in der Versuchsanordnung zueinander ähnliche Dreiecke? Warum sind sie zueinander ähnlich?

c) Übertrage die Zeichnung in dein Heft. Wie wandert der Lichtstrahl weiter?

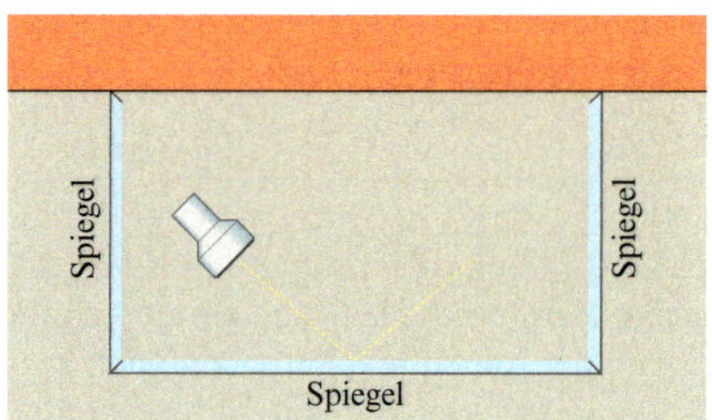

6

Zeichne Dreiecke mit folgenden Seitenlängen. Prüfe durch Winkelmessen oder durch Ausschneiden und Aufeinanderlegen, ob die Dreiecke einander ähnlich sind.

a) $a = 2{,}8$ cm, $b = 3{,}2$ cm, $c = 2$ cm **b)** $2a, 2b, 2c$ **c)** $\frac{3}{4}a, \frac{3}{4}b, \frac{3}{4}c$

7

Ein Dreieck hat die Seitenlängen $a = 5$ cm, $b = 6$ cm, $c = 7$ cm. Welche Seitenlängen hat ein ähnliches Dreieck mit einem Umfang von 1 m?

WISSEN

Weitere Ähnlichkeitssätze für Dreiecke

Zwei Dreiecke sind einander ähnlich,

- wenn sie übereinstimmen in der Größe eines Innenwinkels und im Längenverhältnis der Seiten, die diesem Winkel anliegen;
- wenn sie übereinstimmen im Längenverhältnis zweier Seiten und der Größe des Winkels, der der größeren dieser beiden Seiten gegenüberliegt.

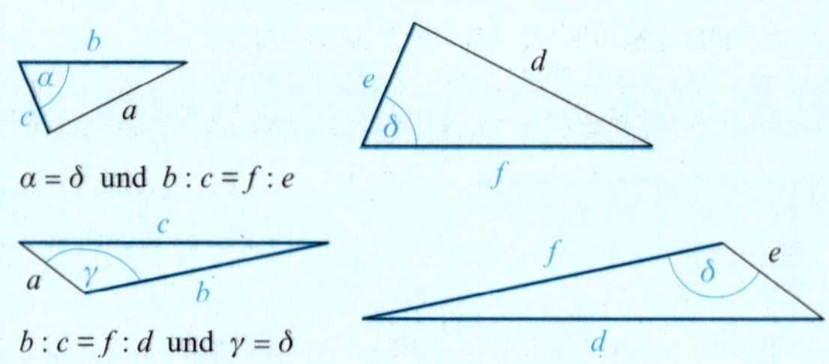

8[L]

Untersuche, ob die folgenden Dreiecke einander ähnlich sind.

a) ABC: $a = 4{,}5$ cm, $b = 6$ cm, $c = 9$ cm DEF: $d = 30$ cm, $e = 40$ cm, $f = 60$ cm
b) ABC: $a = b$, $\gamma = 45°$ DEF: $d = e$, $\varphi = 45°$
c) ABC und DEF mit $d = a + 1$ cm, $e = b + 1$ cm, $\gamma = \varphi$
d) ABC: $a = 50$ cm, $b = 60$ cm, $c = 70$ cm DEF: $d = 70$ cm, $f = 60$ cm, $\varepsilon = 44{,}4°$

9

Zeichne in zwei zueinander ähnliche Dreiecke gleichliegende Höhen ein.
Begründe, dass die einander entsprechenden Teildreiecke einander ähnlich sind.
Was folgt daraus für die Höhen? Stelle Verhältnisse für Höhen und Seiten auf.

10

In jedem Trapez gilt: Die beiden Diagonalen erzeugen zwei zueinander ähnliche Dreiecke. Begründe das anhand einer Skizze mithilfe der Ähnlichkeitssätze.

11

Zeichne zu jedem der in der Randspalte abgebildeten Vier- bzw. Vielecke zwei ähnliche Figuren.
Zeichne gleichliegende Diagonalen in einander ähnliche Vier- oder Vielecke ein.
Untersuche, ob die entstandenen Dreiecke einander ähnlich sind.

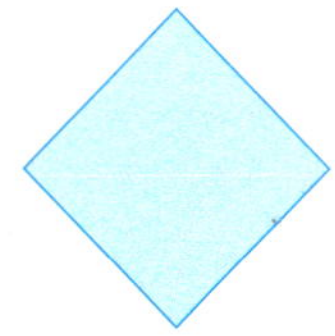

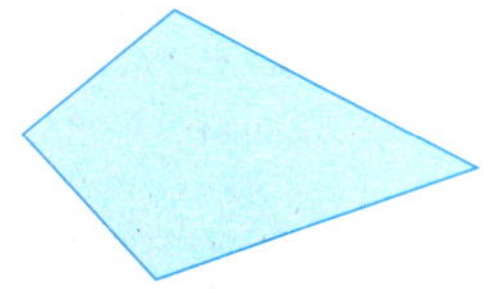

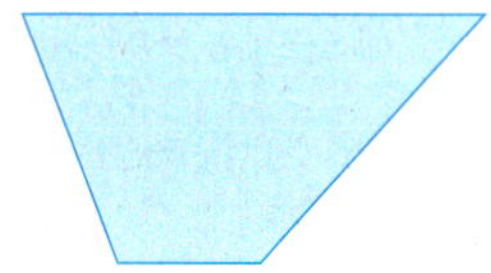

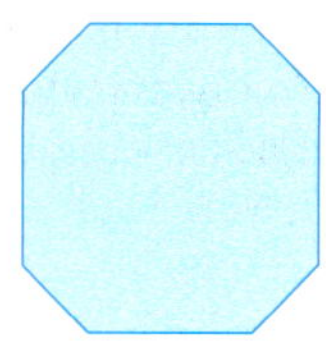

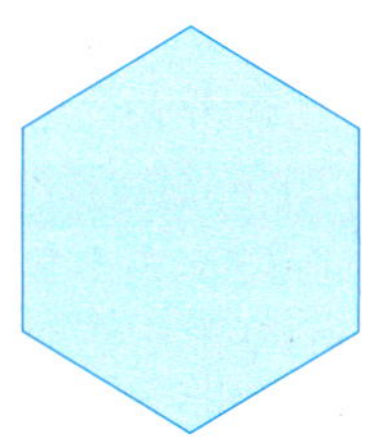

BEISPIEL

Es soll ein Dreieck konstruiert werden, für das gilt:
$b : c = 2 : 3$, $\alpha = 55°$, $a = 3{,}6$ cm.

Idee:
Wir konstruieren zunächst ein Dreieck, das dem gesuchten Dreieck ähnlich ist, und verschieben dann eine Seite parallel, bis die Seite a die Länge 3,6 cm hat.

Vorgehen:
Wir wählen z. B. $b_1 = 2$ cm und $c_1 = 3$ cm sowie $\alpha = 55°$ und konstruieren das Dreieck $A_1B_1C_1$.
Wir tragen auf B_1C_1 von C_1 aus die vorgegebene Länge der Seite a ab und zeichnen durch den entstandenen Punkt P eine Parallele zu A_1C_1.

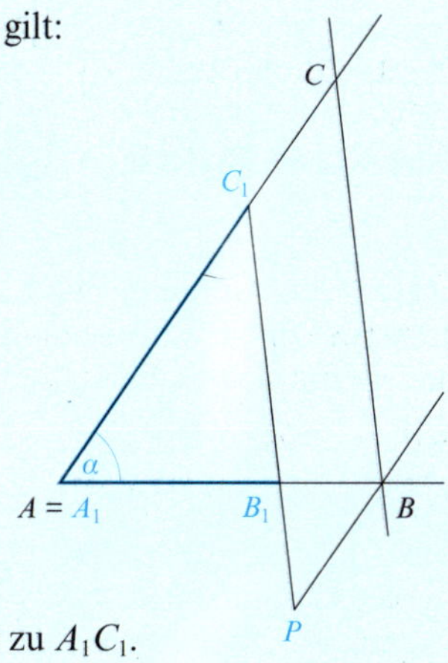

12

Konstruiere jeweils ein Dreieck ABC mit

a) $a : c = 3 : 4$, $\beta = 70°$, $b = 3{,}5$ cm
b) $a : b : c = 3 : 4 : 6$, $c = 3{,}5$ cm
c) $a : b = 3 : 5$, $\sphericalangle BCA = 60°$, $\sphericalangle BAC = 45°$
d) $a : b : c = 7 : 8 : 9$, $\sphericalangle ABC = 90°$
e) $a : c = 4 : 3$, $\alpha = 55°$, $h_c = 5{,}4$ cm

13

a) Konstruiere ein gleichschenkliges Dreieck aus $c : h_c = 3 : 4$ und $h_c = 4{,}5$ cm.
b) Konstruiere ein rechtwinkliges Dreieck mit $a : b = 5 : 4$ und $c = 6{,}4$ cm.

Der Goldene Schnitt

Altes Rathaus in Leipzig

1

a) Welches der nebenstehenden Rechtecke findest du besonders harmonisch?
Versuche, deine Wahl zu begründen.

b) Zeichne eine Strecke von 10 cm auf ein Blatt Papier und teile diese Strecke so, dass du die Teilung harmonisch empfindest.
Vergleicht eure Ergebnisse in der Klasse. Bildet einen Mittelwert aller Ergebnisse.

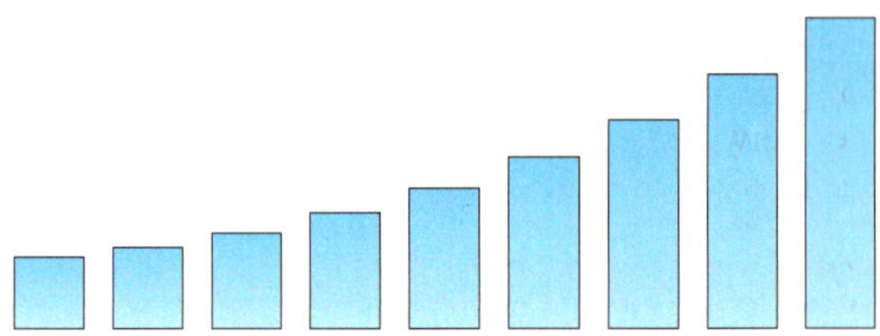

Manche in der Natur oder in Kunstwerken vorkommende Längenverhältnisse werden von vielen Menschen als besonders schön wahrgenommen. Aber auch in der Musik lassen sich Verhältnisse finden, die sich mathematisch auszeichnen und die viele als harmonisch empfinden.

HINWEIS
Harmonisch bedeutet ausgewogen, schön.

WISSEN

Wenn eine Strecke so geteilt wird, dass die größere Teilstrecke zur kleineren im gleichen Verhältnis steht wie die Gesamtstrecke zur größeren Teilstrecke, dann sagt man: Die Strecke ist nach dem **Goldenen Schnitt** geteilt.

$$a : b = (a + b) : a$$

2

In der nebenstehenden Abbildung wird gezeigt, wie man eine Strecke im Goldenen Schnitt teilen kann.

a) Beschreibe die dargestellte Vorgehensweise.

b) Teile verschiede Strecken im Goldenen Schnitt.

c) Zeichne mehrere Rechtecke, deren Seitenverhältnisse dem Goldenen Schnitt entsprechen.

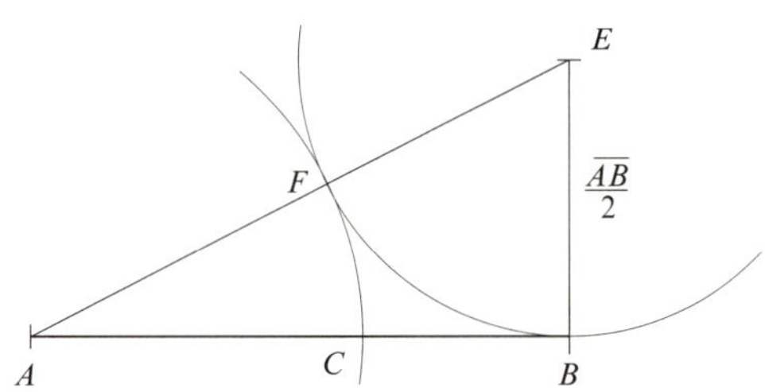

Dom in Florenz

Das Teilverhältnis des Goldenen Schnitts wird (zumindest näherungsweise) seit alters her verwendet. Es findet sich an bedeutenden Bauwerken wie der Cheops-Pyramide und dem Parthenon auf der Akropolis in Athen, dem Alten Rathaus von Leipzig oder dem Dom von Florenz.
Maler verwenden das Verhältnis des Goldenen Schnitts bis heute. Auch in Anleitungen zur Bildgestaltung für Fotografen kannst du es finden.

WUSSTEST DU SCHON?
Leonardo da Vinci (1452–1519) und Albrecht Dürer (1471–1528) übertrugen den Goldenen Schnitt meisterhaft auf die Darstellung des menschlichen Körpers.

3

Untersuche einmal Reproduktionen von Gemälden, Fotos von Bauwerken oder Tierbilder, die du als besonders schön empfindest, ob darin Strecken zu finden sind, deren Verhältnis etwa im Goldenen Schnitt steht.

4

Begründe die in Aufgabe 2 angegebene Konstruktion der Streckenteilung im Verhältnis des Goldenen Schnitts. Begründe dazu jeden Schritt des folgenden Beweises.
Behauptung: Der Punkt C teilt die Strecke $\overline{AB}$ im Goldenen Schnitt.
Beweis:
(1) Die Dreiecke FBE und BSE sind gleichschenklig.
(2) Es gilt $\beta_1 = \frac{180° - \gamma}{2}$ und $\beta_2 = \frac{\gamma}{2}$, und daher $\beta_1 + \beta_2 = 90°$.
(3) Also gilt $\sphericalangle FBA = \beta_2$.
(4) Also stimmen die beiden Dreiecke ABF und ABS in allen drei Winkeln überein.
(5) Demnach gilt $\overline{AB} : \overline{AF} = \overline{AS} : \overline{AB}$.
(6) Daraus folgt $\overline{AB} : \overline{AC} = (\overline{AC} + \overline{AB}) : \overline{AB}$.
(7) Diese Gleichung ist äquivalent zu der Gleichung $\overline{AB} : \overline{AC} = \overline{AC} : \overline{CB}$.
Also teilt der Punkt C die Strecke $\overline{AB}$ im Verhältnis des Goldenen Schnitts.

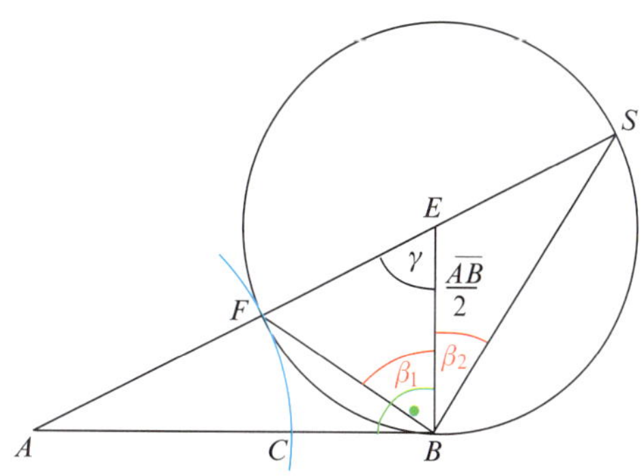

Weitere Anwendungen

1

a) Wir betrachten zwei Strahlen mit demselben Anfangspunkt Z, die von zwei zueinander parallelen Geraden geschnitten werden. Die Schnittpunkte der einen dieser Geraden mit den beiden Strahlen seien die Punkte A und C, die Schnittpunkte der anderen Geraden mit den beiden Strahlen seien die Punkte B und D. Dann gibt es eine zentrische Streckung mit dem Streckungszentrum Z, die das Dreieck ZAC auf das Dreieck ZBD abbildet. Begründe diese Aussage. (*Hinweis*: Beachte die Eigenschaften von zentrischen Streckungen. Im übrigen hast du die Begründung schon einmal gegeben, falls du die Aufgabe 3 auf Seite 93 bearbeitet hast.)

b) Weil die beiden Dreiecke ZAC und ZBD zueinander ähnlich sind, stimmen die Verhältnisse einander entsprechender Seiten dieser Dreiecke überein. Gib alle diese Übereinstimmungen als Verhältnisgleichungen an.

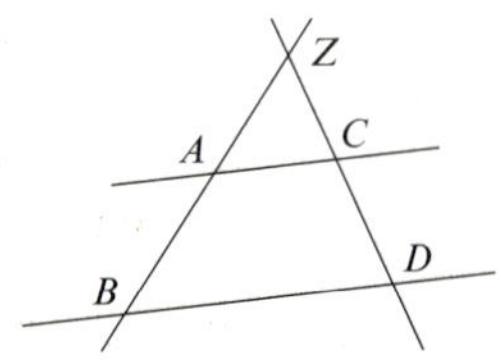

INFORMATION

Die allgemeinen Aussagen aus Aufgabe 1 über Streckenverhältnisse in der Situation zweier von Parallelen geschnittenen Strahlen mit gemeinsamem Anfangspunkt werden auch als **Strahlensätze** bezeichnet. Zahlreiche praktische Probleme und Anwendungen, besonders im Bereich der Geländevermessung, laufen auf die Anwendung der Strahlensätze hinaus.

Abstände, Entfernungen und Höhen im Gelände

2

Die Breite eines Flusses soll ermittelt werden.
Bekannt ist bereits, dass der Abstand von Punkt Z zum Flussufer 3 m beträgt und für die Strecken $\overline{AB}$, $\overline{AC}$, $\overline{CD}$ gilt: $\overline{AB} = 12$ m, $\overline{AC} = 9$ m und $\overline{CD} = 15$ m.
Fertige dazu eine maßstäbliche Zeichnung an und ermittle zeichnerisch und rechnerisch die Lösung.

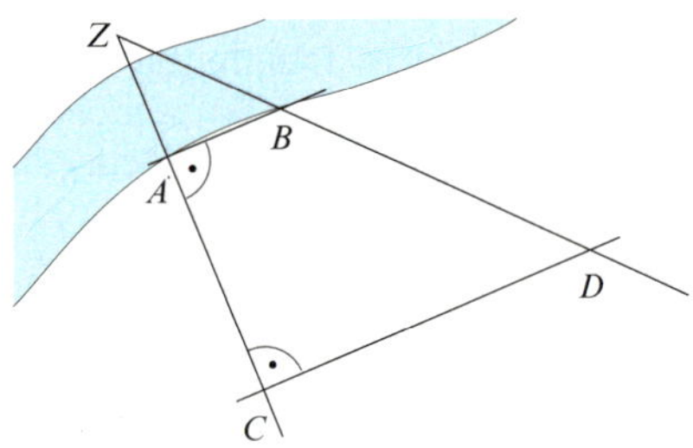

3

Ermittelt ähnlich wie in Aufgabe 4 die Breite einer Straße in Schulnähe.
Wie genau ist euer Ergebnis? Überprüft (falls möglich) durch Nachmessen, achtet dabei besonders auf den Straßenverkehr!

4

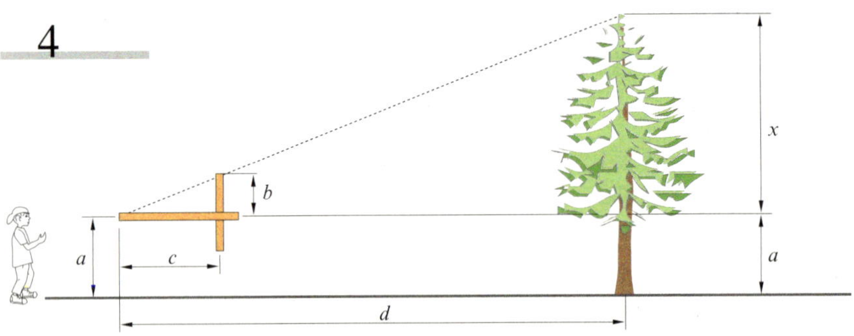

Das Bild zeigt ein sogenanntes Försterdreieck, das dazu verwendet wird, Baumhöhen zu ermitteln. Ermittle zeichnerisch und rechnerisch die Baumhöhe für folgende Maße: $a = 1{,}5$ m; $b = 20$ cm; $c = 24$ cm; $d = 22$ m.
Probiere das Verfahren selbst aus und ermittle damit die Höhe von Bäumen sowie die Höhe eures Schulgebäudes. Verwende dazu einfach zwei Stifte, die du senkrecht aufeinander hältst und verschieben kannst.

INFORMATION

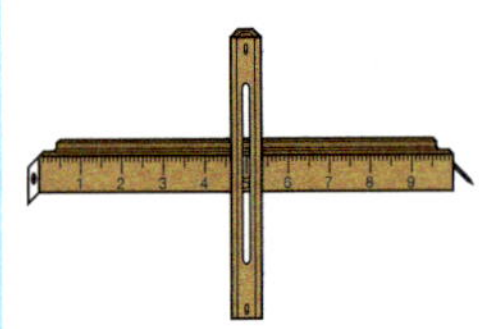

Der **Jakobstab** wurde im Mittelalter zur Höhenmessung benutzt.
Er besteht aus einem senkrechten und einem verschiebbaren waagerechten Stab.
Erkläre seine Verwendung.

Messgeräte

5

Ein **Messkeil** wird dazu benutzt, die Weite von engen Öffnungen zu bestimmen. Er hat die Form eines rechtwinkligen Dreiecks, dessen Katheten im Verhältnis 1 : 10 stehen.

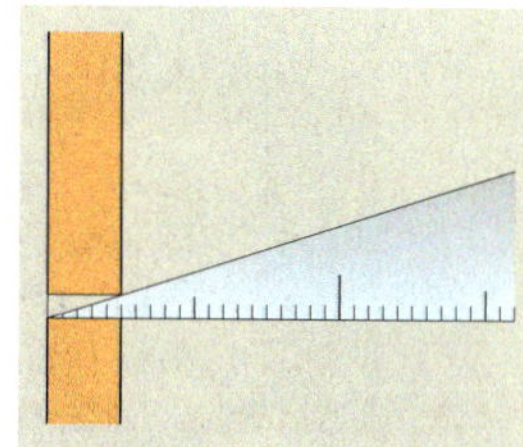

a) Welche Weite hat die Öffnung in der Abbildung?
b) Stelle eine Verhältnisgleichung auf, die eine Berechnung der gesuchten Größe ermöglicht.
c) Fertige einen Messkeil aus Pappe an. Miss die Öffnungen von Trinkröhrchen, Stiftkappen u.ä.

6

Im nebenstehenden Bild ist eine **Messlehre** abgebildet.

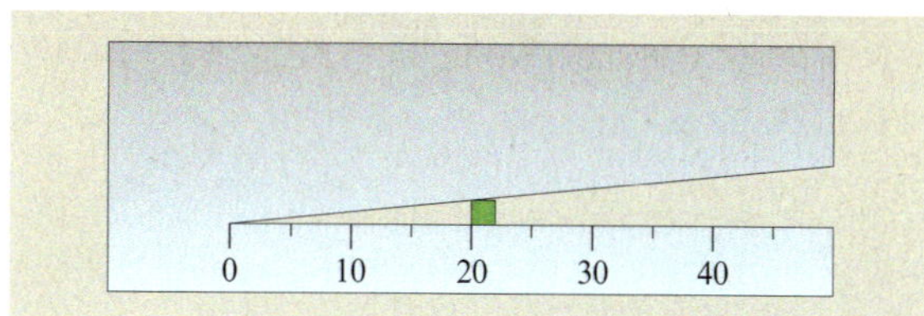

a) Erkläre Funktion und Arbeitsweise eines solchen Messinstrumentes.
b) Der Ausschnitt hat die Form eines rechtwinkligen Dreieckes mit den Kathetenlängen 5 mm und 50 mm.
Welche Höhe hat das zu messende Objekt in der Abbildung?

Streckenteilung

7

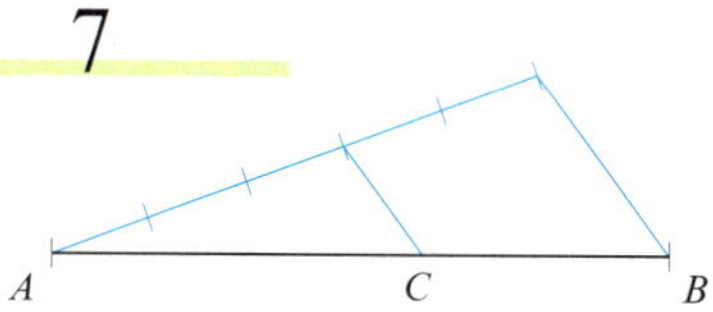

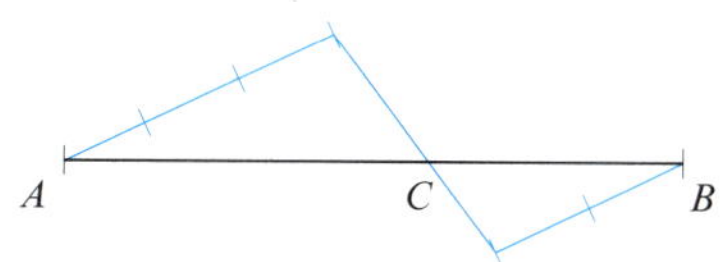

Die Bilder zeigen je eine Möglichkeit der Teilung einer Strecke im Verhältnis 3 : 2.
a) Beschreibe beide Konstruktionen.
b) Erkläre mithilfe der zentrischen Streckung oder mithilfe von Ähnlichkeitssätzen, warum das Vorgehen zum Erfolg führt.

8

Teile die Strecken $\overline{AB} = 6\,\text{cm}$, $\overline{CD} = 10\,\text{cm}$, $\overline{FG} = 7{,}5\,\text{cm}$ jeweils im Verhältnis 3 : 1, 17 : 4 und 0,2.

9

Neben der so genannten „inneren" Teilung einer Strecke in Aufgabe 7 und 8 gibt es die „äußere" Teilung, bei der der „Teilungspunkt" C außerhalb der Strecke liegt. Die Abbildung zeigt, wie man bei einer äußeren Teilung der Strecke $\overline{AB}$ im Verhältnis $\overline{AC} : \overline{CB} = 3 : 2$ vorgehen kann.
Probiere das Verfahren an einer Strecke $\overline{AB} = 8\,\text{cm}$ aus, die du außen im Verhältnis 5 : 3 teilst. Beschreibe und erkläre dein Vorgehen.

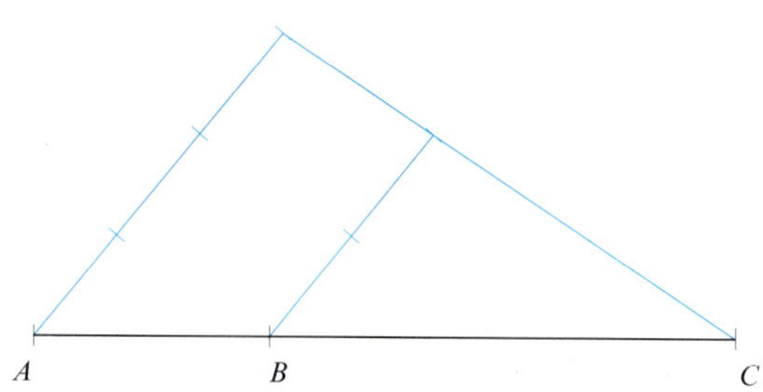

Teste dich!

Grundwissen

1

Eineiige Zwillinge

Erläutere in einem kurzen Aufsatz, inwiefern der Begriff „Ähnlichkeit“ in der Alltagssprache anders als in der Mathematik verwendet wird.

2

Sind die folgenden Aussagen wahr oder falsch? Begründe.

a) Je zwei Quadrate sind zueinander ähnlich.

b) Je zwei rechtwinklige Dreiecke sind zueinander ähnlich.

c) Je zwei rechtwinklig-gleichschenklige Dreiecke sind zueinander ähnlich.

3

Welche der Figuren sind zueinander ähnlich? Gib jeweils den Ähnlichkeitsfaktor an.

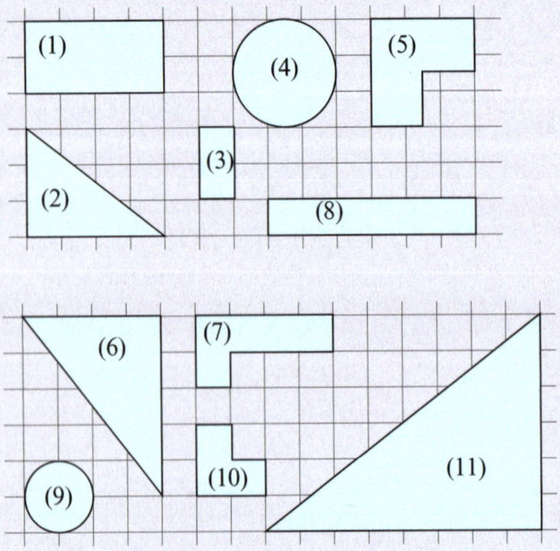

4

Ein Dreieck hat Seiten von 3,7 cm, 8 cm und 6,3 cm Länge. Wie lang sind die Seiten eines dazu ähnlichen Dreiecks mit einem Umfang von 27 cm?

5

Berechne die Längen der farbig markierten Strecken in den beiden folgenden Bildern (Maßangaben in cm).

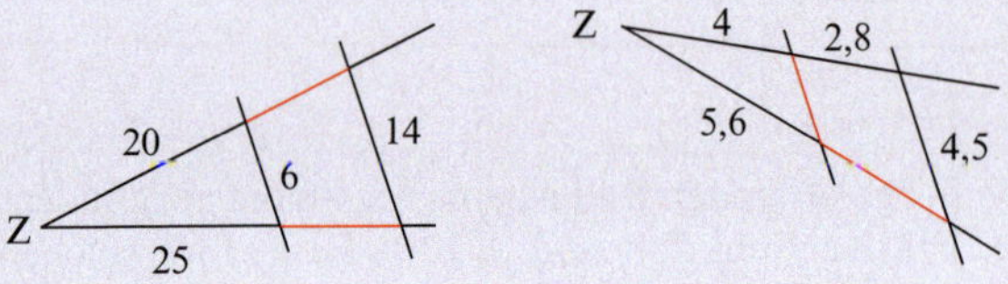

6

Teile mithilfe einer geeigneten Konstruktion nur mit Zirkel und Lineal (also ohne zu messen) eine beliebige Strecke im Verhältnis 3 : 4.

7

Gegeben sind die Punkte $A(2|2)$, $B(-2|4)$, $C(-2|-4)$, $D(-1|-2)$ und $Z(-2|-2)$ im rechtwinkligen Koordinatensystem.

a) Bilde das Viereck $ABCD$ mit der zentrischen Streckung $(Z;\,2)$ ab.

b) Bilde das Viereck $ABCD$ mit der zentrischen Streckung $(Z;\,0{,}5)$ ab.

8

a) Ein Rechteck mit den Seitenlängen $a = 5$ cm und $b = 7$ cm wird mit einer zentrischen Streckung mit dem Streckungsfaktor $k = \frac{1}{\sqrt{5}}$ abgebildet. Wie groß ist der Flächeninhalt der Bildfigur?

b) Ein Dreieck mit dem Flächeninhalt 22 cm² und der Höhe $h_c = 8$ cm wird mit einer zentrischen Streckung mit dem Streckungsfaktor $k = -2$ abgebildet. Wie lang ist die der Dreiecksseite c entsprechende Seite der Bildfigur?

Sachaufgaben und Probleme

9

Der graue Streifen zwischen der roten und der blauen Randlinie hat überall die gleiche Breite d. In welchen Fällen sind die rote und die blaue Figur zueinander ähnlich? Begründe deine Antwort.

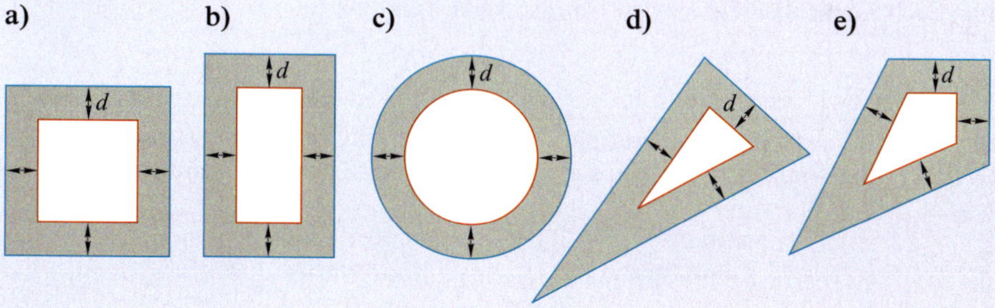

10

Die Abbildung rechts zeigt ein rechtwinkliges Dreieck. Begründe, dass mit den eingetragenen Bezeichnungen die Beziehungen $a^2 = p \cdot c$ und $b^2 = q \cdot c$ gelten.
Zeige weiter, dass dann auch $a^2 + b^2 = c^2$ gilt. (Da dies nicht von der speziellen Form des rechtwinkligen Dreiecks abhängt, hast du damit den *Satz des Pythagoras* bewiesen: In jedem rechtwinkligen Dreieck ist das Quadrat über der längsten Seite gleich der Summe der Quadrate über den beiden kürzeren Seiten.)

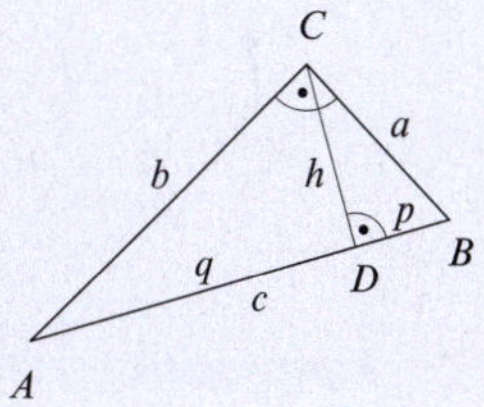

AUSWERTUNG

Längen und Maßstäbe: Ähnlichkeit – Überprüfe dein Wissen und Können!

Schätzt eure Leistung zunächst selbst ein, nachdem ihr die Aufgaben bearbeitet habt.
Konntest du nicht alle Aufgaben lösen? Die folgende Tabelle enthält einige Tipps.

Aufgabe	Tipp
1	Sind die Forderungen der mathematischen Ähnlichkeitsdefinition erfüllt, wenn Dinge im Alltag als ähnlich bezeichnet werden? Gibt es einen Gebrauch des Wortes „ähnlich" in der Alltagssprache, der mit der Verwendung des Begriffs in der Mathematik im Grunde gar nichts zu tun hat?
2	Durch welche Stücke oder Angaben ist die jeweilige Figur eindeutig bestimmt?
3	Vergleiche Winkel und Streckenlängen.
4	Wie ändern sich Streckenlängen bei Ähnlichkeitsabbildungen? Wie ist der Umfang definiert?
5	Beachte die Aufgabe 1 auf Seite 98.
6	Sieh dir noch einmal die Aufgaben auf Seite 99 an.
7	Wie wird eine zentrische Streckung ausgeführt? Beachte den Wissenskasten auf Seite 87.
8	Wie verändern sich Flächeninhalte bei maßstabstreuen Abbildungen? Was hat der Streckungsfaktor mit dem Maßstab zu tun? Beachte die Wissenskästen auf den Seiten 83 und 87.
9	Du kannst mit Streckenverhältnissen, Winkeln und Kongruenzsätzen argumentieren.
10	Suche nach zueinander ähnlichen Dreiecken in der Figur, setze einander entsprechende Strecken ins Verhältnis zueinander und forme die Verhältnisgleichungen geeignet um.

Beratet mit eurer Lehrerin oder eurem Lehrer, wie ihr eventuell noch vorhandene „Wissenslücken" schließen könnt. Die Lösungen zu den Aufgaben findest du auf Seite 241.

ZUSAMMENFASSUNG

Ähnlichkeit

Ebene oder räumliche Figuren, die durch maßstäbliches Vergrößern oder Verkleinern auseinander hervorgehen, bezeichnen wir auch als zueinander **ähnlich**.
Zum Maßstab k sagt man auch **Ähnlichkeitsfaktor** oder Ähnlichkeitsverhältnis.

Zentrische Streckung

Eine **zentrische Streckung** $(Z; k)$ mit dem **Streckungszentrum** Z und dem **Streckungsfaktor** k ist eine Abbildung, die jedem Punkt A $(\neq Z)$ einen Punkt A' zuordnet, der auf der Geraden ZA liegt und für den gilt: $\overline{ZA'} = k \cdot \overline{ZA}$. Es ist $Z' = Z$.

Wenn $k < 0$, liegt Z zwischen A und A', wenn $0 < k < 1$, liegt A' zwischen Z und A, wenn $k > 1$, liegt A zwischen Z und A'.

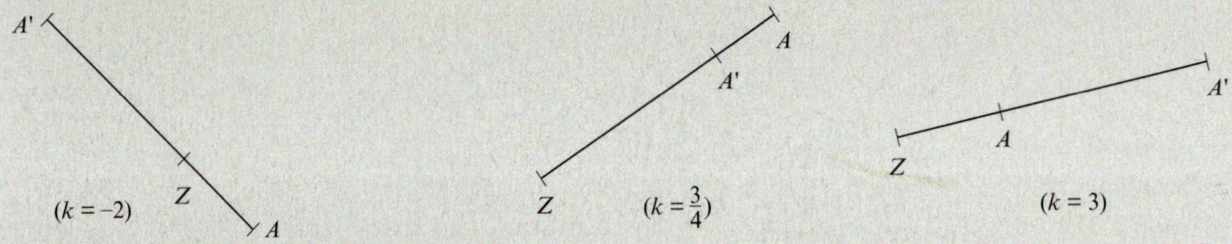

Eigenschaften zentrischer Streckungen

- Eine Gerade, die nicht durch das Streckzentrum verläuft, wird bei einer zentrischen Streckung auf eine zu ihr parallele Gerade abgebildet.
- Ein Winkel α wird auf einen gleich großen Winkel α' abgebildet.
- Zwei zueinander parallele Geraden werden auf zueinander parallele Geraden abgebildet.
- Ist $\overline{A'B'}$ das Bild der Strecke $\overline{AB}$ bei einer zentrischen Streckung $(Z; k)$, dann gilt $\overline{A'B'} = k \cdot \overline{AB}$.

Bei einer zentrischen Streckung einer Figur F ist die Bildfigur F' zu F ähnlich.
$F \sim F'$

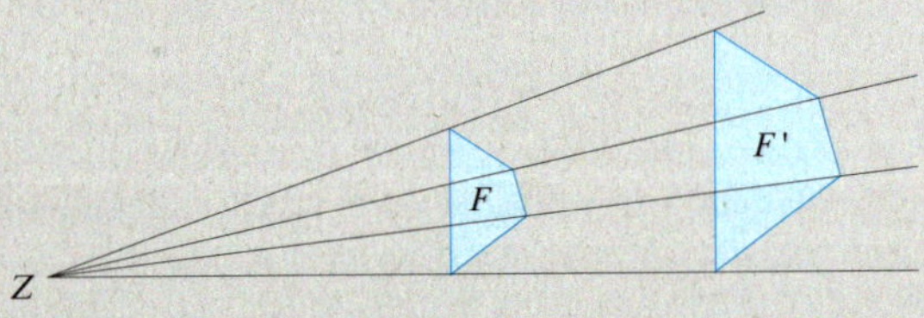

Daraus folgt:
Wenn es eine zentrische Streckung gibt, die eine Figur F auf eine Figur G abbildet, dann sind die Figuren F und G zueinander ähnlich.

Ähnlichkeitssätze für Dreiecke

Zwei Dreiecke sind einander ähnlich,
- wenn sie in zwei Winkeln übereinstimmen (**Hauptähnlichkeitssatz**);
- wenn die Eckpunkte des einen Dreiecks den Eckpunkten des anderen Dreiecks so zugeordnet werden können, dass die Längenverhältnisse entsprechender Seiten übereinstimmen;
- wenn sie übereinstimmen in der Größe eines Innenwinkels und im Längenverhältnis der Seiten, die diesem Winkel anliegen;
- wenn sie übereinstimmen im Längenverhältnis zweier Seiten und der Größe des Winkels, der der größeren dieser beiden Seiten gegenüberliegt.

Funktionen

Leonhard Euler beschäftigte einst folgendes Problem: Kann ein Springer auf einem Schachbrett so gezogen werden, dass er alle Felder genau einmal besucht und vom letzten Feld in einem Zug wieder sein Ausgangsfeld erreichen kann? Wie viele dieser Touren gibt es?

Bei 6×6 Feldern gibt es 9 862 verschiedene geschlossene Rösselsprung-Touren. Dazu muss man 4 056 367 434 Züge überprüfen. Auf 8×8 Feldern ist mit systematischem Probieren keine Lösung mehr zu erreichen.

Zuordnungen und Funktionen

1

Frau Schumann plant mit ihrer 8. Klasse eine Klassenfahrt. Der Preis für die Hin- und Rückfahrt beträgt 14 €, der für die Unterkunft einschließlich Verpflegung täglich 16 € je Schüler.

a) Überlege, wovon der Preis einer Klassenfahrt wesentlich abhängt.

b) Vervollständige die Tabelle im Heft.

Anzahl der Tage	2	3	4	5	6	7	8
Preis je Schüler in €							

c) Wie lange darf die Fahrt höchstens dauern, wenn ein Gesamtbetrag von 150 € je Schüler nicht überschritten werden soll.

d) Bezeichne mit a die Anzahl der Tage und mit k die Kosten. Gib eine Gleichung an, die ausdrückt, wie k in Abhängigkeit von a berechnet werden kann.

2

André verfolgt während der Anreise im Bus die Kilometermarkierungen auf der Autobahn. Er stellt fest:

Kilometerstein	84	86	95	105
Uhrzeit	9:04:13	9:05:25	9:11:25	9:17:25

a) Wie viel Zeit (in s) benötigte der Bus für einen Weg von 2 km (9 km bzw. 10 km)?

b) Mit welcher durchschnittlichen Geschwindigkeit fuhr der Bus auf den einzelnen Abschnitten und insgesamt? $\left(\textit{Beachte: } \bar{v} = \frac{s}{t}.\right)$

NACHGEDACHT

Warum werden Stunden und Minuten sowie Minuten und Sekunden nicht durch ein Komma getrennt?

3

Susan hat unter den Mädchen ihrer Klasse herumgefragt, wie viele Geschwister sie haben. Beschreibe Unterschiede in den beiden Pfeildiagrammen.

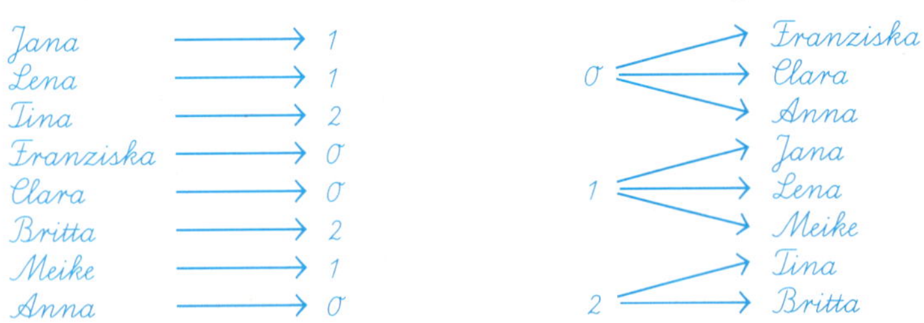

4

In den Aufgaben 1 bis 3 werden Elementen aus einer Menge jeweils Elemente einer anderen Menge **zugeordnet**. In Aufgabe 3 tritt z. B. die **Zuordnung** *Schülerin → Geschwisterzahl* auf. Welche weiteren Zuordnungen treten in den Aufgaben 1 bis 3 auf? Zu welchen Mengen gehören jeweils die einander zugeordneten Elemente?

WISSEN

Bei einer **Zuordnung** werden den Elementen aus einer Menge A Elemente aus einer Menge B zugeordnet.
Erfolgt die Zuordnung so, dass jedem Element der Menge A **genau ein** Element der Menge B zugeordnet wird, dann heißt die Zuordnung **eindeutig**.

Eine eindeutige Zuordnung heißt **Funktion**.

Die Menge A heißt **Definitionsbereich**, die Elemente der Menge A heißen **Argumente**. Jedes Element der Menge B, das einem Argument zugeordnet wird, heißt **Funktionswert**. Die Menge aller Funktionswerte heißt **Wertebereich**.

Definitionsbereich **Wertebereich**

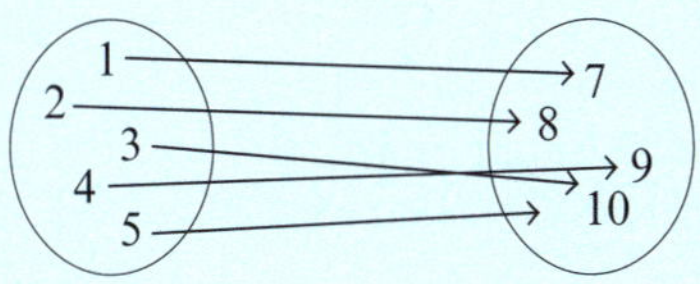

Argumente **Funktionswerte**

Eine Funktion ist eindeutig festgelegt durch die Angabe des Definitionsbereichs und einer **Zuordnungsvorschrift**.

Funktionen werden oft mit kleinen Buchstaben bezeichnet. Häufig wählt man den Buchstaben f als Funktionsnamen. Eine Funktion wird angegeben durch ihren Namen und (hinter einem Doppelpunkt) ihre Funktionsvorschrift:

Argument Funktionswert

$$f : x \rightarrow f(x) = \frac{1}{2}x^2 - 3$$ Funktionsterm

Funktionsname Funktionsgleichung

Die Funktionsvorschrift bedeutet, dass f jedem Argument x einen Funktionswert $f(x)$ zuordnet, der sich durch den Term $\frac{1}{2}x^2 - 3$ berechnen lässt.

BEACHTE
$f(x)$ wird gelesen als „f von x".

Da der Funktionswert im Graphen als y-Koordinate verwendet wird, schreibt man die Funktionsvorschrift auch als $f: x \rightarrow y = f(x)$.

5

Entscheide, welche Zuordnungen Funktionen sind. Begründe.

Buch	→	*Regal*
Leser	→	*Buch*
Leser	→	*Lesekarte*
Regal	→	*Buch*
Buch	→	*Leser*
Lesekarte	→	*Leser*

Gib für die Funktionen jeweils Definitions- und Wertebereich an.

Lesesaal einer Bibliothek

6

Beschreibe die beiden Zuordnungen in der Randspalte mit Worten.
Begründe: Handelt es sich jeweils um eine Funktion?

2	4
4	16
6	36
8	64
10	100
12	144

1	1
1	−1
4	2
4	−2
9	3
9	−3

7

Gib Beispiele für Zuordnungen an, die **a)** bei der Vorbereitung einer Klassenfahrt, **b)** im Schulalltag eine Rolle spielen. Handelt es sich jeweils um eine Funktion?

8

Zuordnungen können durch Pfeildarstellungen veranschaulicht werden. In Aufgabe 3 ist dafür ein Beispiel gegeben.
Stelle auch die Zuordnungen aus den Aufgaben 1, 2, 4 und 5 mithilfe von Pfeilen dar. Handelt es sich dabei um Funktionen? Begründe.

9

Beschreibe jede Zuordnung mit Worten. Entscheide, ob sie eine Funktion ist.
Gib für die Funktionen an, welche rationalen Zahlen zum Definitionsbereich bzw. zum Wertebereich gehören.

a)	**b)**	**c)**	**d)**
$2 \to 4$	$3 \to 3$	$-4 \to 16$	$-1 \to -13$
$5 \to 10$	$3 \to -3$	$-2 \to 4$	$0 \to -10$
$11{,}6 \to 23{,}2$		$0 \to 0$	$2{,}5 \to -2{,}5$
	$9 \to 9$	$1 \to 1$	$3{,}1 \to -0{,}7$
	$9 \to -9$	$1{,}5 \to 2{,}25$	$5 \to 5$

10

Beschreibe jede Zuordnung mit Worten. Entscheide, ob sie eine Funktion ist.
Gib für die Funktionen an, welche rationalen Zahlen zum Definitionsbereich bzw. zum Wertebereich gehören.

a)	**b)**	**c)**	**d)**
$3 \to 9$	$-4 \to 3$	$16 \to 4$	$-2 \to 5$
$5 \to 15$	$-1 \to 4{,}5$	$16 \to -4$	$-1 \to 2$
$10{,}1 \to 30{,}3$	$0 \to 5$	$4 \to -2$	$0 \to 1$
	$1 \to 5{,}5$	$4 \to 2$	$1 \to 2$
	$1{,}5 \to 5{,}75$		$2 \to 5$

BEISPIEL
zu den Aufgaben 9 und 10
$-1 \to -2$
$-1 \to 0$
$-0{,}5 \to -1{,}5$
$-0{,}5 \to 0{,}5$
$0 \to -1$
$0 \to 1$
$1{,}5 \to 0{,}5$
$1{,}5 \to 2{,}5$
…
Jeder rationalen Zahl wird zum einen die Zahl zugeordnet, die um 1 größer ist, und zum anderen die Zahl zugordnet, die um 1 kleiner ist.
Die Zuordnung ist demnach nicht eindeutig.
Sie ist also keine Funktion.

11

Conny und Wolfgang planen eine Radtour zum nahegelegenen Badesee.

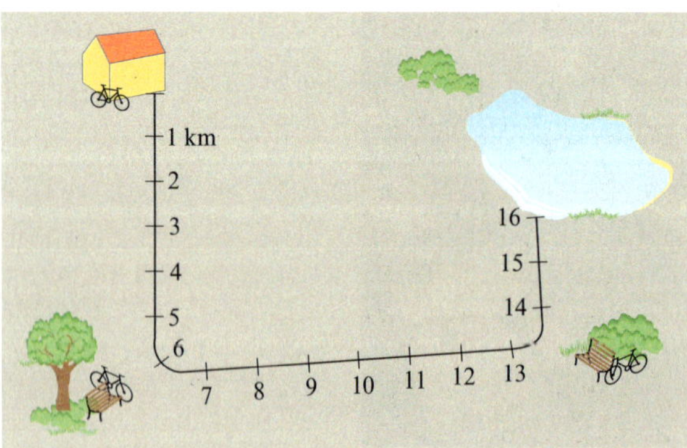

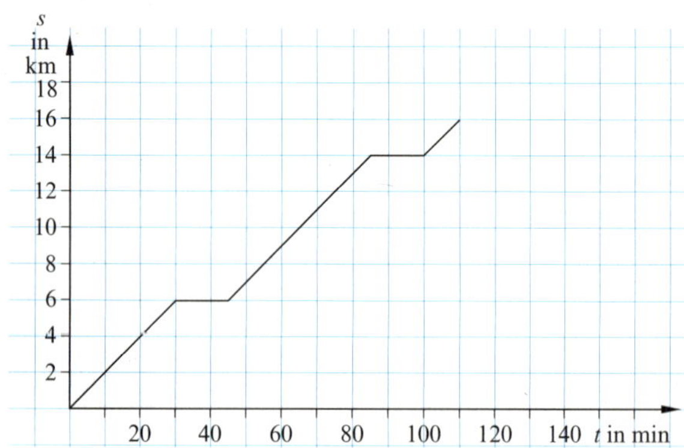

Lies aus dem Diagramm ab.
a) Wo befindet sich die Gruppe nach jeweils 10 min?
b) Wie lange benötigt die Gruppe für jeweils 2 km?
c) Zu welchem Zeitpunkt befindet sich die Gruppe an den Bänken?

BEISPIEL

Grafische Darstellung von Zuordnungen im Koordinatensystem.

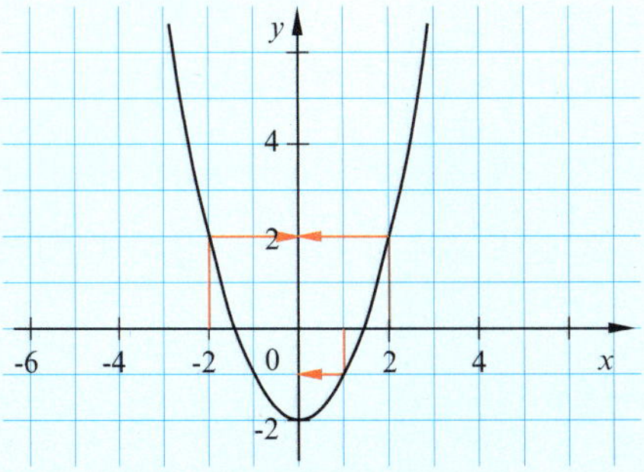

Diese Zuordnung ist eine Funktion. Jedem Argument wird genau ein Funktionswert zugeordnet.

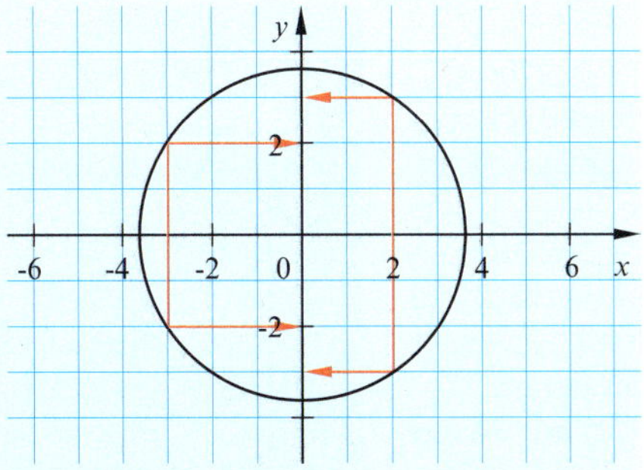

Diese Zuordnung ist keine Funktion. Beispielsweise werden der Zahl 2 die Zahlen 3 und – 3 zugeordnet.

12

Entscheide, welche der folgenden Zuordnungen Funktionen sind.

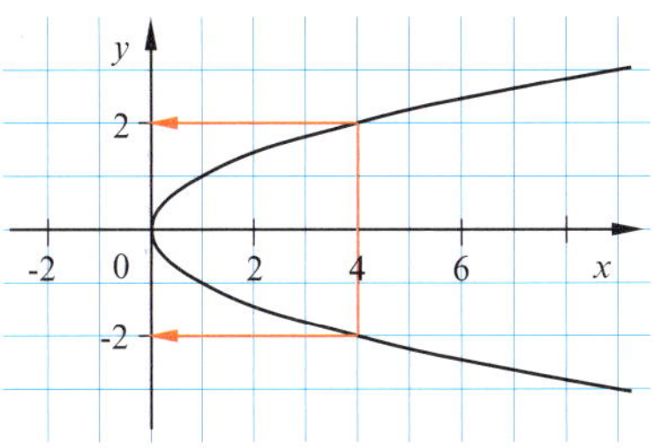

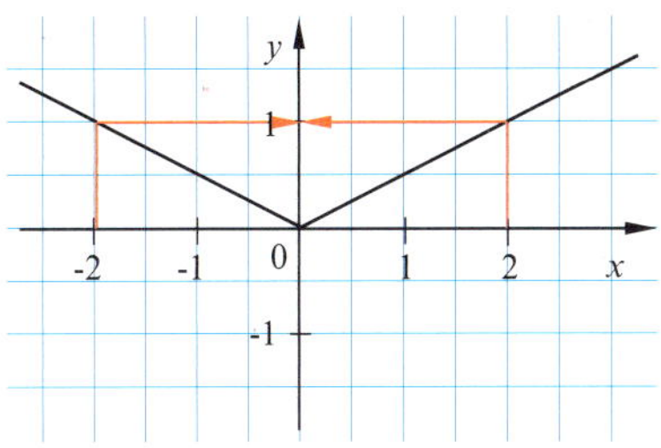

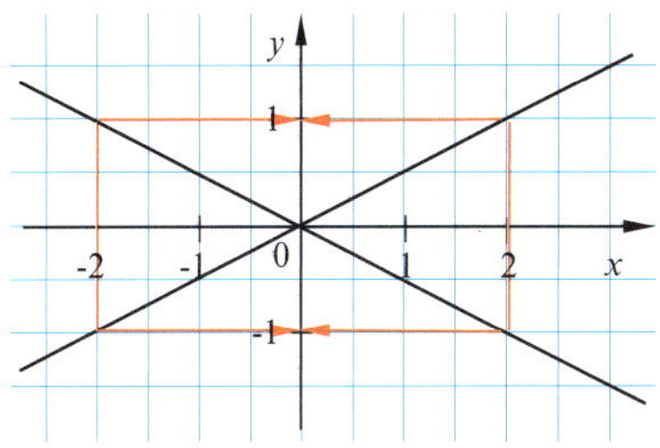

13

In der Programmiersprache BASIC gibt es unter anderem die Befehle ABS(X), SGN(X) und RND(X). (Viele programmierbare Taschenrechner verfügen über ähnliche Befehle.) Was leisten die drei genannten Befehle? Begründe, dass es sich um Funktionen handelt und beschreibe diese genau durch Angabe von Definitions- und Wertebereich und einer Funktionsvorschrift.

14

Eine ideale Münze wird zweimal geworfen. Unterschieden wird zwischen „Zahl“ (Z) und „Wappen“ (W). Die Anzahl der „Wappen“, die bei dem zweimaligen Münzwurf auftritt, werde mit X bezeichnet.

a) Gib eine Ergebnismenge für das Zufallsexperiment „zweimaliger Münzwurf“ an, bei der die Ergebnisse alle dieselbe Wahrscheinlichkeit haben.

b) Ordne jedem Ergebnis den entsprechenden Wert von X zu. Ist diese Zuordnung eine Funktion?

c) Ordne jedem Wert von X die Wahrscheinlichkeit zu, mit der dieser Wert beim zweimaligen Münzwurf auftritt. (Ein bestimmter Wert von X tritt genau dann auf, wenn ein Ergebnis eintritt, zu dem dieser Wert gehört.) Diese Zuordnung heißt **Wahrscheinlichkeitsverteilung der Zufallsgröße** X. Ist sie eine Funktion?

d) Stelle die Wahrscheinlichkeitsverteilung von X in einem Säulendiagramm dar.

ZUR ERINNERUNG

Eine ideale Münze ist eine Münze, bei der jede der beiden Seiten mit der gleichen Wahrscheinlichkeit „fällt“.

Darstellen von Funktionen

1

Das nebenstehende Foto zeigt die Experimentieranordnung für einen physikalischen Schülerversuch. Es soll die Länge l einer elastisch gedehnten Schraubenfeder bestimmt werden in Abhängigkeit von dem Gewicht G eines Massestückes, das die Feder dehnt.
Eine Schülergruppe hat folgende Messergebnisse ermittelt:

G in N	0	0,5	1,0	1,5	2,0
l in mm	100	110	120	130	140

G in N	2,5	3,0	3,5	4,0	4,5
l in mm	150	160	170	180	190

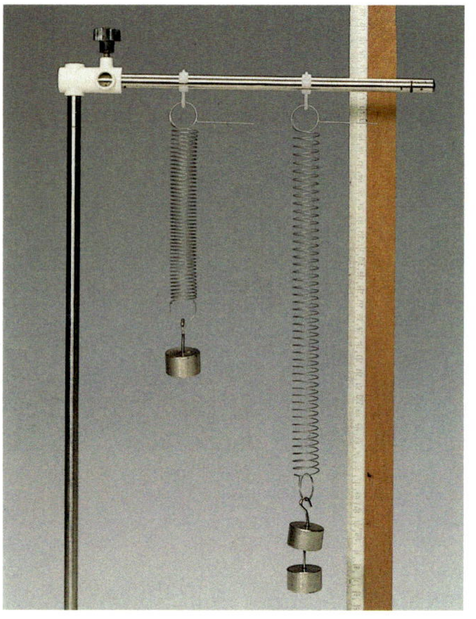

BEACHTE
Meistens sind die Ergebnisse eines Experimentes nicht so „ideal" wie im angegebenen Beispiel, sondern es treten kleine Abweichungen auf. Wodurch können diese hervorgerufen werden?

a) Übertrage das Koordinatensystem vergrößert ins Heft (0,5 N ≙ 1 cm und 20 mm ≙ 1 cm) und stelle die Versuchsergebnisse grafisch dar.
b) Verbinde die eingetragenen Punkte miteinander.
c) Welche Länge hätte die Feder vermutlich bei einem Gewicht des Massestückes von 1,2 N (bzw. 2,6 N oder 3,7 N)?
d) Wie groß müsste vermutlich das Gewicht des Massestückes sein, damit die Feder eine Länge von 118 mm (bzw. 144 mm oder 175 mm) hat?
e) Begründe, dass die Zuordnung $G \rightarrow l$ eine Funktion ist.
Gib einige Argumente und die zugehörigen Funktionswerte als geordnete Paare wie z. B. (1,0 N|120 mm) an.
f) Welche der folgenden Aussagen beschreibt das Ergebnis des Versuches richtig?
(1) Die Länge der Feder beträgt ohne Massestück 100 mm. Mit jedem Newton wird sie um 20 mm länger.
(2) Federlänge und Gewichtskraft sind zueinander proportional. Der Proportionalitätsfaktor ist 20.
(3) Die Maßzahl der Federlänge erhalte ich, wenn ich die Maßzahl des Gewichtes mit 20 multipliziere und 100 addiere.

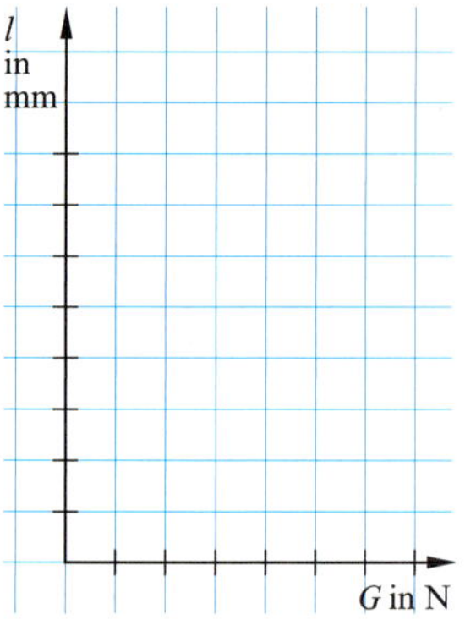

2

In einem anderen Experiment untersuchen Schüler die Abhängigkeit der Masse eines Körpers von seinem Volumen, wobei der Körper nur aus einem Stoff besteht. Die erhaltene Wertetabelle hat folgendes Aussehen:

Volumen in cm^3	8	16	24	32	40	48	56	64	72
Masse in g	91	182	273	364	455	546	637	728	819

a) Zeichne ein entsprechendes Diagramm.
b) Begründe, dass es sich bei der Zuordnung um eine Funktion handelt.
Gib Argumente und Funktionswerte an.
c) Drücke das Versuchsergebnis in Worten aus.

NACHGEDACHT
Welche für den Stoff charakteristische Größe kannst du aus den ermittelten Werten berechnen?
(Vergleiche mit dem Abschnitt „Umstellen von Formeln", S. 56 und 57.)
Um welchen Stoff könnte es sich handeln?

WISSEN

Eine Funktion kann dargestellt werden
- in Pfeilschreibweise
- durch eine Wertetabelle
- durch die Angabe geordneter Paare
- durch eine Wortvorschrift
- durch eine Zuordnungsvorschrift mithilfe von Termen (Funktionsgleichung)
- durch eine grafische Darstellung in einem Koordinatensystem.

Die beiden letzten Punkte betreffen Funktionen, deren Definitions- und Wertebereich Zahlenmengen sind. Bei der grafischen Darstellung im Koordinatensystem werden die Zahlenpaare $(x; f(x))$ als x-Koordinate und y-Koordinate von Punkten im Koordinatensystem aufgefasst.

BEISPIEL

Pfeilschreibweise

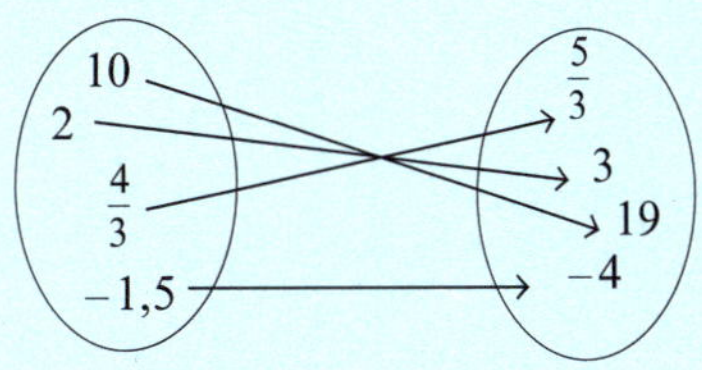

grafische Darstellung

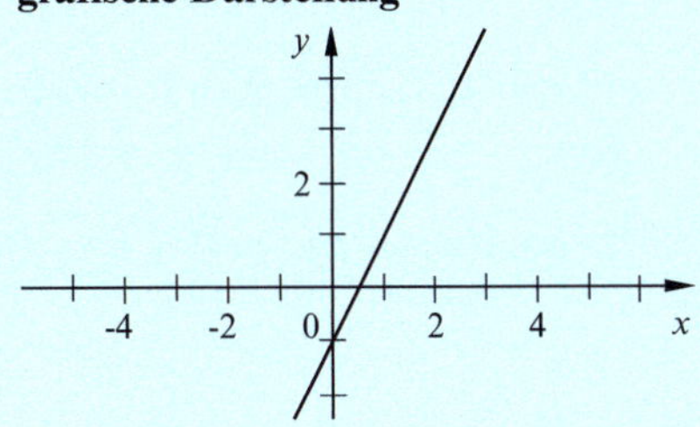

Wertetabelle

x	−2	−1,5	0	2	$\frac{4}{3}$	10
y	−5	−4,0	−1	3	$\frac{5}{3}$	19

Angabe geordneter Paare

z. B. $(-2|-5)$, $(-1{,}5|-4)$, $(0|-1)$, $(2|3)$, $\left(\frac{4}{3}\middle|\frac{5}{3}\right)$, $(10|19)$ …

Wortvorschrift

Jeder rationalen Zahl wird das um 1 verringerte Doppelte zugeordnet.

Gleichung

$y = 2x - 1$ oder auch $f(x) = 2x - 1$

BEACHTE

Die Argumente werden oft mit x bezeichnet. Die waagerechte Achse in grafischen Darstellungen von Funktionen wird deshalb oft als x-Achse bezeichnet.

Die Funktionswerte werden oft mit y bezeichnet. Die senkrechte Achse in grafischen Darstellungen von Funktionen wird deshalb oft als y-Achse bezeichnet.

Als Zuordnungsvorschrift schreibt man manchmal auch $x \rightarrow f(x)$, für unser Beispiel: $x \rightarrow 2x - 1$.

3

Die Funktion f hat die Funktionsgleichung $f(x) = 0{,}5\,x - 4$.
Stelle die Funktion mithilfe der angegebenen Möglichkeiten dar.

4

Handelt es sich bei den dargestellten Zuordnungen um Funktionen? Begründe.

a)

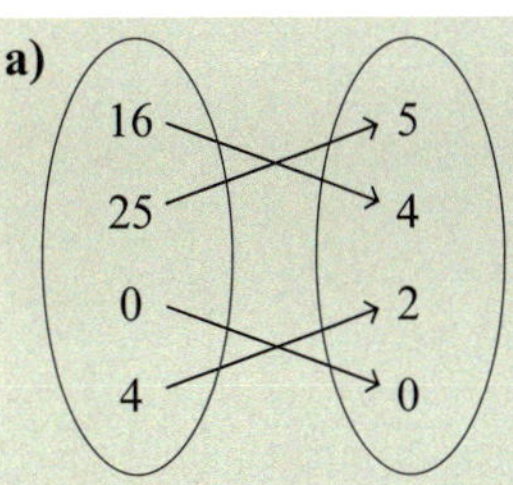

b)

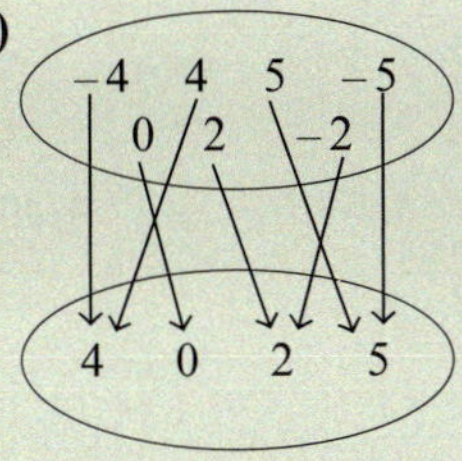

c)

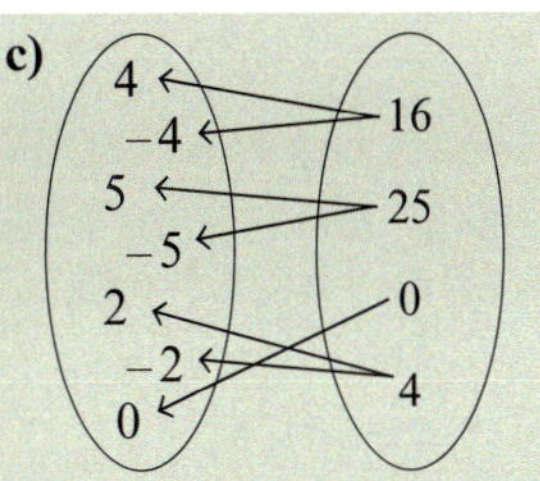

NACHGEDACHT

Woran erkennt man in der Pfeildarstellung, ob eine Zuordnung eine Funktion ist?
Gib selbst Zuordnungen in Pfeildarstellung an, die eine Funktion sind bzw. die keine Funktion sind.

5

Sina fährt mit dem Fahrrad zur Schule. Sie braucht dafür 8 Minuten.

a) Wie weit ist sie nach 3 Minuten gefahren?

b) Deute den Verlauf des Graphen von der 4. bis zur 5. Minute.

c) Beschreibe den Verlauf des Graphen in der 6. und 7. Minute. Was könnte einen solchen Verlauf verursacht haben?

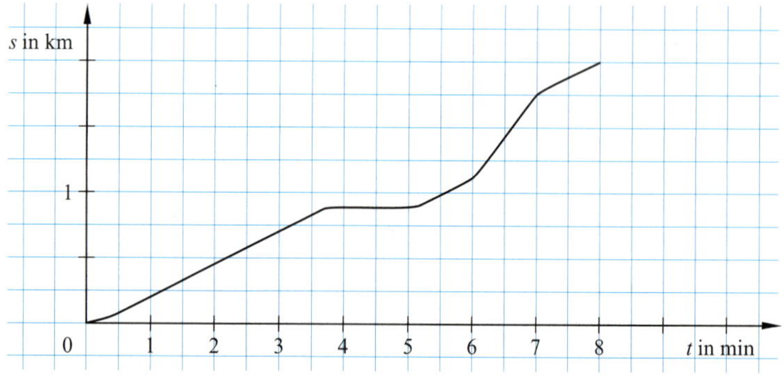

WISSEN

Die grafische Darstellung einer Funktion in einem Koordinatensystem nennt man auch **Graph** der Funktion.

Der **Graph** einer Funktion f mit dem Definitionsbereich D ist die Menge aller Punkte $(x\,|\,f(x))$ mit $x \in D$.

Ein Punkt $P(x_P|y_P)$ liegt auf dem Graphen einer Funktion f, wenn seine beiden Koordinaten x_P und y_P die Funktionsgleichung erfüllen.

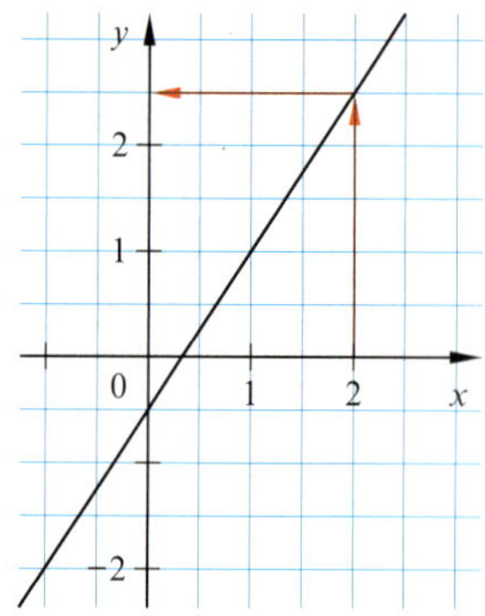

6

Ermittle aus dem nebenstehenden Graphen die Funktionswerte $f(x)$, die den Argumenten $x = 2$, $x = 1$, $x = 0$, $x = -1$ zugeordnet sind.
Formuliere dein Vorgehen in Worten.

BEISPIEL

Nebenstehend siehst du den Graphen von $f\colon x \rightarrow f(x) = \frac{4}{x+2}$ $(x > -2)$.

Die Punkte $A(3\,|\,y_A)$, $B(-1\,|\,y_B)$ sollen auf dem Graphen von f liegen.
Dann muss gelten:

$y_A = \frac{4}{3+2} = \frac{4}{5} = 0{,}8$ $\qquad$ $y_B = \frac{4}{-1+2} = \frac{4}{1} = 4$

Liegen $P(-0{,}5\,|\,2{,}6)$, $Q(2\,|\,1)$ auf dem Graphen von f?
Die Koordinaten von P und Q eingesetzt in die Funktionsgleichung ergeben:

$2{,}6 = \frac{4}{-0{,}5+2}$ $\qquad$ $1 = \frac{4}{2+2}$

$2{,}6 = 2{,}\overline{6}$ (falsch) $\qquad$ $1 = 1$ (wahr)

P liegt nicht auf dem Graphen von f, Q liegt auf dem Graphen von f.

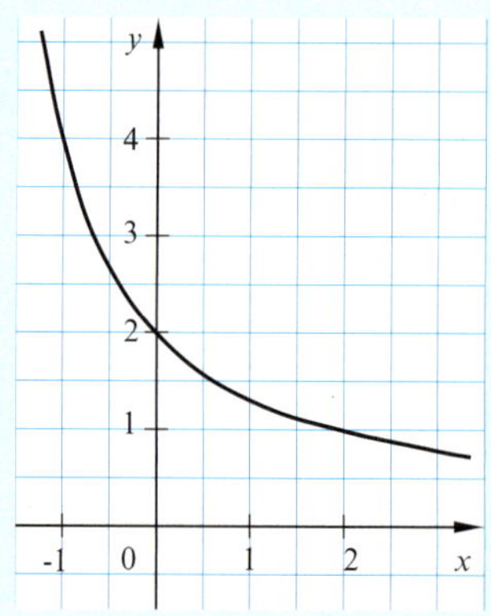

7

Entscheide ohne zu zeichnen, ob die Punkte A, B, C auf dem Graphen von f liegen.

a) f mit $f(x) = 0{,}4\,x$ $\quad$ $A(15\,|\,6)$, $B(-17\,|\,-6{,}8)$, $C(35\,|\,15)$

b) f mit $f(x) = -0{,}5\,x + 3$ $\quad$ $A(8\,|\,-1)$, $B(-18\,|\,12)$, $C(0{,}8\,|\,1{,}6)$

c) f mit $f(x) = \frac{1}{2}x^2$ $\quad$ $A(-8\,|\,32)$, $B(32\,|\,512)$, $C(8\,|\,32)$

d) f mit $f(x) = \sqrt{4\,x}$ $\quad$ $A(16\,|\,8)$, $B(-16\,|\,-8)$, $C(2{,}5\,|\,3{,}2)$

HINWEIS
Der Definitionsbereich ist in allen Fällen $\mathbb{Q}$.

8

Einem Becherglas, in dem sich Eiswürfel befinden, wird gleichmäßig Wärme zugeführt. In unregelmäßigen Abständen wird die Temperatur im Becherglas gemessen. Die folgende Wertetabelle stellt die erreichte Temperatur in Abhängigkeit von der Dauer der Wärmezufuhr dar.

Zeit in Sekunden	0	40	80	3 280	3 360	3 440	3 840	4 240
Temperatur in °C	−12	−6	0	0	6	12	42	72

Die folgende Tabelle stellt eine Zuordnung von gemessenen Temperaturen zur Dauer der Wärmezufuhr dar.

Temperatur in °C	−12	−6	0	0	0	6	12	42
Zeit in Sekunden	0	40	80	2 000	3 280	3 360	3 440	3 840

a) Stelle die Zuordnungen jeweils in einem Koordinatensystem dar.
b) Welche Zuordnung ist eine Funktion?

NACHGEDACHT
Was geschah mit dem Eis zwischen der 80. und der 3280. Sekunde?

9

Stelle jede der Zuordnungen in einem Koordinatensystem grafisch dar.
Welche Zuordnungen sind Funktionen? Wie erkennt man das in einer Wertetabelle?

a)

x	−5	−4	−4	−3	−3	0	0	3	3	4	4	5
y	0	−3	3	−4	4	−5	5	−4	4	−3	3	0

b)

x	−5	−4	−2	−1	−0,5	0,5	1	2	4	5
y	−0,2	−0,25	−0,5	−1	−2	2	1	0,5	0,25	0,2

c)

x	−5	−4	−2	−1	−0,5	0,5	1	2	4	5
y	0,2	0,25	0,5	1	2	2	1	0,5	0,25	0,2

10

a) Die angegebenen geordneten Paare von Zahlen gehören jeweils zu einer Zuordnung. Welche dieser Zuordnungen ist eine Funktion?
- (−3 | −1), (−2 | −1), (−1,5 | −1), (−1 | −1), (0 | 0), (0,5 | 1), (1 | 1), (2,5 | 1), …
- (−1 | −1), (−1 | 0), (−1 | 1), (0 | 0), (1 | −1), (1 | 0), (1 | 1), …
- (−1,6 | −2), (−1 | −1), (−0,5 | −1), (−0,33 | −1), (0 | 0), (0,4 | 0), (1,3 | 1), …

b) Welche grafische Darstellung gehört zu welcher Zuordnung aus a)?

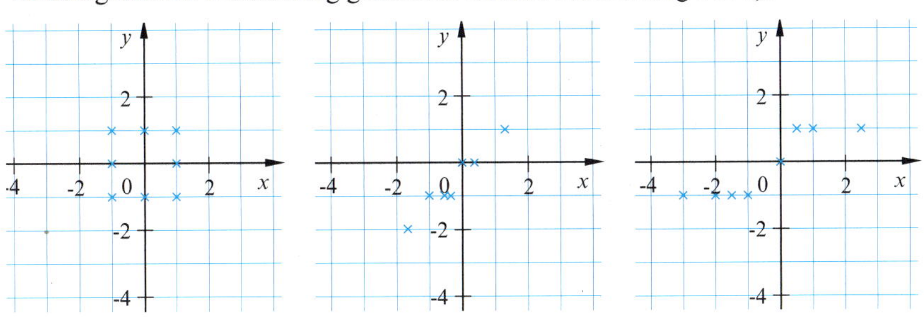

c) Woran erkennt man anhand der geordneten Paare, die zu einer Zuordnung gehören, ob diese Zuordnung eine Funktion ist?

11[L]

Sind die folgenden Graphen Darstellungen von Funktionen?

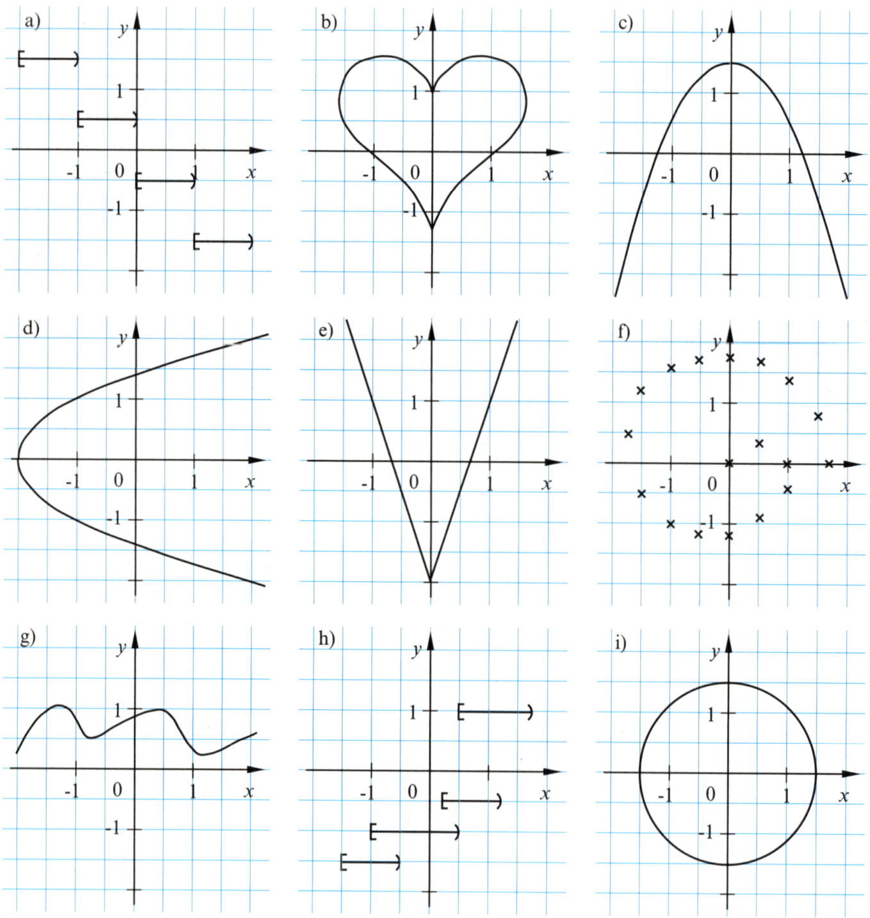

BEACHTE
„[“ bedeutet, dass der Punkt zum Funktionsgraphen gehört.

„(“ bedeutet, dass der Punkt nicht zum Funktionsgraphen gehört.

NACHGEDACHT
Woran ist in einer grafischen Darstellung zu erkennen, ob eine Zuordnung eine Funktion ist?

12

Bei der Verwendung zweier „geheimnisvoller“ Rechenmaschinen traten folgende Ergebnisse auf:

Maschine *A*

Input x	Output y
−4	−2
−2	4
0	10
1	13
2,5	17,5

Maschine *B*

Input x	Output y
−1	5
0	4
1	5
3	7
−5,5	9,5

Versuche die beiden Maschinen zu entschlüsseln. Gib dein Ergebnis mit Worten an. Stelle dein Ergebnis auch in Form einer Gleichung dar.

ANREGUNG
Entwickelt selbst solche Rechenmaschinen. Lasst sie von Euren Mitschülern „knacken“.

13

Norbert hat für fünf Funktionen jeweils eine Wortvorschrift, eine Funktionsgleichung und ein Wertepaar aufgeschrieben. Leider weiß er nicht mehr, was zusammengehört.

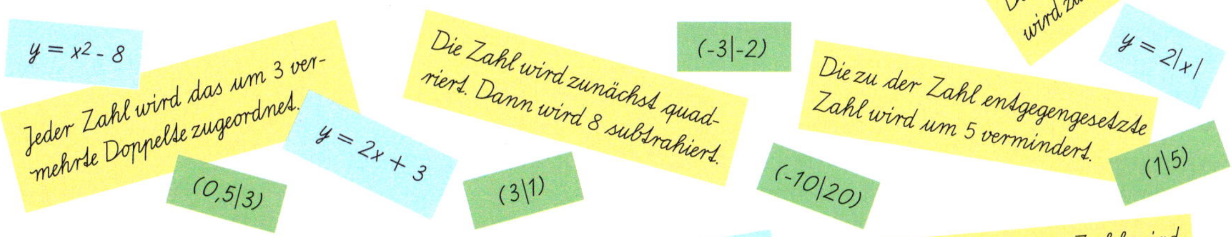

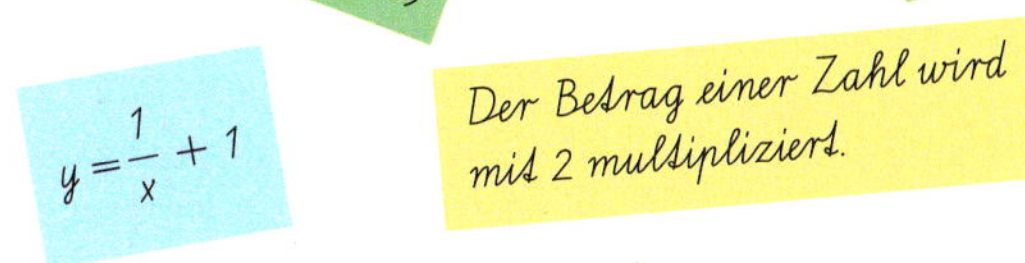

a) Hilf ihm beim Zuordnen.
b) Fertige zu jeder Funktion eine Wertetabelle an.
c) Stelle die Funktionen grafisch dar.

14

Gib zu den folgenden Funktionsgleichungen jeweils eine Wortvorschrift an.

a) $y = 3x - 4$ **b)** $y = x^2 - 3$ **c)** $y = 2|x| + 1{,}5$ **d)** $y = 2x^3 - 6$

METHODE

Darstellen von Funktionen mithilfe von Computerprogrammen

Wenn eine Funktion durch eine Funktionsgleichung gegeben ist, kann man ihren Graphen auch mit einem **grafikfähigen Taschenrechner (GTR)** oder mithilfe eines **Computer-Algebrasystems (CAS)** oder eines **Funktionenplotters** auf einem Computer darstellen.
Entsprechende Programme berechnen zu sehr vielen Argumenten x den Funktionswert $f(x)$. Die berechneten Punkte des Graphen werden angezeigt. Wegen der „groben" Darstellung der einzelnen Punkte entsteht der Eindruck einer zusammenhängenden Linie. Bei einfachen grafikfähigen Taschenrechnern gehen bei dieser Darstellungsweise Feinheiten des Kurvenverlaufs allerdings möglicherweise verloren.

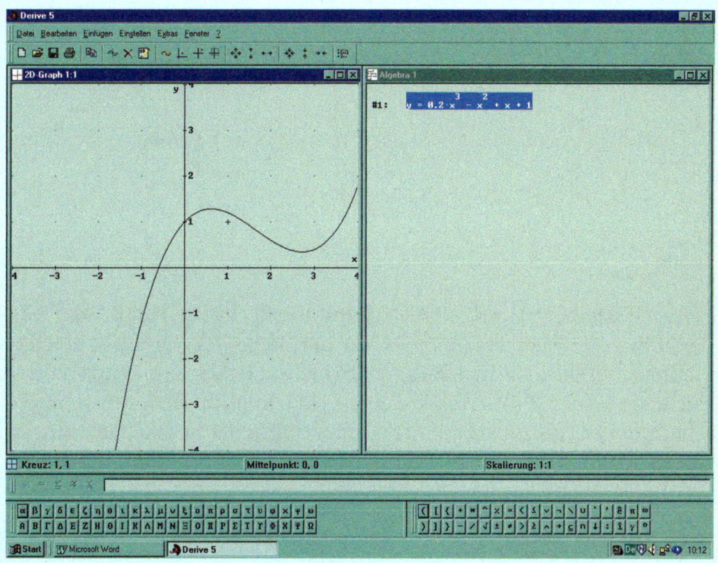

Das Bild zeigt die Darstellung des Graphen der Funktion $y = 0{,}2\,x^3 - x^2 + x + 1$ mithilfe des CAS Derive 5. Dazu wurde in der Eingabezeile geschrieben: y=0.2x^3-x^2+x+1.

Auch eine **Tabellenkalkulation** (wie z. B. Excel) kann bei nicht zu komplizierten Funktionen zur Darstellung des Funktionsgraphen gut geeignet sein.

15

Gib jeweils eine Funktionsgleichung an und berechne den Funktionswert $f(6)$.

a) f ordnet jeder Zahl ihr Dreifaches zu.

b) f ordnet jeder Zahl die um 10 verkleinerte Quadratzahl zu.

c) f ordnet jede Zahl sich selbst zu.

d) f ordnet jeder Zahl ihr um 4 vermindertes Drittel zu.

16

a) Gib zu jeder der Funktionen aus Aufgabe 15 die Menge aller Argumente an, für die die Funktion den Wert null annimmt.

b) Gib eine Funktion mit Werten in den rationalen Zahlen an, die den Wert null nicht annimmt.

c) Gib eine Funktion an, die den Wert 8 genau zweimal annimmt.

d) Gib eine Funktion an, die den Wert null genau zweimal annimmt.

ERINNERE DICH

Den Buchstaben D verwenden wir zur Bezeichnung des Definitionsbereiches einer Funktion. Manchmal schreiben wir auch D_f für den Definitionsbereich der Funktion f.

17

Erstelle eine Wertetabelle zu dem abgebildeten Funktionsgraphen und beschreibe die dazugehörige Funktion durch eine Wortvorschrift und eine Funktionsgleichung.

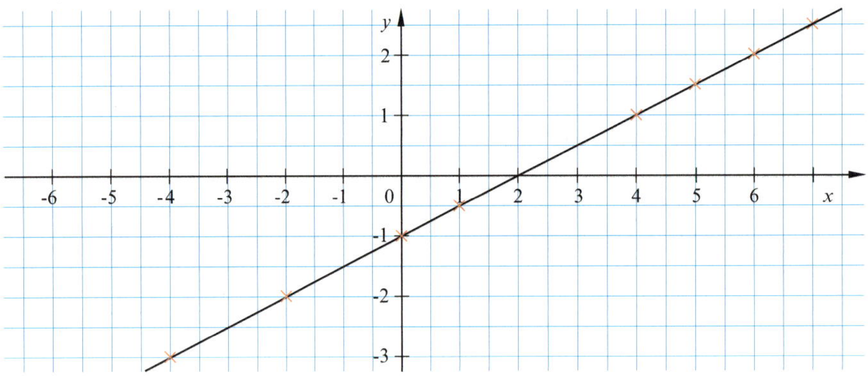

18

a) Wähle das Menü [y=], gib den Funktionsterm der Funktion f aus dem Beispiel von Seite 110 auf einem GTR ein und lasse den Graphen zeichnen. Vergleiche mit dem Bild aus dem Beispiel. Welche Gemeinsamkeiten und welche Unterschiede erkennst du? Hast du eine Erklärung für die Unterschiede?

b) Falls dein GTR nur „ein Stück" oder „einzelne Stücke" der Kurve aus dem Beispiel zeigt: Versuche mit dem Menü [RANGE] den Darstellungsbereich für die x- und y-Werte geeignet zu verändern.

Taschenrechner mit Grafikdisplay

19

a) Berechne die Koordinaten der Punkte, die auf dem Graphen der Funktion $f_1\colon\ x \to f_1(x) = 5 - 2x$ liegen: $A(2\,|\,y_A)$, $B(5\,|\,y_B)$, $C(\frac{1}{4}\,|\,y_C)$, $D(x_D\,|\,10)$.

b) Liegen die folgenden Punkte auf dem Graphen von $f_2\colon\ x \to f_2(x) = \frac{1}{2}x^3 - 8$? $A(4\,|\,24)$, $B(-2\,|\,-4)$, $C(\frac{2}{3}\,|\,-7{,}85)$, $D(0\,|\,-8)$.

c) Zeichne die Graphen der Funktionen aus a) und b) mit dem GTR.

BEISPIEL

Eine Funktion ist durch eine **Wortvorschrift** gegeben:
Jeder rationalen Zahl wird die Hälfte ihres Quadrates zugeordnet.
Eine **Gleichung** der Funktion ist: $y = 0{,}5\,x^2$
Mithilfe einer Tabellenkalkulation erzeugen wir eine **Wertetabelle** und eine **grafische Darstellung** der Funktion:

	A	B
1	x	y
2	-4	8
3	-3,5	6,125
4	-3	4,5
5	-2,5	3,125
6	-2	2
7	-1,5	1,125
8	-1	0,5
9	-0,5	0,125
10	0	0
11	0,5	0,125
12	1	0,5
13	1,5	1,125
14	2	2
15	2,5	3,125
16	3	4,5
17	3,5	6,125
18	4	8

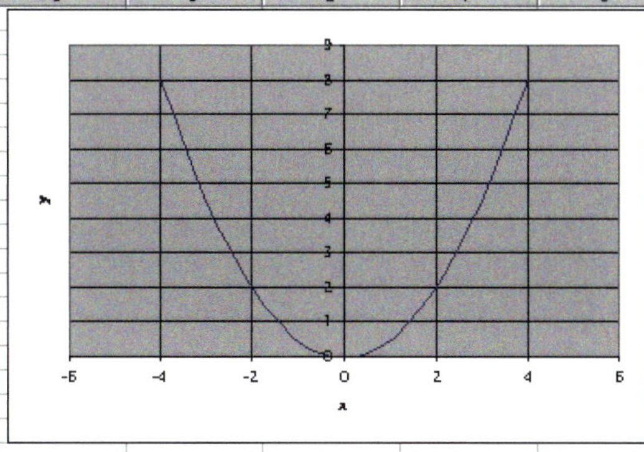

Erzeugen der x-Werte (Argumente) in Spalte A:
- Zuerst kleinsten und größten Wert für x sowie den Abstand der Werte festlegen: kleinster Wert –4, größter Wert 4, Abstand 0,5
- In A2 und A3 die ersten beiden Wert eingeben: –4 und –3,5
- Zellen A2 und A3 markieren und die rechte untere Ecke solange herunterziehen, bis der Wert 4 angezeigt wird

Berechnen der y-Werte (Funktionswerte) in Spalte B:
- In B2 Formel zur Berechnung des y-Wertes zum x-Wert in A2 eingeben: wegen $y = 0{,}5\,x^2$ die Formel =0,5*A2^2; danach Eingabetaste drücken
- Zelle B2 markieren und dann rechte Ecke herunterziehen

Grafische Darstellung erzeugen:
- Mit  den Diagramm-Assistenten aufrufen
- Im Schritt 1 den Diagrammtyp wählen:  Punkt (XY) und 
- Im Schritt 2 die Daten auswählen: Bereich A1 bis B18 auf dem Arbeitsblatt markieren
- Im Schritt 3 unter „Titel" Achsenbezeichnungen festlegen, unter „Gitternetzlinien" festlegen, wie das Raster aussehen soll, unter „Legende" Häkchen löschen
- Im Schritt 4 festlegen, dass das Diagramm auf dem Arbeitsblatt gezeichnet werden soll
- Das fertige Diagramm bei Bedarf auf dem Arbeitsblatt verschieben, Vergrößern/Verkleinern oder im Seitenverhältnis ändern

BEACHTE

Das Zeichen ^ steht bei einer Tabellenkalkulation für die Rechenoperation Potenzieren.
^2 bedeutet „hoch 2", also Quadrieren.

Im Beispiel wurden für das Aufstellen der Wertetabelle das Intervall $-4 \le x \le 4$ und die Abstände 0,5 willkürlich gewählt.
Man hätte auch ein anderes Intervall und andere Abstände wählen können. Nimmt man kleinere Abstände, dann wird der Kurvenverlauf in der grafischen Darstellung genauer.

Zum Erzeugen der grafischen Darstellung:

Wenn wir im Schritt 1 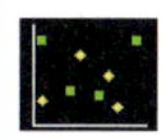 statt  wählen, dann werden statt einer Kurve nur die zu den Wertepaaren in der Wertetabelle gehörenden Punkte angezeigt.

Markieren eines Datenbereichs im Schritt 2: Mit festgehaltener linker Maustaste von A1 bis B18 ziehen

20

a) Vollziehe das Beispiel mithilfe einer Tabellenkalkulation nach.
b) Beschreibe, was du aus der grafischen Darstellung der Funktion erkennst.
c) Erzeuge mit einer Tabellenkalkulation eine Wertetabelle und eine grafische Darstellung der durch die folgende, etwas veränderte Wortschrift gegebenen Funktion: *Jeder ganzen Zahl wird die Hälfte ihres Quadrates zugeordnet.*

21

Erzeuge mit einer Tabellenkalkulation zu den angegebenen Wortvorschriften und Funktionsgleichungen jeweils eine Wertetabelle und eine grafische Darstellung.

a) Jeder rationalen Zahl wird ihre entgegengesetzte Zahl zugeordnet.

b) Jeder rationalen Zahl wird ihr Betrag zugeordnet.

c) Jeder nichtnegativen rationalen Zahl wird ihre Quadratwurzel zugeordnet.

d) $y = 1{,}4\,x - 2{,}3$ **e)** $y = 0{,}25\,(x + 2)^2$ **f)** $y = x\,(x - 2)$

TIPPS
Bei einer Tabellenkalkulation schreibt man:
ABS(A1) für den Betrag des Inhalts der Zelle A1;
WURZEL(A1) für die Quadratwurzel des Inhalts der Zelle A1.

22

a sei die Kantenlänge eines Würfels, *A* sein Oberflächeninhalt, *V* sein Volumen.

a) Erzeuge mithilfe einer Tabellenkalkulation für die Zuordnung $a \to A$ eine Wertetabelle und eine grafische Darstellung für Kantenlängen $0 \le a \le 10$ (Kantenlängen in cm gemessen). Untersuche anhand der Wertetabelle und der grafischen Darstellung, wie sich der Oberflächeninhalt des Würfels verändert, wenn sich die Kantenlänge verdoppelt, verdreifacht oder vervierfacht.

b) Führe entsprechende Untersuchungen für die Zuordnung $a \to V$ durch.

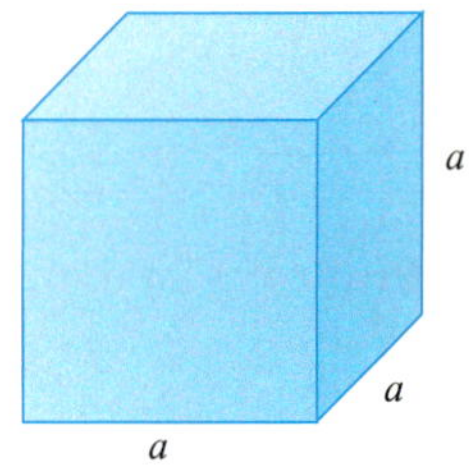

23

Löse diese Aufgabe mit einem CAS oder mit einem Funktionenplotter.

a) Zeichne den Graphen zur Gleichung $y = 0{,}5\,x^2 - 0{,}5\,x - 3$. Wandere im Spurmodus die Kurve entlang und lies die y-Koordinaten für $x = -1$, $x = 1$ und $x = 2$ ab.

b) Zeichne in dasselbe Koordinatensystem auch noch den Graphen zur Gleichung $y = x^2 - 10\,x$. Vergleiche beide Graphen miteinander. Vergrößere dann durch Zoomen den dargestellten Bereich und vergleiche noch einmal.

24

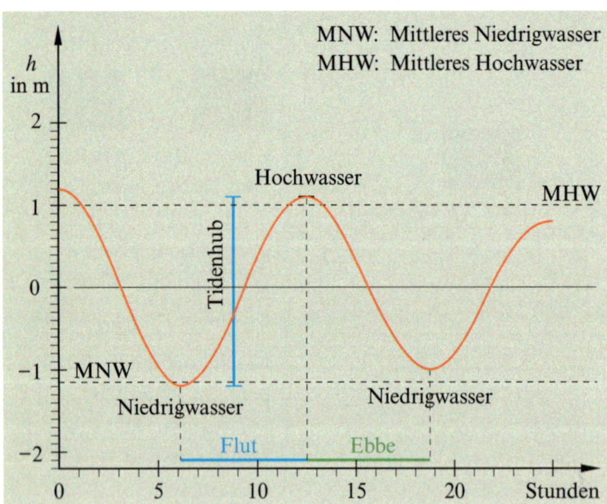

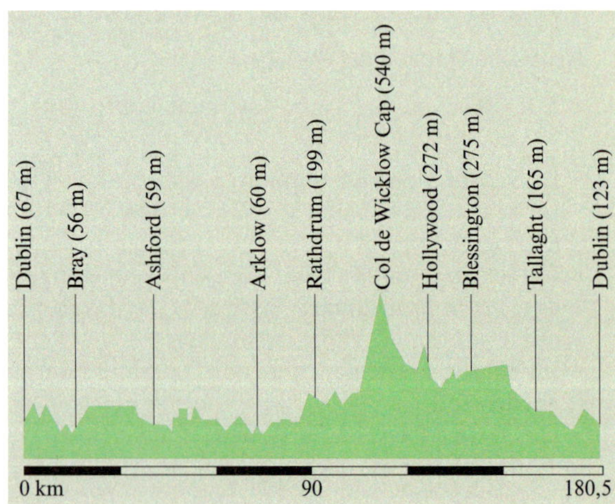

a) Im Bild links ist der Gezeitenverlauf an der Nordsee dargestellt.
(1) Wie viel über oder unter der mittleren Meereshöhe (Normalnull) liegt der Wasserstand 1 Stunde, 3 Stunden, 7 Stunden nach dem ersten Niedrigwasser?
(2) In welchen zeitlichen Abständen nach dem ersten Niedrigwasser ist der Wasserstand 0,5 m über der mittleren Meereshöhe?

b) Die erste Etappe der Tour de France 1998 fand in Irland statt. Ermittle mithilfe der rechten grafischen Darstellung die Höhe der Punkte, die 30 km, 60 km, …, 150 km nach dem Start erreicht wurden.

Proportionale und antiproportionale Zuordnungen

1

Eine Wandergruppe läuft eine Strecke von 12 km mit einer durchschnittlichen Geschwindigkeit von $4\,\frac{\text{km}}{\text{h}}$. Ergänze die folgende Tabelle und zeichne ein s-t-Diagramm.

t in min	15	30	60	120			
s in km					10	11	12

WISSEN

Zuordnungen heißen (direkt) proportional, wenn der Quotient m aus dem zugeordneten Wert y und dem vorgegebenen Wert x ($x \neq 0$) immer gleich, aber nicht null ist. Der Quotient m ist der Proportionalitätsfaktor.
Wegen $\frac{y}{x} = m$ ist $y = m \cdot x$ bzw. kurz $y = mx$. Proportionale Zuordnungen sind stets eindeutig, also Funktionen.

Eine lineare Funktion f mit einer Gleichung $y = f(x) = mx$ ($m \neq 0$) heißt **proportionale Funktion** oder **proportionale Zuordnung**.

2

Untersuche, ob die Zuordnung proportional ist. Gib gegebenenfalls eine Funktionsgleichung an und zeichne den Graphen der Funktion.

a)

x	−4	−2	12	36
y	6	3	−18	54

b)

t	10 min	30 min	2 h	6 h
s	6,8 km	20 km	81 km	240 km

c)

U	3 V	4,5 V	5,5 V	6,2 V
I	255 mA	383 mA	468 mA	527 mA

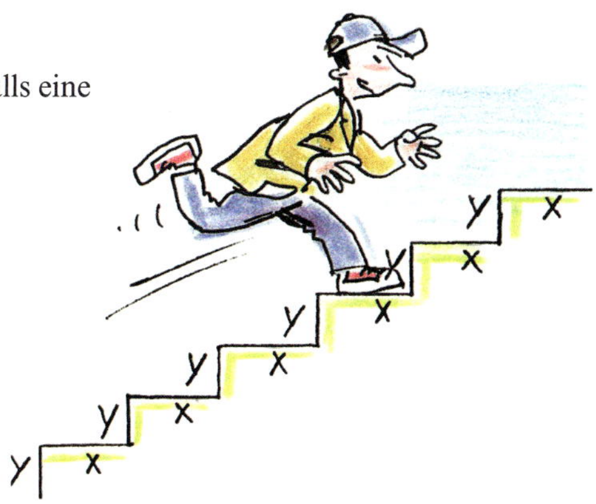

3

Untersucht für die proportionalen Funktionen $f: x \rightarrow mx$ den Verlauf ihrer Graphen für verschiedene (auch nichtganzzahlige und negative) Werte von m. Verwendet einen GTR oder ein Computeralgebrasystem. Welche Beobachtungen macht ihr? Vergleicht eure Ergebnisse miteinander.

Gruppenarbeit

4

Begründe, dass jede proportionale Funktion die folgenden Eigenschaften besitzt:

a) Der Graph von f verläuft durch den Ursprung $(0|0)$ des Koordinatensystems.
b) Der Graph von f verläuft durch den Punkt $(1|m)$.
c) Wenn x um c zunimmt, dann nimmt der zugehörige Funktionswert um $m \cdot c$ zu: $f(x + c) = f(x) + m \cdot c$.

WISSEN

Sind die Größen x und y zueinander (direkt) proportional, so liegen alle Punkte des Graphen der zugehörigen proportionalen Funktion $f: x \rightarrow y$ mit $y = f(x) = mx$ auf einer Geraden durch den Koordinatenursprung $O(0|0)$.
Eine solche Gerade nennt man **Ursprungsgerade**.

Der (Proportionalitäts-)Faktor m heißt die **Steigung** des Graphen von f.

Die Bezeichnung „Steigung“ für m lässt sich anschaulich begründen: Der Winkel, den der Graph einer proportionalen Funktion mit der x-Achse bildet, hängt von m ab.
Ein wie in der Zeichnung rechts an den Graphen angetragenes rechtwinkliges Dreieck mit den Seitenlängen 1 (in Richtung der x-Achse) und m (in Richtung der y-Achse) heißt **Steigungsdreieck** von f.
(Beachte für die Zeichnung, dass der Punkt $(1|m)$ stets zum Graphen einer proportionalen Funktion gehört.)

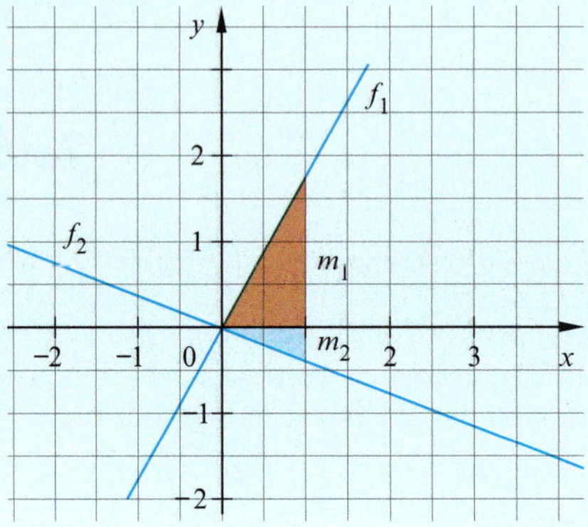

Man sagt: Bei positiver Steigung m **wächst** die Funktion f, bei negativer Steigung m **fällt** die Funktion f.

HINWEISE

Bei negativer Steigung m wird das Steigungsdreieck nach unten gezeichnet.

Wird m dem Betrage nach größer, dann wird der Winkel des Steigungsdreiecks am Koordinatenursprung größer.

5

Begründe: Zeichnet man an einer *beliebigen* Stelle an den Graphen einer proportionalen Funktion ein Steigungsdreieck, dessen zur x-Achse parallele Seite die Länge 1 hat, so ist die Länge der zur y-Achse parallelen Seite stets gleich m.

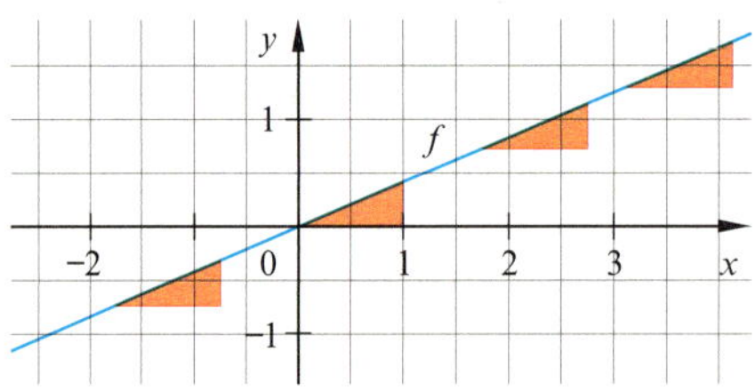

BEISPIEL

Der Graph einer proportionalen Funktion f_1 verläuft durch den Punkt $(1|2)$.
Wegen $f_1(1) = m$ ist die Funktionsvorschrift $x \rightarrow f_1(x) = 2x$.

Der Graph einer proportionalen Funktion f_2 verläuft durch den Punkt $(2|-3)$.
Wegen $m = \frac{f_2(x)}{x}$ (für $x \neq 0$) ist
$m = \frac{-3}{2} = -1{,}5$.

Die Zuordnungsvorschrift ist
$x \rightarrow f_2(x) = -1{,}5x$.

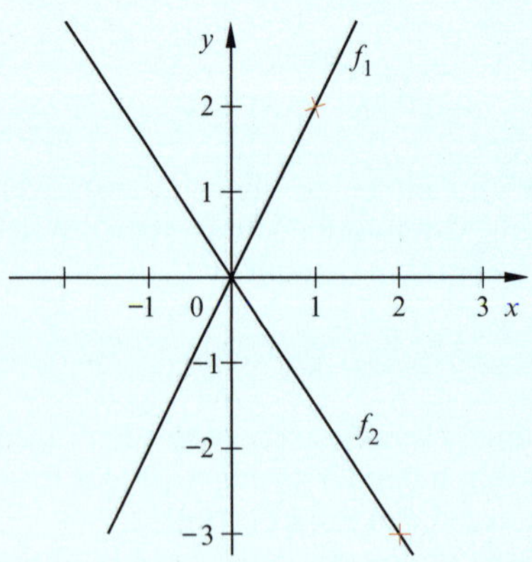

6[L]

Der Graph einer proportionalen Funktion f verläuft durch den angegebenen Punkt. Ermittle eine Funktionsgleichung von f.

a) $A(1|5)$ **b)** $B(1|-3)$ **c)** $C(2|8)$ **d)** $D(4|6)$ **e)** $E(-1|4)$ **f)** $F(-2|-4)$

AUFGABE
Ermittle Funktionsgleichungen zu den Graphen.

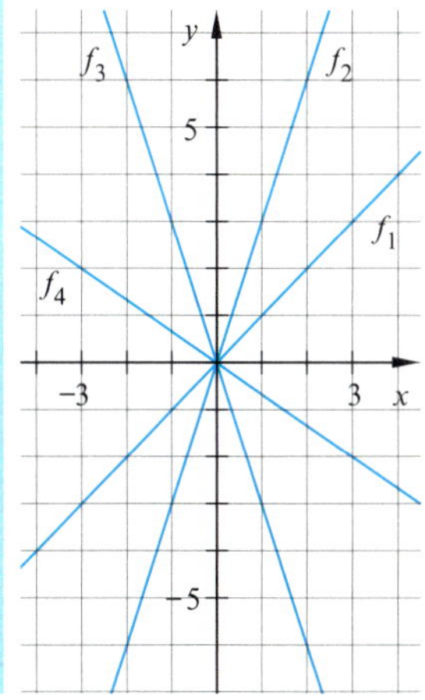

7

Zeichne die Graphen der proportionalen Funktionen in ein Koordinatensystem. Erläutere, wie du vorgegangen bist.

$f\colon x \to f(x) = 2x$, $\quad g\colon x \to g(x) = \frac{1}{4}x$, $\quad h\colon x \to h(x) = \frac{3}{5}x$

8

Ermittle einen geeigneten Punkt mit ganzzahligen Koordinaten und zeichne den Graphen der proportionalen Funktion.

$f\colon x \to f(x) = \frac{4}{7}x \quad g\colon x \to g(x) = -\frac{3}{8}x \quad h\colon x \to h(x) = 3{,}25\,x$

BEISPIEL

Es ist der Graph der proportionalen Funktion $f\colon x \to f(x) = \frac{2}{5}x$ zu zeichnen.
Statt des Steigungsdreiecks mit der Seitenlänge 1 in x-Richtung wählen wir ein vergrößertes Steigungsdreieck mit der Seitenlänge 5. Die Seite in y-Richtung hat dann die Länge 2. (Warum?)

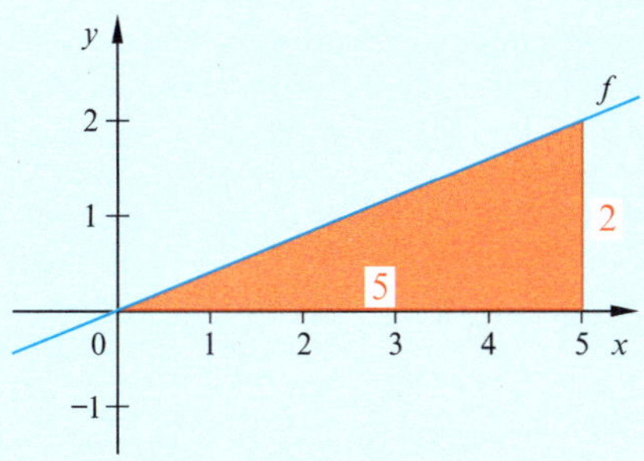

9

Prüfe, ob die drei Punkte auf dem Graphen einer proportionalen Funktion liegen.

a) $A(3|12)$, $B(-2|-8)$, $C(1{,}5|6)$ **b)** $P(4|-2{,}8)$, $Q(-2|1{,}4)$, $R(3|-2{,}2)$.

10

Auf alten Thermometern findest du Skalen mit der Bezeichnung °R. Diese Skalen stammen vom Franzosen Réaumur (1683–1757), der den Gefrierpunkt des Wassers mit 0°, den Siedepunkt (100 °C) jedoch mit 80° bezeichnete.

a) Rechne um in °R: 30 °C, 25 °C, 60 °C, –15°C.
b) Gib in °C an: 20 °R, 12 °R, 100 °R, –8 °R.
c) Wie lässt sich allgemein eine in °R angegebene Temperatur in °C umrechnen?

11

Bei einigen der folgenden Sachverhalte besteht direkte Proportionalität zwischen den Größen. Für welche Beispiele trifft dies zu? Gib für diese eine Gleichung an.

a) Zu jeder Fahrstrecke s mit dem Auto gehört ein Benzinverbrauch V.
b) Zu jeder Flugstrecke s gehört eine Flugzeit t.
c) Je länger die Sonne scheint (t_s), desto höher ist die Lufttemperatur ϑ_L.
d) Zu jeder Arbeitszeit t in Stunden gehört ein Lohn P.
e) Bei einem Baum gehört zu jedem Alter A eine bestimmte Baumhöhe h.

AUFGABE
Bilde ein Anwendungsbeispiel für eine proportionale Funktion mit negativer Steigung. Versuche zu erläutern, warum bei proportionalen Zuordnungen im Alltag negative Proportionalitätsfaktoren m meist nicht betrachtet werden.

12

Euro-Münzen gibt es in den Werten 1 ct, 2 ct, 5 ct, 10 ct, 20 ct, 50 ct, 1 € und 2 €. Einen Betrag von 4 € kann man auf verschiedene Weise mit lauter gleichen Münzen bezahlen – beispielsweise mit acht 50-Cent-Münzen oder mit zwei 2-Euro-Münzen.

a) Stelle eine Tabelle auf, die alle Möglichkeiten zeigt, 4 € mit lauter gleichen Münzen zu bezahlen.

Wert der Münze	1 ct	2 ct	5 ct	10 ct	20 ct	50 ct	1 €	2 €
Anzahl der Münzen						8		2

b) Begründe, dass die Zuordnung *Wert der Münze* $\rightarrow$ *Anzahl der Münzen* nicht proportional ist.

c) Was müsstest du rechnen um zu kontrollieren, ob du die Anzahlen der Münzen richtig berechnet hast?

WISSEN

Eine Zuordnung heißt **antiproportional**, wenn die Produkte einander zugeordneter Größen stets den gleichen, von Null verschiedenen Wert haben. Besteht zwischen den Größen x und y ein antiproportionaler Zusammenhang, so gibt es also eine Zahl $a \neq 0$, sodass für jedes Paar $(x; y)$ einander zugeordneter Größen gilt: $x \cdot y = a$.

Alle Punkte des Graphen der zugehörigen antiproportionalen Funktion $f\colon x \rightarrow y$ mit $y = f(x) = \frac{a}{x}$ $(a, x \neq 0)$ liegen auf einer **Hyperbel**.

Die Abbildung zeigt einen Ausschnitt aus der Hyperbel mit der Gleichung $y = \frac{6}{x}$ für positive Werte von x.

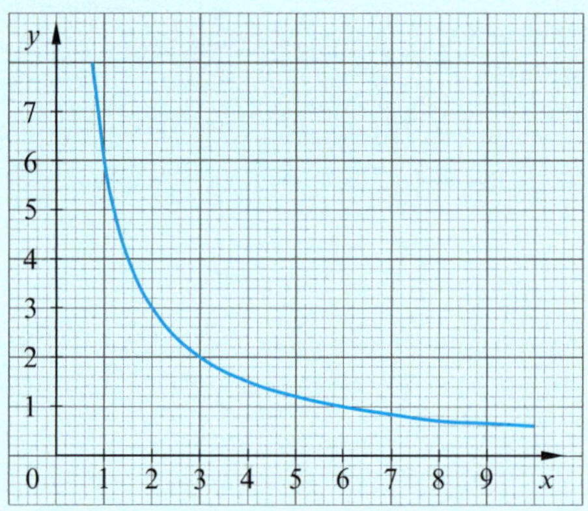

Anstelle von antiproportionaler Zuordnung spricht man manchmal auch von **umgekehrt proportionaler** oder von **indirekt proportionaler** Zuordnung.

13

a) Gegeben seien zwei positive rationale Zahlen z und A. Ermittle die Gleichung einer proportionalen Funktion, für die gilt: Der von der x-Achse, dem Graphen der proportionalen Funktion und der Geraden $x = z$ begrenzte Flächeninhalt ist gleich A.

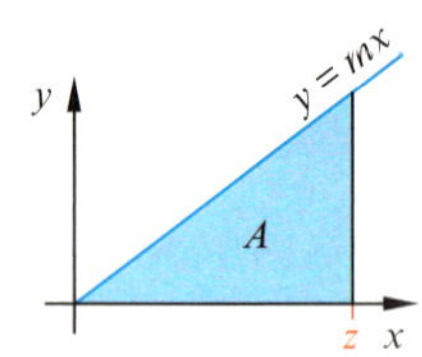

b) Betrachte nun die Zahl z als Variable und die Zahl A als Parameter und beschreibe, wie die Steigung m der nach der Vorschrift aus Teil a) zu z und A gehörigen proportionalen Funktion von z abhängt. Gib dazu insbesondere eine Funktionsgleichung $m = f_A(z)$ an. Stelle die Funktion für einen selbstgewählten Wert des Parameters A grafisch dar.

Lineare Funktionen

1

Als Herr Koschak am Jahresende wichtige Unterlagen ordnet, sind dabei auch die Abrechnungen für Gas, Wasser und Strom.

Verbrauchsermittlung für Wasserzählernummer 00363455

Abrechnungszeitraum von	bis	Tage	Zählerstand alt	neu	Verbrauch in m^3
13. 03. 01	21. 01. 02	315	818	1.011	193

Betragsermittlung für Wasserverbrauch

Wasserlieferung	Tage	Verbrauch	Preis	Betrag in €
Arbeitspreis	---	193 m^3	1,77 € / m^3	341,61
Grundpreis	315	---	0,05 € / Tag	15,75
Summe				**357,36**

Stromrechnung vom 25. 11. 02

Zählernummer 06615585
03. 11. 01 Stand 11.997,0 kWh
03. 11. 02 Stand 14.192,0 kWh Berechnungsmenge: 2.195 kWh

Zeitraum / Leistung	Tage	Preis / pro	Betrag in €
04. 11. 01 bis 03. 11. 02	365		
2.195 kWh Verbrauch		0,140 € / kWh	307,30
1 Eintarifzähler		0,08 € / Tag	29,20

Summe			336,50
17 % Umsatzsteuer von 336,50			57,21

Rechnungsbetrag			**393,71**

AUFTRAG
Informiert euch über die aktuellen Strom- und Wasserpreise in euren Haushalten. Vergleicht miteinander. Wie ist der aktuelle Umsatzsteuersatz?

Betrachte die Rechnungen aufmerksam. Woraus setzt sich der Gesamtbetrag jeweils zusammen? Welche Gemeinsamkeit fällt dir auf?

2

Herr Senitz zieht in eine neue Wohnung, die 25 km von seiner alten Wohnung entfernt ist. Für den Umzugstag leiht er sich einen kleinen Lkw aus. Er bezahlt dafür 60 € und zusätzlich für jeden gefahrenen Kilometer 50 Cent.

a) Vervollständige die folgende Wertetabelle.

zurückgelegte Strecke in km	50	100	150	200	250
Preis in €					

b) Wie hoch sind die Kosten, wenn Herr Senitz viermal den Lkw vollladen muss, um alle seine Möbel etc. zu verstauen? Die Autovermietung liegt 2 Kilometer von der alten Wohnung entfernt auf der Strecke zwischen den beiden Wohnungen. Unmittelbar nach der letzten Fahrt wird der Lkw zurückgebracht.

c) Stelle die Kosten in Abhängigkeit von der zurückgelegten Strecke grafisch dar.

3[L]

Herr Feldt bestellt auf einem Baumarkt Pflastersteine. Für die Lieferung bezahlt er 35 € und für jeden Quadratmeter Steine 9,95 €.

a) Berechne, wie viel Herr Feldt bezahlen muss, wenn er nur seine 15 m^2 große Terrasse pflastern will. Wie viel muss er bezahlen, wenn er zusätzlich den Weg zum Haus (12 m^2) mit Steinen belegen will?

b) Gib eine Funktionsgleichung für die Zuordnung Fläche → Preis an. Beachte die Kosten für die Lieferung.

4

Herr Redlich ist leidenschaftlicher Taucher. Seine Tauchtiefe betrug heute 25 Meter. Jetzt will er wieder auftauchen, aber das Auftauchen muss langsam vorsichgehen. Er steigt in 60 Sekunden nur 5 Meter.

a) Vor 10 Sekunden (– 10 s) hat das Auftauchen begonnen. In welcher Tiefe befindet sich Herr Redlich jetzt und in 20 Sekunden?

b) In welcher Tiefe befand sich Herr Redlich vor 5 Sekunden?

c) Wann erreicht Herr Redlich die Meeresoberfläche?

d) Stelle die Tauchtiefe in Abhängigkeit von der Zeit grafisch dar.

WUSSTEST DU SCHON?
Das Auftauchen darf nur langsam geschehen, damit sich der Druck im Körper langsam ausgleichen kann und der überschüssige Stickstoff, den man durch das Atemgerät aufgenommen hat, den Körper wieder verlassen kann.

5

Der Wetterbericht meldet um 7 Uhr: Die derzeitige Temperatur beträgt – 3 °C. In den nächsten 8 Stunden ist mit einem gleichmäßigen Anstieg der Temperatur um 0,5 Grad je Stunde zu rechnen.

a) Stelle den Temperaturverlauf für die nächsten 8 Stunden grafisch dar. Ermittle dazu zunächst eine Wertetabelle.

b) Wann sind positive Temperaturen zu erwarten?

c) Mit t sei die seit 7 Uhr vergangene Zeit und mit T die nach t Stunden herrschende Temperatur bezeichnet. Gib eine Gleichung an, mit der die Temperatur T in Abhängigkeit von t berechnet werden kann.

6

Übertrage die folgende Tabelle ins Heft und ergänze die Funktionsgleichungen für die genannten Zuordnungen. Welche Gemeinsamkeit haben alle diese Gleichungen?

Kosten (K) für Strom in Abhängigkeit von der verbrauchten Energie (E) (zu Aufg. 1)	
Preis (P) für die Autovermietung in Abhängigkeit vom zurückgelegten Weg (s) (zu Aufg. 2)	
Preis (P) für Pflastersteine in Abhängigkeit von der zu belegenden Fläche (A) (zu Aufg. 3)	
Tauchtiefe (T) in Abhängigkeit von der Aufsteigezeit t (zu Aufg. 4)	
Temperatur (T) in Abhängigkeit von der vergangenen Zeit (t) (zu Aufg. 5)	

BEACHTE
Die Sachverhalte der Aufgaben 1 bis 5 können durch eine besondere Art von Funktionen beschrieben werden. Die Besonderheit wird deutlich, wenn man die Funktionsgleichungen und die grafischen Darstellungen betrachtet.

7

Gib zu den genannten Wortvorschriften von Funktionen jeweils eine Funktionsgleichung an. Welche Gleichungen haben die Form $y = mx + n$?

a) Jeder Zahl wird das um 4 vermehrte Dreifache zugeordnet.
b) Jeder Zahl wird ihr um 5 vermehrtes Quadrat zugeordnet.
c) Jeder Zahl wird das um 8 verminderte Doppelte zugeordnet.
d) Jeder Zahl wird das Fünffache zugeordnet.
e) Jeder Zahl wird die Zahl -3 zugeordnet.
f) Jeder Zahl wird das Doppelte ihres Betrages zugeordnet.

TIPP

Wort	Bedeutung
Vermehren	$+$
Hinzufügen	$+$
Verringern	$-$
das Doppelte	$2x$
das Drittel	$\frac{x}{3}$

WISSEN

m und n seien rationale Zahlen, $m \neq 0$.
Die Funktion f, die durch die Funktionsgleichung $y = f(x) = mx + n$ beschrieben wird, heißt **lineare Funktion**.

Alle Punkte der grafischen Darstellung einer linearen Funktion liegen auf ein und derselben Geraden.

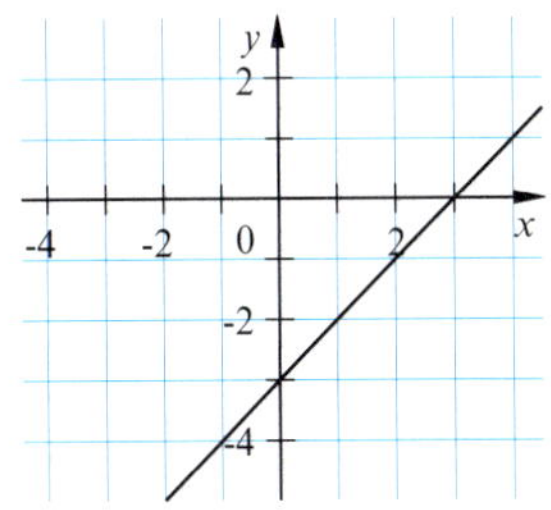

8[L]

Welche der folgenden Gleichungen beschreiben lineare Funktionen?

a) $y = 3x + 5$	**b)** $y = x^2$	**c)** $y = 0{,}5x + 1$
d) $y = \lvert x \rvert$	**e)** $y = -4x + 10$	**f)** $y = 0{,}1x - 7$
g) $y = 1 + 5x$	**h)** $y = -3$	**i)** $y = x$
j) $y = 3x$	**k)** $y = 1 - x^2$	**l)** $y = 5x + 11$
m) $y = \lvert x \rvert + 3$	**n)** $y = -2x - 1$	**o)** $y = 6 - 2x$

9

Gib fünf lineare Funktionen durch ihre Gleichung an.
Gib fünf Funktionen durch ihre Gleichung an, die keine linearen Funktionen sind.

NACHGEDACHT
Wird der Definitionsbereich einer linearen Funktion nicht eingeschränkt, so umfasst er alle rationalen Zahlen.
Welche Zahlen umfasst dann der Wertebereich einer linearen Funktion?

10

Stelle die linearen Funktionen aus den Aufgaben 7 und 8 grafisch dar.

11

Welche der folgenden Abbildungen stellen eine Funktion dar?
Welche Abbildungen stellen eine lineare Funktion dar?
Ermittle für die linearen Funktionen eine Funktionsgleichung.

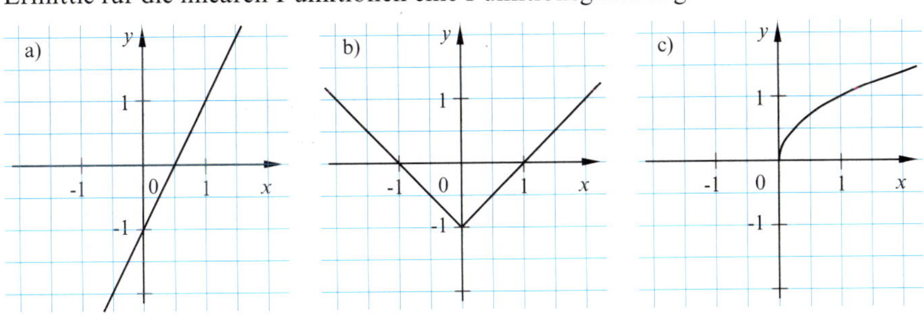

12

Welche der folgenden Abbildungen stellen eine Funktion dar?
Welche Abbildungen stellen eine lineare Funktion dar?
Ermittle für die linearen Funktionen eine Funktionsgleichung.

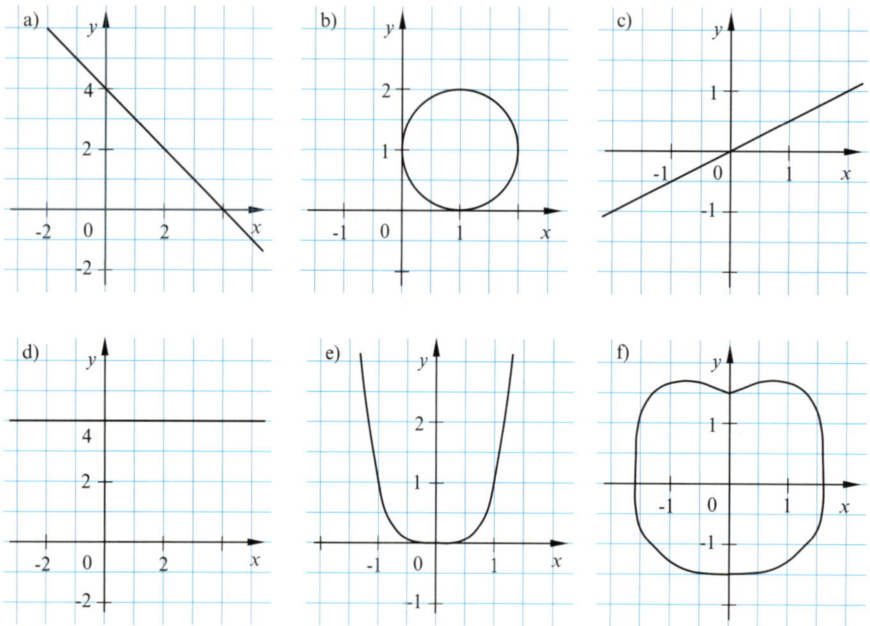

13

Entscheide, welche der folgenden Zuordnungen lineare Funktionen sind.
Gib für die linearen Funktionen eine Gleichung an und stelle sie grafisch dar.

a) Jeder rationalen Zahl wird das um 1 vermehrte Doppelte zugeordnet.
b) Jeder rationalen Zahl wird ihr Quadrat zugeordnet.
c) Jeder rationalen Zahl wird das um 3 vermehrte Drittel zugeordnet.
d) Jeder rationalen Zahl wird die Zahl 3,5 zugeordnet.
e) Jeder rationalen Zahl wird ihr um 4 verringerter Betrag zugeordnet.

14^L

Welche der folgenden Zuordnungen sind lineare Funktionen? Gib die Funktionsgleichungen der linearen Funktionen an.

a) Conny kauft ein Brot (2,50 €) und x Schrippen zu je 15 Cent. (Schrippen → Preis)
b) Herr Briese fährt Taxi. Er zahlt einen Grundbetrag von 1,50 € und für jeden gefahrenen Kilometer 0,60 €. (Kilometer → Preis)
c) Um 6 Uhr beträgt die Temperatur 8 °C. Sie steigt von 6 bis 14 Uhr in jeder Stunde um jeweils ein Grad. Anschließend sinkt sie bis Mitternacht je Stunde um ein halbes Grad. (Zeit → Temperatur)
d) Frau Haseloff zahlt auf ihr Konto 1000 € ein. Jedes Jahr erhält sie 4 Prozent Zinsen, die sie auf dem Konto belässt. (Jahre → Guthaben)

Eigenschaften linearer Funktionen

Gleichungen und Graphen linearer Funktionen

1

Lineare Funktionen haben Gleichungen der Form $y = m \cdot x + n$.
Bringe die folgenden Funktionsgleichungen in diese Form, falls das möglich ist.
Welche Gleichungen gehören nicht zu einer linearen Funktion?

a) $y = \frac{1}{2} + 4x$ **b)** $2y = 4x - 5$ **c)** $\frac{1}{2} = y - 2x$
d) $x^2 = y + 5$ **e)** $y = \frac{1}{x} - 4$ **f)** $y = 2{,}5 + |3x|$
g) $4y + \frac{2}{3} = 36x - 18$ **h)** $\frac{3x}{6} = \frac{2x+2}{y}$ **i)** $13x + 5 - 3x = 20y$

INFORMATION
Wenn nichts anderes vereinbart wird, so soll der Definitionsbereich stets die gesamte Menge der rationalen Zahlen sein.

2

Stelle die linearen Funktionen aus Aufgabe 1 grafisch dar. Lies die Schnittpunkte des Funktionsgraphen mit den Achsen des Koordinatensystems ab.

3

Zeichne jeweils den Graphen einer linearen Funktion mit folgender Eigenschaft:
a) Der Graph der Funktion geht durch $P(2|3)$ und schneidet die y-Achse bei -2.
b) Die x- und y-Achse werden bei $(3|0)$ bzw. $(0|3)$ geschnitten.
c) Der Koordinatenursprung und der Punkt $Q(-2|1)$ gehören zur Funktion.
d) Argumente (x-Werte) und Funktionswerte (y-Werte) stimmen immer überein.
e) Die Gerade ist parallel zu der aus d), aber um 2 Einheiten nach unten verschoben.
f) Die Gerade geht durch die Punkte $R(-4|-2)$ und $S(1|4)$.
g) Der Graph der Funktion soll senkrecht zu der in der Randspalte gezeichneten Geraden verlaufen und durch den Punkt $T(-3|-3)$ gehen.

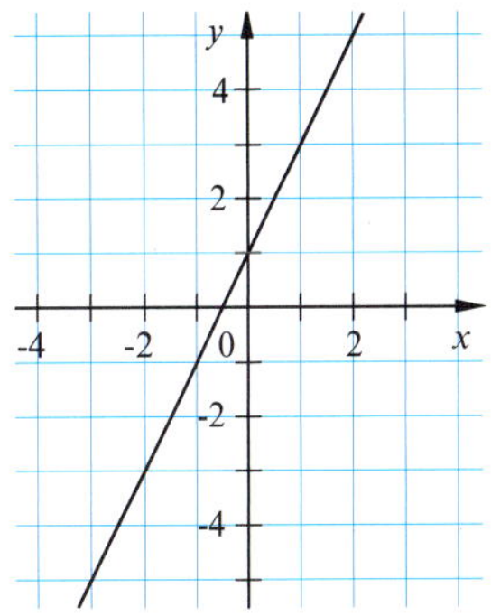

4

Zeichne die Graphen der folgenden Funktionen. Beachte dabei stets den Definitionsbereich. Gib zu jeder Funktion den Wertebereich an.

a) $y = x - 1$ $D = \{-1; 0; 1; 2; 3\}$ **b)** $y = \frac{1}{2}x + 2$ $D = \{x \mid x > -2\}$
c) $y = -2x - 3$ $D = \{x \mid -1 \le x \le 3\}$ **d)** $y = -2x - 3$ $D = \{x \mid 3 \le x \le 8\}$

5

Zeichne jeweils die Graphen der beiden Funktionen für $D = \{x \mid -4 \le x \le 4\}$ in ein Koordinatensystem. Gib jeweils die Wertebereiche an. Gibt es Gemeinsamkeiten?

a) $y = 2x$ und $y = -2x$ **b)** $y = 0{,}5x$ und $y = -0{,}5x$ **c)** $y = x$ und $y = -x$

WISSEN

Ist der Definitionsbereich einer linearen Funktion nach einer Seite beschränkt (gibt es also ein festes p, sodass für alle x gilt: $x \ge p$ bzw. $x \le p$), so liegen alle Punkte des Graphen auf einem Strahl.
Ist der Definitionsbereich einer linearen Funktion nach beiden Seiten beschränkt (gibt es also Zahlen p und q, sodass für alle x gilt: $p \le x \le q$), so liegen alle Punkte des Graphen auf einer Strecke.

6

Dies sind Graphen von linearen Funktionen. Gib jeweils ihren Definitions- und ihren Wertebereich an.

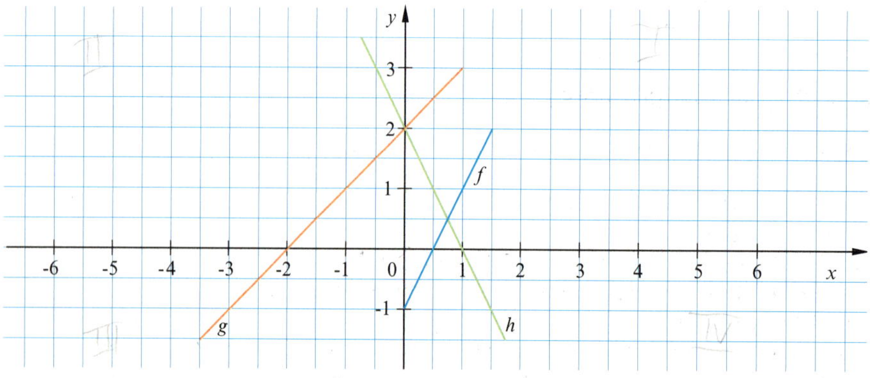

7

Zeichne den Graphen der linearen Funktion $y = x + 2$ im Intervall $-2 \leq x \leq 0$ in ein Koordinatensystem. Gib den zugehörigen Wertebereich an.
Spiegele nun die Strecke an beiden Achsen so oft, bis ein Viereck entstanden ist. Was für ein Viereck ist entstanden? Berechne seinen Flächeninhalt.

HINWEIS
Das Wort *Parameter* stammt aus der griechischen Sprache (pará: neben). Damit bezeichnet man Größen, die für den Verlauf von Funktionsgraphen mitverantwortlich sind.
Vergleiche auch mit Seite 54.

8

Zeichne mit einem geeigneten Computerprogramm die Graphen verschiedener linearer Funktionen. Notiere deine Beobachtungen.

a) Wähle in der Funktionsgleichung $f(x) = mx + 1$ verschiedene Werte für den **Parameter** m und zeichne die Graphen.

b) Setze in $f(x) = mx + n$ jetzt für m einen festen Wert ein $\left(\text{z. B. } m = \frac{3}{4}\right)$ und zeichne die Graphen für verschiedene Werte des **Parameters** n.

c) Formuliere deine Beobachtungen als Satz.

WISSEN

Die Richtung einer Geraden, die als Graph zu einer linearen Funktion $f: x \rightarrow f(x) = mx + n$ gehört, wird allein durch den Parameter m bestimmt. Die Zahl m heißt **Steigung** des Graphen von f.
Der Graph von f verläuft durch den Punkt $(0 \mid n)$ der y-Achse. Die Zahl n heißt der **y-Achsenabschnitt** des Graphen von f.

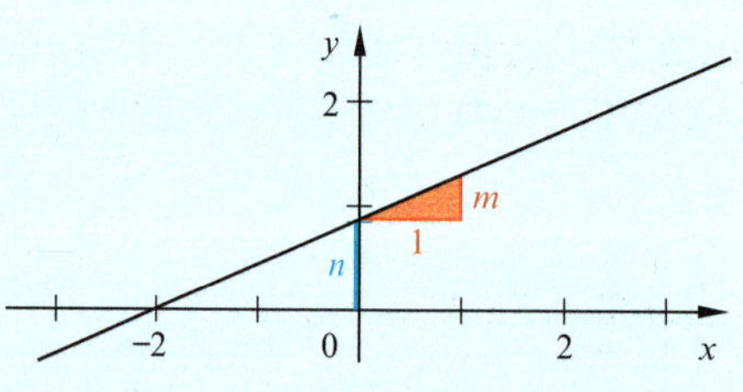

Stimmen die Gleichungen der Form $y = mx + n$ zweier linearer Funktionen im Parameter m, also in ihrer Steigung, überein, so sind die Graphen dieser Funktionen parallele Geraden.

Stimmen die Gleichungen der Form $y = mx + n$ zweier linearer Funktionen im Parameter n überein, so schneiden die Graphen dieser Funktionen die y-Achse im selben Punkt.

MERKE
Ob eine lineare Funktion wächst oder fällt, hängt nur von m ab.
Bei positiver Steigung $m > 0$ **wächst** (oder **steigt**) die Funktion (von links nach rechts), bei negativer Steigung $m < 0$ **fällt** sie.
Für den Fall $m = 0$ erhält man $f: x \rightarrow f(x) = 0x + n = n$.
Diese Funktion nennt man **konstante Funktion**.

9

Zeichne die Graphen der Funktionen in ein gemeinsames Koordinatensystem. Erläutere, wie du vorgehst.

$f_1(x) = \frac{1}{2}x$ $f_2(x) = \frac{1}{2}x + 1$ $f_3(x) = \frac{1}{2}x - 1{,}5$ $f_4(x) = \frac{1}{2}x + 3{,}5$

WISSEN

Schrittfolge zum Zeichnen des Graphen einer linearen Funktion

(Man braucht nur zwei Punkte zu kennen, um eine Gerade genau zeichnen zu können.)

1. In der Gleichung $y = mx + n$ bezeichnet n den Schnittpunkt mit der y-Achse. Ein Punkt der Geraden ist also $P(0\,|\,n)$.
2. Von P aus geht man eine Einheit nach rechts und dann m Einheiten nach oben (falls m positiv ist) bzw. $|m|$ Einheiten nach unten (falls m negativ ist). Dort liegt der zweite Punkt $Q(1\,|\,n + m)$.
   Hinweis: Ist m sehr klein, kann man auch z. B. 10 Einheiten in x-Richtung gehen und dann entsprechend 10-mal m Einheiten in y-Richtung, um einen zweiten Punkt der Geraden zu finden.
3. Die beiden Punkte P und Q werden durch eine Gerade verbunden.

BEISPIEL

$y = 4x - 2$

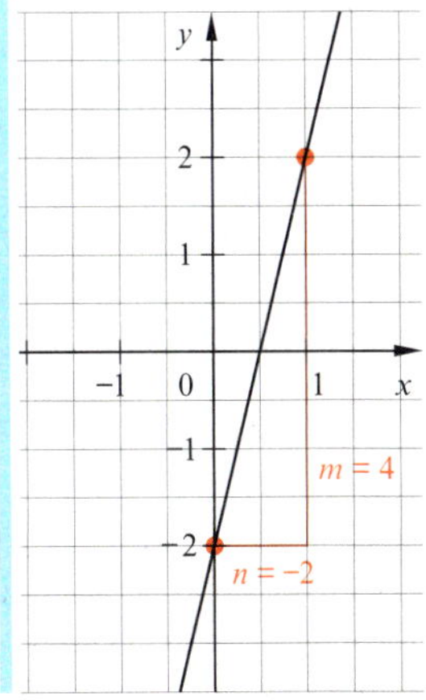

10

a) Zeichne mithilfe der oben angegebenen Schrittfolge den Graphen der Funktion $y = 2x - 3$.

b) Rechne zur Kontrolle den Funktionswert zu $x = -1$ aus und überprüfe, ob der zugehörige Punkt auf der gezeichneten Geraden liegt.

11

Der Graph einer linearen Funktion verläuft durch die angegebenen Punkte. Ermittle eine Funktionsgleichung.

a) $(0\,|\,4)$, $(1\,|\,7)$ **b)** $(0\,|\,6{,}2)$, $(1\,|\,8{,}3)$ **c)** $(0\,|\,3{,}5)$, $(1\,|\,2{,}6)$

d) $(0\,|\,-5)$, $(1\,|\,3)$ **e)** $(0\,|\,-1{,}4)$, $(1\,|\,2{,}9)$ **f)** $(0\,|\,-0{,}7)$, $(1\,|\,-4{,}8)$

12

Zeichne den Graphen der linearen Funktion.

a) $f(x) = 2x - 5$ **b)** $f(x) = -2x + 1$ **c)** $f(x) = \frac{1}{3}x + 2{,}5$

13

Ermittle Funktionsgleichungen der linearen Funktionen.

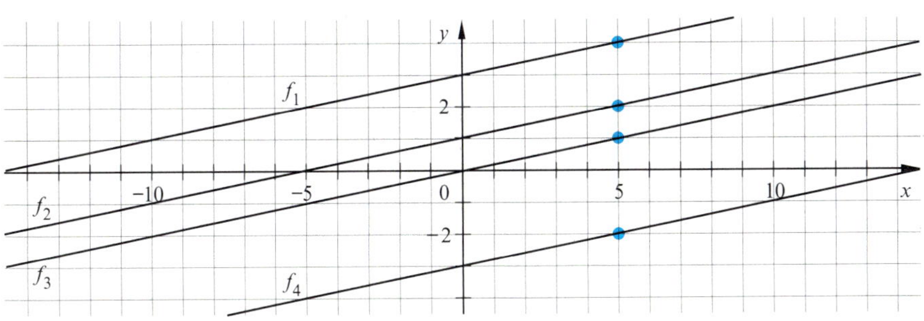

14

Die folgende Abbildung zeigt den Graphen einer linearen Funktion mit mehreren **Steigungsdreiecken**.

a) Erkläre anhand dieser Abbildung den Begriff Steigungsdreieck.
b) Welcher Zusammenhang besteht zwischen dem Steigungsdreieck und der Steigung m der Geraden?
c) Welche Gleichung gehört zu der gezeichneten Geraden?

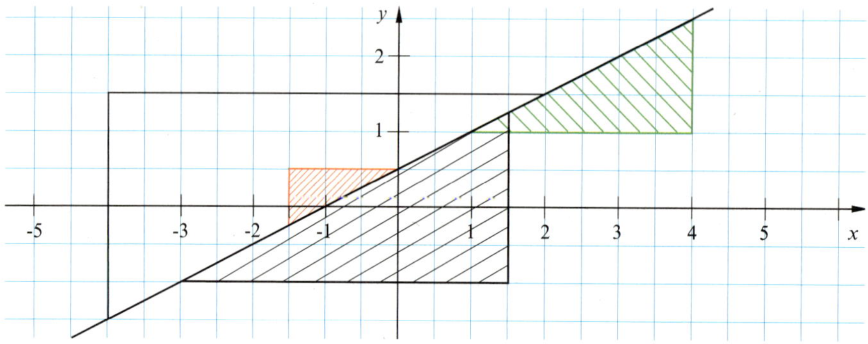

15

Zeichne jeweils den Graphen der Funktion mithilfe eines Steigungsdreiecks. Wähle stets **eine** Einheit in x-Richtung.

a) $f(x) = 2x + 3$ **b)** $f(x) = -3x + 4$ **c)** $f(x) = 4x$
d) $f(x) = 0{,}5x + 1{,}5$ **e)** $f(x) = -2x - 1$ **f)** $f(x) = -3x$

AUFGABE
Zwei der Geraden in Aufgabe 15 verlaufen parallel zueinander. Welche sind es? Welche Übereinstimmung erkennst du bei den zugehörigen Funktionsgleichungen?

16

Zeichne die Funktionsgraphen mithilfe eines Steigungsdreiecks. Verwende die in Klammern angegebene Zahl als Schrittweite (Einheiten in x-Richtung).
Kennzeichne die Steigungsdreiecke farbig.

a) $f(x) = y = \frac{2}{3}x + 1$ (3) **b)** $f(x) = y = 1{,}2x - 4$ (5)
c) $f(x) = y = -x + 1{,}5$ (−2) **d)** $f(x) = y = -3x + 5$ (1)

17

Um Graphen linearer Funktionen schnell darzustellen, kannst du dir ein einfaches Hilfsmittel basteln. Schneide aus fester Pappe einen Kreis ($d \approx 20$ cm). Beklebe diesen Kreis mit einem Stück Millimeterpapier, das mit einem Koordinatensystem versehen wird. Ein Gummi passender Länge lässt sich nun wie eine Gerade über die Scheibe spannen. Wenn du ihn auf der Rückseite mit einem Klebestreifen befestigst, geht er nicht mehr verloren.
Stelle die folgenden Funktionen mit dem „Gummimodell“ dar.

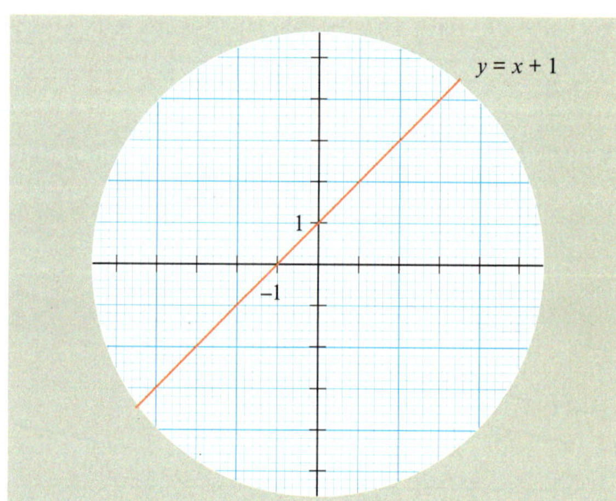

a) $y = -6x + 5$ **b)** $y = -\frac{1}{3}x - 2$
c) $y = \frac{4}{5}x + 1$ **d)** $y = -0{,}4x$
e) $y = 2x + 1{,}5$ **f)** $y = 1{,}5x - 3$

Ermitteln einer Funktionsgleichung aus der Steigung *m* und einem Punkt *P*

BEISPIEL

Der Graph einer linearen Funktion f besitzt die Steigung $m = 2$ und verläuft durch den Punkt $P(5|7)$. Um den Funktionsterm angeben zu können, muss der y-Achsenabschnitt n ermittelt werden.

Grafischer Weg:
Von $x = 0$ bis $x = 5$ können fünf Steigungsdreiecke mit der Seitenlänge 1 in x-Richtung eingezeichnet werden; in y-Richtung ergibt sich fünfmal die Steigung 2. Also liegt der Punkt $Q(0|y)$ mit $y = 7 - 5 \cdot 2 = -3$ auf dem Graphen, und es ist $f(x) = 2x - 3$.

Rechnerische Lösung:
Die Funktionsgleichung lautet $f(x) = 2x + n$. Der Punkt $P(5|7)$ liegt auf dem Graphen von f, deshalb ist $f(5) = 7$. Also ist $2 \cdot 5 + n = 7$ oder $n = 7 - 5 \cdot 2 = -3$. Die Funktionsgleichung lautet also $f(x) = 2x - 3$.

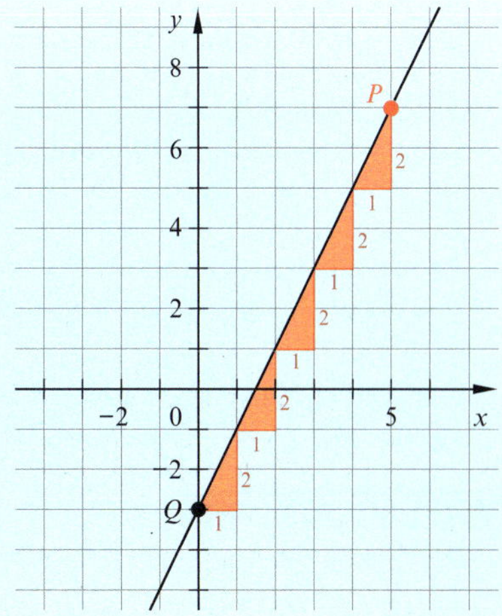

18

Gegeben ist die Steigung m einer linearen Funktion und ein Punkt P des Graphen der Funktion. Ermittle eine Gleichung der linearen Funktion.

a) $m = 4$ $P(3|15)$ **b)** $m = \frac{2}{3}$ $P(6|1)$ **c)** $m = 0{,}3$ $P(-2|5)$
d) $m = -2$ $P(4|3)$ **e)** $m = -3$ $P(5|-2)$ **f)** $m = -1{,}4$ $P(-3|-1)$

19

Eine Gerade verläuft mit der Steigung m durch den Punkt P. Ermittle eine zugehörige Funktionsgleichung und prüfe, ob auch der Punkt Q auf der Geraden liegt.

a) $m = 2$ $P(5|3)$ $Q(1|-1)$ **b)** $m = -1$ $P(-3|5)$ $Q(3|1)$
c) $m = 0{,}4$ $P(4{,}1|-1{,}3)$ $Q(10{,}6|1{,}3)$ **d)** $m = -0{,}3$ $P(-5|-2{,}5)$ $Q(3|-5)$

ERINNERE DICH
Ein Punkt liegt auf dem Graphen einer Funktion, wenn seine Koordinaten die Funktionsgleichung erfüllen.

20

Ermittle jeweils eine Funktionsgleichung. Berechne dann Punkte $P(-5|y)$, sodass P auf der jeweiligen Geraden liegt.

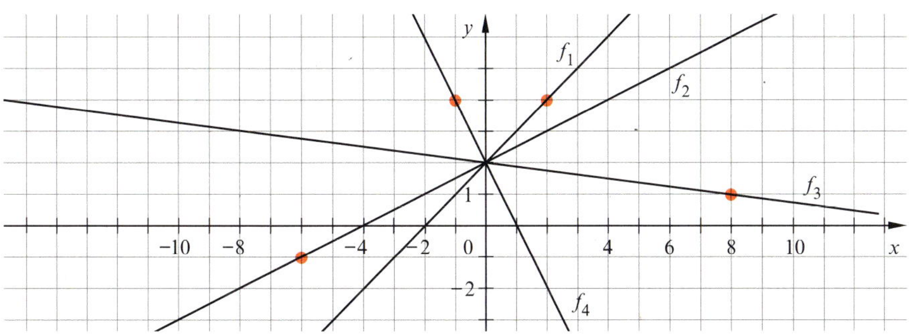

21

Eine Gerade verläuft durch die Punkte $A(2|3)$ und $B(6|5)$. Zeichne die Gerade im Koordinatensystem und ermittle eine zugehörige Funktionsgleichung.

Ermitteln einer Funktionsgleichung aus zwei Punkten des Graphen

WISSEN

Der Graph einer linearen Funktion ist durch zwei Punkte $P_1(x_1 | y_1)$, $P_2(x_2 | y_2)$ eindeutig festgelegt.

Die Steigung m des Graphen lässt sich mithilfe eines Steigungsdreiecks als **Differenzenquotient** ermitteln:

$m = \frac{y_2 - y_1}{x_2 - x_1}$

Den y-Achsenabschnitt n erhält man durch Einsetzen der Koordinaten eines der beiden Punkte in die Funktionsgleichung $y = mx + n$; z. B.:

$y_1 = mx_1 + n \Leftrightarrow n = y_1 - mx_1$

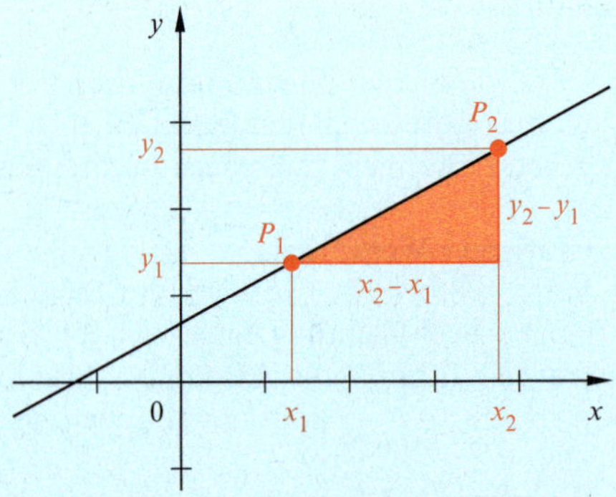

BEISPIEL

Der Graph der Funktion $f: x \to f(x) = mx + n$ verläuft durch die Punkte $A(4 | 9)$ und $B(6 | 3)$.
Die Steigung beträgt dann $m = \frac{3-9}{6-4} = -3$.

Durch Einsetzen der Koordinaten von A in die Funktionsgleichung $f(x) = -3x + n$ ergibt sich der y-Achsenabschnitt n:
$9 = -3 \cdot 4 + n$, also $n = 9 + 12 = 21$.
Eine Gleichung für die Funktion f lautet $f(x) = -3x + 21$.

MERKE

Im Term zur Berechnung der Steigung stehen die Koordinaten desselben Punktes übereinander.

$m = \frac{y_2 - y_1}{x_2 - x_1}$

22

Der Graph der linearen Funktion f verläuft durch die angegebenen Punkte. Berechne eine zugehörige Funktionsgleichung.

a) $A(1 | 4)$, $B(3 | 14)$ **b)** $A(2 | 7)$, $B(4 | 3)$ **c)** $A(3 | -2)$, $B(6 | 7)$
d) $A(-1 | 2)$, $B(3 | 8)$ **e)** $A(-3 | 6)$, $B(2 | -8)$ **f)** $A(-2{,}8 | -1{,}1)$, $B(1{,}2 | -0{,}4)$

AUFGABE

Begründe:
Bei der Berechnung des Anstiegs m ist es gleichgültig, welchen der Punkte A, B man in der Formel für P_1 bzw. P_2 verwendet.

23

Übertrage die Tabelle ins Heft und vervollständige sie.

$P_1(x_1 \| y_1)$	$P_2(x_2 \| y_2)$	$x_2 - x_1$	$y_2 - y_1$	m	n	$f(x)$
$P_1(4 \| 1)$	$P_2(9 \| 3)$	5	2	$\frac{2}{5}$	$-\frac{3}{5}$	$f(x) = \frac{2}{5}x - \frac{3}{5}$
$P_1(5 \| 2)$		4		3		
$P_1(-3 \| 6)$	$P_2(2 \| 1)$					
$P_1(1 \| -4)$	$P_2(6 \| -1)$					
			3	$\frac{1}{2}$	4	
$P_1(-5 \| -3)$					4,5	
$P_1(3{,}5 \| 0)$	$P_2(6{,}2 \| 6{,}75)$					
$P_1(3 \| 2)$	$P_2(-2 \| 11{,}4)$					

INFORMATION

Für die Differenzen der x- bzw. y-Werte schreibt man abkürzend auch:
$\Delta x = x_2 - x_1$
$\Delta y = y_2 - y_1$
Δ (Delta) steht dabei für „Differenz“.

24

Ermittle zugehörige Funktionsgleichungen.

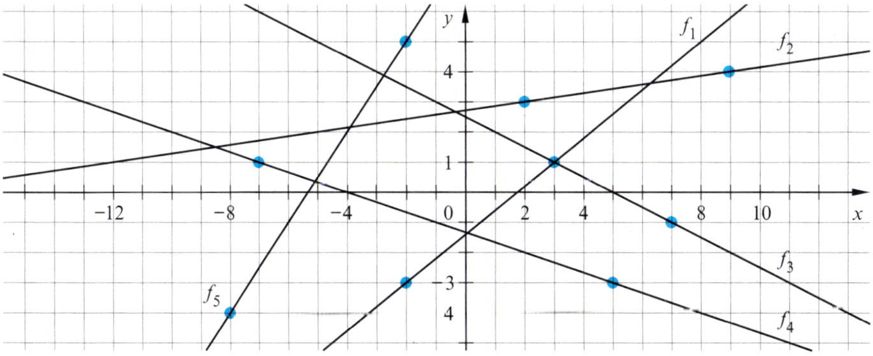

25

Zeichne die Gerade durch die Punkte (3 | 2) und (3 | 6,5).
Versuche eine Funktionsgleichung einer linearen Funktion anzugeben, deren Graph diese Gerade ist.
Warum gelingt das nicht? Formuliere den Sachverhalt allgemein in einem Satz.

26

Prüfe, ob die Punkte auf einer Geraden liegen.

a) $A(2|-5)$, $B(6|1)$, $C(13|12)$
b) $A(-3|4)$, $B(0|3)$, $C(6|1)$
c) $A(0{,}2|6{,}4)$, $B(2{,}3|7{,}8)$, $C(6{,}2|10{,}4)$
d) $A(6|3{,}4)$, $B(11|0{,}4)$, $C(35|-14)$
e) $A(-3{,}5|-2)$, $B(1{,}5|0{,}5)$, $C(13{,}5|7)$, $D(18{,}5|9{,}5)$

27

Das Experiment zur Dehnung einer Schraubenfeder (Seite 108, Aufgabe 1) ergab bei einer Schülergruppe das nebenstehende Diagramm.

a) Lies aus dem Diagramm fünf Wertepaare ab.
b) Ermittle aus zwei Wertepaaren die Steigung der Geraden. Welche physikalische Einheit hat die Steigung? Erkläre ihre Bedeutung.
c) Welche Ausgangslänge hatte die Feder dieser Schülergruppe? Lies den Wert im Diagramm ab.
d) Formuliere die Funktionsgleichung der Geraden in der Form $l = k \cdot G + l_0$.

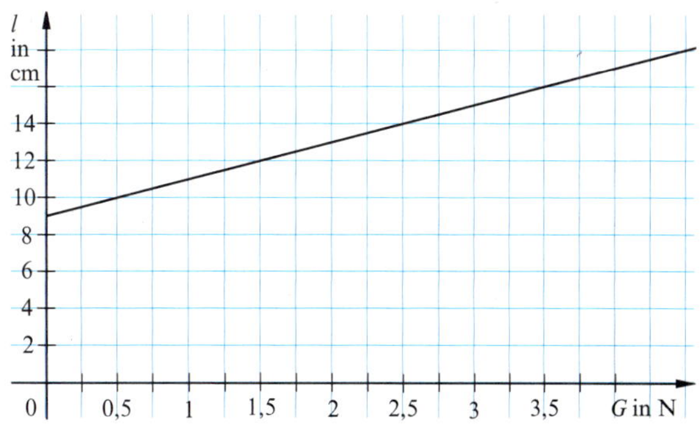

28

Ordne die Funktionsgleichungen den Graphen zu. Begründe deine Entscheidung.

a) $f_1(x) = \frac{2}{3}x + \frac{3}{2}$
b) $f_2(x) = -1{,}5\,x + 2$
c) $f_3(x) = -\frac{1}{4}x - 1$
d) $f_4(x) = x - 1\frac{1}{2}$

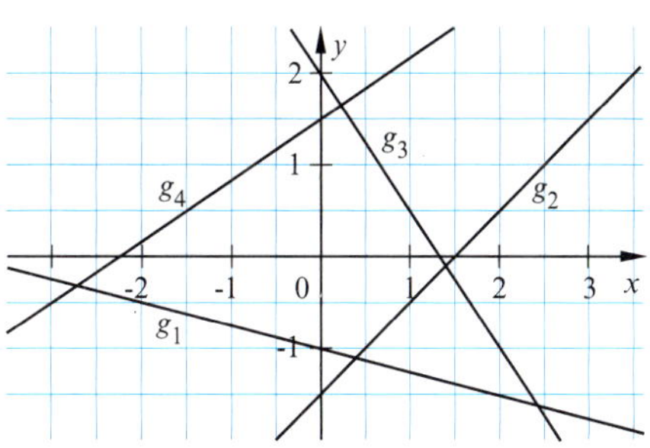

Weitere Beobachtungen

29

a) Zeichne den Graphen der Funktion $f(x) = -\frac{2}{3}x + 2$ sowie dazu parallele Geraden, die durch den Punkt $A(0|-2)$, $B(2|0)$ bzw. $C(-4|-1)$ verlaufen.
b) Welche lineare Funktion gehört jeweils zu der Geraden?
c) Welche Gemeinsamkeit in den Gleichungen fällt dir auf?

30

Im Diagramm sind die Graphen der Funktionen f und g dargestellt. Die beiden Geraden sind zueinander **orthogonal**, d.h. sie bilden miteinander rechte Winkel.
a) Bestimme die Funktionsgleichungen mithilfe von Steigungsdreiecken.
b) Formuliere eine Vermutung über den Zusammenhang der Steigungen von zueinander senkrechten Geraden.
c) Überprüfe an anderen, selbstgewählten Beispielen die Richtigkeit deiner Vermutung.
d) Gib die Gleichung einer Funktion g an, deren Graph senkrecht zum Graphen der Funktion $f(x) = -\frac{1}{3}x + 2$ verläuft.
Zeichne beide Geraden und überprüfe den rechten Winkel.

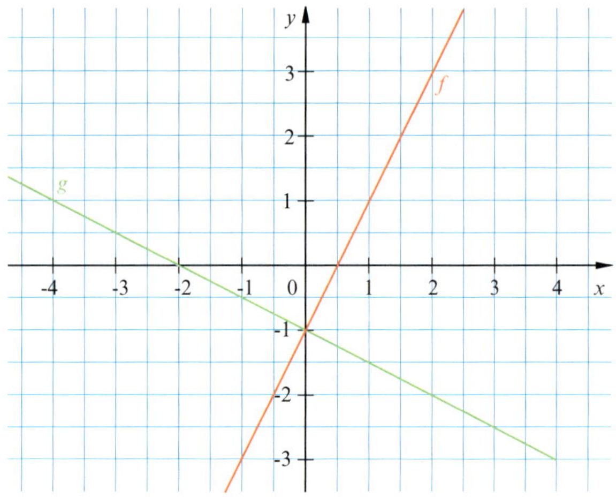

WISSEN

Die Graphen linearer Funktionen verlaufen genau dann parallel zueinander, wenn sie dieselbe Steigung haben.
Die Graphen der Funktionen $f(x) = m_1 x + n_1$ und $g(x) = m_2 x + n_2$ sind genau dann zueinander orthogonale Geraden, wenn $m_1 = -\frac{1}{m_2}$ gilt.

31

a) Zeichne mithilfe eines Steigungsdreiecks den Graphen der Funktion $f(x) = 2x + 3$.
b) Spiegle die Gerade an der x- Achse. Spiegle nun beide Geraden an der y-Achse.
c) Gib zu allen erhaltenen Geraden die zugehörige Funktionsgleichung an.
d) Was für eine Art Viereck ist entstanden? Berechne seinen Flächeninhalt.
e) Welche Funktion $f^*(x)$ hätte man wählen müssen, um bei denselben Arbeitsschritten ein Quadrat mit dem Flächeninhalt $A = 18\,\text{cm}^2$ zu erhalten?

32

Eine lineare Funktion heißt **monoton steigend**, wenn die Steigung $m > 0$ ist. Die Funktion heißt **monoton fallend**, wenn $m < 0$ ist.
a) Suche aus den Aufgaben 15, 16, 17 und 28 die monoton fallenden bzw. die monoton steigenden Funktionen heraus.
b) Berechne zu jeder Funktion die Funktionswerte $f(2)$ und $f(4)$. Vergleiche diese Werte.
c) Übertrage den folgenden Text ins Heft und ergänze ihn sinnvoll.
Wenn $f(x_1) < f(x_2)$ für $x_1 < x_2$ gilt, so ist die Funktion monoton …
Gilt $f(x_1) > f(x_2)$ für $x_1 < x_2$, so …

Stückweise definierte lineare Funktionen

33

Beschreibe die zu den folgenden Graphen gehörigen Funktionen mithilfe von Funktionsgleichungen in Verbindung mit der Angabe geeigneter Definitionsbereiche.

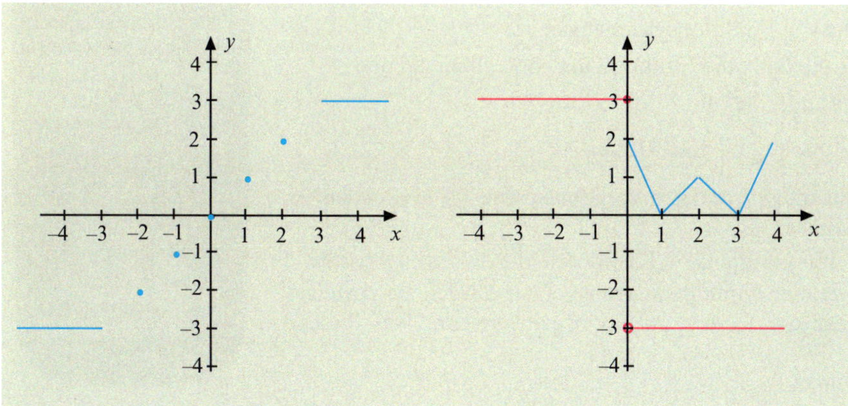

34

Zeichne die Graphen der beiden folgenden Funktionen in *ein* Koordinatensystem.

$$f(x) = \begin{cases} \frac{5}{3}x + \frac{5}{2} & \text{für } -\frac{3}{2} \leq x < -\frac{3}{4} \\ 1{,}25 & \text{für } -\frac{3}{4} \leq x < \frac{3}{4} \\ -\frac{5}{3}x + \frac{5}{2} & \text{für } \frac{3}{4} \leq x \leq \frac{3}{2} \end{cases} \qquad g(x) = -f(x)$$

Beschreibe die geometrische Figur, die beide Graphen zusammen ergeben.

35

Überlege dir geeignete mathematische Modelle für die folgenden Buchstaben (wie ist es z. B. mit den Strichstärken?) und beschreibe diese mithilfe von Zuordnungsvorschriften in Form von Gleichungen. (*Hinweis:* Um das mit möglichst geringem Aufwand tun zu können, ist eine zweckmäßige Positionierung der Buchstaben im Koordinatensystem empfehlenswert.)

i M V A T

Welche der Buchstaben lassen sich als Graph einer stückweise linearen Funktion auffassen?

36

Ulrich macht eine Radtour im Gebirge. Er radelt erst einmal 12 Minuten im Tal bevor der Weg ansteigt. Nachdem er die Steigung überwunden hat, geht es auf einer ausgedehnten Hochebene weiter. Dort verliert sich seine Spur.
Im Tal und auf der Hochebene fährt Ulrich mit einer Geschwindigkeit von 35 km/h. Auf der 6 Kilometer langen Steigungsstrecke dazwischen schafft er nur 10 km/h.
Zeichne ein Weg-Zeit-Diagramm für Ulrichs Tour.

Aufgaben für einen grafikfähigen Taschenrechner

Zu Beginn sollte der Rechner stets auf die Standardeinstellung im Zoom-Menü gebracht werden. Beachte auch, dass die Befehle deines Rechners geringfügig von den hier verwendeten abweichen können.

Taschenrechner mit Grafikdisplay

37

Übe zuerst die richtige Eingabe von Funktionsgleichungen.

Betätige zuerst die Taste [y=], gib dann die Funktion in den Rechner ein und schließe die Eingabe mit [ENTER] oder [▼] ab.

$f_1(x) = \frac{2}{3}x + 5$ $\quad f_2(x) = -0{,}75\,x - \frac{1}{2}$ $\quad f_3(x) = -\frac{5}{7}x + 2$ $\quad f_4(x) = \frac{4x}{5} - 1$

a) In welchen Funktionstermen musste man die Vorzeichentaste [(–)] verwenden, in welchen die Rechenzeichentaste [–]?

b) Notiere die Funktionsgleichungen mit allen Klammern, die du setzen musstest.

c) Bringe alle vier Funktionsgeraden durch Betätigen der Taste [GRAPH] zur Anzeige.

d) Die vier Geraden begrenzen ein Viereck im Koordinatensystem. Was für ein Viereck ist es?
Begründe deine Entscheidung.

38

Ermittle für den Graphen der Funktion $y = 2{,}75\,x - 1{,}23$ die Koordinaten der Schnittpunkte mit den Achsen mit einer Genauigkeit von drei Stellen nach dem Komma. Nutze dazu einen grafikfähigen Taschenrechner.
Gehe dabei in folgenden Schritten vor:

a) Gib die Funktionsgleichung ein und wähle die Standardeinstellung für die Darstellung des Graphen auf dem Display.

b) Lies die gesuchten Werte an den Achsen ab. Welche Genauigkeit erwartest du?

c) Drückst du die [TRACE]-Taste, erscheint ein blinkender Cursor und am Rande des Displays werden Zahlen angezeigt.
Welche Bedeutung haben sie?

d) Bewege den Cursor mithilfe der Pfeiltasten. Ermittle einen möglichst kleinen Bereich für die x- und y-Werte, sodass noch beide Achsenschnittpunkte abgebildet werden. Gib diesen Bereich im [RANGE]-Menü des Rechners ein. Mit der [GRAPH]-Taste kannst du den Ausschnitt des Graphen darstellen.

e) Entscheide, wie genau du die geforderten Werte nun schon ablesen kannst.

f) Benutze nun das [ZOOM]-Menü, um die Schnittpunkte mit den Koordinatenachsen noch genauer abzulesen. Das Ziel ist erreicht, wenn die ersten drei Stellen nach dem Komma sich zwischen zwei Cursorpositionen (jeweils auf verschiedenen Seiten der Achsen) nicht mehr verändern.

g) Beschreibe, welche verschiedenen Möglichkeiten das [ZOOM]-Menü bietet. Welche Eingaben sind jeweils erforderlich? Wie kommt man am bequemsten zum Ziel?

39

a) Ermittle mithilfe des Grafikrechners die Nullstellen der Funktionen
$y_1(x) = -12{,}5\,x + 23{,}4$ und $y_2(x) = 0{,}025\,x - 54{,}7$
mit einer Genauigkeit von zwei Nachkommastellen.

b) Löse dieselbe Aufgabe rechnerisch und vergleiche beide Ergebnisse.
Welcher Lösungsweg erscheint dir effektiver?

Die Betragsfunktion

1

$P(x; 0)$ sei ein Punkt auf der x-Achse.

a) Wie groß ist der Abstand d des Punktes P vom Punkt $Q(0; 0)$ für $x = -2$; $x = -0{,}5$, $x = 0$, $x = 0{,}5$, $x = 1$, $x = 4$ bzw. $x = 7$?
b) Ist die Zuordnung $x \to d$ eine Funktion? Begründe.
c) Gib eine Gleichung für die Zuordnung an und stelle sie grafisch dar.
d) Handelt es sich um eine lineare Funktion?

BEACHTE
Der Abstand zweier Punkte ist nie negativ.

2

a) Zeichne die linearen Funktionen $y = x$ und $y = -x$.
b) Stelle eine Wertetabelle für die Funktion $y = |x|$ auf und zeichne den Graphen dieser Funktion farbig in dasselbe Koordinatensystem wie bei a). Vergleiche.
c) Was wird in der Schreibweise $y = |x| = \begin{cases} -x \text{ für } x < 0 \\ x \text{ für } x \geq 0 \end{cases}$ deutlich?

BEACHTE
Es gibt
( ) *runde* Klammern
[ ] *eckige* Klammern
{ } *geschweifte* Klammern.

In der Darstellung
$y = |x| = \begin{cases} -x \text{ für } x < 0 \\ x \text{ für } x \geq 0 \end{cases}$
wird nur *eine* geschweifte Klammer verwendet.

WISSEN

Die Funktion mit der Gleichung $y = |x| = \begin{cases} -x \text{ für } x < 0 \\ x \text{ für } x \geq 0 \end{cases}$

heißt **Betragsfunktion**. Sie ist keine lineare Funktion.

3

Die folgenden drei Abbildungen stellen Funktionen dar, deren Gleichungen ebenfalls eine Betragsbildung enthalten. Gib jeweils eine Funktionsgleichung mit Betragsstrichen und in der Schreibweise mit einer geschweiften Klammer an.

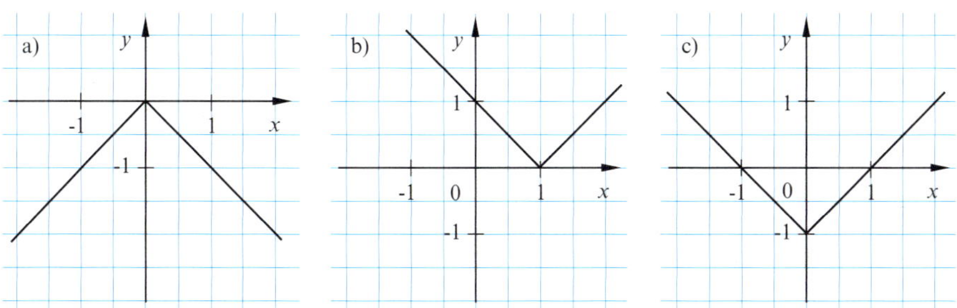

4

Stelle jeweils eine Wertetabelle auf, zeichne die Graphen der Funktionen und gib Funktionsgleichungen unter Verwendung von Betragsstrichen an.

a) $y = \begin{cases} x \text{ für } x < 0 \\ -x \text{ für } x \geq 0 \end{cases}$ **b)** $y = \begin{cases} -x + 1 \text{ für } x < 0 \\ x + 1 \text{ für } x \geq 0 \end{cases}$ **c)** $y = \begin{cases} -(x + 1) \text{ für } x < -1 \\ x + 1 \text{ für } x \geq -1 \end{cases}$

5

Untersuche jeweils mithilfe grafischer Darstellungen, ob die Graphen der beiden Funktionen Schnittpunkte besitzen. Gib gegebenenfalls die Schnittpunkte an.

a) $y = 2x - 2$ und $y = |x|$
b) $y = x + 1$ und $y = |x|$
c) $y = x - 2$ und $y = |x|$
d) $y = 0{,}5x + 1$ und $y = |x|$

Monotonie und Nullstellen

1

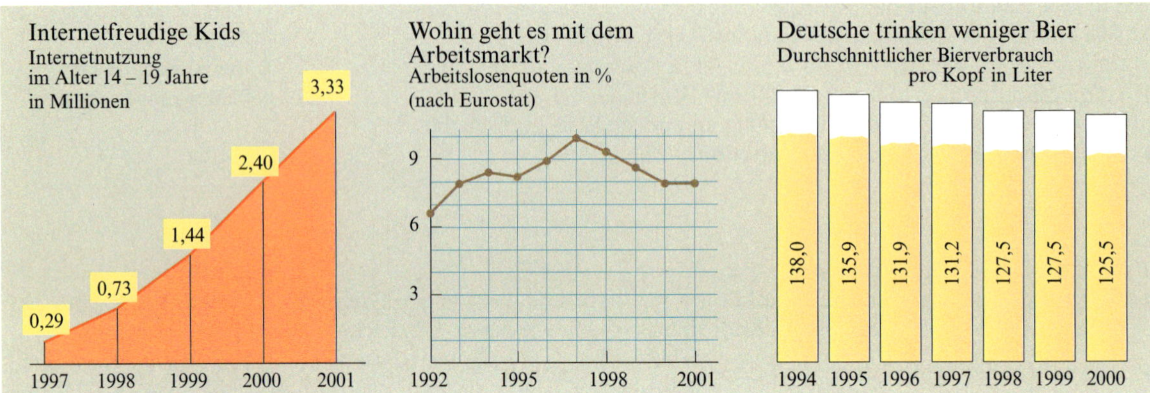

Beschreibe den Verlauf der Werte in den Grafiken. Erläutere anhand der Grafiken die Begriffe „monoton wachsend“ und „monoton fallend“.

2

a) Untersuche die folgenden Funktionen auf Monotonie. Beschreibe Unterschiede und Gemeinsamkeiten: $f(x) = 3x + 5$; $g(x) = x^3$; $h(x) = \sqrt{x}$

b) Wiederhole Teil a) für: $f(x) = -2x$; $g(x) = (-x)^5$; $h(x) = x^{-1}$ $(x \neq 0)$

c) Welches Monotonieverhalten sollte eine Funktion aufweisen, die die folgende Messreihe modelliert? Begründe anhand des Steigungsverhaltens, dass die Wertepaare nicht durch eine lineare Funktion beschrieben werden können.

x	1	2	3,2	3,8	4,5	5,1	6	6,8	7,6	9
y	12,3	9,1	7,2	6,6	5,6	5	4,5	3,9	3,4	2,8

WISSEN

Eine Funktion f heißt **streng monoton steigend (streng monoton fallend)** in einem Intervall, wenn für beliebige x_1, x_2 aus dem Intervall gilt:
Wenn $x_1 < x_2$ ist, dann ist $f(x_1) < f(x_2)$ (bzw. $f(x_1) > f(x_2)$).

Wenn eine Funktion f nur in Teilen ihrer Definitionsmenge D_f monoton steigend (monoton fallend) ist, spricht man von **Monotonieintervallen** von f.

3

a) Beschreibe das Monotonieverhalten von proportionalen Funktionen $y = mx$ und antiproportionalen Funktionen $y = \frac{a}{x}$ jeweils in Abhängigkeit von m bzw. a.

b) Beschreibe das Monotonieverhalten der rechts dargestellten Funktion.

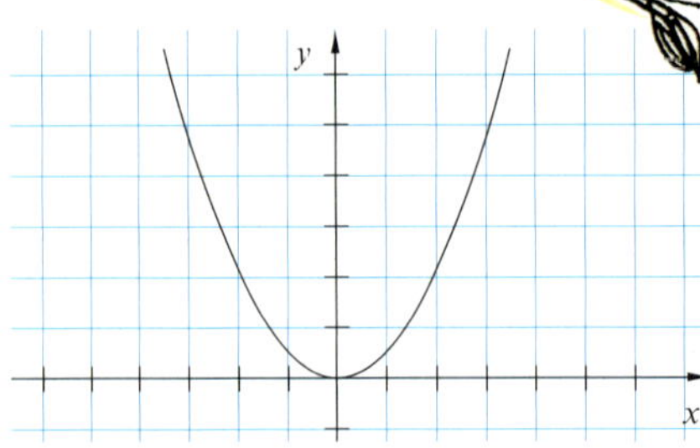

4

Welches Monotonieverhalten haben die folgenden Funktionen? Begründe. Skizziere die Funktionen, die ihr Monotonieverhalten nicht ändern und gib für die anderen Funktionen Intervalle an, in denen sie streng monoton steigend bzw. streng monoton fallend sind.

a) $y = 2x + 3$ **b)** $y = -3x + 2$ **c)** $y = 1{,}5x - 2$ **d)** $y = -2{,}5x - 1{,}8$
e) $y = |x|$ **f)** $y = |x| - 1$ **g)** $y = |x - 1|$ **h)** $y = 2|x| + 2$

NACHGEDACHT
Kann der Graph einer Funktion, die streng monoton steigend ist, achsensymmetrisch zur y-Achse sein?
Kann er punktsymmetrisch zum Koordinatenursprung sein?

5

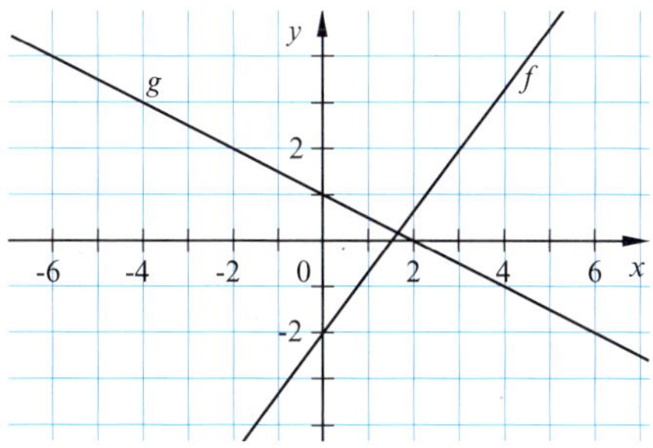

a) Gib für jede der dargestellten Funktionen eine Gleichung an.
b) Lies die Schnittpunkte der Geraden mit den Koordinatenachsen ab.
c) Wie kann man mithilfe der Funktionsgleichung die Schnittpunkte mit den Achsen bestimmen, ohne die zugehörige Gerade zu zeichnen?

WISSEN

Jede Zahl x aus dem Definitionsbereich einer Funktion f, für die $f(x) = 0$ gilt, heißt **Nullstelle** dieser Funktion.
Falls eine solche Nullstelle existiert, schneidet der Graph der Funktion die x-Achse im Punkt $P(x_0|0)$.

Nullstellen einer linearen Funktion $f(x) = mx + n$ kann man rechnerisch ermitteln, indem man die Gleichung $mx + n = 0$ löst.
Jede Gleichung dieser Form hat genau eine Lösung x_0, falls $m \neq 0$ ist.
Gehört die Zahl x_0 zum Definitionsbereich der Funktion, so ist es die einzige Nullstelle.

6^L

Ermittle (falls möglich) rechnerisch die Nullstellen der Funktionen. Beachte die unterschiedlichen Definitionsbereiche.

a) $f(x) = 4x - 1$ $D = \mathbb{Q}^+$ **b)** $f(x) = -\frac{1}{7}x + 1{,}8$ $D = \mathbb{N}$
c) $f(x) = -0{,}75x + 1{,}5$ $D = \mathbb{Z}$ **d)** $f(x) = 3{,}5x + 28$ $D = \mathbb{Q}$
e) $f(x) = 2{,}3x - \sqrt{2}$ $D = \mathbb{Q}$ **f)** $f(x) = -\frac{4}{3}x - \frac{1}{2}$ $D = \{-1 \leq x \leq 1\}$

7^L

Gib für die folgenden Funktionen alle Nullstellen an.

a) $f(x) = x + 1;\ x \in [-5;\ 25]$ **b)** $f(x) = 2x - 1;\ x \in \mathbb{Z}$ **c)** $f(x) = x^2 + 1;\ x \in \mathbb{Q}$
d) $f(x) = x^2 - 1;\ x \in [0;\ 2]$ **e)** $f(x) = 5;\ x \in \mathbb{N}$ **f)** $f(x) = 2x^2;\ x \in \mathbb{Q}$

8

Argumentieren

a) Diskutiert in der Klasse über folgende Aussage: Wenn eine Funktion mehr als eine Nullstelle besitzt, hat sie mindestens zwei Monotonieintervalle.
b) Prüfe die Richtigkeit der Aussage: Wenn eine Funktion zwei Monotonieintervalle besitzt, dann hat sie mehr als eine Nullstelle.
Diskutiert auch über diese Aussage.

Teste dich!

Grundwissen

1

Welche der folgenden Zuordnungen sind Funktionen? Begründe deine Antwort.

a) Jeder rationalen Zahl wird ihr Doppeltes zugeordnet.
b) Vieleck → Umfang des Vielecks
c) positive Zahl a → Vieleck mit dem Umfang a cm

2

Ermittle Nullstellen, Steigungen und y-Achsenabschnitte. Ist der Funktionsgraph monoton steigend oder monoton fallend? Beachte jeweils den Definitionsbereich.

a) $f(x) = 3x - 30$ **b)** $y = -1{,}5x - 2{,}5;\ x < 0$
c) $f(x) = \frac{3}{7}x;\ x \in \mathbb{Q}$ **d)** $f(x) = \frac{2}{5}x - \frac{1}{5};\ x \in \mathbb{N}$

3

Ermittle die Gleichungen der linearen Funktionen, die zu den dargestellten Funktionsgraphen gehören.

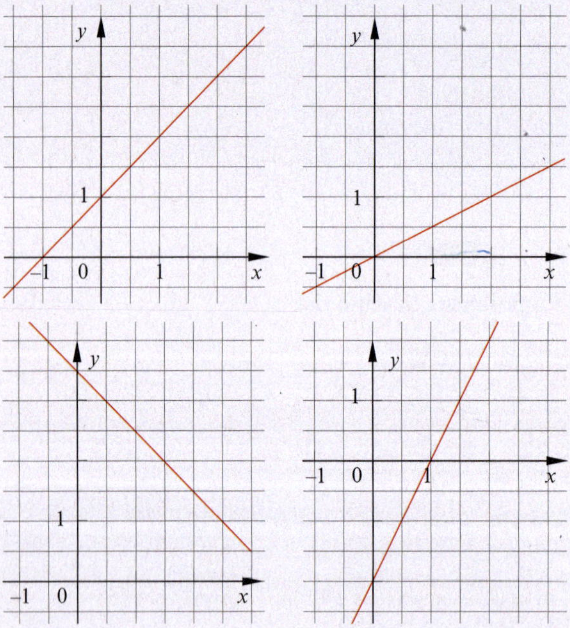

4

Zum Graphen einer linearen Funktion gehören die beiden Punkte $P_1\,(0\,|\,1)$ und $P_2\,(2\,|\,5)$. Ermittle rechnerisch eine Gleichung dieser Funktion.

5

Gib die Gleichung einer Funktion an, die für alle Zahlen definiert ist und keine Nullstelle hat.

6

Der Graph der Funktion $y = mx$ bildet mit der x-Achse den Winkel α.

a) Ermittle diesen Winkel für die in der Tabelle angegebenen Steigungen m.

m	$\frac{1}{4}$	$\frac{1}{2}$	1	$\frac{3}{2}$	2	5
α						

b) Sind m und α direkt proportional zueinander?
c) Durch die Koordinatenachsen und die beiden Geraden $y = x$ und $y = -x$ wird die Ebene in Winkelbereiche unterteilt. Zwischen welchen Werten liegt jeweils die Steigung m in den farbig gekennzeichneten Bereichen?

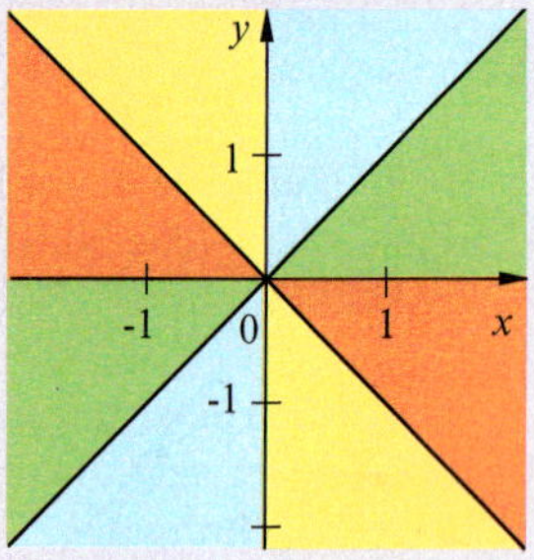

7

Gib eine stückweise definierte Funktion an, die über dem Intervall $[-3; -1]$ linear und streng monoton steigend und über den Bereichen $x \leq -3$ und $x \geq -1$ linear und streng monoton fallend ist. Die Funktion soll genau eine Nullstelle haben. Skizziere den Graphen deiner Funktion.

8

Es sei $f\colon x \to y\ (x \neq 0)$ irgendeine antiproportionale Funktion. Beschreibe das Monotonieverhalten der Funktion $g\colon x \to |f(x)|$.

Sachaufgaben und Probleme

9

Gib für die Funktionen f und g jeweils eine Gleichung an. Skizziere ihre Graphen und beschreibe die Funktionen. Gib auch jeweils ihren Definitionsbereich an.

a) Für eine Funktion $f: x \rightarrow y$ soll gelten, dass die Punkte $(x \mid xy)$ alle auf einer im Abstand a parallel zur x-Achse verlaufenden Geraden liegen.

b) Für eine Funktion $g: x \rightarrow y$ soll gelten, dass die Punkte $(x \mid xy)$ alle auf der zu der linearen Funktion mit der Gleichung $y = 2x + 1$ gehörigen Geraden liegen.

10

In einem physikalischen Experiment wurden an einem elektrischen Bauelement Spannung und Stromstärke gemessen. Die folgende Tabelle zeigt die Messwerte.

U in V	0,5	1,2	2,5	4,6	5,5	6,7	9,0
I in mA	27,5	65	138	250	302	370	495

a) Stelle die Wertepaare in einem U-I-Diagramm dar. Zeichne die Verbindungsgerade, falls dies möglich ist. Wie lassen sich kleinere Abweichungen erklären?

b) Prüfe rechnerisch, ob Proportionalität vorliegt. Bilde dazu die Quotienten $\frac{U}{I}$. Welche Bedeutung besitzt dieser Quotient?

c) Welche Stromstärke ist bei einer Spannung von 12 V zu erwarten?

d) Bei einer Stromstärke über 750 mA unterbricht eine Sicherung den Stromkreis. Welche Spannung darf man höchstens anlegen?

INFORMATION

Schaltbild für Spannungs- und Stromstärkemessung

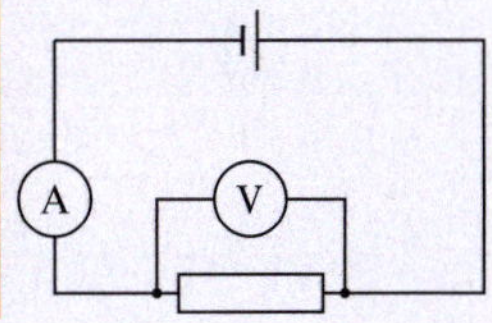

AUSWERTUNG

Funktionen – Überprüfe dein Wissen und Können!

Schätze deine Leistung zunächst selbst ein, nachdem du die Aufgaben bearbeitet hast.
Konntest du nicht alle Aufgaben lösen? Die folgende Tabelle enthält einige Tipps, mit denen du vielleicht doch noch zum Ziel kommen kannst.

Aufgabe	Tipp
1	Sieh im Wissenskasten auf Seite 105 nach.
2	Lies noch einmal auf den Seiten 126, 132, 136 und 137 nach.
3	Ab Seite 101 wird beschrieben, wie man Gleichungen linearer Funktionen ermittelt. Steigungen und Wertepaare kann man den Graphen entnehmen.
4	Ein passendes Stichwort ist das Wort „Differenzenquotient".
5	Kennst du Terme, die stets größer oder stets kleiner als Null sind?
6	Bei a) sauber zeichnen und messen. Bei b) auf Quotientengleichheit prüfen. Bei c) sind zunächst die Steigungen der eingezeichneten Geraden zu ermitteln.
7	Betrachte noch einmal die Aufgaben auf Seite 133.
8	Wie sehen Gleichung und Graph einer antiproportionalen Funktion aus? Beachte, dass der Graph aus zwei Teilen besteht. Wie verändert sich der Graph, wenn man als neue Funktionswerte die Beträge der Funktionswerte von f nimmt? Skizziere den Graphen von $g: x \rightarrow \lvert f(x) \rvert$.
9	Zu a): Die Punkte auf der Parallelen zur x-Achse haben die Koordinaten $(x \mid a)$. Daraus ergibt sich eine Gleichung für das Produkt xy, die man nach y auflösen kann… (analog bei b).)
10	Wie kann man aus einem Funktionsgraphen zusammengehörige Wertepaare ablesen?

Beratet mit eurer Lehrerin oder eurem Lehrer, wie ihr eventuell noch vorhandene „Wissenslücken" schließen könnt. Die Lösungen zu den Aufgaben findest du auf Seite 242.

ZUSAMMENFASSUNG

Zuordnungen und Funktionen

Bei einer **Zuordnung** werden den Elementen aus einer Menge A Elemente einer Menge B zugeordnet.

Erfolgt die Zuordnung so, dass jedem Element der Menge A **genau ein** Element der Menge B zugeordnet wird, dann nennt man die Zuordnung **eindeutig.**

Jede eindeutige Zuordnung heißt **Funktion**.
Eine Funktion ordnet jedem Element des **Definitionsbereichs** genau ein Element des **Wertebereichs** zu.

Zuordnungen und Funktionen lassen sich angeben
in Pfeilschreibweise,
durch eine Wertetabelle,
durch geordnete Paare,
durch eine grafische Darstellung im Koordinatensystem,
durch eine Wortvorschrift,
durch eine Zuordnungsvorschrift in Form einer Gleichung.

Beispiel

Wortvorschrift: Jeder Zahl wird ihr um 3 verringertes Doppeltes zugeordnet.
Gleichung: $y = f(x) = 2x - 3$
Wertetabelle:

x	−1	0	0,5	1	2	3
y	−5	−3	−2	−1	1	3

Pfeilschreibweise:

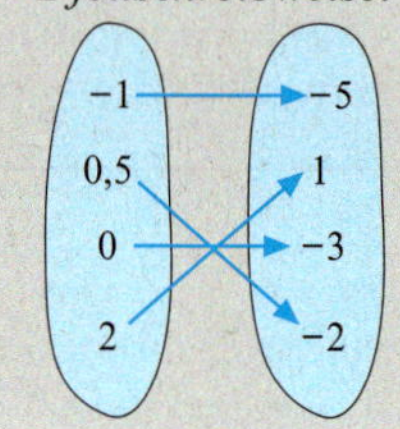

Diagramm:

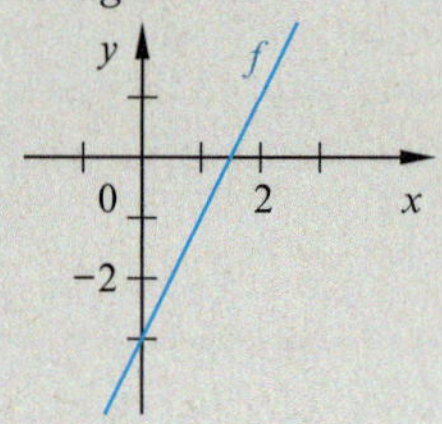

Angabe geordneter Paare:
(−1 | −5), (0 | −3), (0,5 | −2), (1 | −1), (2 | 1)

Lineare Funktionen

Jede Funktion f mit einer Funktionsgleichung
$f(x) = mx + n \ (m \neq 0)$
heißt **lineare Funktion**.
Der Definitionsbereich ist $\mathbb{Q}$ oder eine Teilmenge von $\mathbb{Q}$.

Der Graph einer linearen Funktion liegt auf einer Geraden.
Die **Steigung** der Geraden beträgt m, der **y-Achsenabschnitt** ist n.

Jede Zahl x aus dem Definitionsbereich einer Funktion f, für die $f(x) = 0$ gilt, heißt **Nullstelle** von f.

Ein Punkt liegt auf dem Graphen einer Funktion, wenn seine Koordinaten die Funktionsgleichung erfüllen.

Der Graph einer linearen Funktion lässt sich mithilfe eines **Steigungsdreiecks** zeichnen.

Der Spezialfall $n = 0$ einer linearen Funktion, also
$f: x \to f(x) = mx$
heißt **proportionale Funktion**.

Mit zwei Punkten $P_1(x_1 | y_1)$, $P_2(x_2 | y_2)$ des Graphen von f lässt sich die Funktionsgleichung berechnen.
Berechnung der Steigung : $m = \frac{y_2 - y_1}{x_2 - x_1}$
Berechnung des y-Achsenabschnitts: Wegen $y_1 = mx_1 + n$ ist $n = y_1 - mx_1$.

Veranschaulichung

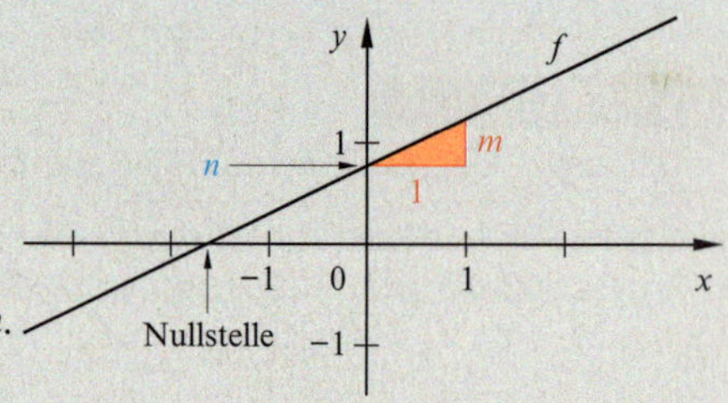

$f: x \to f(x) = \frac{2}{5}x + 2$

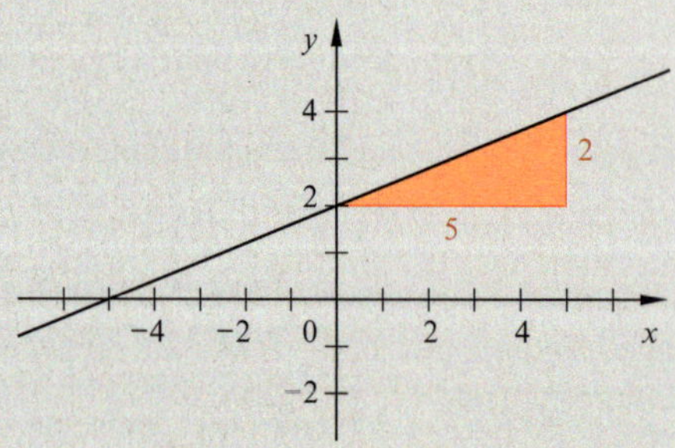

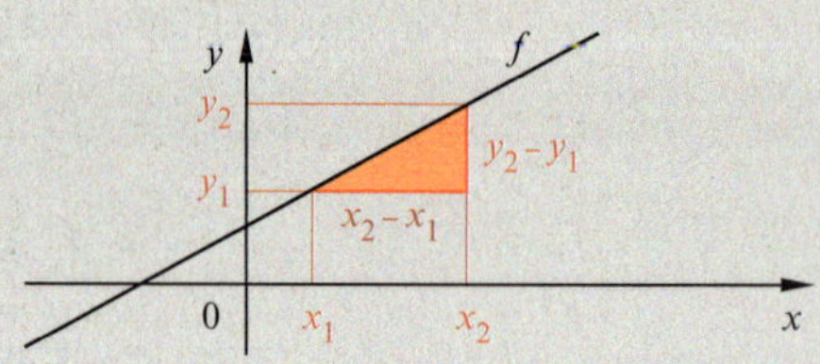

Flächensätze am Dreieck: Die Satzgruppe des Pythagoras

Der Philosoph und Mathematiker Pythagoras wurde um etwa 580 v. Chr. auf der griechischen Insel Samos geboren. Er war einer der ersten, die Mathematik als Wissenschaft zum Zwecke einer höheren Welterkenntnis betrieben. Der Bund der Pythagoreer war noch Jahrhunderte nach Pythagoras' Tod von großem Einfluss auf Philosophie und Wissenschaft.
Das Pythagoras-Denkmal in der Hafenstadt Pythagoreio auf Samos wurde im Jahre 1988 errichtet.

Rechtwinklige Dreiecke

1

Für ein Einfamilienhaus soll der Dachstuhl gezimmert werden. Das Haus ist 9 m breit und die Balken auf der einen Seite sind 3,60 m lang. Wie lang müssen die Balken auf der anderen Seite sein, damit die Balken oben am Dachfirst in einem rechten Winkel zusammentreffen? Wo müssen die Stützbalken aufgesetzt werden, die den Dachfirst abstützen?

2

Herr Müller fährt jeden Morgen mit dem Auto zum Bäcker. Dazu muss er zunächst 1,2 km geradeaus fahren bis zu einer Kreuzung, bei der er nach links im rechten Winkel abbiegt. Nach weiteren 800 m Fahrtweg steht er direkt vor dem Bäckerladen.
Es gibt auch eine kleine schnurgerade Straße, die direkt zum Bäcker führt. Allerdings darf man dort nur 30 Kilometer pro Stunde fahren, während auf dem gesamten anderen Weg 50 Kilometer pro Stunde zugelassen sind.
Könnte Herr Müller Zeit sparen, wenn er die kleine Straße benutzt?
Zeichne und rechne.

3

Das Foto zeigt die berühmte, ca. 4500 Jahre alte Cheopspyramide in Ägypten. Sie hat eine quadratische Grundfläche mit einer Seitenlänge s von ungefähr 230 m. Die zur Spitze laufenden Seitenkanten k sind ungefähr 220 m lang.
Gesucht ist die Pyramidenhöhe, die sich im Innern der Pyramide befindet und die man daher nicht messen kann.
Fertige eine maßstäbliche Zeichnung eines Schnittes durch die Pyramide an und ermittle mit ihrer Hilfe die gesuchte Höhe.

Cheopspyramide, Ägypten

4

Den Aufgaben 1, 2 und 3 ist gemeinsam, dass jeweils zwei Seiten in einem rechtwinkligen Dreieck gegeben sind und die dritte Seite gesucht ist.
Erläutere, warum dieses Problem prinzipiell zeichnerisch gelöst werden kann. Welche Fälle kann man dabei unterscheiden? Kann es passieren, dass die Aufgabe nicht eindeutig oder gar nicht lösbar ist? Begründe.

WISSEN

Bezeichnungen am rechtwinkligen Dreieck

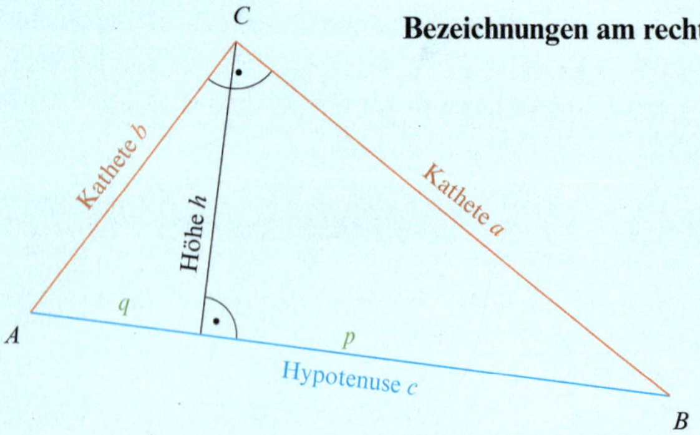

p und q nennt man Hypotenusenabschnitte

MERKE
Die **Katheten** schließen den rechten Winkel ein.
Die **Hypotenuse** liegt dem rechten Winkel gegenüber.

Der Kathetensatz

1

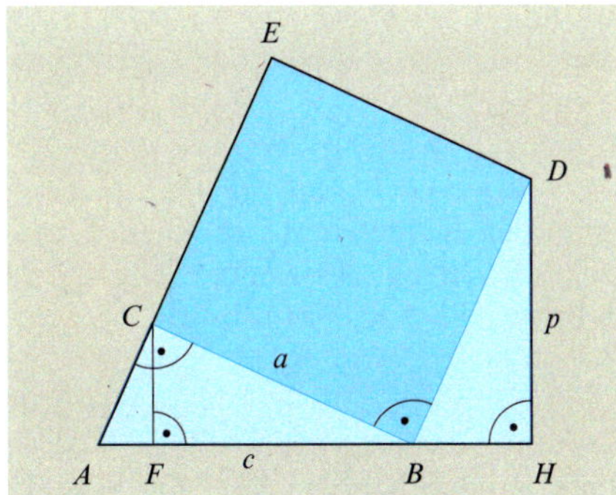

Übertrage die nebenstehende Figur im Maßstab 1 : 3 auf ein Blatt Papier und kennzeichne die Punkte und Seiten wie angegeben. $\overline{BC}$ und $\overline{BD}$ seien gleich lang.

a) Zeichne noch einmal die Dreiecke ABC und BHD im Maßstab 3 : 1 und schneide sie aus. Lege diese Dreiecke über die Dreiecke der zuerst gezeichneten Figur (Viereck $AHDE$).
Welche Form und welchen Flächeninhalt hat die unbedeckte Restfläche, die von der Figur $AHDE$ übrig bleibt?

b) Verschiebe nun Dreieck ABC parallel zu BC so, dass B auf D liegt.
Verschiebe Dreieck BHD parallel zu BD so, dass B auf A liegt.
Welche Form und welchen Flächeninhalt hat die unbedeckte Restfläche des Vierecks $AHDE$ nunmehr?

c) Vergleiche die Ergebnisse der Teilaufgaben a) und b).

d) Beweise mithilfe kongruenter Dreiecke, dass die Strecken $\overline{FB}$ und p gleich lang sind.

2

Die in der folgenden Tabelle enthaltenen Werte beziehen sich auf ein rechtwinkliges Dreieck (siehe Bild in der Randspalte).

a) Konstruiere das jeweilige Dreieck.

b) Fülle die Tabelle vollständig aus, wobei fehlende Seitenlängen einer Zeichnung zu entnehmen sind.

c) Vergleiche die letzten beiden Spalten der Tabelle.

a	c	p	a^2	$p \cdot c$
3	5			
4		2		
	4		4	

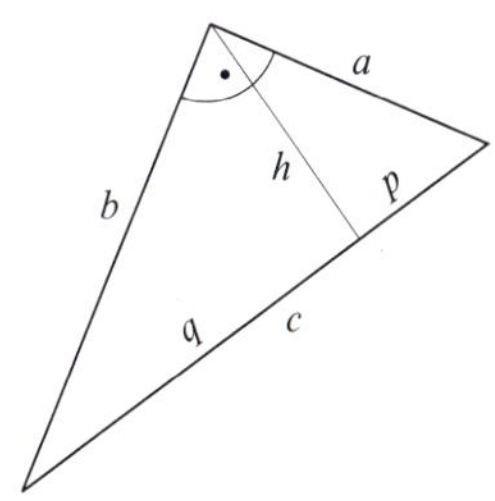

3

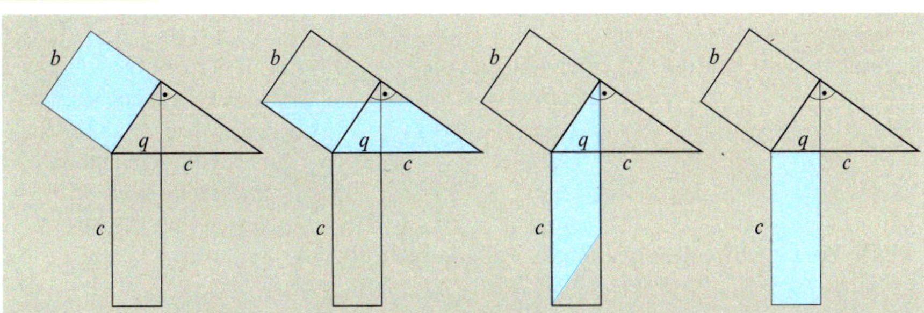

Der dargestellten Figurenfolge kann man entnehmen, dass der Flächeninhalt des Quadrates mit der Seitenlänge b gleich dem Flächeninhalt des Rechtecks mit den Seitenlängen q und c ist. Kurz formuliert: $b^2 = q \cdot c$.

a) Begründe, warum sich bei den einzelnen Umwandlungen der Flächeninhalt des Vierecks nicht ändert.

b) Zeichne eine entsprechende Figurenfolge für den Fall $a^2 = p \cdot c$.

WISSEN

Kathetensatz
In jedem rechtwinkligen Dreieck ist das zu einer Kathete gehörende Quadrat flächengleich zu dem Rechteck aus der Hypotenuse und dem zur Kathete gehörenden Hypotenusenabschnitt.

$a^2 = p \cdot c$ $\qquad$ $b^2 = q \cdot c$

INFORMATION
Der Kathetensatz wird auch 1. Satz des Euklid genannt. Euklid war ein griechischer Mathematiker, der im 4. Jahrhundert vor Chr. in Alexandria lebte. Zu Euklid siehe auch Seite 8 und Seite 226.

MERKE

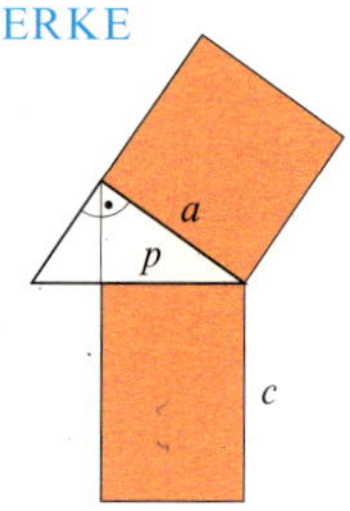

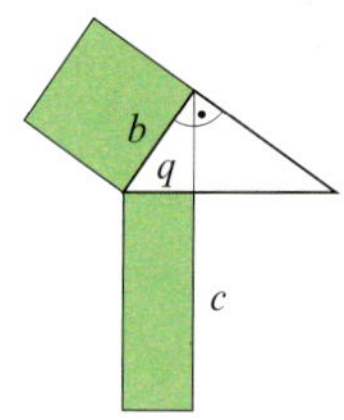

4

a) Konstruiere in Anlehnung an den Kathetensatz zu einem Quadrat von 3,5 cm Seitenlänge ein flächengleiches Rechteck, dessen eine Seite 4,9 cm lang ist.
b) Beschreibe die einzelnen Schritte deiner Konstruktion.

5

In einem rechtwinkligen Dreieck ist eine Kathete 5 cm und die Hypotenuse 8 cm lang. Konstruiere das Dreieck und entnimm ihm die Länge des zur angegebenen Kathete gehörenden Hypotenusenabschnittes.
Überprüfe das Ergebnis durch eine Rechnung.

6

Konstruiere zu einem Rechteck mit den Seitenlängen 2 cm und 5 cm ein flächengleiches Quadrat. Der Satz des Thales kann dir hier weiterhelfen.

7

Zu einem Quadrat mit der Seitenlänge s soll ein flächengleiches Rechteck konstruiert werden, bei dem eine Seite die Länge t aufweist.
a) $s = 3$ cm, $t = 2$ cm **b)** $s = 4$ cm, $t = 5$ cm **c)** $s = 5$ cm, $t = 2{,}5$ cm

8

Zu einem Rechteck mit den Seitenlängen a und b soll ein flächengleiches Quadrat konstruiert werden.
a) $a = 3$ cm, $b = 2$ cm **b)** $a = 3{,}5$ cm, $b = 4$ cm **c)** $a = 2{,}5$ cm, $b = 7{,}2$ cm

9

Konstruiere mithilfe des Kathetensatzes ein Quadrat mit einer Fläche von
a) 18 cm² **b)** 20 cm² **c)** 24 cm²
d) 13 cm² **e)** 8,4 cm² **f)** 5,2 cm²

TIPP zu Aufg. 9
Man zerlegt zunächst die angegebene Maßzahl in zwei Faktoren und betrachtet diese als Seitenlängen eines Rechtecks.

10

Konstruiere mithilfe des Kathetensatzes eine Strecke der Länge s (vgl. Aufgabe 9).
a) $s = \sqrt{15}$ **b)** $s = \sqrt{10}$ **c)** $s = \sqrt{17}$
d) $s = \sqrt{23}$ **e)** $s = \sqrt{11}$ **f)** $s = \sqrt{12}$

11

Konstruiere ein rechtwinkliges Dreieck, bei dem eine Kathete 8 cm und der zugehörige Hypotenusenabschnitt 6 cm lang ist. Ermittle die Seitenlängen a, b, c des Dreiecks durch Rechnen. Vergleiche die Ergebnisse mit der Zeichnung.

BEISPIEL

Aufgabe:
Von einem rechtwinkligen Dreieck mit der Hypotenuse c sind die Seitenlängen $a = 5$ cm und $c = 8$ cm bekannt. Berechne die Länge der Seite b sowie die Längen der Hypotenusenabschnitte p und q.

Lösung:
Aufgrund des Kathetensatzes muss gelten: $a^2 = p \cdot c$.

Es gilt somit: $25\text{ cm}^2 = p \cdot 8\text{ cm}$ und daher $p = \frac{25\text{ cm}^2}{8\text{ cm}} = 3{,}125\text{ cm}$.

Außerdem gilt: $p + q = c$. Daraus folgt: $q = c - p = 8\text{ cm} - 3{,}125\text{ cm} = 4{,}875\text{ cm}$.

Darüber hinaus gilt: $b^2 = q \cdot c$ bzw. $b = \sqrt{q \cdot c} = \sqrt{4{,}875\text{ cm} \cdot 8\text{ cm}} \approx 6{,}245\text{ cm}$.

AUFGABE
Bei einem Einfamilienhaus, das 10 m breit und 12 m lang ist, soll das Dach neu gedeckt werden. Die schrägen Balken des Daches treffen in einem Winkel von 90° aufeinander.
Wie groß ist die insgesamt zu deckende Dachfläche, wenn die Stützbalken 6 m von der einen Seite entfernt aufgesetzt sind?

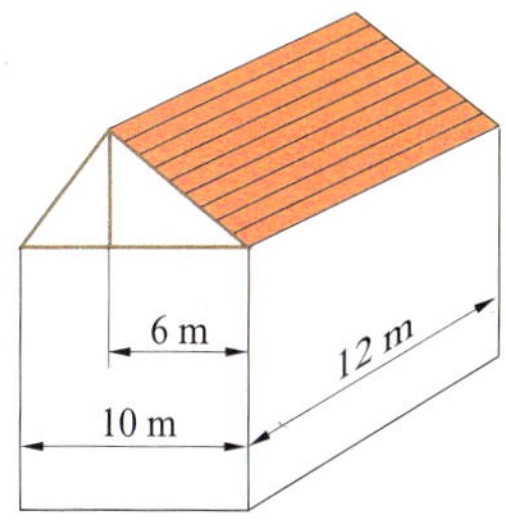

12

Die Längenangaben beziehen sich auf Dreiecke mit der Hypotenuse c.
Übertrage die Tabelle ins Heft und fülle sie vollständig aus.
Benutze den Taschenrechner, runde auf zwei Nachkommastellen.

a		6 cm	8 dm					4 cm
b	2,8 m			32 mm				3 cm
c	5,2 m		12 dm		4 km	48 cm		
p		4,5 cm				20 cm	1,8 cm	
q				96 mm	3 km		3,2 cm	

13

Der Kathetensatz gilt natürlich auch für den Fall, dass der rechte Winkel nicht bei C liegt oder die Bezeichnungen im Dreieck anders gewählt wurden.
Gib zu den beiden in der Randspalte abgebildeten Dreiecken jeweils die passenden Gleichungen für den Kathetensatz an.

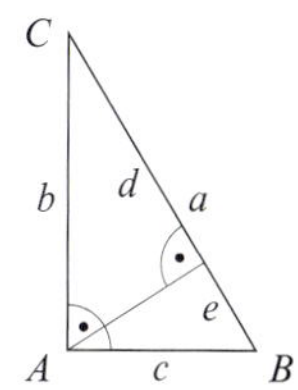

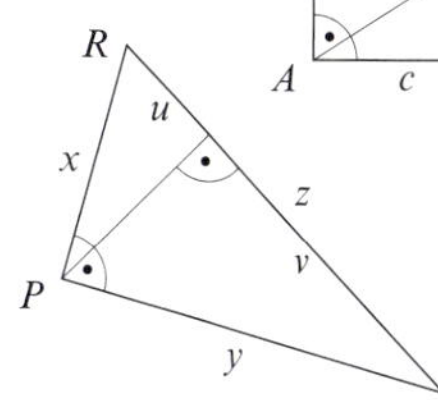

14

Arbeite den folgenden Beweis des Kathetensatzes so gründlich durch, dass du ihn vor der Klasse frei an der Tafel vortragen und eventuelle Fragen zum Verständnis des Beweises beantworten kannst.
Wählt unter den Schülerinnen und Schülern, die sich das zutrauen, per Los eine oder einen aus, die oder der diesen Vortrag wirklich hält. (Diejenigen, die den Beweis nicht ganz verstanden haben, versuchen, ihn bei dieser Gelegenheit zu verstehen.)

Präsentieren; Argumentieren

Beweis des Kathetensatzes
Man zeichnet eine Parallele durch E zu $\overline{AB}$ und erhält das Parallelogramm $BEDA$, welches mit dem Quadrat $BEGC$ die Grundseite $\overline{BE}$ und die Höhe $\overline{BC}$ gemeinsam hat und deshalb mit ihm flächeninhaltsgleich ist.
Dreht man das Parallelogramm $BEDA$ um 90° um den Punkt B (gegen den Uhrzeigersinn), so fällt $\overline{BE}$ auf $\overline{BC}$, $\overline{ED}$ auf $\overline{CH}$ und $\overline{BA}$ auf $\overline{BQ}$. Dadurch wird das Parallelogramm $BEDA$ in das flächeninhaltsgleiche Parallelogramm $QBCH$ übergeführt. Letzteres hat mit dem Rechteck $QBFP$ die Seite $\overline{QB}$ und die Höhe $\overline{BF}$ gemeinsam. Also hat das Rechteck $QBFP$ den gleichen Flächeninhalt wie das Parallelogramm $BEDA$ bzw. das Quadrat $BEGC$.
Das heißt mit anderen Bezeichnungen, dass $p \cdot c = a^2$ ist, was zu beweisen war.

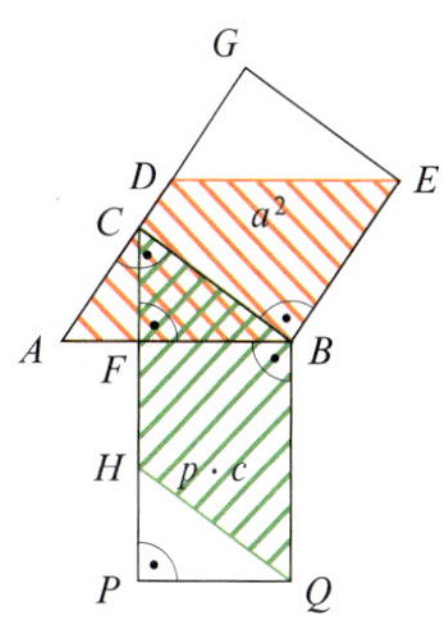

Der Satz des Pythagoras

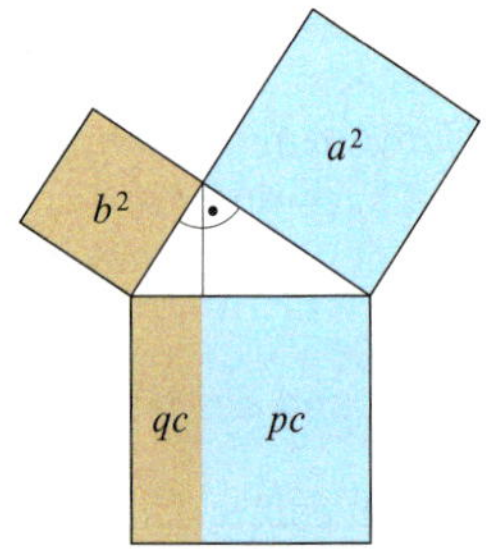

1

Das Bild in der Randspalte verdeutlicht noch einmal die beiden Varianten des Kathetensatzes.
Welcher Zusammenhang besteht demnach zwischen der Summe der Flächen der beiden Kathetenquadrate und der Fläche des Hypotenusenquadrates?

2

a)

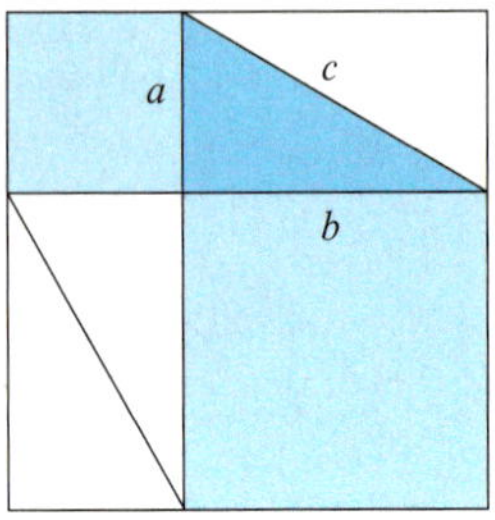

b)

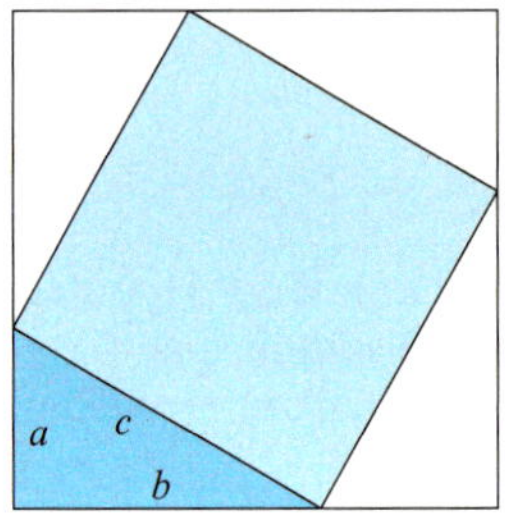

In den Bildern a) und b) findet man mehrfach ein rechtwinkliges Dreieck sowie die Quadrate, die zu den Dreiecksseiten a, b, c gehören.
Vergleiche den Flächeninhalt der farblich gekennzeichneten Quadrate in Bild a) mit dem Quadrat in Bild b). Was stellst du fest? Begründe deine Vermutung.

WISSEN

Satz des Pythagoras
Bei jedem rechtwinkligen Dreieck haben die Quadrate über den beiden Katheten zusammen den gleichen Flächeninhalt wie das Hypotenusenquadrat.

$$a^2 + b^2 = c^2$$

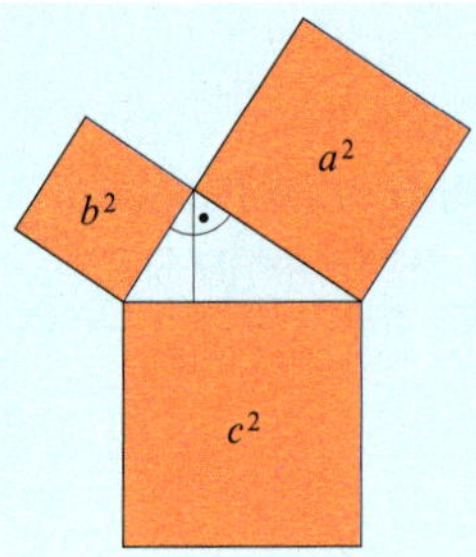

INFORMATION

Pythagoras von Samos war ein griechischer Philosoph und Mathematiker. Er lebte im 6. Jahrhundert vor Chr. in Unteritalien.

3

Wie lautet der Satz des Pythagoras in Kurzform, wenn in einem rechtwinkligen Dreieck die Katheten b und c (bzw. x und y) und die Hypotenuse a (bzw. z) heißen?

4[L]

Es sind jeweils die Seitenlängen eines rechtwinkligen Dreiecks gegeben. Zwischen welchen Seiten liegt der rechte Winkel?

a) $a = 5$ cm, $b = 3$ cm, $c = 4$ cm
b) $x = 8$ cm, $y = 10$ cm, $z = 6$ cm
c) $u = 90$ cm, $v = 150$ cm, $w = 120$ cm
d) $r = 10$ cm, $s = 24$ cm, $t = 26$ cm

5

a) Schreibe die Zahl 13 als Summe zweier Quadratzahlen.
b) Konstruiere mithilfe des Satzes von Pythagoras unter Verwendung des Ergebnisses von Aufgabenteil a) ein Quadrat mit dem Flächeninhalt 13 cm².

ZUR ERINNERUNG
Eine Quadratzahl entsteht dadurch, dass eine natürliche Zahl mit sich selbst multipliziert wird.

6

Konstruiere mithilfe des Satzes von Pythagoras ein Quadrat mit einer Fläche von
a) $20\ cm^2$ **b)** $45\ cm^2$ **c)** $40\ cm^2$ **d)** $10\ cm^2$ **e)** $32\ cm^2$

7

Formuliere den Satz des Pythagoras für den Fall, dass a und c die Katheten und b die Hypotenuse eines rechtwinkligen Dreiecks bilden und vervollständige die folgenden Gleichungen.
$a^2 = \ldots$ $c^2 = \ldots$ $a = \ldots$ $b = \ldots$ $c = \ldots$

WISSEN

Mithilfe des Satzes des Pythagoras kann man aus zwei Seiten eines rechtwinkligen Dreiecks stets die dritte berechnen.
Falls a und b die Katheten und c die Hypotenuse bilden, gilt:

$c = \sqrt{a^2 + b^2}$ $a = \sqrt{c^2 - b^2}$ $b = \sqrt{c^2 - a^2}$

WICHTIG
Erst die Summe bzw. Differenz der Seitenquadrate ausrechnen, dann die Wurzel ziehen.

8

Von einem rechtwinkligen Dreieck sind die Längen zweier Seiten (in cm) und der rechte Winkel angegeben, wobei α zwischen b und c, β zwischen a und c und γ zwischen a und b liegt. Berechne die Länge der dritten Seite.
a) $a = 4, b = 9, \gamma = 90°$ **b)** $b = 5, c = 7, \alpha = 90°$ **c)** $a = 3, b = 6, \beta = 90°$
d) $a = 13, b = 6, \alpha = 90°$ **e)** $b = 4{,}5, c = 8, \alpha = 90°$ **f)** $a = 2, b = 3{,}4, \gamma = 90°$
g) $b = 3{,}8, c = 7{,}1, \alpha = 90°$ **h)** $a = 4{,}2, b = 2{,}8, \gamma = 90°$ **i)** $a = 2{,}5, b = 5{,}9, \beta = 90°$

9

Berechne jeweils die Länge der dritten Seite eines Dreiecks mit den Seitenlängen a, b, c und einem rechten Winkel zwischen a und b. Überprüfe das Ergebnis durch eine Konstruktion.
a) $a = 4$ cm, $b = 6$ cm **b)** $a = 3$ cm, $c = 7$ cm **c)** $b = 2$ cm, $c = 5$ cm

10[L]

a) Ein Quadrat hat eine Seitenlänge von 3 cm. Berechne die Länge der Diagonalen.
b) Stelle eine Formel auf, mit der man die Länge d der Diagonalen eines Quadrates berechnen kann, wenn dessen Seitenlänge a bekannt ist.
c) Die Länge d der Diagonalen eines Quadrates beträgt 6 cm. Berechne die Seitenlänge a des Quadrates.

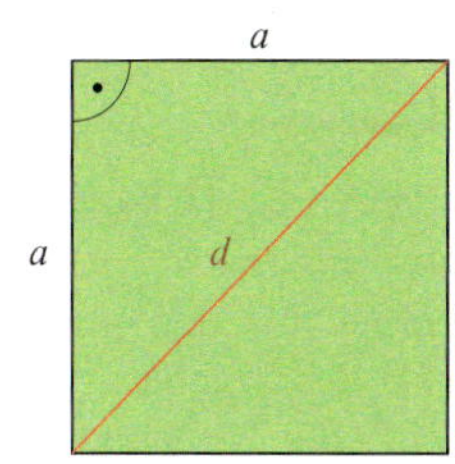

11

Berechne die Seitenlänge eines Quadrates, dessen Diagonalenlänge angegeben ist.
a) 5 cm **b)** 7 m **c)** 1 km
d) 14 dm **e)** 8 mm **f)** 36 cm

12

Berechne den Flächeninhalt eines Quadrates, dessen Diagonale die Länge d hat.
a) $d = 5{,}8$ cm **b)** $d = 124$ mm **c)** $d = 4$ km
d) $d = 24{,}2$ m **e)** $d = 13$ dm **f)** $d = 40$ cm

13

Berechne die Länge der Diagonalen eines Rechtecks mit den angegebenen Seitenlängen.

a) 4 cm und 5 cm **b)** 2,5 m und 3,8 m **c)** 1,5 km und 0,8 km

14

Ein Rechteck hat die Seitenlängen a und b sowie Diagonalen der Länge d.
Berechne jeweils die fehlende Größe und kontrolliere dein Ergebnis durch eine Konstruktion.

a) $a = 4, b = 6$ **b)** $a = 2, b = 5$
c) $a = 3, d = 7$ **d)** $b = 2{,}8, d = 5{,}2$

15

Berechne die Länge der farbig gekennzeichneten Strecken.

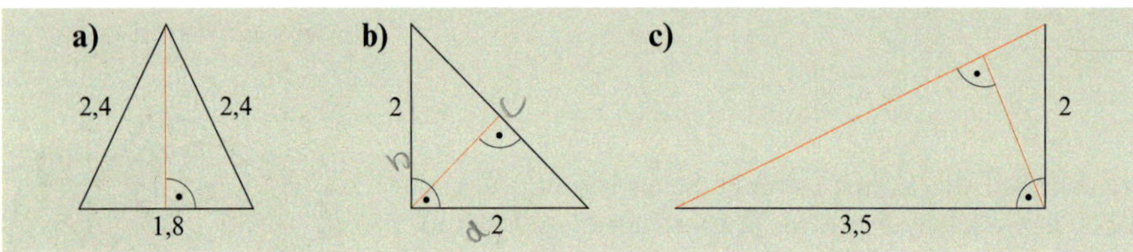

16

Notiere alle Beziehungen für Streckenlängen, die sich mithilfe des Kathetensatzes bzw. des Satzes des Pythagoras aus den folgenden Figuren ergeben.
Berechne fehlende Streckenlängen.

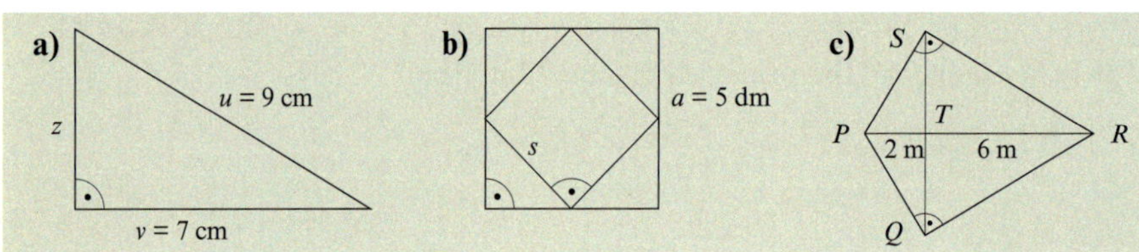

17

Ein Deich hat die Form eines Trapezes (siehe nebenstehendes Bild).
Berechne aus den angegebenen Werten zunächst die Höhe h des Deiches.
Mithilfe der berechneten Höhe lässt sich nun auch die Länge b der Böschung berechnen.

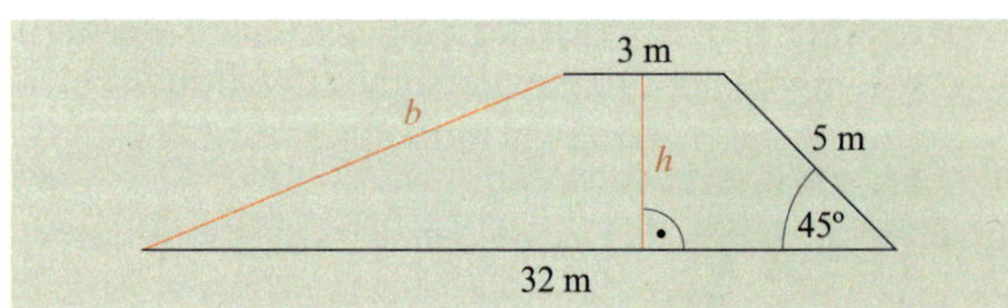

18

In dem Film „König der Spaßmacher“ trägt ein Lehrer seinen Schülern folgenden Satz singend und tanzend vor:

The square of the hypotenuse of a right triangle
is equal to the sum of the squares of the two adjacent sides.

Was besagt dieser Satz?

AUFGABE

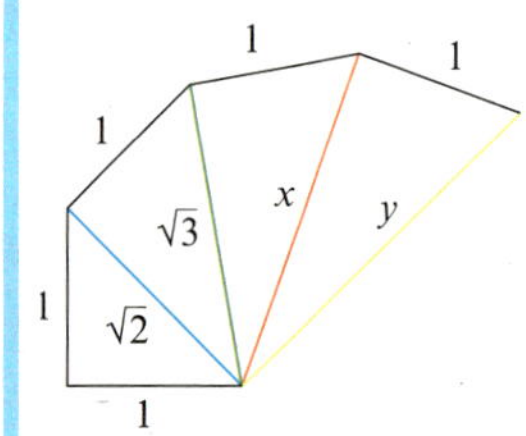

Das Bild zeigt eine so genannte Wurzelschnecke.
Nach welchem Prinzip wurde die Schnecke gezeichnet?
Übertrage die Schnecke ins Heft und ergänze sie um weitere 4 Dreiecke.
Welche Länge haben jeweils die Hypotenusen der Dreiecke?

Umkehrung des Satzes des Pythagoras

1

Die blauen Dreiecke im Bild rechts haben alle eine gleich lange Seite c, aber verschiedene Seiten a und b. Vergleiche den Flächeninhalt des zu c gehörenden Quadrates jeweils mit der Summe der Quadratflächen der anderen beiden Seiten.
Welche Rolle spielt jeweils der Winkel γ?

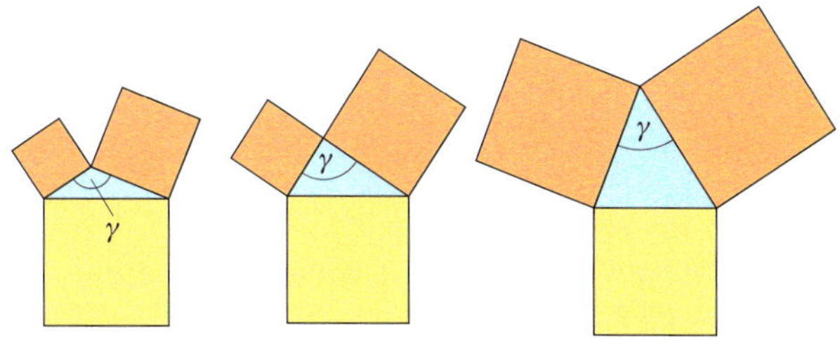

2

Ein Maurer steckt zwei Latten im Abstand von 1,60 m in den Boden. Dann setzt er eine dritte Latte so, dass sie von der ersten 2 m und von der zweiten 1,20 m entfernt ist. Die drei Latten verbindet er durch eine Schnur.
Wie groß ist der Winkel, den die Schnur an der 2. Latte bildet?
Begründe deine Antwort.

3

Im alten Ägypten trat der Nil oft über seine Ufer und überschwemmte Felder und Ackerland. Um die Besitzverhältnisse zu klären, mussten diese Flächen anschließend neu vermessen werden, wozu u.a. rechte Winkel abgesteckt werden mussten. Dies geschah vermutlich mithilfe eines geschlossenen Seils, welches in regelmäßigen Abständen 12 Knoten enthielt. Nimm eine Schnur und probiere es selbst aus.

Sphinx, Ägypten

4

Vertausche im Satz des Pythagoras die Voraussetzung mit der Behauptung.
Vergleiche den entstandenen Satz mit den Ergebnissen der Aufgaben 1 und 2.

WISSEN

Umkehrung des Satzes des Pythagoras
Wenn in einem Dreieck für die Seitenlängen a, b und c die Beziehung $a^2 + b^2 = c^2$ gilt, so ist es ein rechtwinkliges Dreieck und der rechte Winkel liegt zwischen a und b.

HINWEIS
Statt von der Umkehrung eines Satzes spricht man auch vom **Kehrsatz**.

5

Die Umkehrung des Satzes des Pythagoras soll bewiesen werden.
Wir gehen von einem Dreieck ABC aus, für dessen Seiten die Beziehung $a^2 + b^2 = c^2$ gilt (oberes Dreieck im Bild).
Wir müssen nun beweisen, dass der Winkel γ ein rechter Winkel ist.
Wir nehmen ein zweites Dreieck XYZ zu Hilfe (unteres Dreieck im Bild): Von diesem Dreieck XYZ ist bekannt, dass $x = a$ und $y = b$ und dass zwischen x und y ein rechter Winkel liegt.

a) Welche Beziehung besteht zwischen den Seiten x, y und z im Dreieck XYZ?
b) Warum muss $z = c$ gelten?
c) Weshalb sind die Dreiecke ABC und XYZ kongruent?
d) Warum folgt aus der Kongruenz der Dreiecke, dass $\gamma = 90°$ ist?

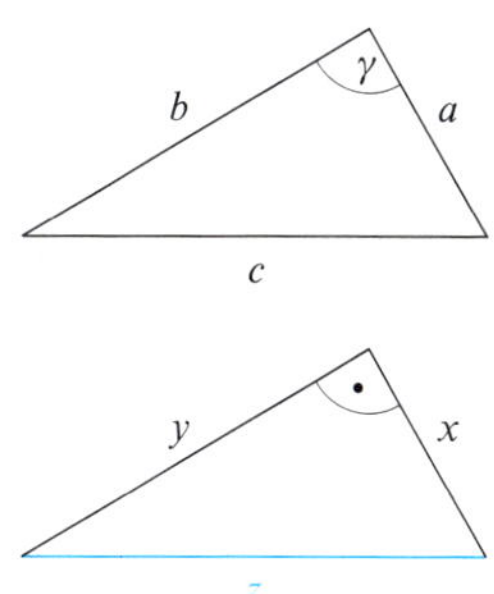

6

Alle nachfolgend gegebenen Dreiecke sind rechtwinklig. Zwischen welchen Seiten befindet sich der rechte Winkel?

a) $x = 6$ cm, $y = 8$ cm, $z = 10$ cm **b)** $p = 5$ cm, $q = 13$ cm, $r = 12$ cm
c) $u = 2{,}4$ m, $v = 1$ m, $w = 2{,}6$ m **d)** $a = 2$ cm, $b = 2{,}5$ cm, $c = 1{,}5$ cm

7

Welche der folgenden Dreiecke sind rechtwinklig?
Gib gegebenenfalls an, welcher Winkel ein rechter ist.

a) $a = 4$ cm, $b = 5$ cm, $c = 3$ cm **b)** $a = 4$ cm, $b = 5$ cm, $c = 6$ cm
c) $o = 13$ cm, $p = 5$ cm, $q = 12$ cm **d)** $x = 85$ m, $y = 84$ m, $z = 13$ cm

8

Tom versuchte vergeblich, aus Streichhölzern ein rechtwinkliges Dreieck zu bilden. Probiere selbst aus, wie dies mit möglichst wenig Hölzchen zu schaffen ist. Warum kommt es dabei auch auf die Anzahl der Hölzchen an?

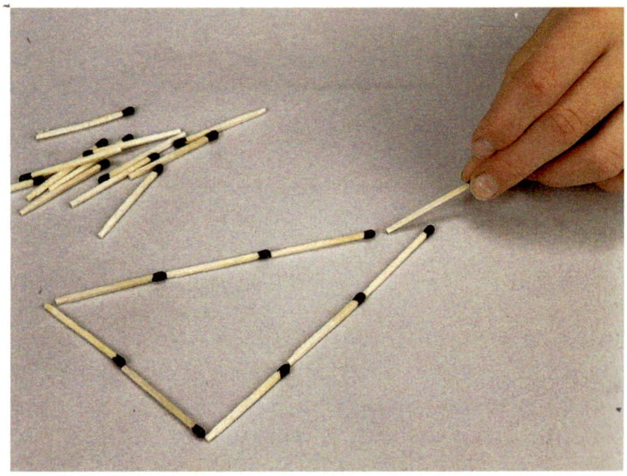

9

Wenn ein Dreieck nicht rechtwinklig ist, ist es spitz- oder stumpfwinklig. Entscheide, ob ein Dreieck spitz- oder stumpfwinklig ist, wenn gilt

a) $a^2 + b^2 < c^2$; **b)** $a^2 + b^2 > c^2$;
c) $b^2 - c^2 > a^2$; **d)** $c^2 - a^2 > b^2$.

10

Kehre die folgenden Sätze um und prüfe, ob sie wahre Aussagen darstellen.

a) Wenn es regnet, wird die Erde nass.
b) Wenn in einem Dreieck alle Winkel gleich groß sind, dann ist es gleichseitig.
c) Wenn ein Dreieck gleichseitig ist, dann ist es auch gleichschenklig.
d) Wenn ein Viereck ein Rhombus ist, dann halbieren die Diagonalen einander.

BEACHTE
Wenn man die Umkehrung eines Satzes bildet, kann eine falsche Aussage entstehen. Deshalb muss man bei jedem Kehrsatz prüfen, ob er wahr oder falsch ist.

11

Kehre die folgenden Sätze um und prüfe, ob sie wahre Aussagen darstellen.

a) Wenn eine Zahl durch 6 teilbar ist, dann ist sie auch durch 2 teilbar. ne z.B. 3·4
b) Wenn eine Zahl ungerade ist, dann ist auch ihre Quadratzahl ungerade. ne z.B. 8·8
c) Wenn $a = b$, dann ist $a^2 = b^2$ (a und b seien rationale Zahlen). wahr
d) Wenn $a \cdot b = 0$, dann ist $a = 0$ oder $b = 0$. wahr
e) Wenn $a = 0$ und $b = 0$, dann ist $a + b = 0$. ne z.B. -3 + 3 = 0

12

Bilde von den folgenden Sätzen die Umkehrung, indem du Voraussetzung und Behauptung vertauschst. Prüfe, ob die umgekehrten Sätze wahre Aussagen darstellen.

a) Kongruente Quadrate haben den gleichen Flächeninhalt.
b) Kongruente Dreiecke haben den gleichen Flächeninhalt.
c) Rechtecke besitzen stets gleich lange Diagonalen.
d) Zu geraden Zahlen gehören immer gerade Quadratzahlen.
e) Zweistellige Primzahlen sind immer ungerade.

HINWEIS
Ein Satz lässt sich leicht umkehren, wenn er in der Wenn-Dann-Form steht.

Der Höhensatz

1

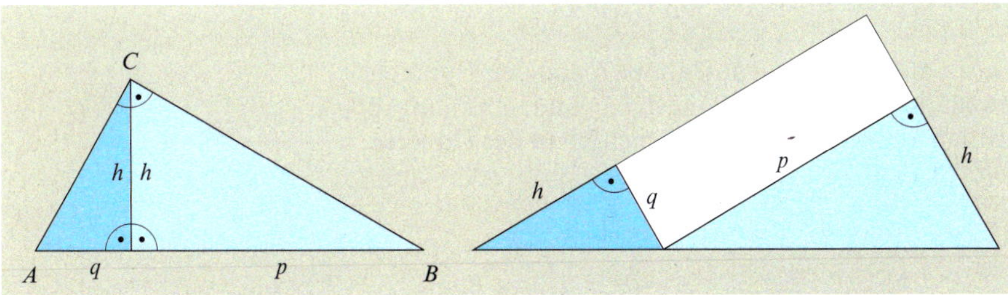

a) Zeichne das rechtwinklige Dreieck ABC auf ein Blatt Papier und schneide es aus. Zerschneide das Dreieck ABC wie angegeben in zwei Teildreiecke, die ebenfalls rechtwinklig sind (Bild links). Lege die ausgeschnittenen Teildreiecke wie im Bild rechts nebeneinander und ergänze es zu einem größeren rechtwinkligen Dreieck. Welche Form und welchen Flächeninhalt besitzt die Ergänzungsfigur?

b) Vertausche die Positionen der beiden Dreiecke und ergänze wieder zu einem rechtwinkligen Dreieck.
Welche Figur entsteht diesmal und welchen Flächeninhalt besitzt sie?

NACHGEDACHT
Welcher Zusammenhang besteht zwischen den Flächeninhalten der Figuren aus den Teilaufgaben b) und c)?

2

Das Bild in der Randspalte zeigt ein rechtwinkliges Dreieck ABC. Die eingezeichnete Höhenlinie zerlegt das Dreieck ABC in zwei rechtwinklige Teildreiecke.

a) Im Dreieck ABC ist die Seite a eine Kathete. Drücke den Flächeninhalt des Quadrates über a mithilfe des Kathetensatzes im Dreieck ABC aus.

b) Im Dreieck DBC ist die Seite a Hypotenuse. Drücke den Flächeninhalt des Quadrates über a mithilfe des Satzes des Pythagoras im Dreieck DBC aus.

c) Aus den Ergebnissen von a) und b) lässt sich eine neue Beziehung herleiten. Notiere deine Vermutung.

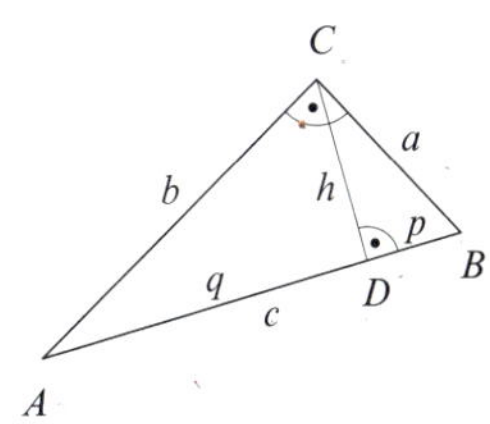

WISSEN

Höhensatz
In jedem rechtwinkligen Dreieck hat das Quadrat über der Hypotenusenhöhe den gleichen Flächeninhalt wie das Rechteck aus den beiden Hypotenusenabschnitten:
$h^2 = p \cdot q$.

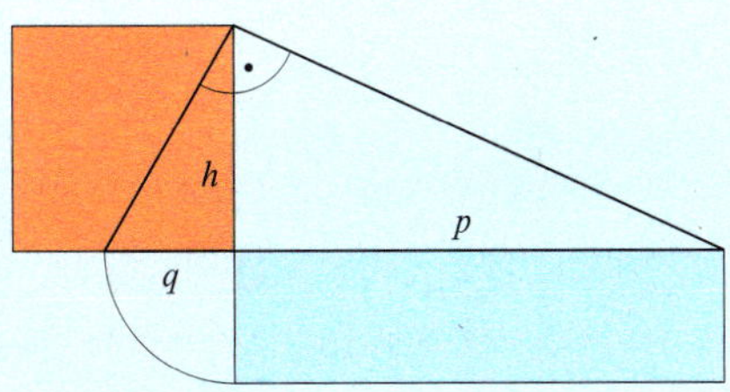

3

Formuliere den Höhensatz für die folgenden Dreiecke.

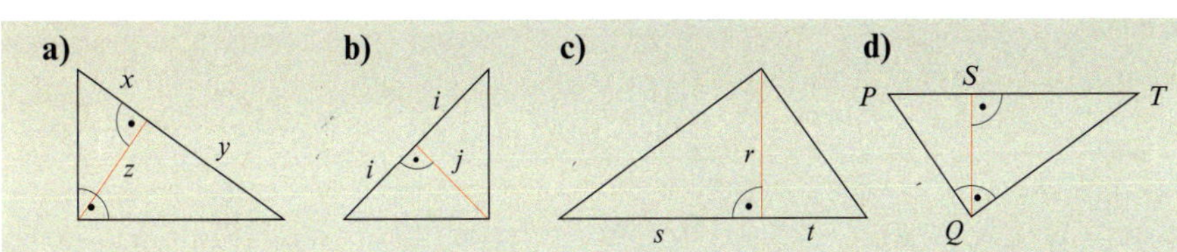

4

Formuliere den Höhensatz für ein gleichschenkliges, rechtwinkliges Dreieck ABC mit den Seiten a, b und c, wobei der rechte Winkel bei A (bzw. bei C) liegt.

5^L

Von einem rechtwinkligen Dreieck mit der Hypotenusenhöhe h und den Hypotenusenabschnitten p und q sind jeweils zwei der Streckenlängen h, p und q bekannt. Berechne jeweils die Länge der dritten Strecke sowie den Flächeninhalt des Dreiecks.

a) $h = 2$ cm, $p = 3$ cm **b)** $h = 5{,}2$ cm, $q = 4{,}5$ cm **c)** $p = 2$ cm, $q = 7$ cm

6

Die angegebenen Längenmaßzahlen (Einheit jeweils cm) beziehen sich auf ein Dreieck mit der Hypotenuse c. Übertrage die Tabelle ins Heft und fülle die Lücken aus.

a		4		7		6		3			
b					12			4	5		4
c		9					8			7,5	
p	2		3			4					6
q	8				3					3,8	
h			5	4			4		3		

HINWEIS
Für die Berechnung der Katheten des rechtwinkligen Dreiecks kann man den Kathetensatz verwenden.

7

a) Konstruiere ein rechtwinkliges Dreieck, dessen Hypotenusenabschnitte folgende Längen haben: $q = 2$ cm, $p = 4$ cm.

b) Berechne die Höhe auf der Hypotenuse gemäß Höhensatz. Überprüfe damit die zeichnerisch ermittelte Länge der Höhe.

ERINNERE DICH
Bei der Konstruktion eines rechtwinkligen Dreiecks über einer Strecke hilft der Satz des Thales.

8

Konstruiere mithilfe des Höhensatzes zu einem Rechteck mit den Seitenlängen 4 cm und 3 cm ein flächengleiches Quadrat.

BEISPIEL

Zu einem Rechteck mit den Seitenlängen 2 cm und 6 cm soll ein flächengleiches Quadrat konstruiert werden.

1. Schritt

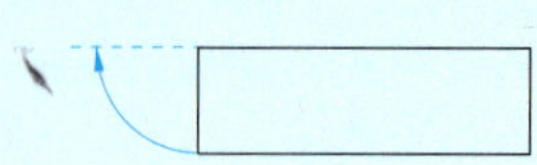

2. Schritt

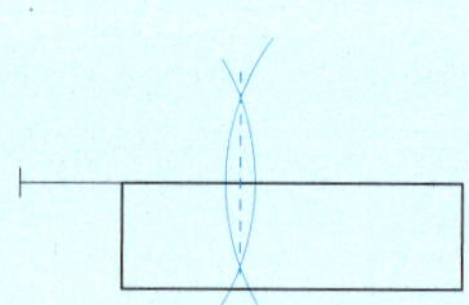

3. Schritt

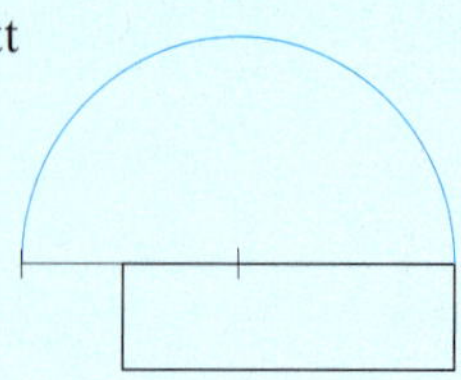

4. Schritt

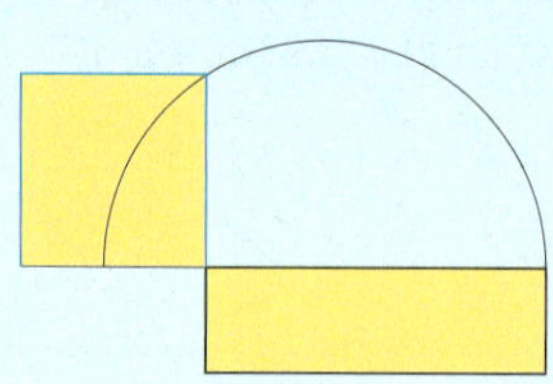

9

Konstruiere mithilfe des Höhensatzes ein Quadrat mit dem Flächeninhalt

a) $5\ cm^2$; **b)** $13\ cm^2$; **c)** $18\ cm^2$;
d) $7{,}5\ cm^2$; **e)** $4{,}2\ cm^2$; **f)** $3{,}9\ cm^2$.

10

Konstruiere mithilfe des Höhensatzes auf der Zahlengeraden den Punkt zu der angegebenen Zahl.
Tipp: Ein Quadrat mit dem Flächeninhalt $13\ cm^2$ hat die Seitenlänge $\sqrt{13}$ cm.

a) $\sqrt{12}$ **b)** $\sqrt{5}$ **c)** $\sqrt{8}$

BEISPIEL
Eine Strecke mit der Seitenlänge $\sqrt{15}$ lässt sich folgendermaßen konstruieren:

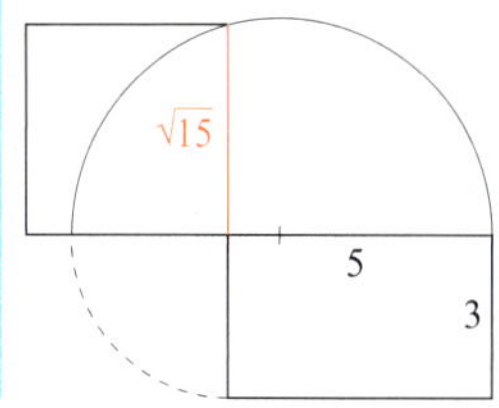

11

Konstruiere mithilfe des Höhensatzes zu einem Quadrat mit der Seitenlänge 3 cm ein flächengleiches Rechteck.

12

Konstruiere mithilfe des Höhensatzes zu einem Quadrat mit der Seitenlänge 3 cm ein Quadrat, dessen Flächeninhalt doppelt so groß ist, wie der des ersten.

13

Konstruiere ein Rechteck, von dem eine Seite x bekannt ist und das flächengleich zu einem Rechteck mit den Seiten a und b ist.

a) $a = 2$ cm, $b = 5$ cm, $x = 3$ cm **b)** $a = 6$ cm, $b = 2{,}5$ cm, $x = 5$ cm
c) $a = 4{,}2$ cm, $b = 3{,}5$ cm, $x = 5{,}2$ cm **d)** $a = 6{,}7$ cm, $b = 5$ cm, $x = 1{,}5$ cm

14

Der Höhensatz soll bewiesen werden.
Wir gehen von einem rechtwinkligen Dreieck aus (siehe Bild) und müssen beweisen, dass das Quadrat über der Höhe h und das Rechteck mit den Seitenlängen p und q den gleichen Flächeninhalt haben.

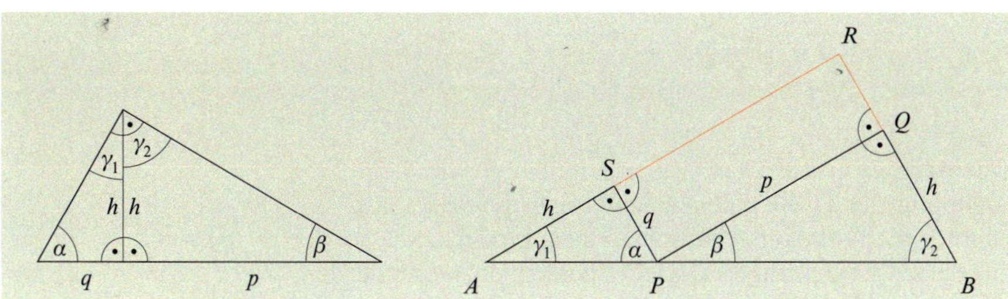

a) Zerlege ein beliebiges rechtwinkliges Dreieck entlang der Höhe h in zwei rechtwinklige Teildreiecke (Bild links), lege sie wie angegeben nebeneinander und ergänze zu einem größeren rechtwinkligen Dreieck (Bild rechts).
Beweise, dass die Ergänzungsfigur ein Rechteck mit den Seiten p und q ist.

b) Vertausche die Teildreiecke und ergänze erneut zu einem größeren rechtwinkligen Dreieck. Beweise, dass die Ergänzungsfigur ein Quadrat mit der Seitenlänge h ist.

c) Beweise, dass die beiden durch Ergänzung entstandenen größeren rechtwinkligen Dreiecke kongruent sind.

d) Warum folgt aus der Kongruenz der großen Dreiecke der Höhensatz?

Anwendungen in der ebenen Geometrie

1

In einem Kreis befindet sich eine 5 cm lange Sehne. Ihr Abstand vom Mittelpunkt des Kreises beträgt 1,5 cm.
Fertige eine Skizze an und berechne den Radius des Kreises.

2

In einem Kreis mit dem Radius 4 cm befindet sich eine 6 cm lange Sehne.
Berechne den Abstand der Sehne vom Mittelpunkt des Kreises.

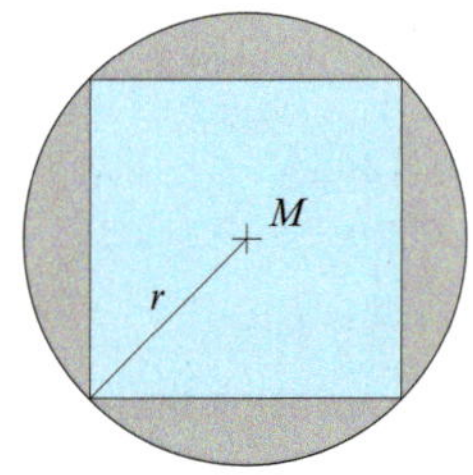

3[L]

Ein Quadrat ist in einen Kreis mit dem Radius $r = 3$ cm eingebettet (siehe Skizze in der Randspalte).

a) Berechne den Flächeninhalt des Quadrates.

b) Gib einen Term an, der den Flächeninhalt A des Quadrates in Abhängigkeit vom Radius r des Kreises beschreibt.

4

Berechne die Länge der Höhe zur Basis b eines gleichschenkligen Dreiecks mit der Schenkellänge s und überprüfe das Ergebnis anhand einer Zeichnung.

a) $s = 8$ cm, $b = 5$ cm **b)** $s = 4$ cm, $b = 7$ cm **c)** $s = 6{,}8$ cm, $b = 4{,}2$ cm

BEACHTE
Wenn man wie in Aufgabe 4 wiederholt dieselbe Berechnung – nur mit anderen Werten – ausführen muss, lohnt sich die Herleitung einer Formel.

WISSEN

Höhe im gleichschenkligen Dreieck
Wenn s die Schenkellänge und b die Länge der Basis in einem gleichschenkligen Dreieck ist, so gilt für die Höhe auf der Basis b:

$$h = \sqrt{s^2 - \frac{b^2}{4}}$$

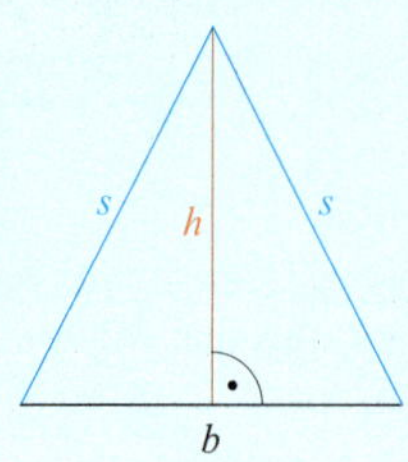

AUFGABE
Beweise die nebenstehende Formel für die Höhe auf der Basis eines gleichschenkligen Dreiecks.

5

a) Berechne die Höhe eines gleichseitigen Dreiecks mit einer Seitenlänge von 4 cm.

b) Stelle eine Formel zur Berechnung der Höhe eines gleichseitigen Dreiecks auf. Nutze dabei die obige Formel für die Höhe im gleichschenkligen Dreieck.

c) Wie kann man die Seitenlänge eines gleichseitigen Dreiecks berechnen, wenn die Höhe des Dreiecks gegeben ist?

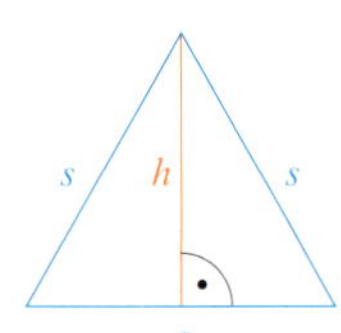

6

a) Berechne den Flächeninhalt eines gleichseitigen Dreiecks mit einer Seitenlänge von 4 cm.

b) Stelle eine Formel zur Berechnung des Flächeninhaltes eines gleichseitigen Dreiecks mit gegebener Seitenlänge auf und beweise sie.

c) Stelle eine Formel zur Berechnung des Flächeninhaltes eines gleichseitigen Dreiecks mit gegebener Höhe auf und beweise sie.

7

a) Konstruiere ein regelmäßiges Sechseck, dessen Seitenlänge 3 cm beträgt.
b) Berechne den Flächeninhalt des Sechsecks aus a).
c) Der Flächeninhalt eines regelmäßigen Sechsecks beträgt 120 cm². Wie lang ist eine Seite des Sechsecks?

8

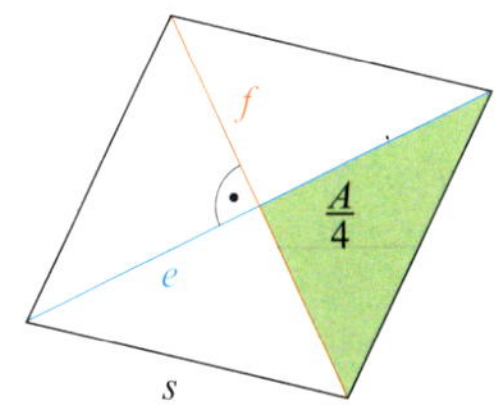

a) Stelle anhand des Bildes wichtige Eigenschaften eines Rhombus (einer Raute) zusammen.
b) Berechne die fehlenden Größen in der Tabelle (s, e, f: Längen von Seiten und Diagonalen; A: Flächeninhalt). Überprüfe die Ergebnisse durch eine Zeichnung.

s		6 cm	5 cm		4 cm
e	4 cm	3,2 cm		8 cm	
f	5 cm		6,8 cm		
A				16 cm²	16 cm²

9

Ein Drachenviereck besitzt eine 8 cm lange Diagonale als Symmetrieachse, die andere Diagonale ist 6 cm lang. Eine Seite des Drachenvierecks ist 4 cm lang. Berechne die Länge der restlichen Seiten und überprüfe das Ergebnis durch Konstruktion des Drachen.

Drachen

10

In einem gleichschenkligen Trapez ist a = 12 cm und c = 8 cm lang. Der Abstand zwischen a und c beträgt 6 cm. Berechne Umfang und Flächeninhalt des Trapezes.

11

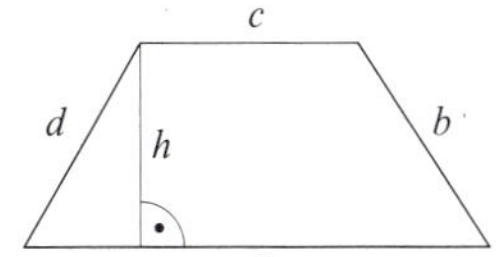

a) Konstruiere ein gleichschenkliges Trapez aus a = 7 cm, c = 5 cm und dem Umkreisradius r = 4 cm.
b) Entnimm der Zeichnung den Abstand zwischen den Seiten a und c sowie die Länge der Strecken b und d und überprüfe die Ergebnisse rechnerisch.

12

Übertrage die Tabelle ins Heft und berechne die fehlenden Größen des gleichschenkligen Trapezes. Überprüfe die Ergebnisse durch eine Zeichnung.

a	8 cm		7 cm		7 cm
b				5 cm	4 cm
c	6 cm	3 cm	5 cm	2 cm	3 cm
h	4 cm	4 cm		3 cm	
A		16 cm²	18 cm²		

Körperberechnungen

Oberflächeninhalt und Volumen von Pyramiden

1

Die Grundkante eines Daches mit der Gestalt einer quadratischen Pyramide hat eine Länge von 6 m, eine Seitenkante beträgt 8 m.

a) Zeichne ein Netz des Mantels der Pyramide im Maßstab 1 : 100. Schneide das Netz aus und falte es zu einem Pyramidenmantel.

b) Gib eine Formel für den Mantelflächeninhalt an und berechne ihn. Nutze den Satz des Pythagoras, um die notwendigen Größen zu berechnen.

Turmdächer

WUSSTEST DU SCHON?
Sollen solche Turmdächer neu gedeckt werden, so muss man zur Planung des Vorhabens die Größe der Mantelfläche ermitteln.

2

Bastele mithilfe eines sternfömigen Netzes eine (nicht zu kleine) Pyramide mit rechteckiger Grundfläche und klappe sie vor dir auf.

a) Schätze, wie viel Quadratzentimeter Pappe du verwendet hast.

b) Entnimm dem Netz die benötigten Maße und berechne den Inhalt der Oberfläche. Vergleiche mit deiner Schätzung.

c) Überlege, welchen Anteil an der Oberfläche der Mantel einnimmt. Kontrolliere durch eine Rechnung.

3

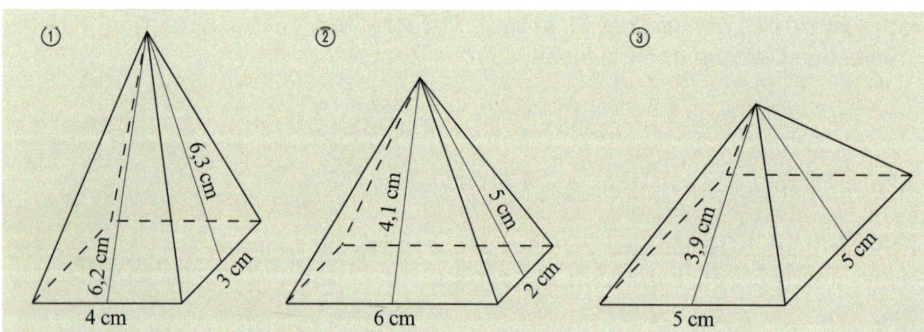

a) Betrachte die Pyramiden und ordne sie ohne zu rechnen nach der Größe ihrer Oberfläche.

b) Kontrolliere deine Vermutung durch Rechnung.

c) Berechne die Höhen der drei Pyramiden.

WISSEN

Der **Oberflächeninhalt A_O von Pyramiden** ist gleich der Summe aus dem Grundflächeninhalt A_G und dem Flächeninhalt des Mantels A_M.

Für Pyramiden gilt: $A_O = A_G + A_M$

4

Berechne den Oberflächeninhalt folgender Pyramiden.

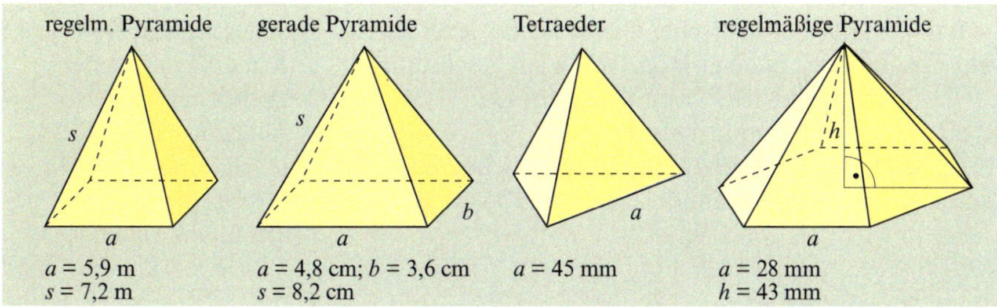

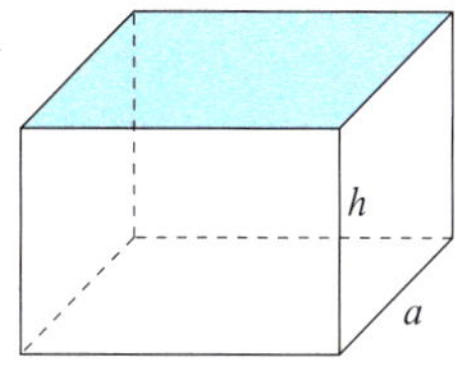

5

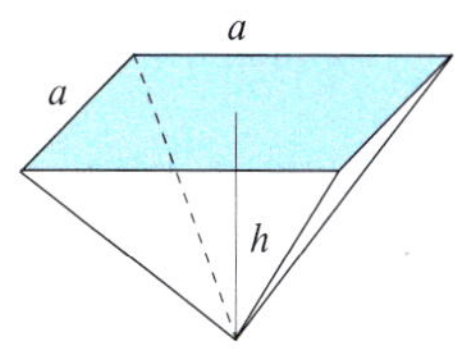

Die oberen beiden der drei in der Randspalte gezeigten Körper haben gleiche Grundflächen und gleiche Höhen ($a = 6$ cm, $h = 4$ cm). An den farbigen Flächen sind sie offen. Baue diese beiden Körper aus Pappe nach.

a) Schätze, in welchem Verhältnis die Volumina der beiden Körper stehen.

b) Überprüfe deine Schätzung, indem du den kleineren Körper mit Sand füllst und diesen anschließend in den größeren schüttest.

c) Wie könnte man das Volumen der Pyramide berechnen?

6

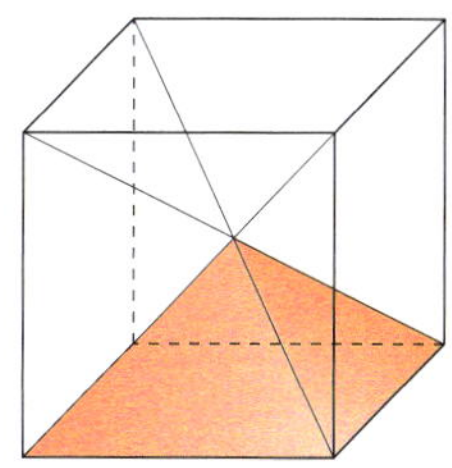

a) Nebenstehender Würfel ist in 6 kongruente Pyramiden aufgeteilt. Begründe die Kongruenz der Pyramiden.

b) Das Volumen einer kleinen Pyramide ist ein Sechstel des Würfelvolumens. Leite für diese speziellen Pyramiden eine Volumenformel her.

WISSEN

Das **Volumen einer Pyramide** mit der Grundfläche A_G und der Körperhöhe h ist gleich dem dritten Teil des Produktes aus Grundflächeninhalt und Höhe.

Für alle Pyramiden gilt: $V = \frac{1}{3} A_G \cdot h$

7

Berechne das Volumen einer Pyramide mit der Körperhöhe $h = 5$ cm, deren Grundfläche

a) ein Rechteck mit $a = 7$ cm und $b = 3$ cm ist;

b) ein Quadrat mit $a = 36$ mm ist;

c) ein rechtwinkliges Dreieck mit den Katheten 27 mm und 0,45 dm ist;

d) ein regelmäßiges Sechseck mit 4 cm Seitenlänge ist.

8

a) Berechne das Volumen eines Tetraeders mit der Kantenlänge $a = 5$ cm.

b) Berechne das Volumen einer quadratischen Pyramide mit den gegebenen Größen.

(1) $a = 13$ cm; $h = 2{,}2$ dm

(2) $h = 8{,}7$ cm; $s = 98$ mm

(3) $s = 14$ m; $h_S = 8$ m

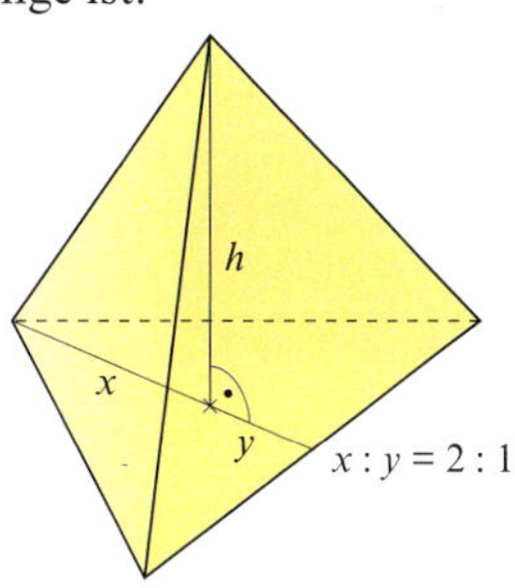

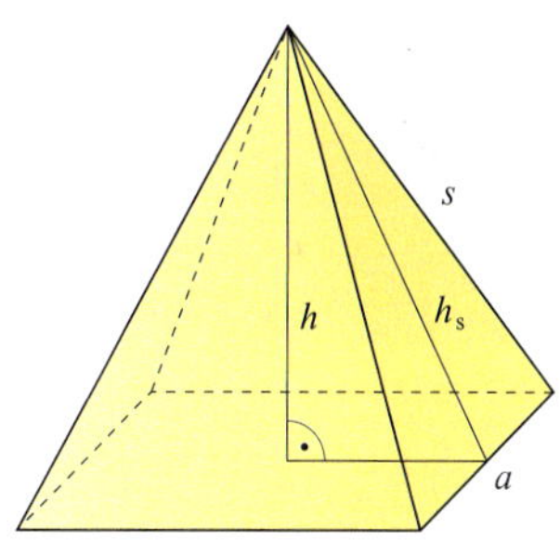

Berechnungen an Pyramidenstümpfen

9

Eine gerade Pyramide der Höhe $h = 6$ cm mit quadratischer Grundfläche der Kantenlänge $a = 4{,}2$ cm wird parallel zur Grundfläche in einer Höhe von 4 cm geschnitten.

a) Berechne die Kantenlänge b der Deckfläche des Pyramidenstumpfes.

b) Zeichne ein Schrägbild und ein Netz des Pyramidenstumpfes.

c) In welchem Verhältnis stehen jeweils die Höhen bzw. die Grundflächen bzw. die Volumina der Pyramide und der Ergänzungspyramide zueinander? Vergleiche.

ERINNERE DICH

Sind zwei Körper K und K' zueinander ähnlich mit dem Ähnlichkeitsfaktor k, so gilt für ihre Flächen $A' = k^2 A$ und für die Volumina $V' = k^3 V$.

WISSEN

Wenn man eine Pyramide mit einer zur Grundfläche parallelen Ebene schneidet, so erhält man einen **Pyramidenstumpf** und eine Ergänzungspyramide.

Ein Pyramidenstumpf ist ein ebenflächig begrenzter Körper, der von zwei zueinander ähnlichen n-Ecksflächen und n Trapezflächen begrenzt wird.

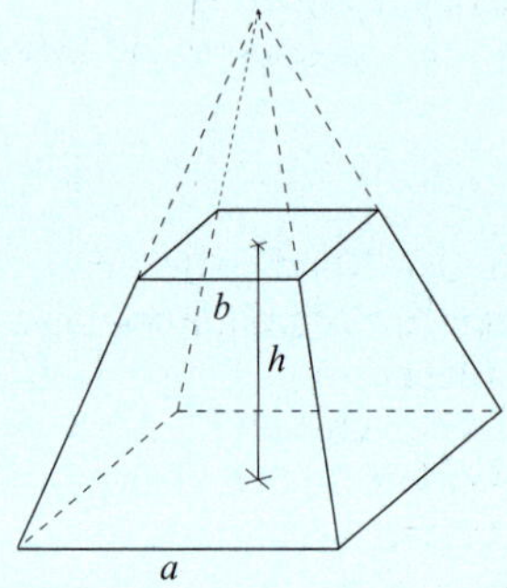

10^L

Ein Pyramidenstumpf mit quadratischer Grund- und Deckfläche hat die Maße $a = 5{,}6$ cm, $b = 2{,}2$ cm und $h_T = 3{,}6$ cm.
Berechne den Oberflächeninhalt des Pyramidenstumpfes.

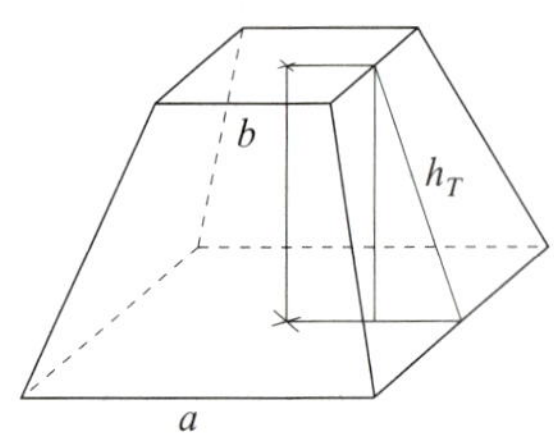

11

a) Wie kann man allgemein die Höhe h_T einer trapezförmigen Seitenfläche eines „quadratischen" Pyramidenstumpfes aus a, b und der Körperhöhe h berechnen?

b) Berechne h_T für den Pyramidenstumpf aus Aufgabe 9.

c) Berechne den Oberflächeninhalt des Pyramidenstumpfes aus Aufgabe 9.

d) Berechne das Volumen des kleinsten quaderförmigen Kartons, in den der Pyramidenstumpf hineinpasst. Schätze das Volumen des Pyramidenstumpfes.

WISSEN

Die Seitenlängen a und b der quadratischen Grund- bzw. Deckfläche sowie die Höhe h eines Pyramidenstumpfes seien gegeben.
Das **Volumen V des Pyramidenstumpfes** soll berechnet werden.

Lösungsansatz:
Würde man die Maße der Ausgangspyramide (1) kennen, aus der der Pyramidenstumpf durch Abschneiden der Ergänzungspyramide (2) entstanden ist, könnte man das gesuchte Volumen V schnell ermitteln:
$V = V_1 - V_2 = \frac{1}{3}a^2 \cdot h_1 - \frac{1}{3}b^2 \cdot h_2$.
Es sind also h_1 und h_2 aus a, b und h zu berechnen. Wegen der Ähnlichkeit von Ausgangspyramide und Ergänzungspyramide gilt: $\frac{h_1}{h_2} = \frac{a}{b}$. Außerdem gilt: $h_1 = h_2 + h$.
Ersetzt man h_1 in der Verhältnisgleichung, so folgt:
$\frac{h_2 + h}{h_2} = \frac{a}{b}$ bzw. $h_2 = \frac{b\,h}{a - b}$

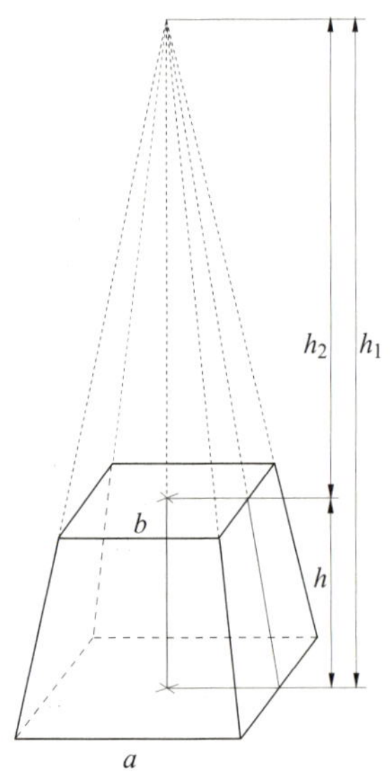

12

a) Berechne das Volumen des Pyramidenstumpfes aus Aufgabe 9.
b) Berechne das Volumen des Pyramidenstumpfes aus Aufgabe 10.

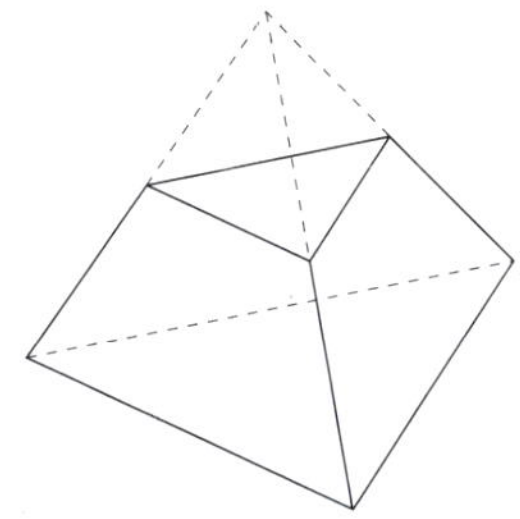

13

Von einem Tetraeder der Kantenlänge $a = 4{,}8$ cm wird in halber Höhe durch eine Ebene parallel zur Grundfläche ein kleiner Tetraeder abgetrennt.
a) Berechne den Oberflächeninhalt des Pyramidenstumpfes.
b) Zeige, dass das Verhältnis des Oberflächeninhalts des Pyramidenstumpfes zum Oberflächeninhalt des Tetraeders 7 : 8 beträgt.
c) Begründe, dass das Volumen des abgetrennten Tetraeders $\frac{1}{8}$ des Volumens des Ausgangskörpers beträgt.

14[L]

Berechne das Volumen und den Oberflächeninhalt eines Pyramidenstumpfes mit quadratischer Grund- und Deckfläche.
a) $a = 16{,}4$ cm, $b = 12{,}2$ cm, $h = 15{,}3$ cm
b) $a = 12{,}2$ dm, $b = 8{,}4$ dm, $h = 6{,}8$ dm
c) $a = 2{,}55$ m, $b = 1{,}48$ m, $h = 1{,}24$ m
d) $a = 8{,}4$ cm, $b = 5{,}8$ cm, $h = 4{,}2$ cm

Weitere Körperberechnungen

15

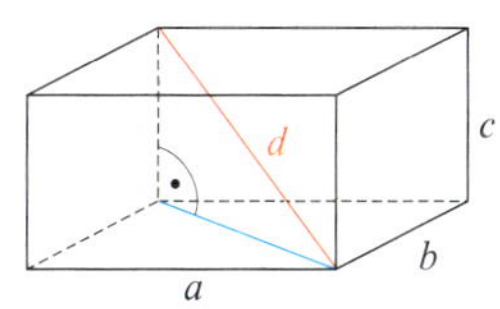

Ein Quader ist 8 cm lang, 5 cm breit und 4 cm hoch.
a) Berechne die Länge der drei Flächendiagonalen (im Bild blau).
b) Berechne die Länge der Raumdiagonalen (im Bild rot).
c) Entwickle eine Formel für die Länge d der Raumdiagonalen eines Quaders.

16[L]

Die Variablen a, b, c, d stehen für die Längen der drei Kanten und der Raumdiagonalen eines Quaders.
Berechne im Folgenden jeweils die fehlende Länge.
a) $a = 4$ m, $b = 6$ m, $c = 7$ m
b) $a = 12$ cm, $b = 3{,}5$ cm, $d = 15$ cm
c) $b = 2{,}75$ dm, $c = 4{,}8$ dm, $d = 6{,}2$ dm
d) $a = 18$ mm, $c = 14{,}2$ mm, $d = 24{,}8$ mm

17

a) Wie lang ist die Raumdiagonale eines Würfels, dessen Kante 3 cm lang ist?
b) Entwickle eine Formel für die Länge d der Raumdiagonalen eines Würfels.

18

Entwickle für eine quadratische Pyramide mit der Seitenlänge s und der Höhe h eine Formel zur Berechnung der Oberfläche.

19

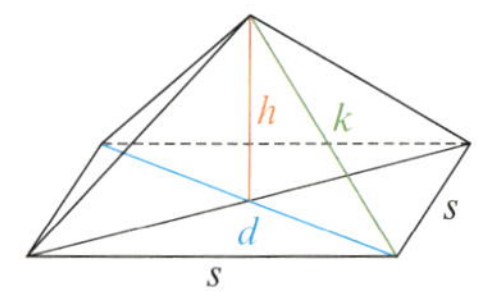

Zwei der vier in der Skizze ausgewiesenen Größen einer quadratischen Pyramide sind angegeben. Berechne die restlichen zwei.

a) $s = 5$ cm, $k = 9$ cm **b)** $h = 6$ cm, $s = 8$ cm **c)** $k = 10$ cm, $h = 7$ cm
d) $d = 10$ cm, $h = 3$ cm **e)** $k = 5$ m, $d = 8$ m **f)** $s = 10$ cm, $h = 1$ cm

20

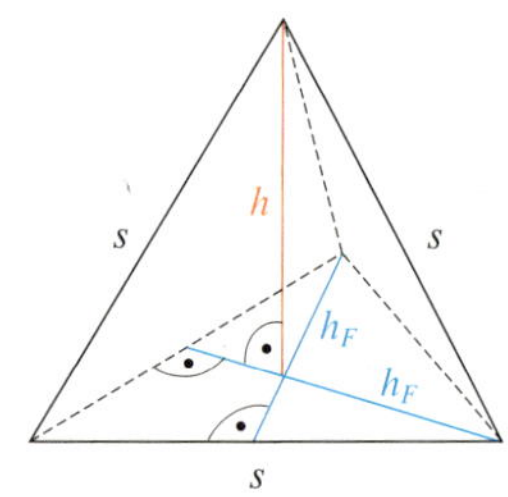

Das Bild zeigt ein regelmäßiges Tetraeder, also einen von vier gleichseitigen Dreiecken begrenzten Körper.

a) Berechne zu einem regelmäßigen Tetraeder mit der Kantenlänge $s = 3$ cm die Höhe h.
Hinweis: Berechne zunächst die Höhe h_F des gleichseitigen Dreiecks. Beachte ferner, dass sich in jedem Dreieck zwei Seitenhalbierende im Verhältnis 2 : 1 schneiden; beim gleichseitigen Dreieck sind die Höhen und die Seitenhalbierenden dieselben Linien.

b) Die Höhe h eines regelmäßigen Tetraeders der Kantenlänge s kann man auch direkt mithilfe der Formel $h = \frac{\sqrt{6}}{3} \cdot s$ berechnen.
Beweise diese Formel.

21

Ein regelmäßiges Tetraeder hat eine Höhe von 5 cm.

a) Berechne die Kantenlänge des Tetraeders.
b) Berechne die Oberfläche des Tetraeders.

AUFGABEN ZUR WIEDERHOLUNG

1. Übertrage die Tabelle in dein Heft und ergänze so, dass bei a) und b) direkte und bei c) und d) indirekte Proportionalität entsteht.
Gib für jede jeweils eine Gleichung der vier Zuordnungen an.

a)

x	5	7	9,5		27,4
y		21		33,6	

b)

x	$\frac{1}{2}$	$\frac{5}{6}$		$\frac{4}{7}$	$\frac{8}{9}$
y	$\frac{3}{8}$		$\frac{9}{24}$		

c)

x	4		2,5	80	0,16
y		0,8	8		

d)

x	$\frac{3}{2}$	$\frac{1}{5}$		$\frac{5}{7}$	6
y	$\frac{1}{2}$		$\frac{6}{5}$		

2. Im abgebildeten Diagramm sind mehrere Zuordnungen dargestellt. Nutze sie zur Lösung der folgenden Aufgaben.

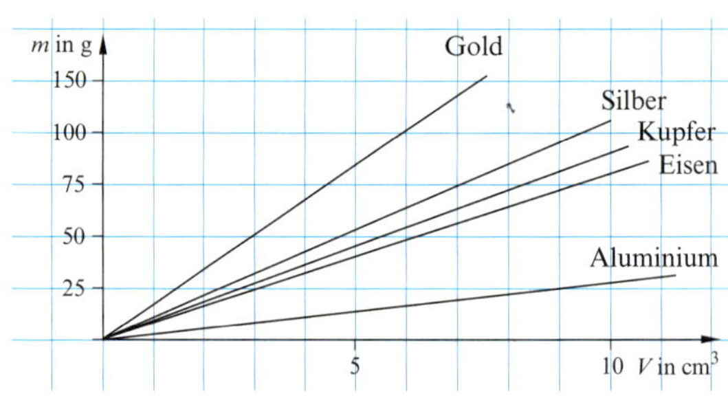

a) Welche Masse haben Würfel (Kantenlänge 2 cm) aus Aluminium, Eisen, Kupfer und Silber? Ermittle auch die Masse eines entsprechenden Goldwürfels.
b) Du sollst aus den bei a) genannten Materialien Würfel mit einer Masse von 50 g herstellen. Welches Volumen (welche Kantenlänge) haben diese Würfel?
c) Gib die Proportionalitätsfaktoren und je eine Gleichung für die betrachteten Zuordnungen an.

Anwendungen aus Alltag und Naturwissenschaft

1

Herr Gustav hat in seinem Wohnzimmer an der Wand ein 1,60 m langes, altes Jagdgewehr hängen. Weil sein 14-jähriger Neffe zu Besuch kommt, will er es vorsichtshalber in einer quaderförmigen Truhe verstecken. Ist dies überhaupt möglich, wenn die Truhe 1,50 m lang, 60 cm breit und 50 cm hoch ist?

2

Als es noch keine Taschenrechner gab, benutzten Handwerker zur Berechnung der Diagonalenlänge d eines Quadrates die Näherungsformel $d = a + \frac{5}{12} \cdot a$, wobei a die Seitenlänge darstellt. Oder sie verwendeten eine Folge von Rechenanweisungen wie „verzehnfache die Seitenlänge; vermindere das Ergebnis um 1 % und teile dann durch 7“.
Berechne mit diesen beiden Verfahren jeweils einen Näherungswert für die Länge der Diagonalen in einem Quadrat mit der gegebenen Seitenlänge a.
Vergleiche die Näherungswerte mit dem Wert, den man erhält, wenn man den Satz des Pythagoras zugrunde legt und einen Taschenrechner benutzt.

a) Seitenlänge $a = 1{,}8$ m
b) Seitenlänge $a = 4{,}5$ m

3

Wie weit kann man bei klarer Sicht auf das Meer sehen, wenn man 80 m hoch auf einem Leuchtturm steht?

4

Die Karte zeigt ein Wandergebiet in der Nähe von Bad Harzburg. Der am unteren Rand der Karte befindliche Maßstab bezieht sich auf den Abstand zwischen Punkten in gleicher Höhe.

a) Wie lang ist der Weg von Punkt A nach Punkt B?
b) Wie weit sind die Burgruinen per Luftlinie voneinander entfernt?
c) Berechne die ungefähre Länge des gestrichelt gezeichneten Weges zwischen den beiden Burgruinen.

Tipp: Beachte die braunen Höhenlinien. Eine Höhenlinie verbindet alle Punkte gleicher Höhe (Bezugsebene ist der Meeresspiegel).

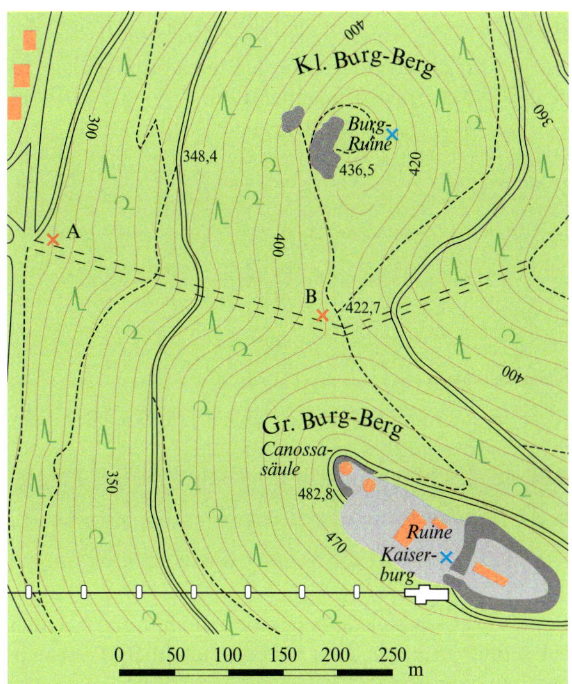

5

Anja hat ein großes Bücherregal, das 2 m hoch, 2 m breit und 25 cm tief ist. Kann sie dieses Regal ins angrenzende Nachbarzimmer schieben ohne es auseinanderzubauen, wenn die Zimmertür 1,96 m hoch und 71 cm breit ist?
Fertige eine Skizze an und rechne.

Ergänzungen aus Mathematik und Physik

WISSEN

Mittelwerte zweier Zahlen *a* und *b*

arithmetisches Mittel: $m = \frac{(a+b)}{2}$ **geometrisches Mittel:** $m_g = \sqrt{a \cdot b}$

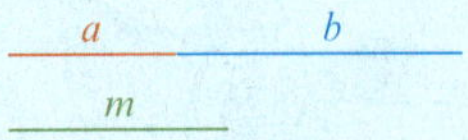

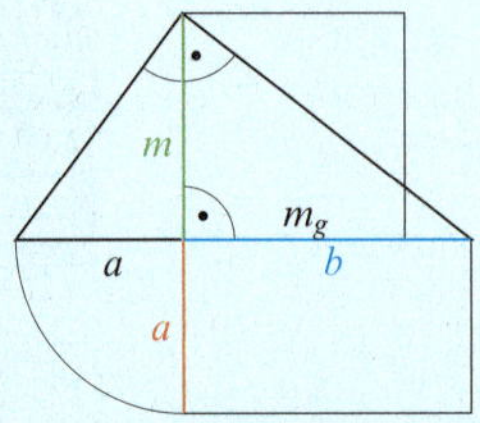

Das Bild rechts zeigt, warum man vom „geometrischen Mittel" spricht: Man kann m_g als Seite eines Quadrates konstruieren, welches zum Rechteck mit den Seiten a und b flächengleich ist. (Höhensatz)

6

Bestimme zeichnerisch und rechnerisch das geometrische Mittel von

a) 2 und 8 **b)** 3 und 7 **c)** 1 und 3 **d)** 4,7 und 2,8

Vergleiche das Ergebnis jeweils mit dem arithmetischen Mittelwert.
Was könnte man vermuten?

7

Beweise, dass das geometrische Mittel zweier positiver Zahlen a und b stets kleiner oder höchstens gleich dem arithmetischen Mittel dieser Zahlen ist.

8

Notiere für die geänderten Seitenbezeichnungen alle Gleichungen, die der Satzgruppe des Pythagoras zuzuordnen sind.

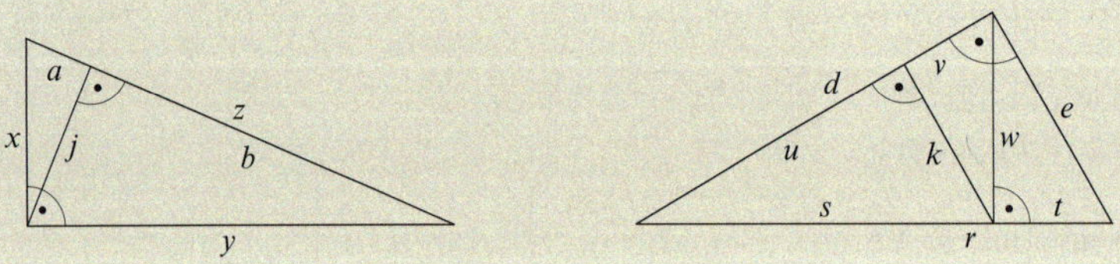

9

Auch in einem nicht rechtwinkligen Dreieck lässt sich die Seite c durch die Höhe h_c in zwei Abschnitte q und p unterteilen.
Beweise, dass dann anstelle des Kathetensatzes Folgendes gilt:
$p \cdot c = \frac{1}{2} \cdot (a^2 + c^2 - b^2)$; $q \cdot c = \frac{1}{2} \cdot (b^2 + c^2 - a^2)$.

10

Beweise, dass man jede ungerade Zahl n, mit $n \geq 3$ als Differenz zweier Quadratzahlen schreiben kann. Das nebenstehende Bild verdeutlicht den genannten Zusammenhang am Beispiel der ungeraden Zahl 5.

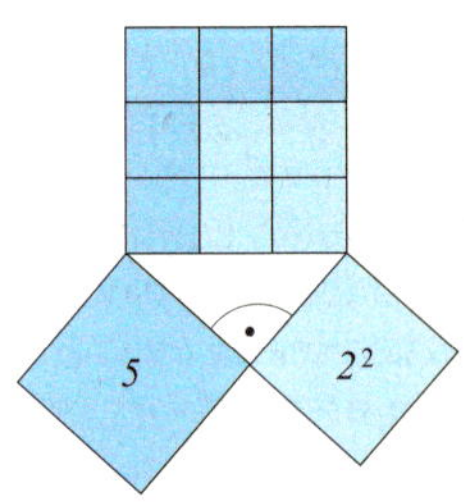

11

Das nebenstehende Bild zeigt ein Pendel, das 1,20 m zur Seite ausgelenkt wurde. Wie viel Zentimeter hat das Pendel an Höhe gewonnen?

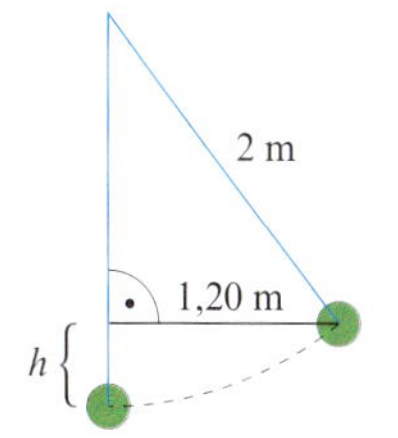

12

a) Berechne den Abstand zwischen den beiden Punkten $P(2|8)$ und $Q(14|3)$ mithilfe des Punktes $H(2|3)$ und des Lehrsatzes des Pythagoras (Bild 1).

b) Berechne den Abstand zwischen den beiden Punkten $P(1|2)$ und $Q(9|8)$, indem du zunächst die Koordinaten eines geeigneten Gitterpunktes H bestimmst und dann weiter wie unter a) verfährst.

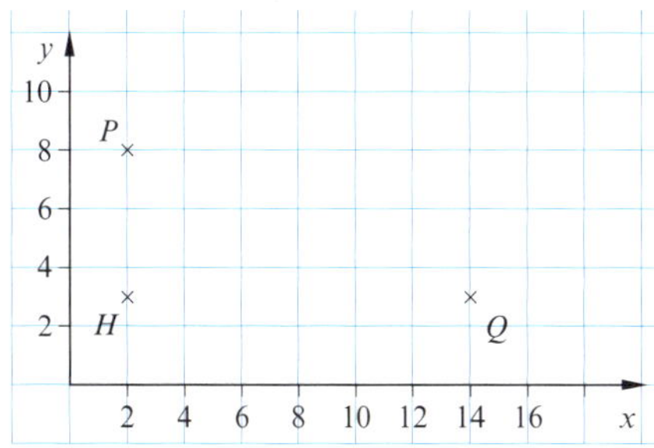

13

Entwickle eine Formel zur Bestimmung des Abstands d zwischen zwei beliebigen Punkten $P(x_1, y_1)$ und $Q(x_2, y_2)$ des 1. Quadranten. (Vergleiche Aufgabe 12.)

14

a) Konstruiere ein Dreieck mit $c = 6$ cm, $h_c = 5$ cm, $\beta = 40°$.

b) Bestimme dazu zeichnerisch und rechnerisch ein flächengleiches Quadrat.

15

Ein 180 m breiter Fluss strömt mit der Geschwindigkeit $v_F = 0{,}8\,\frac{m}{s}$ zu Tal.
Ein Schwimmer überquert ihn senkrecht dazu in der Zeit $t = 5$ min (Bild 2).

a) Wie weit wird der Schwimmer von der Strömung seitlich abgetrieben?

b) Wie lang ist die Strecke, die der Schwimmer zurücklegt?

c) Wie groß ist die Geschwindigkeit v_s, mit der sich der Schwimmer senkrecht zum anderen Ufer bewegt? Wie groß ist die resultierende Geschwindigkeit v?

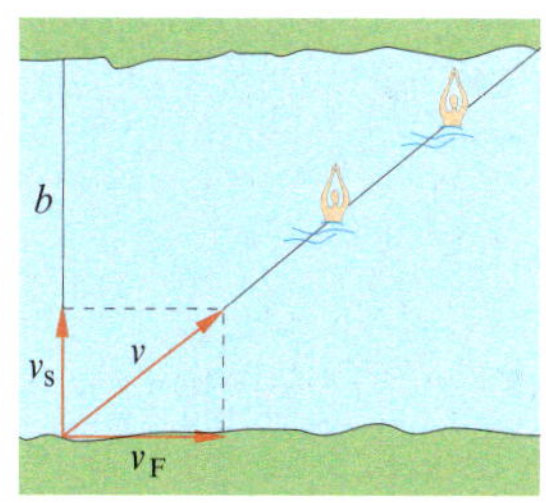

16

Mitten über einer Straße hängt in 9 m Höhe eine 40 kg schwere Lampe, die durch zwei Stahlseile an den Wänden zweier gegenüberliegender Häuser in 12 m Höhe befestigt ist. Wie lang sind die Stahlseile, wenn die beiden Häuser 18 m voneinander entfernt sind?

17

Zwischen zwei Stativstäben ist ein 80 cm langer Draht gespannt. Fließt durch den Draht Strom, so erwärmt er sich und wird länger. Das in der Mitte des Drahtes befestigte Gewichtstück bewegt sich dadurch nach unten.
Wie groß ist die Verlängerung des Drahtes, wenn das Gewichtstück 3 cm tiefer hängt als ursprünglich?

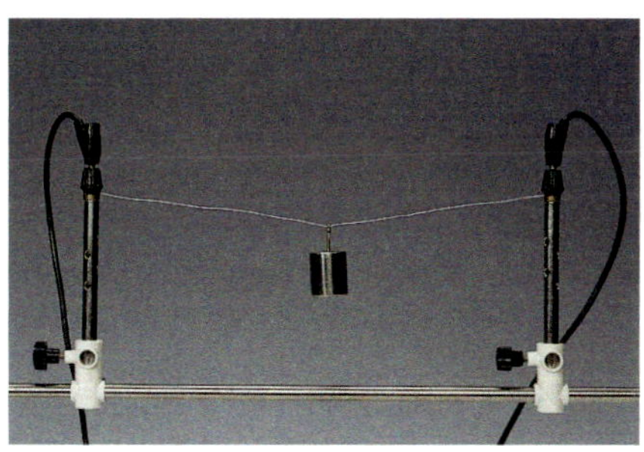

Experimentieranordnung

Teste dich!

Grundwissen

1

Gib die Gleichungen für den Satz des Pythagoras, den Höhensatz und den Kathetensatz mit den für das abgebildete Dreieck verwendeten Bezeichnungen an.

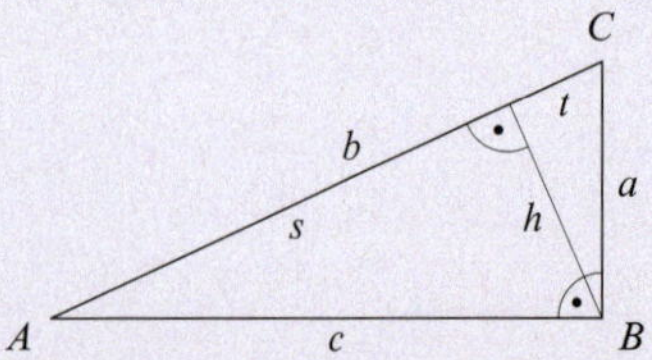

2

In einem rechtwinkligen Dreieck sind die Hypotenusenabschnitte $p = 4$ cm und $q = 9$ cm gegeben.
Berechne die Kathetenlängen und den Flächeninhalt des Dreiecks.

3

Leite eine Formel für die Länge der Raumdiagonalen in einem Quader her.
Welche Längen ergeben sich für die Raumdiagonalen folgender Quader?

a) $a = 41{,}25$ cm $b = 12$ cm $c = 5$ cm
b) $a = 2{,}5$ cm $b = 6$ cm $c = 9{,}5625$ cm

4

Prüfe, ob die Dreiecke rechtwinklig sind. Zwischen welchen Seiten liegt gegebenenfalls der rechte Winkel?

a) $a = 8$ cm $b = 15$ cm $c = 17$ cm
b) $r = 25$ cm $s = 7$ cm $t = 24$ cm
c) $k = 3{,}3$ cm $l = 5{,}5$ cm $m = 4{,}4$ cm

5

Ermittle den Abstand zwischen den beiden Punkten $P_1(0|1)$ und $P_2(2|5)$.

6

Gib eine Formel für die Höhe einer geraden Pyramide mit den Seitenkanten s an, deren Grundfläche ein regelmäßiges Sechseck der Kantenlänge a ist.
Berechne die Höhe einer solchen Pyramide für die Kantenlängen $a = 6$ cm und $s = 7$ cm.

Sachaufgaben und Probleme

7

Ein Dachboden wird ausgebaut, dabei soll auf der Giebelseite ein Fenster eingesetzt werden, das der gleichschenklig-dreieckigen Giebelform entspricht.
Die Basis des Giebels beträgt 5 m, die des Fensters 70 % davon. Die Fensterschenkel sind 2,25 m lang.
Berechne den Flächeninhalt des Fensters. Wie hoch ist es?

8

Ein Zelt hat die Form einer quadratischen Pyramide. Die Grundfläche der Pyramide hat eine Seitenlänge von 4 m. In der Mitte wird das Zelt durch eine 3 m hohe Stange gestützt, auch die vier Seitenkanten werden durch Zeltstangen gebildet.

a) Wie lang sind die seitlichen Zeltstangen?
b) Wie viel Quadratmeter Mantelfläche hat das Zelt?

9

An einem Faden mit der Länge l = 1,3 m hängt eine Kugel. Diese wird seitlich um die Strecke d = 50 cm ausgelenkt.
Um welche Strecke h ist die Kugel dann nach oben verschoben worden?

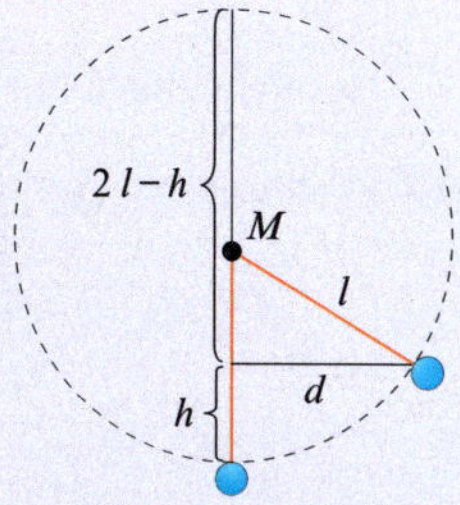

10

Eine 5 m lange Leiter soll so an eine Wand gelehnt werden, dass sie wie in der Zeichnung eine vor der Wand befindliche Tonne von 1,2 m Durchmesser als dritten Stützpunkt nutzt. In welchem Abstand vom unteren Ende der Wand muss die Leiter aufgestellt werden?

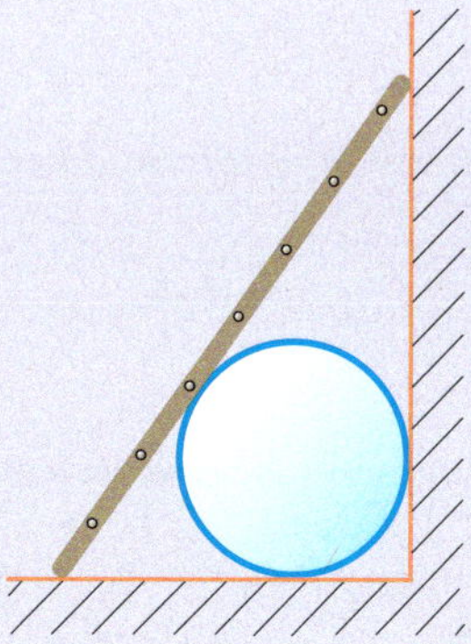

11

Gegeben sind drei gleichseitige Dreiecke mit den Seitenlängen a, b und c. Die Summe der Flächeninhalte von zweien dieser Dreiecke ist gleich dem Flächeninhalt des dritten. Begründe, dass das Dreieck mit den Seiten a, b und c rechtwinklig ist.

AUSWERTUNG

Flächensätze am Dreieck: Die Satzgruppe des Pythagoras – Überprüfe dein Wissen und Können!

Schätzt eure Leistung zunächst selbst ein, nachdem ihr die Aufgaben bearbeitet habt.
Konntest du nicht alle Aufgaben lösen? Die folgende Tabelle enthält einige Tipps, mit denen du vielleicht doch noch zum Ziel kommen kannst.

Aufgabe	Tipp
1	Beachte die Wortformulierungen dieser Sätze auf den Seiten 144, 146 und 151.
2	In welchem Satz aus der Satzgruppe des Pythagoras kommen die gegebenen und die gesuchten Stücke vor?
3	Skizziere ein Schrägbild. In welchem rechtwinkligen Dreieck kommt die Raumdiagonale vor?
4	Gilt eigentlich auch die Umkehrung des Satzes des Pythagoras?
5	Zeichne die Punkte ins Koordinatensystem ein. Betrachte ein geeignetes rechtwinkliges Dreieck, in dem eine Seitenlänge der Abstand der beiden Punkte ist.
6	Skizziere ein Schrägbild. In welchen rechtwinkligen Dreiecken kommt die Pyramidenhöhe vor?
7	Die Basishöhe teilt das Dreieck in zwei kongruente rechtwinklige Dreiecke.
8	Skizziere ein Schrägbild. In welchen rechtwinkligen Dreiecken kommen die gesuchten Stücke vor? Beachte auch die Wissenskästen auf den Seiten 156 bis 160.
9	Es geht mit einem Satz aus der Satzgruppe des Pythagoras.
10	Sei x der gesuchte Abstand und sei h die Höhe der Leiter an der Wand. Die Tonne berührt die Leiter, den Fußboden und die Wand. Zeichne im Heft die drei Berührungsradien ein. Begründe anhand der dadurch entstehenden Figuren (Quadrat, zwei Drachen), dass $x + h = 6{,}2$ gilt. Stelle eine weitere Gleichung für x und h auf.
11	Berechne die Flächeninhalte der gleichseitigen Dreiecke in Abhängigkeit von a, b und c. Welche Beziehung besteht nach der Bedingung über die Flächeninhalte zwischen a, b und c?

Beratet mit eurer Lehrerin oder eurem Lehrer, wie ihr eventuell noch vorhandene „Wissenslücken“ schließen könnt. Die Lösungen zu den Aufgaben findest du auf Seite 243.

ZUSAMMENFASSUNG

Bezeichnungen am rechtwinkligen Dreieck

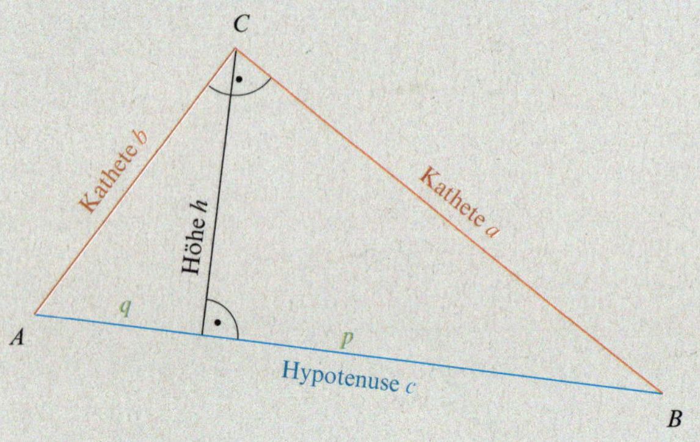

Die **Katheten** schließen den rechten Winkel ein.
Die **Hypotenuse** liegt dem rechten Winkel gegenüber. Sie ist die längste Seite im rechtwinkligen Dreieck.

p und *q* nennt man Hypotenusenabschnitte

Satz des Pythagoras

$a^2 + b^2 = c^2$

In jedem rechtwinkligen Dreieck ist das Hypotenusenquadrat flächengleich mit der Summe der Kathetenquadrate.

Kathetensatz

$b^2 = q \cdot c$; $a^2 = p \cdot c$

In jedem rechtwinkligen Dreieck ist ein Kathetenquadrat flächengleich zu dem Rechteck aus Hypotenuse und dem entsprechenden Hypotenusenabschnitt.

Höhensatz

$h^2 = p \cdot q$

In jedem rechtwinkligen Dreieck ist das Quadrat über der Höhe flächengleich zu dem Rechteck aus den beiden Hypotenusenabschnitten.

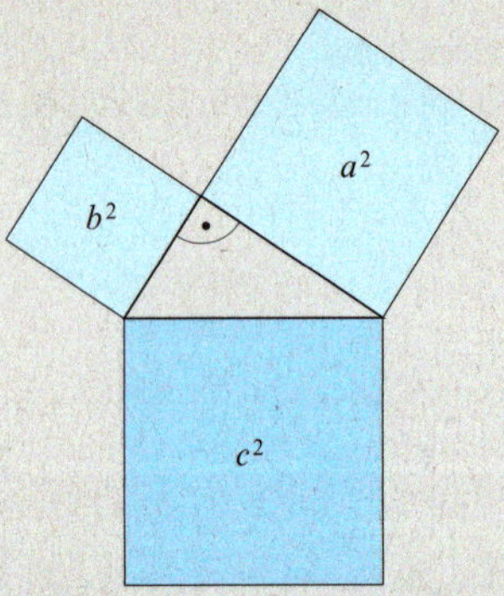

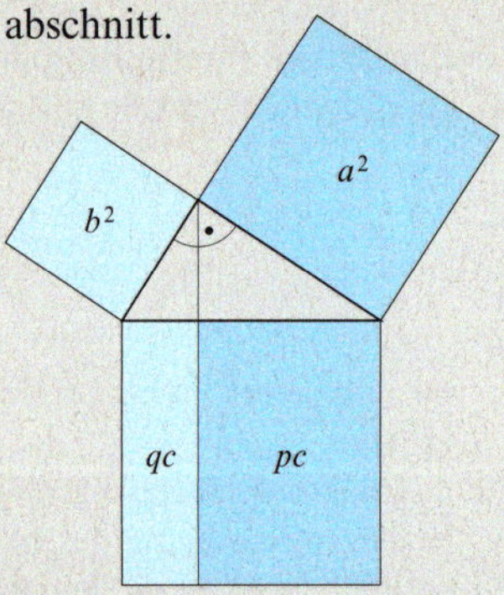

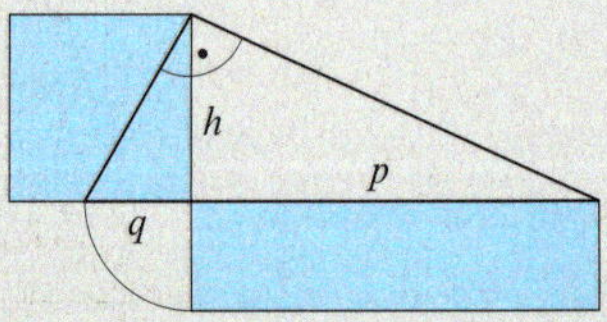

Umkehrung der Sätze aus der Satzgruppe des Pythagoras

Umkehrung des Satzes des Pythagoras: Gilt in einem Dreieck mit den Seitenlängen a, b und c die Beziehung $a^2 + b^2 = c^2$, so ist das Dreieck rechtwinklig mit der Hypotenuse c und den Katheten a und b.

Auch die Umkehrungen des Kathetensatzes und des Höhensatzes gelten.
Zum Beispiel lautet die **Umkehrung des Höhensatzes:** In jedem Dreieck mit den Seitenlängen a, b und c teilt die Höhe h_c die Seite c in zwei Abschnitte p und q. Gilt die Gleichung $h_c^2 = p\,q$, so ist das Dreieck rechtwinklig mit der Hypotenuse c und den Katheten a und b.
Beweis: Die Höhe h_c unterteilt das Dreieck in zwei rechtwinklige Dreiecke mit den Seiten h_c, p, a bzw. h_c, q, b. Nach dem Satz des Pythagoras gilt $h_c^2 + p^2 = a^2$ und $h_c^2 + q^2 = b^2$. Wegen $h_c^2 = p\,q$ und $c = p + q$ gilt dann $a^2 + b^2 = 2\,p\,q + p^2 + q^2 = (p + q)^2 = c^2$. Damit folgt die Behauptung aus der Umkehrung des Satzes des Pythagoras.

Auswerten von Daten

Mit einem neuen, von Wissenschaftlern des Max-Planck-Instituts für Strömungsforschung in Göttingen entwickelten mathematischen Modell kann die weltweite Verbreitung von Infektionskrankheiten nicht nur beschrieben, sondern auch vorhergesagt werden.
Das Modell berücksichtigt sowohl den Verlauf der Infektion bei Individuen als auch die Verbreitungsmöglichkeiten durch den weltweiten zivilen Luftverkehr. Grundlegend ist die Auswertung umfangreichen Datenmaterials über viele einzelne Krankheitsfälle und über die Nutzung von Fluglinien.
Im Falle von SARS zeigte die Simulation mit dem Modell eine überraschend gute Übereinstimmung mit dem tatsächlichen Verlauf der Epidemie.

Lesen und Darstellen statistischer Daten

1

a) Welche Aussagen kannst du den Diagrammen entnehmen?
b) Erläutere die Vorteile, ggf. aber auch die Nachteile der abgebildeten Diagrammarten.
Hinweis: Gehe dabei insbesondere auf die Darstellung von Entwicklungen und von Anteilen ein.

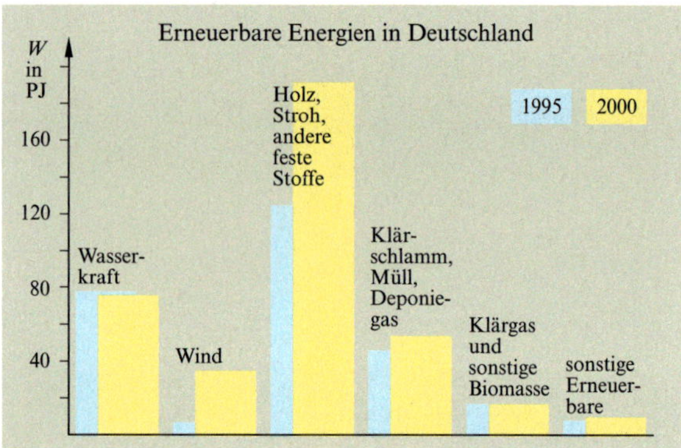

Säulendiagramm

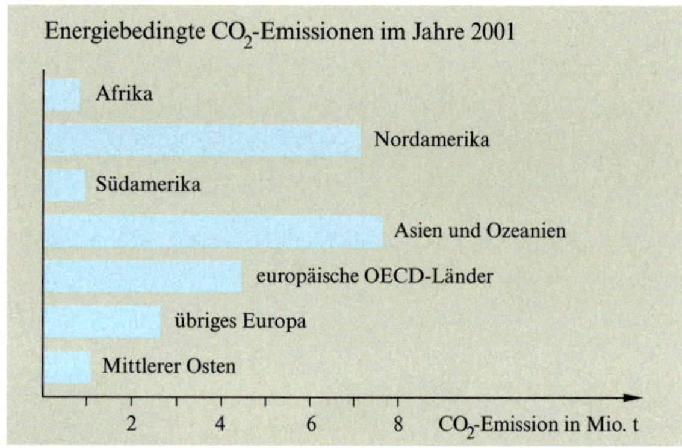

Balkendiagramm

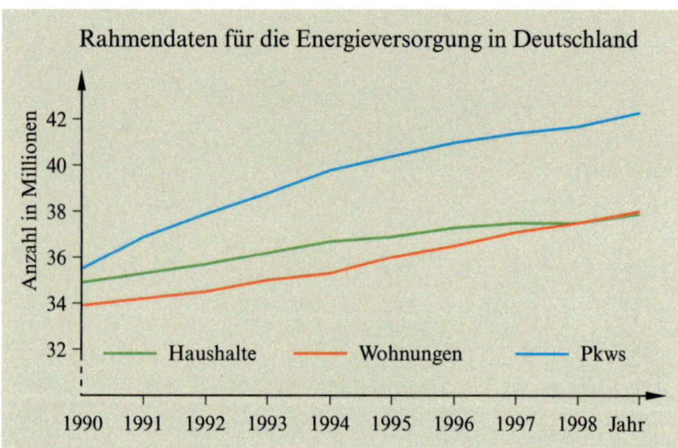

Liniendiagramm

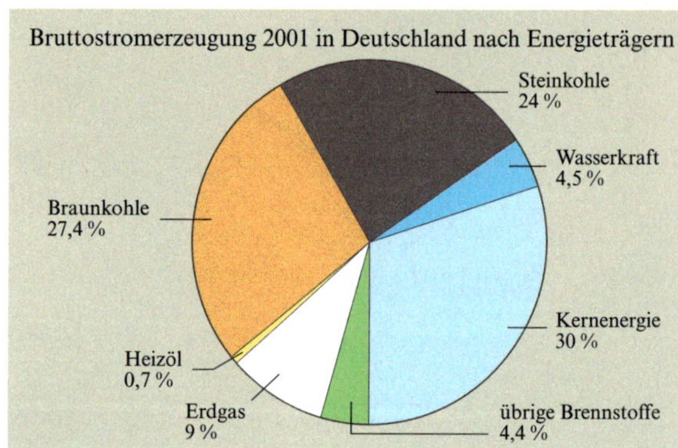

Kreisdiagramm

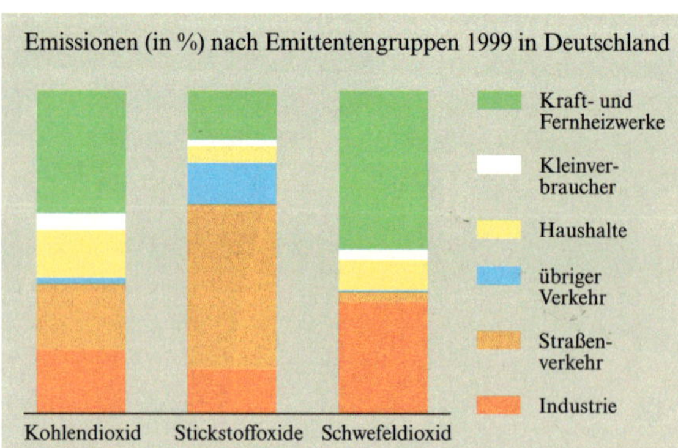

100 %-Säulendiagramm

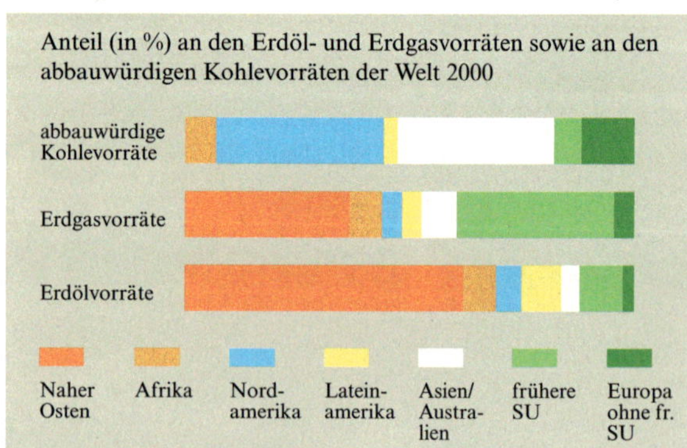

100 %-Balkendiagramm

2

Entwickle für die gegebenen Daten ein Diagramm, in dem gleichzeitig die Anteile der einzelnen Bereiche und die zeitliche Entwicklung dargestellt werden.

Prognose der Schüleranzahlen an allgemeinbildenden und beruflichen Schulen nach Bildungsbereichen in Deutschland (Quelle: KMK-Dokumentation Nr. 152, Februar 2001)

Jahr	Schüleranzahlen in Tausend				
	Primarbereich	Sekundarbereich I	Sekundarbereich II	Berufliche Schulen	Sonderschulen
2000	3400,5	5338,4	762,9	2676,8	416,9
2005	3182,9	4976,0	830,4	2796,1	390,4
2010	2895,0	4608,5	752,5	2631,6	359,0
2015	2713,3	4235,0	724,2	2505,5	335,5

3

Das nebenstehende, mit einer Tabellenkalkulation erzeugte, Diagramm stellt das bundesweite Ergebnis der Bundestagswahl aus dem Jahr 2002 dar.

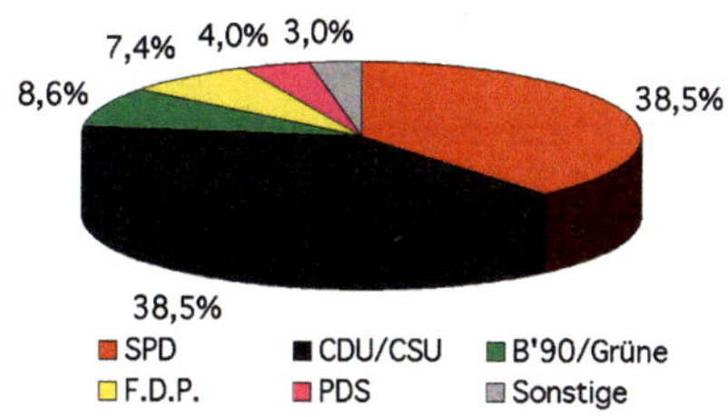

a) Stelle das Wahlergebnis in einem 100 %-Balkendiagramm dar.

b) Stelle vergleichend mit a) das Ergebnis der Bundestagswahl im Land Brandenburg ebenfalls in einem 100 %-Balkendiagramm dar:
SPD 46,4 %, CDU/CSU 22,3 %, Bündnis 90/Grüne 4,5 %, F.D.P. 5,8 %, PDS 17,2 %, Sonstige 3,8 %.

c) Bei der vorhergehenden Bundestagswahl im Jahr 1998 erreichte die CDU/CSU 35,1 % der Wählerstimmen. Erkläre die Bedeutung der Aussagen:
Die CDU/CSU steigerte das Wahlergebnis um 9,7 %.
Die CDU/CSU steigerte das Wahlergebnis um 3,4 Prozentpunkte.

d) Insgesamt gaben 47 980 304 von 61 388 671 Wahlberechtigten eine gültige Stimme ab. Berechne die Wahlbeteiligung. Wie viel Prozent der Wahlberechtigten stimmten für die 2002 gebildete Koalition?

ANREGUNG
Sitzverteilung des Bundestages 2002:

SPD	251
CDU/CSU	248
Bündnis 90/Grüne	55
F.D.P	47
PDS	2

Überzeuge dich:
Die Stimmenanteile und die Anteile an den Sitzen im Bundestag sind nicht identisch.
Suche eine Erklärung dafür.

4

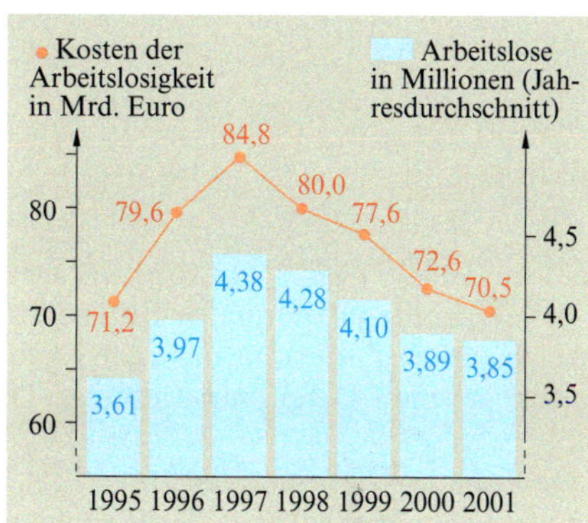

a) Erläutere den Aufbau des dargestellten Diagramms.

b) Welche Informationen kannst du dem Diagramm entnehmen?

c) Die Kosten der Arbeitslosigkeit setzen sich so zusammen: zu 55 Prozent aus Ausgaben für Arbeitslose und zu 45 Prozent aus Mindereinnahmen, die entstehen, weil Arbeitslose kein Arbeitseinkommen beziehen. Berechne wie viele Milliarden Euro das jeweils sind.

d) Berechne die „Kosten je Arbeitslosen" in den angegebenen Jahren.
Versuche einen Bezug zur Aussage herzustellen: „In den Jahren seit 1996 ist die Zahl der Langzeit-Erwerbslosen gestiegen".

NACHGEDACHT
Welche Mindereinnahmen entstehen für Bund, Länder, Gemeinden und Sozialversicherungsträger dadurch, dass Arbeitslose kein Arbeitseinkommen haben?

5

„Trotz rückläufiger Unfallzahlen ist die Zahl der Verkehrstoten in Brandenburg in den ersten sechs Monaten dieses Jahres deutlich gestiegen. Die Polizei zählte 180 Tote durch Verkehrsunfälle. Das waren 17 Tote und damit… Prozent mehr als im gleichen Vorjahreszeitraum.

… Brandenburg weist mit 69 Verkehrstoten je einer Million Einwohner weiter die zweithöchste Todesrate aller Bundesländer auf den Straßen auf. Die Zahl der Verkehrsunfälle sank allerdings im ersten Halbjahr um 6,5 Prozent auf 43740. Die Zahl der Verletzten ging um 7,6 Prozent auf 7125 zurück.

… Die meisten Verkehrstoten (112) gab es auf Straßen außerhalb geschlossener Ortschaften; im Vorjahr waren es 93. Innerhalb von Kommunen ließen 51 (2001: 37) ihr Leben. Auf den Autobahnen ging die Zahl der Toten hingegen von 33 auf 20 zurück.

… 22 Tote (+ 29,4 %) gingen auf das Konto von Alkoholunfällen, 82 Tote (+ 12,3 %) auf das Konto überhöhter Geschwindigkeit.

… In den ersten sechs Monaten ermittelte die Polizei bei Verkehrsüberwachungsmaßnahmen 535 154 Tempoverstöße – 3,5 Prozent mehr als im ersten Halbjahr 2001.

… Es wurden bereits 34 Verkehrsunfälle unter Drogeneinfluss (+ 30,8 %) registriert. Daneben wurden bei Kontrollen 117 Drogenverdachtsfälle (+ 31,5 %) im Straßenverkehr festgestellt – davon 78 Straftaten und 39 Ordnungswidrigkeiten.

… Positiv zu bewerten ist der Rückgang schwerer Unfälle junger Fahrerinnen und Fahrer.
Die 18- bis 24-Jährigen verursachten 1613 derartige Unfälle (– 4,5 %) mit 2033 Verletzten (– 12,1 %). Die Zahl der Getöteten erhöhte sich allerdings um 9,8 Prozent auf 67.

… Die Zahl der ‚Kinderunfälle' sank erfreulicherweise um vier Prozent auf 478.
Die Zahl der verletzten Kinder ging um 33,4 Prozent auf 307 zurück.
Ein Kind wurde im Straßenverkehr getötet; im ersten Halbjahr 2001 waren es vier."

Auszüge der Internet-Seite www.polizei.brandenburg.de vom 20. Juli 2002

a) Um wie viel Prozent hat sich die Zahl der Verkehrstoten in Brandenburg erhöht?

b) Stelle die Zahl der Verkehrstoten in Abhängigkeit vom Unfallort in zwei vergleichenden 100 %-Säulendiagrammen für die Jahre 2001 und 2002 dar.

c) Stelle die Daten zu den schweren Unfällen junger Fahrerinnen und Fahrer in geeigneten Diagrammen so dar, dass die gegensätzliche Entwicklung bei Unfällen, Verletzten und Getöteten deutlich wird. Übertrage dazu das folgende Diagramm ins Heft und vervollständige es.

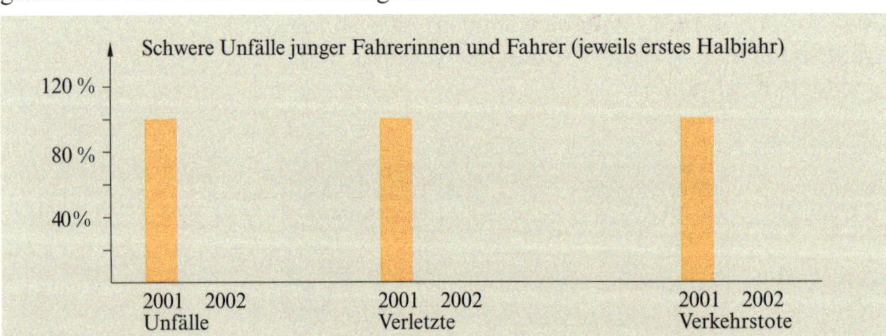

d) Berechne bei allen Daten, bei denen die prozentualen Entwicklungen in Klammern angegeben wurden, die absoluten Zahlen für das erste Halbjahr 2001.

e) Entwickle zu weiteren der angegebenen Daten aussagefähige Diagramme und eigene Aufgabenstellungen.

f) Nenne Ursachen für die hohe Zahl der Verkehrstoten.

g) Auf der gleichen Internetseite werden Maßnahmen der Polizei angekündigt, die zur Verbesserung der genannten Zahlen beitragen sollen. Diskutiert: Welche Maßnahmen würdet ihr für geeignet halten?

h) Stelle dir vor, du bist Redakteur einer Zeitung. Überlege dir eine Überschrift für einen Artikel, in dem du die Daten den Lesern mitteilst.

ANREGUNGEN

• Informiere dich über die Entwicklung der angegebenen Daten in den vergangenen Jahren.

• Versuche herauszubekommen: Was versteht man unter dem „Begleiteten Fahren junger Fahrer"?
Was hältst du davon?

• Erzeuge zu b), c) und e) auch Diagramme mithilfe einer Tabellenkalkulation und vergleiche mit deinen eigenen Diagrammen.

6

In einem großen Betrieb wird eine Übersicht über die Nettoeinkommen der Mitarbeiter erstellt. Weil es sehr viele verschiedene Gehälter gibt, ist eine Auflistung der Häufigkeit jedes einzelnen Gehaltes nicht sehr aussagekräftig. Sinnvoller ist es, die Gehälter in Gruppen (bzw. Klassen) einzuteilen und dann die Häufigkeit des Auftretens der einzelnen (Gehalts-)Klassen zu ermitteln, wie in der folgender Tabelle.

250 € bis 750 €	750 € bis 1250 €	1250 € bis 1750 €	1750 € bis 2250 €	2250 € bis 2750 €
423	836	1432	578	136

Es gilt also z. B.: 423 Mitarbeiter haben ein monatliches Nettogehalt zwischen 250 € und 750 € (mindestens 250 €, aber weniger als 750 €).

a) Stelle die Klassen und deren Häufigkeit in einem Streifendiagramm und in einem Kreisdiagramm dar.

b) Überlege, wie du aus diesen Angaben näherungsweise das durchschnittliche Nettoeinkommen berechnen kannst.

BEACHTE
Bei den Werten auf den Klassengrenzen muss festgelegt werden, zu welcher der beiden Klassen sie gehören. Zur Klasse 250 € bis 750 € sollen alle Werte x gehören, für die gilt: $250{,}00\,€ \leq x < 750{,}00\,€$

WISSEN

Wenn eine Datenmenge sehr umfangreich ist, dann kann man sie in Klassen einteilen, man nimmt eine **Klasseneinteilung** vor. Beachte dabei:
- Jeder Wert muss in genau einer Klasse liegen.
- Die Differenz zwischen oberer und unterer Klassengrenze heißt **Klassenbreite**. Die Klassenbreite sollte möglichst für alle Klassen gleich sein.
- Der Wert in der Mitte von unterer und oberer Klassengrenze wird **Klassenmitte** genannt. Die Klassenmitten sollten möglichst einfache Zahlen sein.

NACHGEDACHT
Welchen Vorteil hat eine Klassenbildung? Welchen Nachteil hat eine Klassenbildung? Unter welcher Bedingung überwiegt der Vorteil?

BEISPIEL

In der gegebenen Abbildung werden die aus Aufgabe 6 bekannten Daten in einem speziellen Diagramm, einem **Histogramm** dargestellt. Dabei werden auf der horizontalen Achse die einzelnen Klassen durch Intervalle entsprechender Länge dargestellt. Die über den Intervallen stehenden Rechtecke kennzeichnen durch ihre Höhe die entsprechende Häufigkeit.

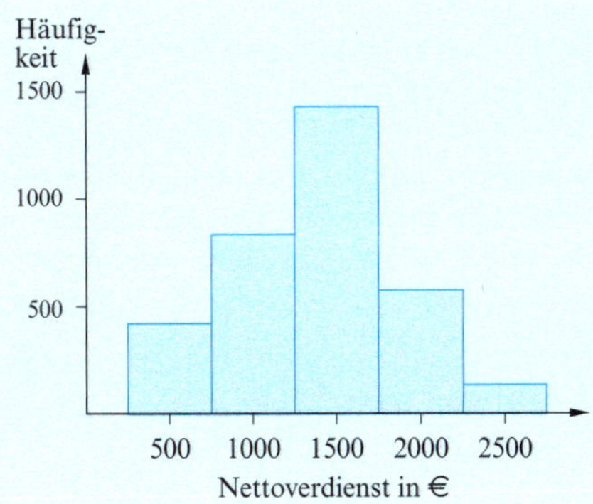

7

Jenny hat bei einer Umfrage erfasst, wie viele Stunden Schüler pro Woche für ihre Hausaufgaben brauchen. (Mehr als 10 Stunden hatte niemand angegeben.)

0 bis unter 2	2 bis unter 4	4 bis unter 6	6 bis unter 8	8 bis unter 10
21	104	115	125	66

Gib die Klassenbreite und die Klassenmitten an. Stelle die Häufigkeiten in einem Histogramm dar.
Wie viel Zeit brauchten diese Schüler im Durchschnitt für die Hausaufgaben?

HINWEIS
Bei einer Klasseneinteilung verwendet man zur Berechnung des arithmetischen Mittels die Klassenmitten.

8

Zwischen dem 15.08.2003 und dem 24.10.2003 änderte sich der Schlusskurs des Deutschen Aktienindex (DAX) im Vergleich zum Vortag um die rechts angegebenen Werte in Prozent.

–0,1	–0,1	1,8	–0,5	–1,4	–1,3	0,8	0,3
–0,2	2,5	–0,1	2,3	0,6	–1,7	0,9	–1,3
–1,6	0,8	–1,6	0,2	1,4	–0,1	1,4	–0,9
–3,4	–1,3	–3,0	0,6	0,0	0,0	–2,0	2,2
–1,6	4,3	–0,4	–1,4	1,2	2,5	–0,3	1,9
0,0	0,9	0,2	–1,7	1,2	0,6	–2,5	0,2
–1,3	–0,3						

a) Berechne das arithmetische Mittel der Änderungen.

b) Führe eine Klasseneinteilung mit folgenden Klassen durch: Prozentuale Änderung ist größer als –3,5 und kleiner oder gleich –2,5, größer als –2,5 und kleiner oder gleich –1,5 etc.

c) Fertige ein Histogramm an.

d) Berechne noch einmal das arithmetische Mittel, indem du mit den Klassenmitten und deren Häufigkeit rechnest.

AUFTRAG
Informiere dich, wie der DAX gebildet wird.

WISSEN

Die vorangegangenen Beispiele zeigen, dass die „Merkmals-Achse“ in den Diagrammdarstellungen von Häufigkeitsverteilungen sehr unterschiedlich beschriftet und skaliert sein kann. Man unterscheidet zwischen Nominalskala, Ordinalskala und metrischen Skalen.
Bei einer **Nominalskala** werden die Werte des beobachteten Merkmals lediglich benannt, sei es in Klartext oder durch die (willkürliche) Zuordnung eines Zahlenwertes. (Beispiel: Religionszugehörigkeit von zufällig ausgewählten Personen, etwa „muslimisch (1)“, „evangelisch (2)“, „katholisch (3)“, „buddhistisch (4)“ etc.)
Bei einer **Ordinalskala** besteht zwischen den Werten eines Merkmals zusätzlich eine sinnvolle Ordnungsrelation; die Werte können in eine (natürliche, sinnvolle) Reihenfolge gebracht werden. (Beispiel: Bewertung eines Sachverhalts mit den Attributen „gut (1)“, „mittel (2)“, „schlecht (3)“ durch zufällig ausgewählte Personen.)
Bei einer **metrischen Skala** sind die Werte des Merkmals Zahlen (oder mit einer Einheit behaftete Zahlen), die das Merkmal in sinnvoller Weise *quantifizieren.* (Quantifizierbare Merkmale sind zum Beispiel Längen oder Temperaturen.)

Beachte, dass bei nominalen oder ordinalen Zahlenskalen Rechenoperationen mit den zur Skalierung verwendeten Zahlen (wie etwa Differenz- oder Mittelwertbildung) entweder sinnlos (etwa im Beispiel „Religionszugehörigkeit“) oder zumindest interpretationsbedürftig (etwa bei der Berechnung von Durchschnittsnoten) sind.

AUFTRAG
Entscheide, welche der folgenden statistischen Erhebungen in einem Histogramm dargestellt werden können und welche nur in einem „normalen“ Säulendiagramm.
- Körpergröße von Jungen der 9. Klasse
- Blutgruppe von Menschen
- Zuschauer werden befragt, wie ihnen ein Film gefallen hat
- Ergebnisse des 100-m-Laufes der Schüler einer Schule
- Anteil der Literaturgattungen, die in einer Bibliothek entliehen werden
- In einer Klassenarbeit erreichte Punktzahlen

9

a) Gib zwei Beispiele von Datenmerkmalen an, die mithilfe einer Nominalskala, aber nicht sinnvoll mit einer Ordinalskala dargestellt werden können.

b) Gib jeweils zwei Beispiele von Datenmerkmalen an, die mithilfe einer Ordinalskala bzw. einer metrischen Skala adäquat dargestellt werden können. Begründe.

10

Entscheide für die Aufgaben 6, 7 und 8 dieses Abschnitts, ob die darin untersuchten Häufigkeitsverteilungen eine Nominalskala, eine Ordinalskala oder eine metrische Skala als Werteskala haben. Begründe deine Antworten. Versucht, Zweifelsfälle in gemeinsamer Diskussion zu klären.

Kenngrößen von Häufigkeitsverteilungen

1

Ein Fernsehsender ließ drei Kriminalfilme von 1000 Zuschauern mit Punkten bewerten. Dabei konnten 0 (Film war katastrophal) bis 10 Punkte (Film war ausgezeichnet) vergeben werden.
Der am besten bewertete Film soll zu einer Serie ausgedehnt werden.

	0	1	2	3	4	5	6	7	8	9	10
Film 1	50	60	75	75	90	90	150	200	200	10	0
Film 2	0	10	25	125	150	200	90	50	50	150	150
Film 3	10	50	110	160	190	20	40	70	300	25	25

a) Untersuche, für welchen der Filme jeweils das genannte Argument spricht:
„Die Hälfte aller Zuschauer hat unseren Film mit 6 oder mehr Punkten bewertet. Das haben die beiden anderen Filme nicht erreicht."
„Der am häufigsten auftretende Wert ist bei unserem Film am höchsten."
„Unser Film hat den besten Durchschnitt erreicht."

b) Welche Wertung wäre für dich entscheidend?

c) Überlege dir eine Punkteverteilung, auf die alle drei Aussagen gleichzeitig zutreffen würden.

2

Die 17 Mitglieder der Arbeitsgemeinschaft „Kluger Kopf" und die 13 Mitglieder der Arbeitsgemeinschaft „Schlauer Fuchs" nehmen an einem Wissenswettbewerb teil. Es gilt jeweils 10 Fragen richtig zu beantworten.
Die Auswertung des Testes ergibt die folgenden Punktzahlen:
Kluger Kopf: 2 3 3 4 4 5 5 5 6 6 6 6 7 7 8 9 10
Schlauer Fuchs: 2 3 3 4 4 5 5 7 7 7 8 9 10

a) Zeige, dass die erreichten arithmetischen Mittel in etwa gleich sind.

b) Welche Punktzahl wurde von den „Klugen Köpfen" am häufigsten erreicht?
Welche Punktzahl wurde von den „Schlauen Füchsen" am häufigsten erreicht?
Für welche Gruppe spricht der Vergleich der am häufigsten erreichten Punktzahlen?

c) Die „Klugen Köpfe" behaupten von sich, dass mehr als die Hälfte ihrer Mitglieder 6 oder mehr Punkte erreicht haben. Überprüfe diese Behauptung. Von welcher Punktzahl könnten die „Schlauen Füchse" behaupten, dass sie von mehr als der Hälfte aller Mitglieder übertroffen wurde.
Für welches Team spricht dieser Wert?

ERINNERE DICH

absolute Häufigkeit $H(x_i)$ eines Ergebnisses x_i: Anzahl der Beobachtungen dieses Ergebnisses

relative Häufigkeit $h_n(x_i)$ eines Ergebnisses x_i: Quotient aus der absoluten Häufigkeit dieses Ergebnisses und der gesamten Beobachtungsanzahl n

Berechnung des **arithmetischen Mittels**:

$$\overline{x} = \frac{x_1 + x_2 + \ldots + x_n}{n}$$

WISSEN

Modalwert einer Datenmenge ist ein Wert, der am häufigsten vorkommt. In einer Datenmenge kann es mehrere Modalwerte geben.
Der **Zentralwert** (oder **Median**) einer Datenmenge ist derjenige Wert, der die geordnete Datenreihe halbiert. Bei einer ungeraden Anzahl von Werten ist der Zentralwert der Wert, der genau in der Mitte der geordneten Datenreihe steht, bei einer geraden Anzahl von Werten ist der Zentralwert das arithmetische Mittel der beiden mittleren Werte.

BEACHTE
Modalwert m bzw. Zentralwert z (oder Median) dienen ebenso wie das arithmetische Mittel zur Auswertung von Datenmengen.

3

Im Weltcup der Skispringer erreichte ein Springer bisher die folgenden Platzierungen:
3., 5., 3., 3., 8., 2., 2., 9., 7., 4., 1., 5., 3., 5., 2.

a) Berechne das arithmetische Mittel $\overline{x}$ der Platzierungen und gib den Modalwert m sowie den Zentralwert z an.
b) Berechne das arithmetische Mittel und den Modalwert, wenn die weiteren Platzierungen 7., 4., 7., 10., 7. lauten
c) Gib mögliche Platzierungen in den nächsten 5 Springen an, sodass $z = 5$ ist.
d) Gib mögliche Platzierungen in den nächsten 5 Springen an, sodass $m = 5$ ist.
e) Gib mögliche Platzierungen in den nächsten 5 Springen an, sodass $\overline{x} = 5$ ist.
f) Ist es möglich, für die nächsten 5 Springen Platzierungen so anzugeben, dass $z = 5$ und $m = 5$ und $\overline{x} = 5$ gilt?
g) Ist es möglich, für die nächsten 5 Springen Platzierungen unter den besten zehn Springern so anzugeben, dass $z = 6$ und $m = 6$ und $\overline{x} = 6$ gilt? Begründe.

4

Würfle fünfmal mit einem normalen Spielwürfel. Notiere die Ergebnisse.
a) Berechne das arithmetische Mittel $\overline{x}$, den Modalwert m und den Zentralwert z.
b) Begründe: Sind fünf Würfelergebnisse möglich mit $m = 1$, $z = 2$ und $\overline{x} = 3$?
c) Gib jeweils fünf Würfelergebnisse an, bei denen sich $\overline{x}$ und m ($\overline{x}$ und z; m und z) möglichst stark unterscheiden.

5

Es seien $x_1; x_2; \ldots; x_n$ die bei einer statistischen Erhebung ermittelten Daten, die mit den relativen Häufigkeiten $h(x_1); h(x_2); \ldots; h(x_n)$ auftreten.
Begründe, dass dann $\overline{x} = h(x_1) \cdot x_1 + h(x_2) \cdot x_2 + \ldots + h(x_n) \cdot x_n$ gilt.

6

Sebastian und Martin vergleichen ihre beim Bowling erreichten Punktzahlen.

Punkte	0	1	2	3	4	5	6	7	8	9	10
Anzahl bei Sebastian	1	3	3	13	16	18	12	37	17	6	2
Anzahl bei Martin	8	9	7	10	12	10	16	20	18	16	14

a) Berechne für beide jeweils $\overline{x}$, m und z.
b) Vergleiche die beiden Serien. Welche Unterschiede stellst du fest?
c) Denke dir eine Spielserie aus, die ungefähr denselben Mittelwert wie bei Sebastian und Martin hat, aber sich gravierend von deren Serien unterscheidet.

7

Ein Körper bewegt sich gleichmäßig. Um seine Geschwindigkeit berechnen zu können, wird die Zeit t für das Zurücklegen einer bestimmten Wegstrecke gemessen.

Nr. der Messung	t in s	$t - \bar{t}$	$\lvert t - \bar{t} \rvert$	$(t - \bar{t})^2$
1	8,3			
2	7,9			
3	8,4			
4	8,4			
5	8,5			
6	8,1			
7	8,1			
8	8,4			
9	8,2			
10	8,3			

a) Übertrage die Tabelle und berechne das arithmetische Mittel der gemessenen Zeiten.
b) Vervollständige die 3. Spalte der Tabelle. Addiere anschließend alle Werte dieser Spalte. Was stellst du fest? Begründe, dass das genannte Vorgehen bei jeder Messreihe zum gleichen Ergebnis führen würde.
c) Vervollständige die 4. Spalte der Tabelle. Berechne das arithmetische Mittel der Werte in dieser Spalte. Welche Bedeutung hat dieser Mittelwert? Wie würde eine ähnliche Messreihe aussehen, wenn dieser Mittelwert kleiner bzw. größer ist?
d) Vervollständige nunmehr auch die 5. Spalte der Tabelle. Berechne auch hier das arithmetische Mittel der Werte.
e) Im Tabellenkopf ist nur für die zweite Spalte eine Einheit angegeben. Welche Einheiten wären in den anderen Spalten hinzuzufügen?
f) Die Einheit in der fünften Spalte passt nicht zur Größe Zeit. Dieses Problem kann behoben werden, indem die Wurzel gezogen wird.
Welchen Zahlenwert und welche Einheit hat diese Wurzel?
g) In d) und f) wurden Maße für die Streuung der Werte um das arithmetische Mittel berechnet. Überlege, in welchem der beiden Maße große Abweichungen vom arithmetischen Mittel stärkeren Einfluss haben.

WUSSTEST DU SCHON?
Will man bei Experimenten möglichst genaue Messwerte erhalten, so führt man den Versuch mehrere Male durch und misst bzw. beobachtet jedesmal wieder neu. Anschließend bildet man das arithmetische Mittel dieser Versuchsergebnisse. Dadurch sinkt das Risiko für mögliche Abweichungen vom wirklichen Wert. Je mehr Versuche durchgeführt werden, um so „sicherer" ist das Ergebnis.

WISSEN

Die Angabe eines Mittelswertes – wie $\bar{x}$, m und z – reicht oft nicht aus, um eine Häufigkeitsverteilung genau genug zu beschreiben. Es wird dann eine Angabe über die Streuung der Werte hinzugefügt, um zu verdeutlichen, wie sehr die einzelnen Daten vom Mittelwert abweichen. Dazu verwendet man häufig die folgenden **Streuungsmaße**.

Es seien $x_1; x_2; \ldots; x_n$ die bei einer statistischen Erhebung ermittelten Daten. Ihr arithmetisches Mittel sei $\bar{x}$.

Mittlere Abweichung: $d_x = \dfrac{\lvert x_1 - \bar{x} \rvert + \lvert x_2 - \bar{x} \rvert + \ldots + \lvert x_n - \bar{x} \rvert}{n}$

Mittlere quadratische Abweichung (oder auch **Varianz**):

$$V = s^2 = \frac{(x_1 - \bar{x})^2 + (x_2 - \bar{x})^2 + \ldots + (x_n - \bar{x})^2}{n}$$

Standardabweichung: $s = \sqrt{V} = \sqrt{\dfrac{(x_1 - \bar{x})^2 + (x_2 - \bar{x})^2 + \ldots + (x_n - \bar{x})^2}{n}}$

HINWEIS
Oft wird zur Bezeichnung der Standardabweichung auch das Zeichen σ (Sigma) benutzt.
Auch auf vielen Taschenrechnern steht σ für dieses Streuungsmaß.

8L

a) Berechne zu den Mittelwerten aus den Aufgaben 2 (Testergebnisse im Wissenswettbewerb) und 6 (Bowlingergebnisse) jeweils die mittlere Abweichung, und die Standardabweichung.

b) Berechne für die Befragung der Fernsehzuschauer aus Aufgabe 1 nach nebenstehendem Muster mithilfe einer Tabellenkalkulation auch für die Filme 2 und 3 Mittelwert, mittlere Abweichung, Varianz und Standardabweichung.

	A	B	C	D	E
1		Film 1			
2	Bewertung xi	H(xi)	xi*H(xi)	|xi-Mittelw.|*H(xi)	(xi-Mittelw.)^2*H(xi)
3	0	50	0	261,75	1370,26125
4	1	60	60	254,1	1076,1135
5	2	75	150	242,625	784,891875
6	3	75	225	167,625	374,641875
7	4	90	360	111,15	137,27025
8	5	90	450	21,15	4,97025
9	6	150	900	114,75	87,78375
10	7	200	1400	353	623,045
11	8	200	1600	553	1529,045
12	9	10	90	37,65	141,75225
13	10	0	0	0	0
14					
15	Summen	1000	5235	2116,8	6129,775
16					
17	Mittelwert	5,24			
18	mittl. Abw.	2,12			
19	Varianz	6,13			
20	Standardabw.	2,48			
21					

c) Einige Taschenrechner bieten die Möglichkeit, mithilfe spezieller Tasten statistische Berechnungen sehr einfach auszuführen. Es sind lediglich die ermittelten Daten einzugeben; $\overline{x}$ und s (bzw. σ) werden dann auf „Tastendruck“ berechnet. Informiere dich, ob dein Taschenrechner diese Möglichkeit bietet. Kontrolliere dann deine Ergebnisse vom Aufgabenteil a) mithilfe des Taschenrechners.

9

Zwei Speerwerfer haben im Training mit ihren Würfen in etwa das gleiche arithmetische Mittel erreicht. Die Würfe des ersten Werfers lagen zwischen 62 Meter und 82 Meter, die des zweiten zwischen 70 Meter und 78 Meter.
Man sagt in diesem Fall auch: die **Spannweite** für den ersten Werfer beträgt 20 Meter, für den zweiten Werfer nur 8 Meter.

a) Wie berechnet man die Spannweite?

b) Vergleiche die Aussagekraft dieses Streuungsmaßes und der oben genannten Streuungsmaße.

Zehnkämpfer beim Speerwurf

10

In drei Klassen wurde ein kleiner Wissenstest mit 5 Fragen durchgeführt. Im nebenstehenden Diagramm ist für jede der drei Klassen dargestellt, wie häufig wie viele richtige Antworten gegeben wurden.

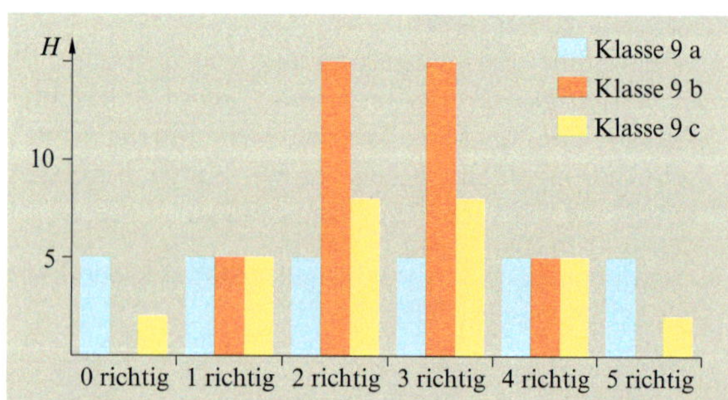

a) Berechne das arithmetische Mittel für die drei Klassen.

b) Begründe die folgende Aussage:
Sind $x_1, x_2, \ldots, x_n$ die bei einer statistischen Erhebung ermittelten Daten mit dem arithmetischen Mittel $\overline{x}$ und sind $h(x_1), h(x_2), \ldots, h(x_n)$ die relativen Häufigkeiten, mit denen die Werte auftreten, dann gilt für die mittlere Abweichung

$$d_{\overline{x}} = h(x_1) \cdot |x_1 - \overline{x}| + h(x_2) \cdot |x_2 - \overline{x}| + \ldots + h(x_n) \cdot |x_n - \overline{x}|$$

und für die Standardabweichung

$$s = \sqrt{h(x_1) \cdot (x_1 - \overline{x})^2 + h(x_2) \cdot (x_2 - \overline{x})^2 + \ldots + h(x_n) \cdot (x_n - \overline{x})^2}.$$

c) Berechne jeweils die mittlere Abweichung und die Standardabweichung.

11

Zwei konkurrierende Losbudenbesitzer verfolgen unterschiedliche Strategien. Bei beiden kostet jedes Los 0,50 € und in jeder Lostrommel sind 100 Lose.
Zusammensetzung der 100 Lose bei A: 80 Trostpreise im Wert von 0,10 €, 19 kleine Preise im Wert von 1,00 €, 1 Hauptpreis im Wert von 13 €.
Zusammensetzung der 100 Lose bei B: 69 Nieten, 30 kleine Preise im Wert von 0,50 €, 1 Hauptpreis im Wert von 25 €.

a) Berechne wie viel die beiden Losbudenbesitzer verdient haben, wenn alle Lose einer Lostrommel verkauft wurden.

b) Angenommen, die Spieler kaufen immer nur ein Los. Stelle unter dieser Voraussetzung die relativen Häufigkeiten der möglichen Gewinne der Spieler für beide Losbuden grafisch dar (Gewinn = Auszahlung – Einsatz).
Berechne für beide Losbuden das arithmetische Mittel der möglichen Gewinne der Spieler und die zugehörige Standardabweichung.
Deute das Ergebnis.

12

Ein Zufallsexperiment bestehe im Werfen von 5 Münzen. Es wird bei jedem Wurf die Anzahl X der „Wappen“ erfasst.

a) Führe das Experiment 200-mal aus und notiere jeweils den X-Wert. Fasse die Ergebnisse in einer Tabelle nach folgendem Muster zusammen.

X	0	1	2	3	4	5
$H(X)$						

b) Berechne die relativen Häufigkeiten $h(X = 0), \ldots, h(X = 5)$ und stelle sie in einem Häufigkeitsdiagramm dar.

c) Berechne das arithmetische Mittel, den Modalwert und den Zentralwert von X.

d) Gib die Spannweite an.

e) Berechne die mittlere Abweichung vom arithmetischen Mittel.

f) Berechne die Standardabweichung bezogen auf das arithmetische Mittel.

13

Bei dem Zufallsexperiment aus Aufgabe 12 müsste sich nach Ergebnissen der Wahrscheinlichkeitsrechnung bei einer großen Zahl von Durchführungen eine Annäherung an die nebenstehenden Ergebnisse einstellen. Vergleiche mit deinen Ergebnissen von Aufgabe 12.

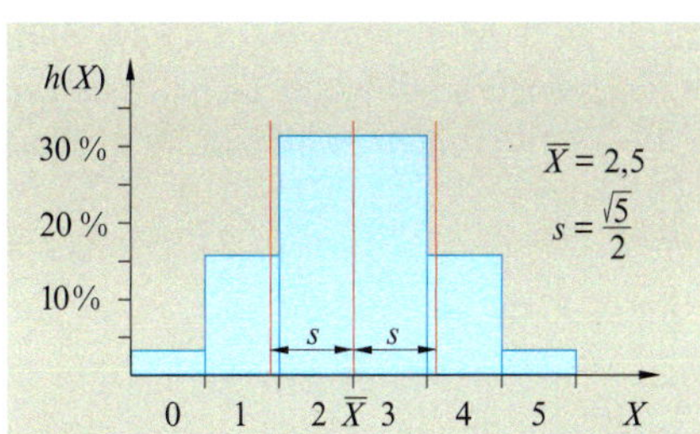

Planung und Durchführung statistischer Erhebungen

1

Es soll das mögliche Wahlverhalten der Bevölkerung eines Bundeslandes bei der Bundestagswahl untersucht werden.
Arbeitet zu zweit und überlegt euch, wie ihr dabei vorgehen würdet, um eine möglichst aussagekräftige Datenmenge zu erhalten.
Beschreibt und begründet eure Vorgehensweise.

2

In eurem Wohngebiet soll die Berufsstruktur untersucht werden, gefragt ist also, wie häufig welche Berufsgruppen auftreten.
Plane eine entsprechende Datenerhebung. Beachte insbesondere die Auswahl der Stichprobe.

3

Die Gemeindevertretung überlegt, ob ein neues Schwimmbad gebaut werden soll.

a) Welche Personengruppe ist zu befragen?

b) Welche Fragen sollte ein Fragebogen enthalten, der ausgewählten Personen der zu befragenden Gruppe vorgelegt werden soll?

4

a) Entwirf einen Fragebogen mit folgenden Themen.

1) Augenfarbe
2) Geschwisteranzahl
3) Geschlecht
4) Größe
5) Mathematiknote
6) Geburtstagswunsch
7) letztes Urlaubsziel
8) Rechtshändigkeit
9) Benotung des Schulleiters
10) Alptraum

b) Vergleiche die Möglichkeiten zur Beantwortung der Fragen.
Welche zwei Themen haben jeweils gleichstrukturierte Ergebnismengen?

WISSEN

Eine **statistische Erhebung** ist eine Datensammlung bzgl. einer festgelegten Fragestellung.
Die Erhebung der Daten geschieht z. B. durch die Befragung ausgewählter Personen eines bestimmten Personenkreises. In der Regel hat man darauf zu achten, dass die zur Datenerhebung herangezogene Stichprobe **repräsentativ** ist.

Bei der Konstruktion eines **Fragebogens** können verschiedene Typen von Fragen verwendet werden. Man kann folgendermaßen unterscheiden:
- *Fragen mit Einfachauswahl,*
- *Fragen mit Mehrfachauswahl,*
- *Skalenfragen,*
- *Maßzahlfragen,*
- *Fragen mit freier Antwort.*

WUSSTEST DU SCHON?

Bei der Erhebung von Daten ist immer das **Datenschutzgesetz** zu beachten.
Es beschreibt z. B.
- das Recht eines Betroffenen auf Benachrichtigung über die Datenspeicherung,
- das Recht auf Zustimmung zur Speicherung, Veränderung und Übermittlung,
- das Recht auf Auskunft über die zu seiner Person gespeicherten Daten,
- ein Recht auf Sperrung seiner Daten unter bestimmten Voraussetzungen,
- ein Recht auf Löschung seiner Daten unter bestimmten Voraussetzungen.

5

a) Welcher Fragetyp wird bei einem Multiple-Choice-Test verwandt?
b) Bei einem Sportfest wird für jeden eine Teilnehmer-Karte erstellt.
Mit welchen Fragetypen werden die Personaldaten erfragt?
c) Mit folgender Frage wird nach dem Ergebnis der letzten Arbeit gefragt. Zu welchem Typ gehört sie?
Welche Note hast du in der letzten Mathearbeit bekommen? (Bitte Zutreffendes ankreuzen)
1 2 3 4 5 6
d) Zu welchem Fragetyp gehören die Fragen nach dem Lebensalter und nach der Körpergröße?

6

Die Frage nach der Dauer des täglichen Fernsehkonsums kann dem Typ der Maßzahlfrage zugeordnet werden. Ist es auch möglich, sie dem Typ der Frage mit Mehrfachauswahl zuzuordnen?

7

Stelle dir vor, in Deutschland wäre man schon in der 8. Klasse wahlberechtigt.
a) Führt eine Befragung über das Wahlverhalten innerhalb eurer Klasse durch. Beschreibe Planung und Durchführung dieser Erhebung.
b) Werte die Ergebnisse der Befragung grafisch aus.
c) Vergleicht mit dem Wahlergebnis der letzten Landtagswahl, indem ihr die zugehörigen Diagramme einander gegenüberstellt.
d) Warum ist die untersuchte Stichprobe nicht repräsentativ für die Gesamtbevölkerung?

WUSSTEST DU SCHON?
Unter der so genannten „**Sonntagsfrage**" versteht man die Frage:
Welche Partei würden Sie wählen, wenn der nächste Sonntag Wahlsonntag wäre?

8

Verkehrszählung: Ermittelt das Verkehrsaufkommen vor eurer Schule zu verschiedenen Zeiten.
a) Erstellt ein Diagramm, das die Verteilung nach Fahrzeugart wiedergibt.
b) Erstellt Diagramme für jedes Verkehrsmittel, die die zeitliche Verteilung des Verkehrsaufkommens wiedergeben.
c) Stellt den Diagrammen aus a) und b) diejenigen gegenüber, die für eine andere Straße erstellt worden sind.
d) Welche Schlussfolgerungen lassen sich ziehen? Welche Folgerungen sollte man eher vermeiden?

9

a) Erstellt durch die Befragung der Schüler eurer Schule eine Liste mit Verbesserungswünschen zum Schulgelände.
b) Erstellt daraus eine Prioritätenliste, indem ihr eine Befragung dazu durchführt, welches die drei wichtigsten Punkte der Liste für jeden Befragten sind.
c) Stellt eure Ergebnisse in einem Diagramm dar.

NACHGEDACHT
In welcher Form sollte man die Umfrageergebnisse dem Schulausschuss eurer Stadt bzw. Gemeinde präsentieren, um das am meisten Gewünschte zu realisieren?

WISSEN

Nach einer Erhebung von Daten muss die Auswertung erfolgen.
Dazu werden die Einzeldaten der Meinungsumfrage zunächst in einer Tabelle übersichtlich zusammengestellt und dann in einer Diagrammdarstellung veranschaulicht.
Fragen mit freier Antwortmöglichkeit müssen evtl. erst in Klassen eingeteilt werden, um eine Diagrammdarstellung für sie zu ermöglichen.

HINWEIS
Besonders geeignet zur Auswertung von Datenmengen sind Tabellenkalkulationsprogramme.

10

a) Führt innerhalb eurer Klasse eine Erhebung durch zu den folgenden 2 Fragestellungen und zählt die Antworten aus. Erfasst die Ergebnisse in einer Tabelle.
Frage 1: Wie alt bist du?
Frage 2: Wie viele Stunden hast du gestern am Computer gesessen, 0 bis 1 Std., 1 bis 2 Std., 2 bis 3 Std. oder mehr als 3 Std.?

b) Stellt die erhobenen Daten grafisch dar.

c) Führt die gleiche Befragung in den Parallelklassen und evtl. auch in anderen Klassenstufen durch. Präsentiert eine vergleichende Übersicht der Schulöffentlichkeit z. B. anlässlich eines Schulfestes.

11

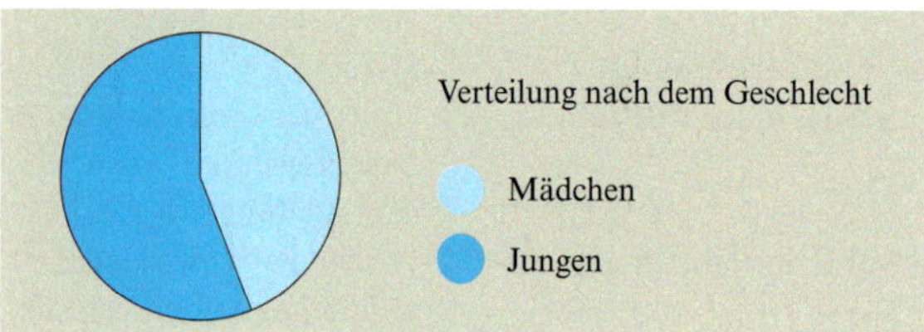

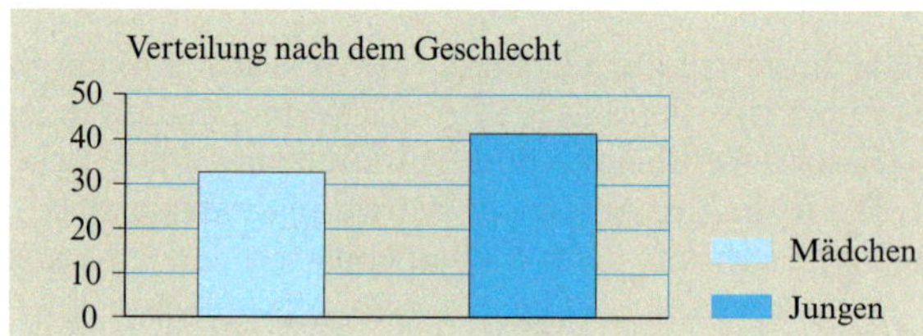

Beurteile die beiden Diagramme hinsichtlich ihrer Eignung zur Darstellung der Ergebnisse auf Frage 1 bzw. Frage 2 aus Aufgabe 10.
Wie beurteilst du die Eignung eines Liniendiagramms für die Darstellung dieser Ergebnisse?

12

Bringt in Erfahrung, wie die Schuhgrößen bei euch in der Klasse verteilt sind.
Stellt die Schuhgrößen-Verteilung eurer Klasse der entsprechenden Verteilung einer anderen Klasse der gleichen Stufe (einer anderen Klassenstufe) gegenüber.
Wie kann man diesen Vergleich gut veranschaulichen?

13

Äußere dich dazu, ob der benutzte Diagrammtyp den dargestellten Sachverhalt gut verdeutlicht. Erstelle gegebenenfalls einen Gegenvorschlag.

BEACHTE
Nicht jeder Diagrammtyp ist gleich gut geeignet, um ein Ergebnis besonders plastisch zu präsentieren.

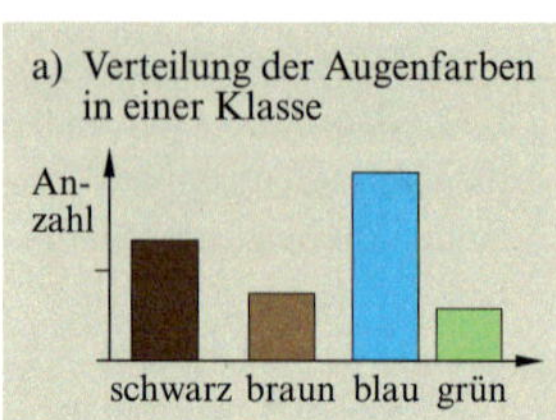

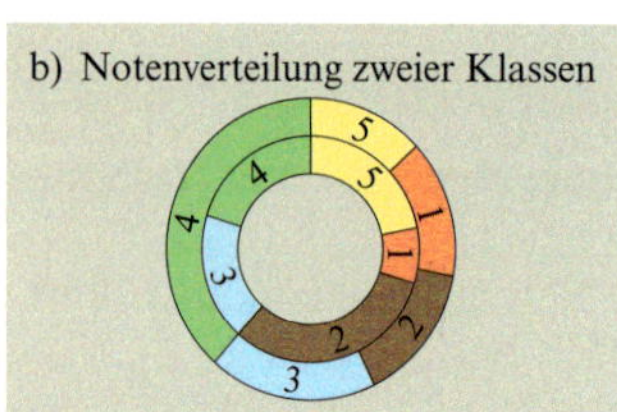

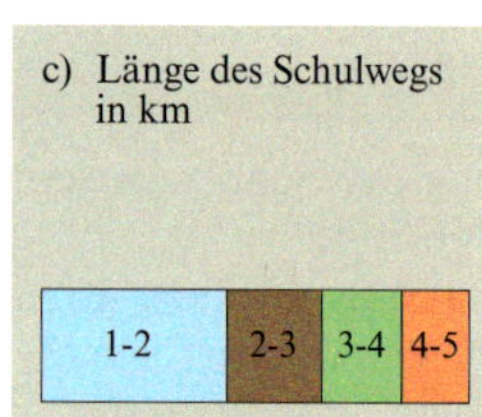

Projektvorschlag: Flimmerkisten
Zur Erfassung der Fernsehgewohnheiten soll eine Erhebung durchgeführt werden. Mithilfe des folgenden Fragebogens soll die Erhebung durchgeführt, ausgewertet und der Schule bzw. der Gemeinde präsentiert werden.

Fernsehen und Freizeit

Liebe Schülerinnen und Schüler!
Wir möchten gern wissen, welche Bedeutung das Fernsehen für euch hat.
Die Befragungsergebnisse sollen der Gemeinde eine Grundlage zur Gestaltung eines Freizeitangebotes liefern. Wir bitten euch deshalb, die Fragen ernsthaft zu beantworten.

Frage 1 (Bitte ankreuzen.)
Geschlecht: ❑ m ❑ w

Frage 2
Wie alt bist du? ___ Jahre

Frage 3
Wie viele Stunden siehst du täglich fern? ca. ___ Stunden

Frage 4 (Es können mehrere Antworten angekreuzt werden.)
Welche Fernsehsendungen interessieren dich besonders?

❑ Spielfilme/Serien
❑ Musiksendungen/Shows
❑ Sportsendungen
❑ Politische Sendungen/Nachrichten
❑ Jugendsendungen
❑ Natursendungen
❑ andere

Frage 5 (Bitte ankreuzen.)
Warum schaltest du gewöhnlich den Fernseher ein?

❑ weil du dich langweilst
❑ weil dich bestimmte Sendungen interessieren
❑ damit du mitreden kannst

Frage 6 (Bitte nur eine Antwort ankreuzen.)
Mit wem verbringst du hauptsächlich deine Zeit vor dem Fernseher?

❑ allein ❑ mit der Familie ❑ mit Freund(inn)en

Frage 7 (Bitte ankreuzen.)
Sprichst du mit deinen Eltern oder mit Freunden über das Gesehene?

❑ nein ❑ mit den Eltern ❑ mit Freund(inn)en

Frage 8 (Es können mehrere Antworten angekreuzt werden.)
Was unternimmst du mit Freunden?

❑ Sport
❑ Disco/Tanzen/Kneipe
❑ Kino
❑ Klönen/Party/Musik
❑ Malen/Musizieren/Basteln/Experimentieren
❑ Programmieren
❑ Spielen
❑ Sonstiges

Teste dich!

Grundwissen

1

Wert	absolute Häufigkeit $H(x_i)$	relative Häufigkeit $h(x_i)$	$h(x_i)$ in Prozent
1	4	0,1	
2	8		
3	12		
4		0,2	
5	6		
6		0,05	

a) Übertrage und vervollständige die Tabelle.
b) Stelle die absoluten Häufigkeiten in einem Streifendiagramm und die relativen Häufigkeiten in einem Kreisdiagramm dar.
c) Berechne möglichst einfach das arithmetische Mittel.

2

Eine Vergleichsarbeit ergab in zwei Klassen folgende Notenspiegel:

Note	1	2	3	4	5	6
9a	10	6	5	3	3	3
9b	2	8	13	1	2	0

a) Beurteile vergleichend die Noten der beiden Klassen.
b) Stelle die Notenspiegel grafisch so dar, dass ein direkter Vergleich möglich ist.
c) Berechne das arithmetische Mittel und den Zentralwert für beide Notenspiegel. Erkläre anhand der Daten, warum die beiden Kenngrößen in der einen Klasse mehr voneinander abweichen als in der anderen.
d) In welcher der Klassen streuen die Noten mehr um das arithmetische Mittel?

3

Die Tageseinnahmen zweier kleiner Einzelhandelsgeschäfte A und B betrugen:

A: 97,60; 102,65; 141,02; 174,68; 92,05; 173,20; 84,77; 105,01; 102,45; 157,62; 149,69; 136,67; 124,60; 123,45; 117,94

B: 132,66; 145,69; 175,62; 106,38; 125,25; 127,82; 137,77; 84,61; 116,75; 136,69; 129,89; 126,47; 124,18; 91,45; 127,94; 133,25; 107,44; 97,94; 88,34

a) Nimm für beide Geschäfte dieselbe Klasseneinteilung vor.
b) Stelle die Häufigkeitsverteilungen grafisch dar und berechne Mittelwerte und Streuungsmaße.
Vergleiche aufgrund der ermittelten Größen die Tageseinnahmen beider Geschäfte.

4

Führe für die Daten
0,68 0,64 0,68 0,82 0,58 0,80 0,72
0,65 0,84 0,73 0,65 0,59 0,78 0,67
0,65 0,76 0,61 0,86 0,74 0,88
folgende zwei Klasseneinteilungen durch:
(1) (0,5; 0,6], (0,6; 0,7], (0,7; 0,8], (0,8; 0,9]
(2) (0,55; 0,65], (0,65; 0,75], (0,75; 0,85], (0,85; 0,95]

a) Stelle die Häufigkeitsverteilungen als Säulendiagramme grafisch dar und vergleiche die Bilder.
b) Erläutere anhand der Beobachtung aus a), wie mit einer geeignet gewählten Klasseneinteilung Daten „manipuliert“ werden können.

Sachaufgaben und Probleme

5

Ein Spielwürfel ist gezinkt. Eine Seite ist schwerer als die anderen. Der Würfel wird 100-mal geworfen. Ist es möglich, die gezinkte Seite aus dem arithmetischen Mittel, aus dem Modalwert oder aus dem Zentralwert zu erkennen?
Begründe deine Antworten.

6

Rechts sind Diagramme zu demselben Sachverhalt aus zwei verschiedenen Zeitungen dargestellt. Wie ist es möglich, dass beide Zeitungsredakteure die Wahrheit mitteilen?

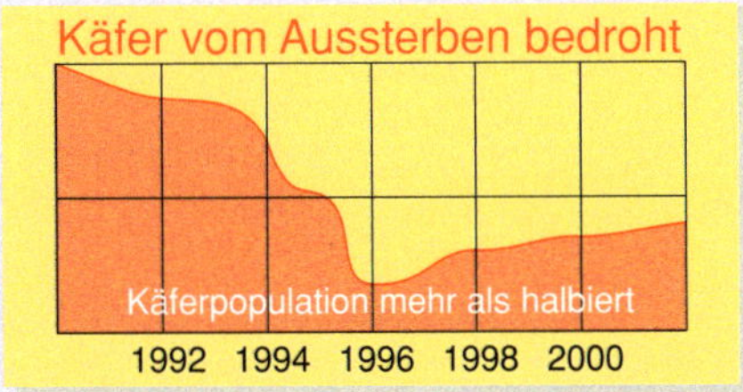

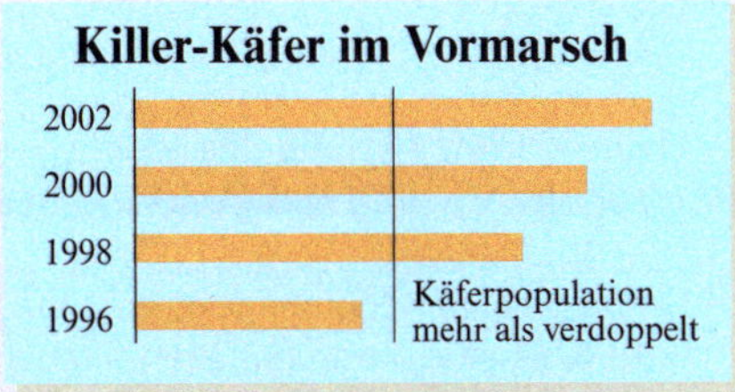

7

Studienberechtigte nach Bildungsabschluss des Vaters (Angaben jeweils in Prozent)

	Neue Bundesländer						Früheres Bundesgebiet					
Schulabschluss des	1990		1996		1999		1990		1996		1999	
Vaters	männl.	weibl.	männl.	weibl.	männl.	weibl.	männl.	weibl.	männl.	weibl.	männl.	weibl.
Hochschulabschluss	45	41	27	25	27	24	20	22	25	24	26	25
Fachhochschulabschluss	22	22	24	21	18	17	12	13	15	15	13	14
Abitur	1	2	3	3	7	5	4	4	5	4	8	7
Realschulabschluss	17	17	32	37	30	35	15	16	17	17	19	20
Hauptschulabschluss	12	13	9	9	8	9	43	39	31	33	26	27
kein Abschluss	3	4	5	5	10	10	5	5	7	7	8	7

a) Stelle die Daten vergleichend in geeigneten Diagrammen dar.
Hinweis: Löse die Aufgabe nach Möglichkeit mit einer Tabellenkalkulation.

b) Versuche, Erklärungen für die unterschiedlichen Entwicklungen in den neuen Bundesländern und im früheren Bundesgebiet anzugeben.

AUSWERTUNG

Auswerten von Daten – Überprüfe dein Wissen und Können!

Schätzt eure Leistung zunächst selbst ein, nachdem ihr die Aufgaben bearbeitet habt.
Konntest du nicht alle Aufgaben lösen? Die folgende Tabelle enthält einige Tipps, mit denen du vielleicht doch noch zum Ziel kommen kannst.

Aufgabe	Tipp
1	Um die Anzahl der erhobenen Daten zu ermitteln, genügt die erste Zeile der Tabelle. Überlege, was relative Häufigkeiten mit der Berechnung des arithmetischen Mittels „gemeinsam" haben.
2, 3	Welche Kenngrößen sind hier aussagekräftig? Streuungsmaße findest du auf Seite 175.
3, 4	Informationen über Klasseneinteilungen und Histogramme findest du auf Seite 171.
5	Überlege zum Beispiel, in welcher Weise die Wahrscheinlichkeiten für das Würfeln bestimmter Zahlen durch das Zinken des Würfels verändert werden. Was für eine Häufigkeitsverteilung ergibt sich daraus? Skizziere eine solche Verteilung z. B. als Säulendiagramm und vergleiche die zugehörigen Kenngrößen mit denen der Verteilung für einen regulären Würfel.
6	Einfach genau hinsehen!
7	Probiere verschiedene Darstellungsmöglichkeiten aus. Überlege dir deren Vor- und Nachteile. Ziehe für den Vergleich die verschiedenen Kenngrößen und Streuungsmaße heran.

Beratet mit eurer Lehrerin oder eurem Lehrer, wie ihr eventuell noch vorhandene „Wissenslücken" schließen könnt. Die Lösungen zu den Aufgaben findest du auf Seite 244.

ZUSAMMENFASSUNG

Häufigkeitsverteilung; Klasseneinteilung

Die Zuordnung, die den möglichen Beobachtungsergebnissen deren (relative oder absolute) Häufigkeit zuordnet, heißt **Häufigkeitsverteilung**.

Wenn eine Datenmenge einen sehr großen Umfang hat, kann man mehrere Ergebnisse zu **Klassen** zusammenfassen. Dabei ist zu beachten:
- Jeder Wert muss in genau einer Klasse liegen.
- Die **Klassenbreite** sollte möglichst für alle Klassen gleich sein.
- Die **Klassenmitten** sollten möglichst einfache Zahlen sein.

Kenngrößen von Häufigkeitsverteilungen

Mittelwerte sollen die mittlere Größenordnung der beobachteten Werte beschreiben.
Wichtige Mittelwerte sind:

Arithmetisches Mittel $\overline{x}$: $\overline{x} = \frac{x_1 + x_2 + \ldots + x_n}{n}$ oder $\overline{x} = h(x_1) \cdot x_1 + h(x_2) \cdot x_2 + \ldots + h(x_n) \cdot x_n$

Bemerkung: Das arithmetische Mittel berücksichtigt alle Werte einer Datenreihe. Die Änderung eines Wertes führt stets zu einer Änderung von $\overline{x}$ (anders als bei anderen Mittelwerten).

Median (Zentralwert) z: Daten der Größe nach ordnen.
Bei einer ungeraden Anzahl von Daten ist z der Wert in der Mitte.
Bei einer geraden Anzahl von Daten ist z das arithmetische Mittel der beiden mittleren Werte.
Bemerkung: Der Zentralwert wird im Unterschied zum arithmetischen Mittel nicht durch „Ausreißer“ beeinflusst.

Modalwert m: Der in der Datenreihe am häufigsten vorkommende Wert
Bemerkungen: Eine Datenreihe kann mehrere Modalwerte haben.
Der Modalwert ist besonders dann eine wichtige Information über die Datenreihe, wenn sich seine Häufigkeit stark von der Häufigkeit der anderen Werte unterscheidet.

Streuungsmaße geben an, wie stark die einzelnen Beobachtungsergebnisse untereinander bzw. vom Mittelwert abweichen. Wichtige Streuungsmaße sind:

Spannweite: Differenz zwischen dem größten auftretenden Wert und dem kleinsten auftretenden Wert
Bemerkung: Die Spannweite ist nur ein sehr grobes Streuungsmaß. Sie sagt nichts über die Verteilung der Werte zwischen dem kleinsten und dem größten Wert aus.

Mittlere Abweichung $d_{\overline{x}}$: $d_{\overline{x}} = \frac{|x_1 - \overline{x}| + |x_2 - \overline{x}| + \ldots + |x_n - \overline{x}|}{n}$

Bemerkung: Die mittlere Abweichung berücksichtigt alle Werte gleichermaßen.
Sie hat die Einheit der gemessenen Größe.

Mittlere quadratische Abweichung (Varianz) V: $V = s^2 = \frac{(x_1 - \overline{x})^2 + (x_1 - \overline{x})^2 + \ldots + (x_n - \overline{x})^2}{n}$

Bemerkung: Im Unterschied zur mittleren Abweichung berücksichtigt die Varianz diejenigen Werte, die vom Mittelwert stark abweichen, stärker als andere.

Standardabweichung s (auch σ): $s = \sqrt{V} = \sqrt{\frac{(x_1 - \overline{x})^2 + (x_2 - \overline{x})^2 + \ldots + (x_n - \overline{x})^2}{n}}$

Bemerkung: Die Standardabweichung vereinigt die Vorteile von mittlerer Abweichung und Varianz: Sie hat die gleiche Einheit wie die gemessene Größe und berücksichtigt starke Abweichungen in besonderer Weise.

Lineare Funktionen und lineare Gleichungssysteme

Bei chemischen Gleichungen ist die Anzahl der Atome jedes einzelnen Elementes in den Ausgangsstoffen gleich der Anzahl der Atome dieser Elemente in den Reaktionsprodukten. Diese Erkenntnis nutzt man, um mithilfe von linearen Gleichungssystemen Reaktionsgleichungen zu formulieren.

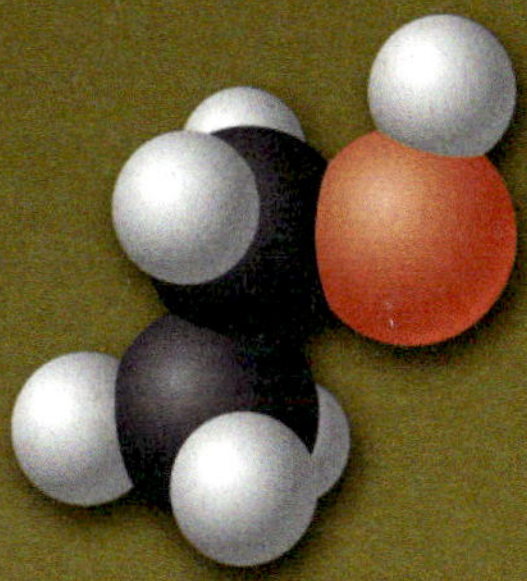

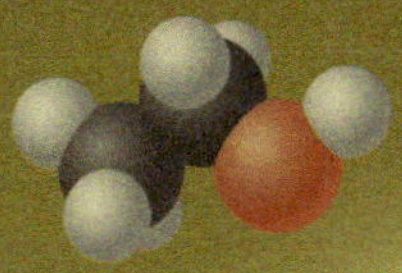

$$x \cdot C_2H_5OH + y \cdot O_2 \rightarrow p \cdot CO_2 + q \cdot H_2O$$

$$\text{(I)} \quad 2x = p \quad \text{(für C)}$$

$$\text{(II)} \quad 6x = 2q \quad \text{(für H)}$$

$$\text{(III)} \quad x + 2y = 2p + q \quad \text{(für O)}$$

$$C_2H_5OH + 3 \cdot O_2 \rightarrow 2 \cdot CO_2 + 3 \cdot H_2O \quad \text{(für } x = 1\text{)}$$

Funktionen als mathematische Modelle

1

Im Straßenverkehr tödlich verunglückte Personen in Deutschland

1992	10 631
1993	9949
1994	9814
1995	9454
1996	8758
1997	8549
1998	7792
1999	7772

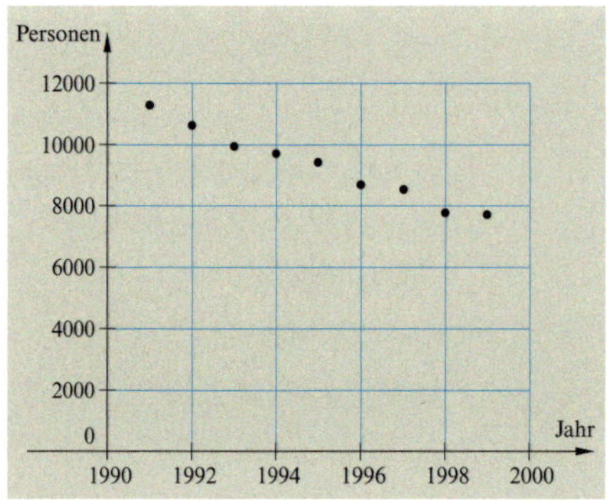

In der Tabelle und der dazugehörigen Grafik wurde die Anzahl der Personen erfasst, die bei Unfällen auf Deutschlands Straßen in den Jahren 1991 bis 1999 tödlich verunglückten.
In den einzelnen Jahren nehmen die Zahlen unterschiedlich stark ab. Die grafische Darstellung der Werte lässt aber vermuten, dass die Entwicklung von 1991 bis 1999 mithilfe einer Geraden annähernd beschrieben werden kann.

a) Lege mithilfe eines Lineals eine Gerade fest, die dir für eine näherungsweise Beschreibung der Daten geeignet scheint. Berechne dann mithilfe zweier Wertepaare eine Gleichung für diese Näherungsgerade.

b) Berechne die Werte, die sich aus der Geradengleichung für die einzelnen Jahre ergeben. Nimm Stellung zu den Ergebnissen.

AUFGABE

Die Steigung der Geraden mit der Gleichung $f(x) = -441\,x + 11\,540{,}4$ ist das arithmetische Mittel der jährlichen Abnahmen im betrachteten Zeitraum.
Vergleiche diese sogenannte Regressionsgerade mit deiner Gleichung der Näherungsgeraden. Wie stark weichen die Werte aus der Tabelle von denen ab, die sich durch die Geraden ergeben?

2

Stelle die Anzahlen der tödlich verunglückten Fußgänger in Deutschland (siehe Tabelle) grafisch dar und beschreibe den Datenverlauf durch eine Näherungsgerade. Vergleiche mit den Ergebnissen aus Aufgabe 1 und kommentiere deine Beobachtungen.

Bei Verkehrsunfällen in den Jahren 1992 bis 1999 getötete Fußgänger

1992	1767	1996	1178
1993	1579	1997	1147
1994	1469	1998	1084
1995	1336	1999	983

WISSEN

Oft können reale Datenreihen mithilfe von (einfachen) Funktionen vereinfacht beschrieben werden. Aufgrund eines solchen mathematischen Modells können zum Beispiel Trends verdeutlicht oder Messwerte vorausgesagt werden.
Durch die Modellierung gehen in der Regel einige Eigenschaften der Daten verloren. Daher sind Schlüsse vom Modell auf die reale Situation nur begrenzt richtig.
Bei der Entwicklung eines mathematischen Modells hat man sich zunächst zu entscheiden, welche Aspekte der realen Situation unbedingt zu berücksichtigen sind, welche vereinfacht und welche vernachlässigt werden können.
Es gilt dann, mathematische Funktionen zu finden, deren Eigenschaften diese Vorgaben möglichst gut repräsentieren. Die zur Modellierung herangezogenen Funktionen können dabei nicht immer linear sein.

3

In den Beispielen der Aufgaben 1 und 2 ist die Abnahme der Werte durch eine negative Geradensteigung beschrieben worden. Dabei wurde die ungleichmäßige Abnahme durch eine konstante Steigung ersetzt.
Erkläre, inwiefern durch dieses Modell eine Vorhersage für die folgenden Jahre ermöglicht wird. Bewerte die Güte solcher Vorhersagen und begründe, dass das Modell für eine langfristige Beschreibung der Situation (Anzahl der Verkehrstoten) nicht geeignet sein *kann*. Wie könnte man das Modell verbessern?

HINWEIS
Um die Güte des linearen Modells zur Entwicklung der Unfallopferzahlen fundiert bewerten zu können, empfiehlt sich insbesondere der Vergleich mit aktuellen Daten. Versucht, euch die entsprechenden Zahlen für die Jahre 2000 bis 2006 zu beschaffen.

4

Bei manchen Messreihen werden verschiedenen Zeitpunkten Messergebnisse zugeordnet. Begründe, dass man so entstandene Zuordnungstabellen stets als Funktionsbeschreibungen auffassen kann.

5

Ferdinand kann sein ferngesteuertes Auto mit vier Mignon-Zellen eine Stunde lang fahren lassen; dann benötigt er einen neuen Satz Batterien. Vier Mignon-Batterien kosten 6,90 €. Weil es ihm zu teuer ist, immer wieder Batterien zu kaufen, besorgt er sich vier aufladbare Akkus, die ihn 18,90 € kosten, und ein Ladegerät für 24,80 €. Mit den aufgeladenen Akkus kann das Auto auch eine Stunde lang fahren. Dann müssen die Akkus wieder aufgeladen werden. Die Kosten dafür schätzt Ferdinand auf 0,50 €.

a) Beschreibe die Kosten für t Betriebsstunden des Autos bei Verwendung von Batterien bzw. Akkus durch Funktionen b und a und zeichne die Graphen in ein gemeinsames Koordinatensystem.

b) Ferdinand kalkuliert den Preisvorteil der Akkus gegenüber den Batterien. Bei t Fahrstunden für das Auto erhält er (in €):
Preisvorteil mit Akkus: $G(t) = 6{,}40\,t - 43{,}70$
Preisvorteil je Fahrstunde: $g(t) = \frac{6{,}40\,t - 43{,}70}{t} = 6{,}40 - \frac{43{,}70}{t}$
Begründe Ferdinands Kalkulation.

c) Zeichne die Graphen von G und g jeweils in ein Koordinatensystem. Vergleiche mit den Graphen aus a): Woran erkennt man, ab wann die Verwendung der Akkus günstiger ist als die der Batterien?

d) Begründe: Für die Anzahl der Stunden sind nur natürliche Zahlen sinnvoll.

HINWEIS
Auch in Aufgabe 5 handelt es sich um mathematische Modelle. Im Gegensatz zu den Eingangsbeispielen ist die Vereinfachung der realen Situation bereits in der Aufgabe durchgeführt. (Das Auto fährt mit einem Satz Batterien eine Stunde lang.)

6

a) Gib für die beiden Funktionen G und g des Modells aus Aufgabe 5 jeweils den aus rein mathematischer Sicht maximalen Definitionsbereich an.
Welche Einschränkungen der Definitionsbereiche erscheinen im Hinblick auf die reale Situation angebracht?

b) Welcher „Definitionsbereich" gilt für die realen Situationen in den Eingangsbeispielen (Aufgaben 1 und 2)?
Können die Werte der zur Modellierung verwendeten linearen Funktionen auch an anderen Stellen sinnvoll gedeutet werden?

BEACHTE
Obwohl die Funktionen G und g in Aufgabe 5 den Definitionsbereich $\mathbb{N}$ besitzen, lässt man im Modell auch die Zwischenwerte zu, um die Rechnungen zu vereinfachen. Die rechnerischen Ergebnisse müssen dann, auf die reale Situation bezogen, interpretiert werden.

7

Balthasar behauptet, dass die Gleichung $f(x) = \frac{2x^2 + x}{x}$ für die Funktion f unnötig kompliziert sei und dass diese Funktion tatsächlich mit einer linearen Funktion der Form $y = mx + b$ übereinstimmt. Hat er Recht?

Anwendungen linearer Funktionen

1

Experiment
Nimm eine leere Konservendose und bohre kurz über dem Boden ein kleines Loch hinein. Gieße nacheinander unterschiedlich große Mengen Wasser in die Dose und miss, wie lange es dauert, bis das Wasser herausgeflossen ist.
Erfasse deine Messwerte in einer Tabelle und stelle sie im Koordinatensystem dar. Lässt sich das Auslaufen des Wassers durch eine lineare Funktion beschreiben? Begründe deine Antwort.

AUFGABE
Der Swimmingpool von Familie Blümel fasst 22 m^3 Wasser. Vor dem Winter muss das Wasser abgelassen werden. Herr Blümel verwendet eine Pumpe mit einer Förderleistung von 2000 Litern pro Stunde. Begründe, dass die Abnahme des Wasservolumens in Abhängigkeit von der Zeit durch eine lineare Funktion beschrieben werden kann. Stelle eine Funktionsgleichung auf und überlege dir den Definitions- und den Wertebereich. Zeichne den Graphen. Berechne, wie viel Wasser der Pool nach 3 Stunden noch enthält.

2

Taxifahrer berechnen den Fahrpreis aus einem festen Anteil (Grundpreis g) und einem variablen Anteil (Preis p für jeden gefahrenen Kilometer).

a) Gib eine Gleichung für den Fahrpreis P in Abhängigkeit von der Fahrstrecke s an.

b) Berechne die Preise für 3, 10 und 20 km, wenn der Grundpreis 1,90 € und der Kilometerpreis $0{,}85\,\frac{€}{\text{km}}$ betragen.

c) Stelle den Zusammenhang grafisch dar. Lies ab, wie weit man für 25 € etwa fahren kann und überprüfe das Ergebnis anhand der Gleichung.

d) Christina und Doris benutzen für die Heimfahrt gemeinsam ein Taxi. Christina steigt bereits nach 10 km aus. Doris bezahlt nach 15 km den gesamten Fahrpreis. Berechne den Fahrpreis und überlege, wie beide Mädchen ihn gerecht teilen könnten.

3

Ein Zeppelin ist ein mit Gas gefülltes, starres Luftschiff. Ursprünglich wurden die Luftschiffe mit Wasserstoff gefüllt, heute verwendet man dafür Helium. Wasserstoff und Helium sind leichter als Luft und können deshalb das Luftschiff tragen.
Das Gerüst eines neugeplanten Zeppelins hat eine Masse von 1850 kg und umschließt ein Volumen von 8200 m^3.
Ein Kubikmeter Helium wiegt 1,11 kg weniger als ein Kubikmeter Luft. Beim Einfüllen des Heliums wird das Luftschiff also immer leichter.
Diesen Vorgang kann man durch die lineare Funktion $y = y_0 - 1{,}11 \cdot x$ beschreiben.

Luftschiff „Graf Zeppelin" 1928

a) Erkläre die Bedeutung von x, y und y_0. Nenne die Einheiten, in denen diese Größen angegeben werden.

b) Zeichne den Graphen der Funktion $y = f(x)$ in ein geeignetes Koordinatensystem.

c) Welches Volumen muss mit Helium gefüllt sein, um das Gerüst des Zeppelins zum Schweben zu bringen?

d) Mit Antriebsmotoren und Passagierkabine wiegt der Zeppelin 6500 kg. Zeichne die veränderte lineare Funktion.

e) Welche Nutzlast kann der vollständig mit Helium gefüllte Zeppelin noch zusätzlich aufnehmen?

INFORMATION
Ferdinand Graf von Zeppelin ließ am 2.7.1900 das erste brauchbare Luftschiff LZ 1 aufsteigen. Nach einigen Brandkatastrophen wurde der Luftschiffbau 1938 aufgegeben.

4

Tim fährt zu seinem Freund im Nachbarort. Sein Fahrradcomputer zeigt zu Beginn seiner Fahrt eine zurückgelegte Gesamtstrecke von 125,8 km an. Als er nach 45 min ankommt, liest er 142,3 km ab.

a) Mit welcher Geschwindigkeit ist Tim gefahren? Erkläre den Begriff Durchschnittsgeschwindigkeit.
b) Wir nehmen vereinfacht an, Tim fahre mit gleichbleibendem Tempo.
Stelle eine Wertetabelle für den Kilometerstand in Abhängigkeit von der Fahrzeit (5 min, 10 min, …, 45 min) auf.
c) Zeichne für Tims Fahrt ein Weg-Zeit-Diagramm.
d) Gib die zugehörige Funktionsgleichung an.
e) Lies aus der Grafik ab, nach welcher Fahrzeit der Fahrradcomputer 140,0 km anzeigte.

5

Eine Rechnung einer Telefongesellschaft enthält die Kosten für den Telefonanschluss sowie die Gebühren für die geführten Gespräche. Die Gesprächsgebühren werden ermittelt, indem für jeweils festgelegte Zeittakte eine Telefoneinheit berechnet wird. Eine Einheit kostet 0,06 €, der Telefonanschluss monatlich 12,30 €.

a) Stelle eine Funktionsgleichung für die monatlichen Telefonkosten y in Abhängigkeit von der Anzahl der Telefoneinheiten x auf.
b) Berechne in einer Wertetabelle die monatlichen Kosten bei 100, 200, 300, 400 und 500 Telefoneinheiten.
c) Stelle die Werte in einem Diagramm dar.
d) Die Rechnung für Familie Glor betrug im Mai 79,80 €. Wie viele Telefoneinheiten wurden berechnet?
Ermittle die Lösung näherungsweise aus dem Diagramm. Rechne anschließend mithilfe der Funktionsgleichung nach.
e) Familie Reich zahlt bei einem anderen Anbieter 0,07 € pro Einheit und 10,00 € monatliche Grundgebühr. Bis zu wie vielen Einheiten ist dieser Anbieter günstiger als der von Familie Glor?

Auch beim Handy hat man oft neben den Gesprächsgebühren feste Kosten.

6

Bei einer Preisanalyse einer Autozeitschrift ergaben sich für die Diesel- und Benzinversion eines Pkw folgende monatliche Kosten.

Typ	Festkosten	Steuern und Versicherung	Kraftstoffkosten je km
Benzin	181,00 €	15,00 €	$0{,}10\,\frac{€}{\text{km}}$
Diesel	221,00 €	18,50 €	$0{,}07\,\frac{€}{\text{km}}$

NACHGEDACHT
Was versteht die Autozeitschrift unter Festkosten?

a) Stelle für beide Fahrzeugtypen jeweils eine Gleichung zur Berechnung der monatlichen Gesamtkosten auf.
b) Berechne in einer Wertetabelle die monatlichen Kosten bei Fahrstrecken von 500 km, 1000 km und 1500 km für beide Pkw-Typen.
c) Zeichne die Funktionsgraphen. Was erkennst du alles aus dem Verlauf der beiden Graphen?
d) Ab welcher jährlichen Fahrleistung kommt das Dieselfahrzeug billiger?
e) Stelle Argumente zusammen, die für bzw. gegen die Verwendung eines Dieselmotors sprechen.

7

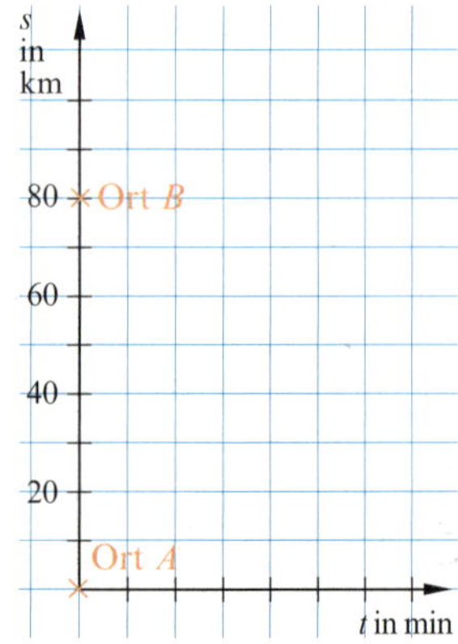

Die Städte *A* und *B* sind durch einen Autobahnabschnitt miteinander verbunden. Sie liegen 80 km auseinander.

a) Um 7.30 Uhr fährt ein Pkw mit einer gleichbleibenden Geschwindigkeit von $120\,\frac{\text{km}}{\text{h}}$ in *A* los. Übertrage das nebenstehende Koordinatensystem ins Heft und trage das Weg-Zeit-Diagramm des Pkw ein.

b) Gleichzeitig startet ein Lkw von *B* nach *A*. Er fährt die Strecke mit $90\,\frac{\text{km}}{\text{h}}$. Zeichne auch das Weg-Zeit-Diagramm des Lkw in das Koordinatensystem ein.

c) Lies aus dem Koordinatensystem ab, wann die beiden Fahrzeuge einander begegnen. Wie weit sind sie jeweils noch von ihrem Bestimmungsort entfernt?

d) Stelle für beide Fahrzeuge eine Funktionsgleichung in der Form $s = v \cdot t + s_0$ auf. Welche Bedeutung besitzt das Vorzeichen von v?

e) Überprüfe die Genauigkeit des abgelesenen Begegnungspunktes durch Einsetzen in beide Gleichungen.

8

Einem Preisblatt für Strom und Wärme kann man folgende Angaben entnehmen:

		Haushaltsbedarf	gewerblicher Bedarf
Basistarif:	Verbrauchspreis *V*:	$0{,}112\,\frac{€}{\text{kWh}}$	$0{,}156\,\frac{€}{\text{kWh}}$
	Festanteil *F*:	$16{,}12\,\frac{€}{\text{Jahr}}$	$47{,}08\,\frac{€}{\text{Jahr}}$
	Preis für die Zählgeräte *Z*:	$24{,}82\,\frac{€}{\text{Jahr}}$	$24{,}82\,\frac{€}{\text{Jahr}}$

Elektrozähler

a) Stelle Funktionsgleichungen für Haushalte und für gewerbliche Betriebe auf, mit deren Hilfe der Preis für die gelieferte Elektroenergie pro Jahr in Abhängigkeit von der Menge der genutzten Elektroenergie berechnet werden kann.

b) Familie Schulz hatte 1998 einen Verbrauch von 1 370 kWh. Welchen Preis weist ihre Rechnung aus?

c) Die Autowerkstatt „Car Service" verbrauchte 8 750 kWh. Wie hoch fiel ihre Rechnung aus?

d) Die errechneten Preise enthalten noch nicht die Mehrwertsteuer von 16 % des Rechnungsbetrages. Welchen Preis mussten beide tatsächlich bezahlen?

9

Unter der Erdoberfläche nimmt die Temperatur der Erde mit wachsender Tiefe zu. In der oberen Erdkruste beträgt die Zunahme durchschnittlich 1 °C je 33 m Tiefe.

a) Aus welcher Formulierung kannst du entnehmen, dass sich die Temperatur linear verändert?

b) Stelle für die Abhängigkeit der Temperatur von der Tiefe eine Gleichung einer linearen Funktion auf, wenn die Bodentemperatur an der Erdoberfläche 20 °C beträgt. Wie hoch ist die Temperatur in einem 250 m tiefen Schacht?

c) Carsten hat im Lexikon gefunden: „In Vulkangebieten erhöht sich die Temperatur schon auf je 10 m um 1 °C, anderenorts erst auf je 100 m Tiefe oder mehr." Welche Schätzung erhält er daraus für die Temperatur in 250 m Tiefe? Stelle die Schätzung auch graphisch im Koordinatensystem dar.

d) Sina meint: „Die Formulierung des Lexikons zeigt, dass die Veränderung der Temperatur nicht linear ist." Was meinst du dazu?

e) Die Temperatur im Erdmittelpunkt wird in einer Schätzung mit 6 000 °C angegeben. Informiere dich über die Entfernung von der Erdoberfläche. Welche durchschnittliche Temperaturzunahme würde das bedeuten?

10

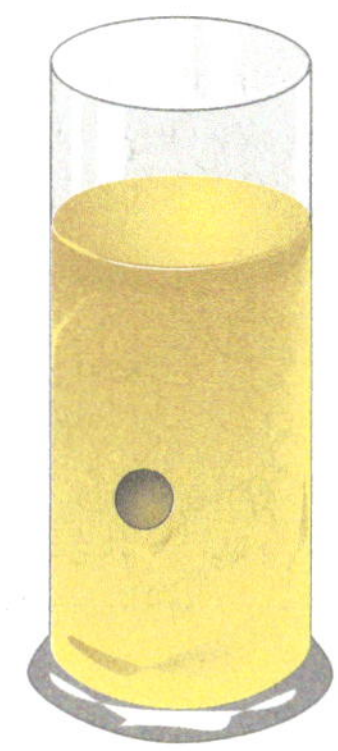

In einem Glaszylinder befindet sich 50 cm hoch eine ölige Flüssigkeit. Lässt man eine Stahlkugel in den Zylinder fallen, so sinkt sie mit einer gleichbleibenden Geschwindigkeit von $v = 3{,}2\,\frac{\text{cm}}{\text{s}}$.

a) Berechne, in welcher Höhe h sich die Kugel zu verschiedenen Zeiten befindet. Stelle eine Wertetabelle auf.
b) Stelle die Wertepaare in einem Diagramm dar.
c) Nach welcher Zeit kommt die Kugel auf dem Boden des Zylinders an? Bestimme diese Zeit mithilfe des Diagramms.
d) Gib eine Funktionsgleichung an, die die Höhe h in Abhängigkeit von der Zeit beschreibt.
Welchen Definitionsbereich hat diese Funktion?
e) Berechne mithilfe der Funktionsgleichung, in welcher Höhe die Kugel nach 1,5 s, 2,5 s und 5,5 s sich befindet.
Überprüfe deine Ergebnisse am Diagramm.

11

In England und Amerika wird im Alltag noch häufig die Temperaturskala nach Fahrenheit benutzt. Um Temperaturen von Grad Celsius (°C) in die dort üblichen Grad Fahrenheit (°F) umzurechnen, benutzt man die Formel $y = \frac{9}{5}x + 32$, wobei y die Temperatur in °F und x die Temperatur in °C sind.

a) Rechne drei selbstgewählte Temperaturen von °C in °F um.
Vervollständige die folgende Wertetabelle:

x in °C	–50	0		100	
y in °F			100		

b) Zeichne ein Thermometer, das mit Skalen für °C und für °F ausgestattet ist.
c) Wetterbericht: „Die Tageshöchsttemperaturen werden bei 77 °F erwartet, nachts werden die Temperaturen auf 50 °F zurückgehen."
Wandle die Angaben in °C um. Um wie viel Grad Celsius kühlt es sich in der Nacht ab?

12

In einem Schülerexperiment soll die Dichte einer unbekannten Flüssigkeit bestimmt werden. Dazu werden unterschiedliche Mengen der Flüssigkeit in ein Becherglas gefüllt und anschließend wird das Glas gewogen:

V in cm^3	20	40	60	80	100
m in g	44	60	77	92	109

a) Trage die Messwerte in ein geeignetes Koordinatensystem ein.
b) Gib eine Gleichung einer linearen Funktion an, die die Messwerte beschreiben könnte.
c) Lies aus dem zu den Messwerten bzw. zu der linearen Funktion aus b) gehörigen Diagramm ab, wie schwer das Glas mit 50 cm^3 Flüssigkeit ist.
d) Erkläre die Bedeutung der Steigung der linearen Funktion aus b) und des Schnittpunktes ihres Graphen mit der y-Achse.
e) Berechne, welche Masse 1,5 l dieser Flüssigkeit besitzen.
f) Passen 2,3 kg der Flüssigkeit in einen 3-l-Kanister?

Lineare Gleichungen mit zwei Variablen

1

a)

b)

2

Jan Michael hat 5- und 10-Cent-Münzen im Wert von 45 Cent in der Tasche.
Wie viele 5-Cent-Münzen und 10-Cent-Münzen kann er haben?
Schreibe die Möglichkeiten in einer Tabelle auf.

3

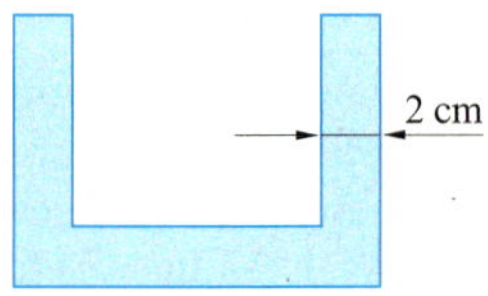

Der Umfang des Querschnitts eines U-Eisens aus 2 cm starkem Material beträgt 90 cm.

a) Informiere dich darüber, für welche Zwecke U-Eisen verwendet werden.
b) Welche Breite und Höhe kann das U-Eisen besitzen?

BEISPIEL

Anja hat für 5 € Saft eingekauft, wobei ein Liter Apfelsaft 40 Cent und ein Liter Orangensaft 60 Cent kostet. Wie viel Saft jeder Sorte hat sie gekauft?

Anjas Einkauf lässt sich durch eine Gleichung beschreiben, wenn man annimmt, sie habe x Liter Apfelsaft und y Liter Orangensaft gekauft.
Wenn die Währungseinheiten weggelassen werden, dann gilt:
$x \cdot 0{,}40 + y \cdot 0{,}60 = 5$.

Mithilfe dieser Gleichung kann man sich überlegen, dass Anja z. B. 5 Liter Apfelsaft und 5 Liter Orangensaft oder 2 Liter Apfelsaft und 7 Liter Orangensaft gekauft haben könnte.

WISSEN

Eine Gleichung heißt **lineare Gleichung mit zwei Variablen** x und y, wenn sie sich äquivalent in eine Gleichung $ax + by = c$ mit Zahlen a, b, und c ($a \neq 0$, $b \neq 0$) umformen lässt.

Eine **Lösung einer linearen Gleichung $ax + by = c$ mit zwei Variablen** ist ein Zahlenpaar $(x_0; y_0)$, für das gilt: $ax_0 + by_0 = c$.
Die **Lösungsmenge** einer linearen Gleichung mit zwei Variablen kann aus unendlich vielen Zahlenpaaren bestehen.

FACHWÖRTER
a, b, c sind die **Parameter** der linearen Gleichung mit zwei Variablen.
a, b heißen auch **Koeffizienten**, c das **Absolutglied** der Gleichung.

4

a) Stelle für die Aufgaben 2 und 3 je eine lineare Gleichung mit zwei Variablen auf.
b) Gib zur Beschreibung der beiden Bilder in Aufgabe 1 jeweils eine lineare Gleichung mit zwei Variablen an.

BEACHTE
Lineare Gleichungen mit zwei Variablen liegen nicht immer in der Form $ax + by = c$ vor.

5

Aus welcher Grundmenge sollten die Lösungen der Aufgaben 2 und 3 (also die Lösungen der Gleichungen aus Teil a) der Aufgabe 4) sinnvollerweise stammen? Begründe deine Antwort.

6

Beschreibe jede der folgenden Fragestellungen durch eine lineare Gleichung mit zwei Variablen. Welche Grundmenge ist jeweils sinnvoll?

a) Für ein Klassentreffen hat Markus Salzstangen und Kartoffelchips für insgesamt 14 € besorgt. Ein Päckchen Salzstangen kostet 1 €, eine Tüte Kartoffelchips 1,20 €.

b) Der Unterschied zwischen zwei Zahlen beträgt 10.

c) Die Quersumme einer zweistelligen Zahl ist 7.

7

Erfinde jeweils eine Situation, die auf die angegebene lineare Gleichung führt.

a) $5x + 4y = 100$ **b)** $2x + y = 15$

c) $\frac{1}{3}x - \frac{1}{4}y = 0$ **d)** $x + \frac{1}{2}y = 20 - \frac{1}{2}y$

ERINNERE DICH

Die Lösungsmenge einer Gleichung ändert sich nicht, wenn man die Gleichung mit einer von Null verschiedenen Zahl multipliziert.
Auf diese Weise lassen sich die Parameter ganzzahlig machen.

8

Ein Parallelogramm besitzt den Umfang 12 cm. Welche Seitenlängen kann es haben? Erfasse mögliche Wertepaare in einer Tabelle. Trage die Wertepaare als Punkte in ein Koordinatensystem ein. Was fällt dir auf?

9

a) Die Zahlenpaare (2|7) und (5|5) geben im Beispiel auf der vorigen Seite Möglichkeiten dafür an, wie viel Apfelsaft und wie viel Orangensaft Anja gekauft haben könnte.
Trage diese Zahlenpaare in ein Koordinatensystem ein.

b) Wie lassen sich aus der Zeichnung weitere mögliche Zahlenpaare für Anjas Safteinkauf bestimmen?

c) Wo liegen alle Zahlenpaare – aufgefasst als Punkte im Koordinatensystem –, die die im Beispiel angegebene Gleichung $x \cdot 0{,}40 + y \cdot 0{,}60 = 5$ erfüllen? Begründe.

WISSEN

Alle Lösungen der linearen Gleichung $ax + by = c$ mit zwei Variablen liegen auf einer Geraden:
Da in der Gleichung $ax + by = c$ insbesondere der Koeffizient b ungleich null ist, kann man sie nach y auflösen: $y = -\frac{a}{b}x + \frac{c}{b}$. Die zugehörige Gerade hat den Anstieg $m = -\frac{a}{b}$ und den y-Achsenabschnitt $n = \frac{c}{b}$.
Auf dieser Geraden liegen alle Lösungen der linearen Gleichung $ax + by = c$.

Die Grundmenge einer linearen Gleichung mit zwei Variablen hängt von der Sachsituation ab, auf die sich die Gleichung bezieht.
Wenn die besondere Fragestellung keine Einschränkungen erfordert, wollen wir den Bereich $\mathbb{Q}$ aller rationalen Zahlen als Grundmenge zulassen.

INFORMATION

Gleichungen, bei denen nur ganzzahlige Lösungen gesucht sind, heißen nach dem griechischen Mathematiker Diophantos von Alexandria (3. Jh. n. Chr.) **diophantische Gleichungen**.
Diophantos war einer der ersten Mathematiker, der in seinen Rechnungen abkürzende Symbole verwendete.

10

Zeichne zu den linearen Gleichungen aus Aufgabe 7 jeweils eine Gerade in ein Koordinatensystem, auf der die entsprechenden Lösungen liegen. Gib zu jeder Gleichung drei Lösungen an und kennzeichne sie in der Zeichnung.

11

Vergrößert man das Doppelte einer Zahl um 12 und vermindert die Hälfte einer zweiten Zahl um 5, dann ist das erste Ergebnis viermal so groß wie das zweite.
Um welche *natürlichen* Zahlen zwischen 10 und 30 kann es sich dabei handeln?

12

Die dargestellten Geraden stellen Lösungsmengen von linearen Gleichungen dar.
Gib jeweils eine solche Gleichung an.

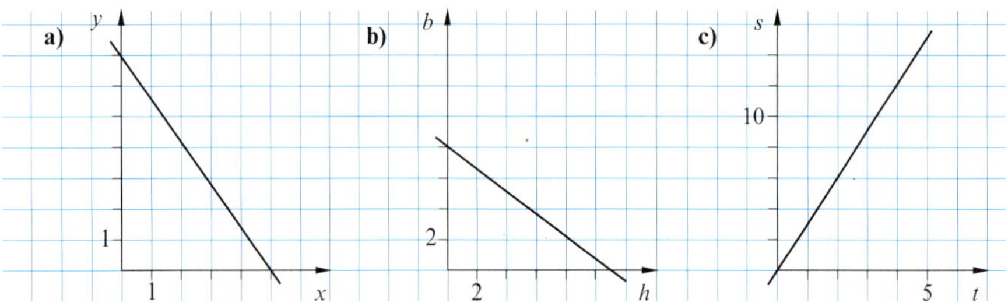

13

Klaus kauft Apfelsinen und Mandarinen für 4,50 €. Für eine Apfelsine bezahlt er 30 Cent, für eine Mandarine 10 Cent.

a) Beschreibe den Einkauf durch eine lineare Gleichung.

b) Je nach Bezeichnung der Achsen entsprechen der Gleichung aus a) zwei Geraden. Zeichne sie in ein Koordinatensystem und vergleiche ihre Lage.

14

Der Öltank von Familie Freitag enthält noch 360 Liter. Heute wird er wieder nachgefüllt. Aus dem Tankwagen fließen in jeder Minute 300 Liter Öl in den Tank.
Wie lange dauert es, bis der Tank auf 1 800 Liter (2 700 Liter, 4 500 Liter bzw. 5 000 Liter) aufgefüllt ist? Stelle eine lineare Gleichung auf und zeichne eine zugehörige Gerade ins Koordinatensystem. Beschreibe und begründe dein Vorgehen.

15

Ferdinand hat eine Kerze angezündet. Er stellt fest: „Die Kerze verändert ihre Länge nach der Gleichung $l = -\frac{3}{5}t + 20$."
Was meint er damit, wenn er die Länge l in cm und die Zeit t in Stunden angibt?
Zeichne die entsprechende Gerade in ein Koordinatensystem. Welche Bedeutung haben die Schnittpunkte der Geraden mit den Koordinatenachsen?

AUFGABE
Begründe:
Die Gleichung $y = mx + n$ einer linearen Funktion ist eine besondere Form einer linearen Gleichung mit zwei Variablen.
Man nennt diese Form auch die **Normalform der Geradengleichung**.

16

Frau Kordes lässt an einer Tankstelle einen Ölwechsel machen und volltanken. Für den Ölwechsel zahlt sie 23,50 €; für einen Liter Super-Benzin 0,95 €.
Gib eine lineare Funktion an, die der getankten Benzinmenge den insgesamt zu zahlenden Preis zuordnet. Zeichne den Graphen der Funktion in ein entsprechendes Koordinatensystem.
Gib den Zusammenhang zwischen Gesamtpreis und Benzinmenge mit einer linearen Gleichung in Normalform $ax + by = c$ an.

AUFGABE
Informiere dich über aktuelle Preise für Ölwechsel und Benzin und löse Aufgabe 16 mit diesen Werten. Vergleiche die Ergebnisse.

17^L

Entscheide, ob es sich um eine lineare Gleichung handelt. Begründe deine Antwort.

a) $(x - 3)\,6 - 2(x + y) = 3y + 1$ **b)** $2x(x + y) = 4 + (x + 1)\,2x$

c) $\frac{3x - y}{4} + 2\frac{x}{3} = \frac{y}{5}$ **d)** $xy - x\left(y - \frac{1}{2}\right) = y + \frac{1}{2}$

e) $4(x - 2y) + 3x = 2\left(\frac{3}{5}x + 6\right) - x$ **f)** $x + \frac{1}{y} = 2$

g) Schreibe selbst zwei ähnliche Gleichungen auf. Bearbeitet dann jeweils in Gruppen im Unterricht diese Aufgaben.

18

Für eine lineare Gleichung mit zwei Variablen hatten wir verlangt, dass die Koeffizienten beider Variablen von null verschieden sein sollen. In einer beliebigen linearen Gleichung $ax + by = c$ können allerdings eine oder mehrere der Zahlen a, b, c gleich 0 sein. Untersuche, wie sich das auf die Lösungsmenge der Gleichung auswirkt. Gehe aus von der Gleichung $3x + 2y = 5$.

a) Zeichne die Lösungsmenge der Ausgangsgleichung in ein Koordinatensystem.
b) Ersetze der Reihe nach einen der Parameter durch 0. Beginne mit c.
Zeichne wenn möglich die Lösungsmenge und beschreibe sie.
c) Ersetze der Reihe nach a und c bzw. b und c, a und b durch 0. Zeichne und beschreibe wie in a). Vergleiche mit den Ergebnissen von a).
d) Was hältst du von dem Vorschlag, alle drei Parameter der Gleichung gleich 0 zu setzen?

ZUR INFORMATION
Die lineare Gleichung $ax + by = c$ mit $a \neq 0$ oder $b \neq 0$ heißt die **allgemeine Form der Geradengleichung.**
Sind $a = 0$ und $b = 0$, dann spricht man nicht von einer linearen Gleichung.

19

Gib zu den in der Randspalte abgebildeten Geraden jeweils eine lineare Gleichung in allgemeiner Form an.

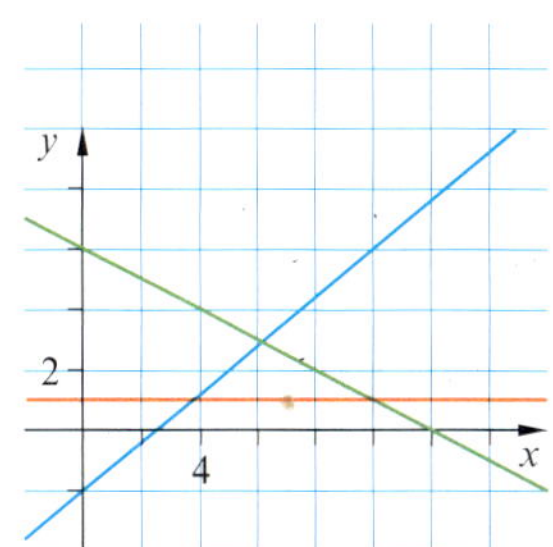

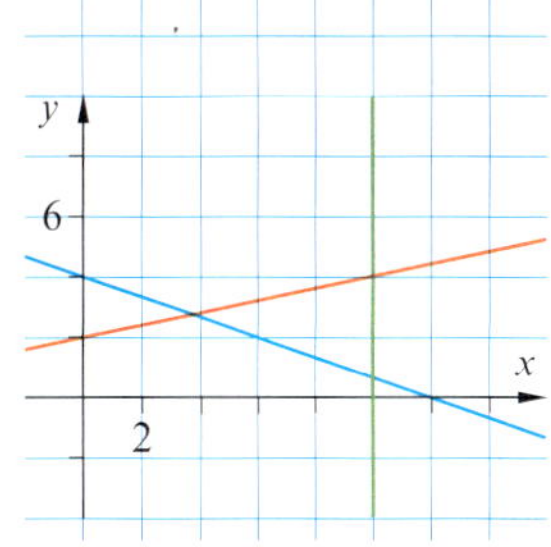

20

Welche der folgenden Aussagen sind wahr? Gib ein Gegenbeispiel an, wenn eine Aussage falsch ist.

a) Der Graph jeder linearen Gleichung mit zwei Variablen ist eine Gerade.
b) Jede lineare Gleichung mit zwei Variablen lässt sich als lineare Funktion auffassen.
c) Jede Gerade ist Graph einer linearen Gleichung mit zwei Variablen.
d) Wenn in einer linearen Gleichung $ax + by = c$ einer der Parameter gleich 0 ist, dann ist der Graph eine Parallele zur x-Achse oder zur y-Achse.
e) Wenn für die Variablen x, y einer linearen Gleichung nur natürliche Zahlen eingesetzt werden dürfen, dann besteht die Lösungsmenge aus endlich vielen Zahlenpaaren oder die Gleichung besitzt keine Lösung.
f) Wenn für die Variablen x, y einer linearen Gleichung alle rationalen Zahlen eingesetzt werden dürfen, dann besteht die Lösungsmenge aus unendlich vielen Zahlenpaaren.

Lineare Ungleichungen mit zwei Variablen

21

In einer Werkstatt werden Vasen und Schalen hergestellt. Die Vasen verursachen Herstellungs- und Materialkosten von 3 € pro Stück und die Schalen von 2 € pro Stück. Wie viele Produkte können geformt werden, wenn die Kosten geringer als 24 € sein sollen?

a) Erläutere, inwiefern die Ungleichung $3x + 2y < 24$ die Situation beschreibt.

b) Gib für den Fall, dass die Kosten genau 24 € betragen, alle möglichen Paare $(x \mid y)$ an.

c) Wir erhalten in Aufgabe b) eine Menge geordneter Paare $(x \mid y)$. Jedem Paar ist im kartesischen Koordinatensystem genau ein Punkt $P\,(x \mid y)$ zugeordnet. Trage alle Paare in ein Koordinatensystem ein. Was stellst du fest?

d) Gib alle Paare $(x \mid y)$ an, für die die Kosten kleiner als 24 € sind.

22

Durch die Gleichung $3x + 5y = 15$ ist eine Gerade im senkrechten Koordinatensystem eindeutig bestimmt. Gib den Anstieg und die Schnittstelle mit der y-Achse an. Zeichne die Gerade in ein Koordinatensystem ein. Schraffiere die Halbebenen, deren Punkte Lösungen der Ungleichungen $3x + 5y < 15$ und $3x + 5y > 15$ sind, in verschiedenen Farben. Was ergibt sich für $3x + 5y \leq 15$?

WISSEN

Die zu einer linearen Ungleichung $ax + by > c$ bzw. $ax + by < c$ mit zwei Variablen gehörende Gleichung $ax + by = c$ mit $a \neq 0$ und $b \neq 0$ beschreibt im Koordinatensystem eine Gerade. Diese Gerade teilt die x-y-Ebene in zwei **Halbebenen**. Die Koordinaten der Punkte einer Halbebene ergeben die Lösungsmenge der Ungleichung.
Für $a \neq 0$ und $b = 0$ verläuft die Gerade parallel zur y-Achse und für $b \neq 0$ und $a = 0$ parallel zur x-Achse.

AUFGABE

Zeige, dass die lineare Gleichung $ax + by = c$ mit $b \neq 0$ äquivalent zu der Geradengleichung $y = -\frac{a}{b}x + \frac{c}{b}$ ist.

23

Wiederhole die Untersuchungen aus Aufgabe 22 für die Gleichung $3x + 5y = 10$. Erläutere den Einfluss des Parameters c in der Gleichung $3x + 5y = c$.

24

Veranschauliche durch Schraffieren die Lösungsmengen der folgenden linearen Ungleichungen mit zwei Variablen im senkrechten Koordinatensystem.

a) $2x + 3y < 6$ **b)** $3x - 2y < 6$ **c)** $x - \frac{1}{3}y > -1$ **d)** $y > 0$

e) $x > 0$ **f)** $y < -2$ **g)** $x > 6$ **h)** $x > y$

25

In einer Werkstatt wird mit zwei Typen von Elektrogeräten gearbeitet. Diese werden dazu parallel geschaltet. Von jedem Typ sind mehrere Geräte vorhanden. Die Geräte des ersten Typs haben eine Leistung von 2100 W und die des zweiten Typs von 600 W. Um die Leitung nicht zu überlasten, sollte die Gesamtleistung nicht größer als 12 000 W sein. Wie viele Geräte von welchem Typ dürfen gleichzeitig laufen? Ermittle grafisch alle Möglichkeiten.

INFORMATION

Für die elektrische Leistung P gilt: $P = U \cdot I$.
U bezeichnet die elektrische Spannung, I die Stromstärke.
Für eine Parallelschaltung gilt:

$U_{ges} = U_1 = U_2 = \ldots = U_n$

$I_{ges} = I_1 + I_2 + \ldots + I_n$

$I_{ges} = \frac{P_1}{U} + \frac{P_2}{U} + \ldots + \frac{P_n}{U}$

$I_{ges} \cdot U = P_1 + P_2 + \ldots + P_n$

$P_{ges} = P_1 + P_2 + \ldots + P_n$

Lineare Gleichungssysteme mit zwei Variablen

1

Wie viel kostet eine Kinokarte für Erwachsene bzw. für Kinder?

2

Sascha und Markus treffen sich regelmäßig im Café zum Schach. Jedesmal trinkt Sascha drei Gläser Cola und isst vier Müsli-Riegel. Markus trinkt zwei Gläser Cola und isst fünf Müsli-Riegel. Einmal hat er sein Geld vergessen. Sascha sagt: „Ich bezahle für dich mit, wenn du beim nächsten Mal für mich bezahlst." Markus entgegnet: „Das ist aber nicht gerecht, dann musst du beim nächsten Mal zwei Müsli-Riegel weniger essen, sonst habe ich mehr als du zu zahlen." Sascha bezahlt für beide zusammen 7,20 €. Wie viel kosten Cola bzw. Müsli-Riegel?
Die Situation lässt sich durch zwei lineare Gleichungen mit zwei Variablen beschreiben. Stelle solche Gleichungen auf und forme sie in Normalform um.
Gib zu der ersten Gleichung drei Paare von möglichen Preisen an; verfahre genauso mit der zweiten Gleichung. Welche Bedingung muss für die richtigen Preise gelten?

3

In einem gleichschenkligen Dreieck ist jeder Schenkel dreimal so lang wie die Basis. Der Umfang des Dreiecks beträgt 10 cm.
Welche Maße kann das Dreieck besitzen? Begründe deine Überlegungen.

4

Im Laden gibt es Milchbrötchen für 20 Cent und Körnerbrötchen für 30 Cent. Jana kauft 25 Brötchen für 6,60 €. Wie viele von jeder Sorte hat sie gekauft?

WISSEN

Wenn mehrere lineare Gleichungen zum selben Problem bzw. zu einer Aufgabe gehören, so spricht man von einem **linearen Gleichungssystem**.

Allgemeine Form (bei 2 Variablen): (I) $a x + b y = c$
(II) $d x + e y = f$, wobei $a, b, c, d, e, f \in \mathbb{Q}$.

Jede Lösung eines linearen Gleichungssystems muss alle zugehörigen linearen Gleichungen erfüllen.

ZITAT

„Aufstellen von Gleichungen ist ähnlich der Übersetzung von einer Sprache in eine andere. Um einen Satz vom Deutschen ins Französische zu übersetzen, sind zwei Dinge notwendig. Erstens, wir müssen den deutschen Satz durch und durch verstehen. Zweitens, wir müssen mit den Ausdrucksformen, die der französischen Sprache eigen sind, vertraut sein. Die Situation ist ganz ähnlich, wenn wir versuchen, eine in Worten vorgegebene Bedingung in mathematischen Symbolen auszudrücken."
Georg Polya, Schule des Denkens (1949)

5

Wäre seine Schwester Clara drei Jahre jünger, dann wäre Florian jetzt dreimal so alt wie sie. Vor zwei Jahren war Florian doppelt so alt wie Clara. Wie alt sind Clara und Florian? Stelle ein Gleichungssystem mit zwei linearen Gleichungen auf, die die Situation beschreiben. Zeichne die beiden zugehörigen Geraden in dasselbe Koordinatensystem. Welche Bedeutung haben die Koordinaten des Schnittpunktes der beiden Geraden?

6

Zeichne zu den Aufgaben 1 bis 4, Seite 197 jeweils die beiden Geraden in ein Koordinatensystem und bestimme ihren Schnittpunkt. Vergleiche die Koordinaten des Schnittpunktes mit der bereits ermittelte Lösung des Problems.

WISSEN

Die Lösung eines linearen Gleichungssystems mit zwei Variablen wird grafisch durch den Schnittpunkt der Geraden angegeben, die zu den einzelnen Gleichungen gehören.

BEISPIEL

Die Geraden (g und h) zu dem linearen Gleichungssystem
(I) $4x + 5y = 12$
(II) $10x + 2y = 9$
werden in dasselbe Koordinatensystem eingetragen.

Alle Punkte, die auf g liegen, erfüllen mit ihren Koordinaten die erste Gleichung, alle Punkte auf h erfüllen die zweite Gleichung. Die Koordinaten des Schnittpunkts erfüllen deshalb beide Gleichungen.
In der Zeichnung liest man $S\,(0{,}5|2)$ ab.

Zur Probe wird $x = 0{,}5$, $y = 2$ in jede der Gleichungen eingesetzt:
(I) $2 + 10 = 12$ (wahr)
(II) $5 + 4 = 9$ (wahr)
Beide Gleichungen sind erfüllt, also ist $(0{,}5|2)$ die Lösung des Gleichungssystems.

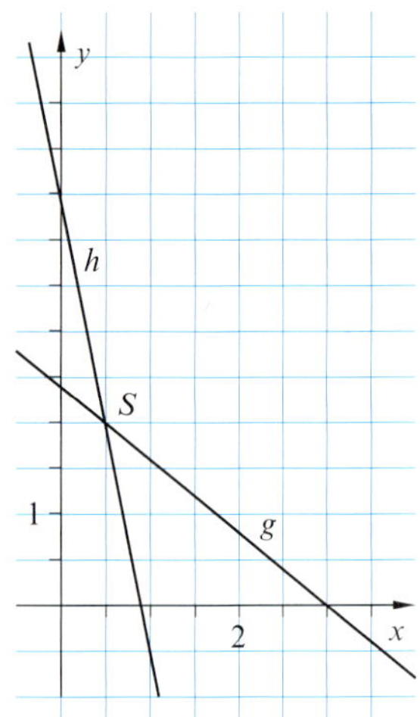

7[L]

Zeichne jeweils in ein Koordinatensystem und bestimme die Lösung des linearen Gleichungssystems. Mache die Probe, ob du richtig abgelesen hast.

a) $x + 2y = 10$; $5x - 4y = 8$
b) $3x - 5y = 0$; $5x - 7y = 2$
c) $2x + 3y = 5$; $x - 2y = -8$
d) $3x + 2y = 18$; $7x - 4y = 3$
e) $-x + 3y = 2$; $11x - 19y = 6$
f) $x - y = 2$; $5x + 7y = 4$

8

a) Stelle mit einem CAS (z. B. Derive 5) oder mit einem Funktionsplotter die beiden Geraden $3x + 2y = 9$ und $2x - 4y = -2$ grafisch dar.
Beachte dabei: Einige Computerprogramme können die Graphen nur bei Eingabe der Geradengleichung in Normalform darstellen. In diesem Falle musst du die beiden Gleichungen erst nach y auflösen (bei Derive 5 nicht notwendig).

b) Fahre im Spur-Modus auf jeder der beiden Geraden einmal zum Schnittpunkt der Geraden. Gib die Schnittpunktkoordinaten an. Mache eine rechnerische Probe.

HINWEIS
Wenn du durch Hinein-Zoomen den Bereich um den Schnittpunkt der Geraden vergrößerst, kannst du die Schnittpunktkoordinaten besser ablesen.

9

Auch mit einer Tabellenkalkulation kann ein Gleichungssystem grafisch gelöst werden. Das nebenstehende Bild zeigt die Geraden $-x + 2y = 2$ und $6x - 2y = 3$ für $0 \leq x \leq 2$. (Das Intervall hat sich bei der Suche des Bereichs, in dem der Schnittpunkt liegt, ergeben.) Wir lesen daraus die Koordinaten des Schnittpunktes ab: $S(1 \mid 1{,}5)$.
Vollziehe das Beispiel nach und erläutere dein Vorgehen.

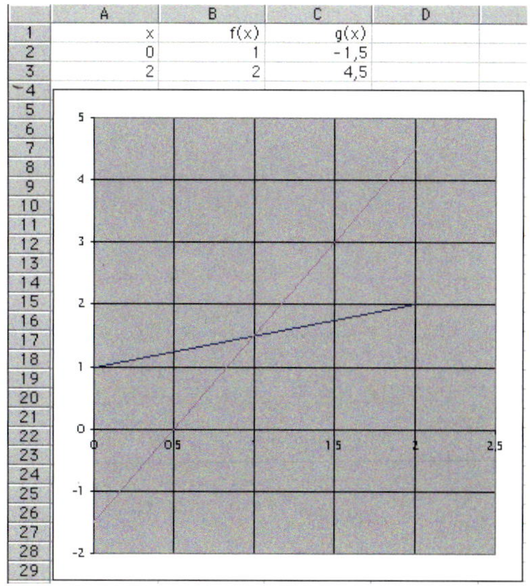

10

Bearbeite die Aufgabe 7 von Seite 198 mit einem GTR.

11

Bilde jeweils ein lineares Gleichungssystem mit der angegebenen Lösung.
a) $(2 \mid 3)$ **b)** $(5 \mid 0{,}5)$ **c)** $(-3 \mid 7)$ **d)** $\left(-\frac{3}{4} \,\middle|\, \frac{2}{5}\right)$

12

Stelle mit einem geeigneten Computerprogramm die Gerade g mit $5x + 8y = 40$ dar. Ergänze die Zeichnung durch die Geraden g_1: $x + 8y = 24$, g_2: $4x + 8y = 24$, g_3: $5x + 8y = 24$. Lies die Schnittpunkte von g mit g_1, g_2, g_3 ab.

13

Zeichne die zugehörigen Geraden (selbst oder mit einem Computerprogramm) und bestimme aus der Zeichnung die Lösungsmenge des linearen Gleichungssystems.

a) $3x + 2y = 8$
$2x + 3y = 9$

b) $3x + 2y = 8$
$\frac{3}{4}x + \frac{1}{2}y = 2$

c) $3x + 2y = 8$
$\frac{3}{4}x + \frac{1}{2}y = 1$

14

Bei einer Geburtstagsfeier darf jeder der Gäste zwei Kugeln aus einem Beutel ziehen, in dem sich 10 gleichartige Kugeln mit den Nummern 1 bis 10 befinden. Wer zwei Zahlen zieht, deren Summe 13 und deren Differenz 4 beträgt, der bekommt ein kleines Geschenk. Was sagst du dazu?

WISSEN

Ein lineares Gleichungssystem mit zwei Variablen kann entweder genau eine Lösung oder keine Lösung oder unendlich viele Lösungen haben.
Ein lineares Gleichungssystem mit zwei Variablen heißt **eindeutig lösbar** (es besitzt genau eine Lösung), wenn es genau ein Zahlenpaar gibt, das alle Gleichungen erfüllt.

15

Zwei Geraden schneiden einander oder sie verlaufen zueinander parallel. Deshalb kann ein lineares Gleichungssystem mit zwei Gleichungen genau eine Lösung besitzen oder keine Lösung haben (die Lösungsmenge ist leer).
Wieso gibt es darüber hinaus die Möglichkeit, dass ein lineares Gleichungssystem unendlich viele Lösungen besitzt?

AUFTRAG
zu Aufgabe 15
Formuliere eine Erläuterung zu allen drei Fällen. Vergleicht in Gruppen eure Texte. Tragt die Erläuterung, die euch am besten scheint, in der Klasse vor.

16

Wie viele Lösungen besitzt das Gleichungssystem? Zeichne und gib die Geradengleichungen auch in Normalform an.

a) $3x + y = -4$; $-\frac{3}{2}x - 4y = 2$ **b)** $\frac{1}{2}x - \frac{2}{3}y = \frac{5}{6}$; $3x - 4y = 5$ **c)** $6x - 8y = 2$; $\frac{3}{2}x - 2y = 1$ **d)** $2x - 6y = 4$; $3x - 9y = 6$

17

Nina hat zu einem linearen Gleichungssystem die zugehörigen Geradengleichungen in Normalform gebildet. Woran kann sie erkennen, ob das Gleichungssystem eine, keine oder unendlich viele Lösungen besitzt? Erläutere deine Antwort.

18

Entscheide ohne zu zeichnen, ob das Gleichungssystem keine, eine oder unendlich viele Lösungen besitzt; begründe deine Entscheidung.
Die erste Gleichung des linearen Gleichungssystems ist $4x - 6y = 12$.
Die zweite Gleichung des Gleichungssystems lautet:

a) $4x - 6y = 15$ **b)** $4x - 6y = 0$ **c)** $2x - 3y = 6$
d) $4x + 6y = 12$ **e)** $2x - 6y = 0$ **f)** $2x - 0y = 6$
g) $4x + 6y = 15$ **h)** $2x - 3y = 0$ **i)** $0x + 0y = 6$

19

Übertrage das Gleichungssystem ins Heft. Versuche, die fehlende Zahl so zu ergänzen, dass das Gleichungssystem genau eine Lösung (keine Lösung bzw. unendlich viele Lösungen) besitzt. Erläutere, falls das nicht möglich ist.

a) $2x - 3y = 6$; $4x - 6y = \square$ **b)** $2x - 3y = 6$; $\square x + 6y = -12$ **c)** $2x - 3y = 6$; $4x + \square y = 12$ **d)** $2x - 3y = 6$; $4x + 6y = \square$

20

Julia war eine Woche krank. Sie wundert sich darüber, dass nicht jedes lineare Gleichungssystem genau eine Lösung besitzt.
Schreibe für sie eine kurze Zusammenfassung aller Möglichkeiten, erläutere die Ursachen und füge treffende Beispiele hinzu.

ZUM KNOBELN

Tim ist zwei Drittel seines Schulwegs mit dem Fahrrad gefahren, als ihm ein Reifen platzt. Nun muss er schieben und braucht für den Rest des Weges doppelt so lange wie für den ersten Teil auf dem Rad. Vergleiche: Wievielmal so schnell ist er gefahren?

AUFGABEN ZUR WIEDERHOLUNG

1. Löse die folgenden Gleichungen für die Grundmenge $\mathbb{Q}$.
   a) $6x = 54$ **b)** $256 = 14x$
   c) $3x - 1 = 17$ **d)** $-11x = 143$
   e) $63x = 28$ **f)** $3x = -1$
   g) $4x = 3x + 5$ **h)** $-13 = -13x$

2. Gib die Lösung der Gleichung an und mache eine Probe.
   a) $2(7x - 4) = 5(x + 3) - 32$
   b) $3(-4y - 25) = 21y - 2(y - 9)$
   c) $-\frac{2x + 3}{5} = \frac{13 + 4x}{3}$ **d)** $\frac{1}{3}(x + \frac{9}{10}) = (\frac{3}{5} - \frac{7}{3}x)\,4$

3. Löse die folgenden Ungleichungen für die Grundmenge $\mathbb{Q}$.
   a) $9x > 3$ **b)** $14x < 35$
   c) $12x > 60$ **d)** $-12x > 36$
   e) $3x + 4 > -5$ **f)** $-6x + 12 < -3$
   g) $2(x - 4) > 3$ **h)** $-3(-x + 4) < 5$

4. Gib Variablengrundbereich und Lösungsmenge folgender Bruchungleichungen an:
   Veranschauliche die Lösungsmengen an einer Zahlengeraden.
   a) $\frac{x + 1}{x - 2} > 0$ **b)** $\frac{y - 5}{y + 3} < 2$ **c)** $\frac{z + 2}{z + 4} > \frac{z - 2}{z + 4}$

Das Gleichsetzungs- und das Einsetzungsverfahren

1

Mark und Sebastian wandern im Gebirge. Sebastian möchte etwas essen, Mark möchte jedoch gleichmäßig weiterlaufen. Für die beiden ist das kein Problem: Mark geht langsam weiter und legt etwa 50 Meter pro Minute zurück.
Sebastian folgt ihm nach 3 Minuten mit einer Geschwindigkeit von 60 Metern pro Minute.
Nach welcher Zeit treffen sie sich wieder?

a) Die Variable x sei Marks Wanderzeit, der zurückgelegte Weg sei y. Erläutere, dass das Gleichungssystem die Situation richtig beschreibt.
(I) $y = 50x$
(II) $y = 60x - 180$

b) Ermittle die Lösung aus der grafischen Darstellung der beiden Geraden. Erläutere deine Vorgehensweise. Was gibt die Lösung des Gleichungssystems an?

c) Wie könnte man die Lösung des Gleichungssystems ohne Zeichnung finden?

AUFGABE
Überlege, ob die angegebenen Wandergeschwindigkeiten sinnvoll sind.

WISSEN

Ein lineares Gleichungssystem mit zwei Gleichungen und zwei Variablen lässt sich lösen, indem beide Gleichungen nach der gleichen Variablen aufgelöst und die entstehenden Terme gleichgesetzt werden.
Dieses Lösungsverfahren nennt man **Gleichsetzungsverfahren**.

BEISPIEL

Zu lösen ist das lineare Gleichungssystem: (I) $y = 3x + 2$
(II) $y = 5x - 2$

Gleichsetzen von (I) und (II): $3x + 2 = 5x - 2$
Auflösen nach x: $4 = 2x$, also: $x = 2$.
Einsetzen von x in (I): $y = 3x + 2 = 3 \cdot 2 + 2 = 8$
Eine Probe zeigt, dass (2|8) die Gleichungen (I) und (II) erfüllt.

Also ist (2|8) die Lösung des Gleichungssystems.

BEACHTE
Der Schnittpunkt zweier Geraden liegt auf jeder der beiden Geraden. Setzt man die x-Koordinate des Schnittpunktes in die Geradengleichungen ein, dann müssen deshalb beide Geradengleichungen dieselbe y-Koordinate ergeben. Haben die beiden Geradengleichungen die Form (I) $y = T_1$ und (II) $y = T_2$ (T_1, T_2 Terme mit der Variablen x) oder werden sie entsprechend umgeformt, dann muss für den Schnittpunkt gelten: $T_1 = T_2$.
Hat die Gleichung $T_1 = T_2$ genau eine Lösung, so bedeutet das: Es gibt einen Schnittpunkt der Geraden und die Lösung ist die x-Koordinate dieses Schnittpunktes.

2

Berechne den Schnittpunkt der Geraden:

a) g_1: $y = 3x - 7$, g_2: $y = -2x + 3$ **b)** g_1: $y = 4x - 5$, g_2: $y = 5x - 36$

3^L

Löse das Gleichungssystem mit dem Gleichsetzungsverfahren.

a) $y = 2x + 9$; $y = 7x - 5$
b) $y = 12x - 4$; $15x + 6 = y$
c) $x = 3y + 20$; $x = -2y + 5$
d) $4x = 7y - 8$; $4x = 2y + 7$
e) $2x + 3y = -9$; $4x - 8y = 52$
f) $2x + 3y = 0{,}8$; $x - 4y = 1{,}7$
g) $0{,}5x - 1{,}4y = 12$; $1{,}5x - 4{,}2y = -12$
h) $0{,}1x + 0{,}1y = 0{,}2$; $0{,}2x - 0{,}2y = 0{,}1$

4

Löse mit dem Gleichsetzungsverfahren. Erläutere kurz dein Vorgehen.

a) $2x - 3y = 8$
$3y = 5x - 6$

b) $3x + y = -4$
$4x + 2y = 10$

c) $x - 2y = 11$
$x + 12y = 30$

BEACHTE
Es wird stets nach einer der Variablen aufgelöst, damit nach dem Gleichsetzen eine Gleichung mit nur einer Variablen entsteht.

5

a) In einem Beutel liegen rote und grüne Kugeln. Wenn noch 23 grüne Kugeln hinzugefügt werden, sind es gleich viele rote und grüne Kugeln.
Die Anzahlen können auch dadurch gleich gemacht werden, indem zunächst die Anzahl der grünen Kugeln verdoppelt wird und dann 11 grüne Kugeln herausgenommen werden.

b) Eine gedachte Zahl wird um 5 vergrößert und dann versechsfacht. Das gleiche Ergebnis erhält man, wenn die gedachte Zahl zuerst vervierfacht und dann um 20 vergrößert wird. Wie heißt die gedachte Zahl?

6

Ein Pkw fährt in Brandenburg auf die Autobahn A2 und fährt mit gleichbleibender Geschwindigkeit von 120 km/h in Richtung Hannover.
Zur gleichen Zeit fährt ein Lkw an der Raststätte Ziesar vorüber. Er fährt mit konstanter Geschwindigkeit 80 km/h.

a) Informiere dich über entsprechende Entfernungen in einem Autoatlas.

b) Der Lkw fährt in gleicher Richtung wie der Pkw. Erreicht der Pkw den Lkw noch vor der Abfahrt Magdeburg-Zentrum?

c) Der Lkw fährt in Richtung Berlin. Wie lange dauert es, bis Pkw und Lkw aneinander vorüberfahren?

7

Meike hat gerechnet, aber sie kommt nicht weiter. Was hat sie falsch gemacht?

(I) $2x - 3y = 5$ Gleichsetzen: $2x - 3y = 4x + 2y$
(II) $4x + 2y = 5$ $-2x = 5y$???

8

a) Mario hat vergessen, wie man den Schnittpunkt von zwei Geraden berechnet. Julia gibt ihm ein Beispiel (siehe Randspalte). Was meint Julia damit?
Füge zu dem Beispiel erläuternden Text hinzu, sodass Mario das Verfahren und seine Begründung versteht.
Nenne auch den Zusammenhang mit dem Gleichsetzungsverfahren.

b) Mario fällt auf: „Wenn ich das Gleichsetzungsverfahren verwende, dann merke ich ganz leicht, ob das Gleichungssystem keine Lösung hat oder unendlich viele." Julia entgegnet: „Klar, das wissen wir schon länger." Woran denkt Julia?

$y = 2x + 3$
$3x + 4 = y$
$3x + 4 = y = 2x + 3$

9

Patrick soll ein lineares Gleichungssystem lösen: (I) $y = 10x - 25$
(II) $11x + 3y = 48$

Er setzt sich an den Computer. Kathrin sieht das und sagt: „Ich würde das Gleichungssystem nicht grafisch lösen." Patrick ist entsetzt: „Soll ich etwa das Gleichsetzungsverfahren benutzen? Denk bloß an die Brüche, die dabei entstehen." Kathrin meint: „Es geht auch ohne Brüche leicht zu rechnen. Du brauchst nur…"
An welchen Lösungsweg denkt Kathrin?

ZUR INFORMATION
Die Eigenschaft
„Wenn $a = b$ und $b = c$, dann gilt $a = c$."
nennt man **Transitivität**.
Auch die Kleiner-Relation ist transitiv.

transitivum (lat.) bedeutet das Hinübergehende

WISSEN

Ein lineares Gleichungssystem mit zwei Gleichungen und zwei Variablen lässt sich lösen, indem eine der Gleichungen nach einer Variablen aufgelöst und der entstehende Term in die andere Gleichung eingesetzt wird.
Dieses Lösungsverfahren nennt man **Einsetzungsverfahren**.

INFORMATION
Als allgemeines Lösungsverfahren findet sich das Einsetzungsverfahren erstmals in Newtons Arithmetica universalis von 1707.
Bis dahin beschrieb man die Probleme weitgehend so, dass eine zweite Variable möglichst vermieden wurde (sie wurde von Anfang an durch die erste ausgedrückt).

BEISPIEL

Zu lösen ist das lineare Gleichungssystem: (I) $2x = 4y + 8$
(II) $6x - 5y = 3$

Auflösen von (I) nach x:	$x = 2y + 4$
Einsetzen des Terms für x in (II):	$6 \cdot (2y + 4) - 5y = 3$
Ausmultiplizieren und Zusammenfassen:	$12y + 24 - 5y = 3$, also $7y + 24 = 3$
Auflösen nach y:	$7y = -21$, also $y = -3$
Einsetzen von y in (I):	$x = 2(-3) + 4$, also $x = -2$
Zur Probe x und y einsetzen in (II):	(II) $6 \cdot (-2) - 5 \cdot (-3) = 3$
	$3 = 3$ (wahr)
Die Lösung des LGS ist:	$(-2 \mid -3)$

10[L]

Löse das Gleichungssystem mit dem Einsetzungsverfahren.

a) $x = 2y + 8$
$11x - 3y = 31$

b) $x = 3y - 15$
$2x + 4y = -4$

c) $y = 0{,}3x - 2{,}9$
$2{,}2x + 1{,}4y = 3{,}8$

d) $x - y = 4$
$8x - y = -2$

e) $x + y = 1$
$-2x + y = -8$

f) $x + 2y = 3$
$2x - 3y = 4$

g) $5x + 2y = 2$
$2x - 5y = 2$

h) $3x + 1{,}5y = 1$
$-6x - 3y = -2$

i) $1{,}5x - 5y = 7{,}5$
$12x - 4y = 5$

11

a) Sven löst das folgende Gleichungssystem mit dem Einsetzungsverfahren.
(I) $y = 2x - 4$; (II) $6x - 3y = 12$
Worüber könnte er sich wundern?

b) Bilde ein einfaches Beispiel eines unerfüllbaren linearen Gleichungssystems. Löse es mit Einsetzungs- oder Gleichsetzungsverfahren. Erläutere.

c) Begründe: Wenn die eine Gleichung in die andere umgeformt werden kann, dann hat das Gleichungssystem unendlich viele Lösungen.

BEISPIEL

(I) $4x + 3y = 11 \quad | \cdot 2$
(II) $8x + 6y = 24$

(I)′ $8x + 6y = 22$
(II) $8x + 6y = 24$

$22 = 24$ (falsch)

Die beiden Gleichungen lassen sich nicht gleichzeitig erfüllen.
Das Gleichungssystem hat keine Lösung. Die Lösungsmenge ist $L = \emptyset$.

(I) $4x + 3y = 11 \quad | \cdot 2$
(II) $8x + 6y = 22$

(I)′ $8x + 6y = 22$
(II) $8x + 6y = 22$

$22 = 22$ (wahr)

Beide Gleichungen haben dieselbe Lösungsmenge.
Das Gleichungssystem hat unendlich viele Lösungen. Die Lösungsmenge ist $L = \{(x|y) \mid 4x + 3y = 11;\ x, y \in \mathbb{Q}\}$.

AUFGABE
Im Beispiel hat das rechte Gleichungssystem unendlich viele Lösungen.
Gib 5 Lösungen des Systems an.

12

Tante Elsa ist viermal so alt wie Ferdinand. Wäre Ferdinand ein Jahr später geboren, so wäre sie vor 4 Jahren sechsmal so alt wie er gewesen.

13

Für eine Lösungsmenge mit unendlich vielen Zahlenpaaren sind auch andere Schreibweisen üblich.
Erläutere die Schreibweisen $L = \{(x|y) \mid y = \frac{11}{3} - \frac{4}{3}x;\ x \in \mathbb{Q}\}$ und $L = \{(x|\frac{11}{3} - \frac{4}{3}x) \mid x \in \mathbb{Q}\}$ für die Lösungsmenge des im letzten Beispiel rechts stehenden Gleichungssystems.

BEACHTE
Manchmal lassen sich lineare Gleichungssysteme durch Knobeln lösen. Beachte dabei, dass dann begründet werden muss, warum das Gleichungssystem nur eine Lösung besitzt.

14

a) Die Summe zweier Zahlen ist 999, ihre Differenz beträgt 333.
b) Die Summe zweier Zahlen ist 100, ihre Differenz beträgt 200.
c) Dörte erzählt: „Gestern habe ich auf der Kirmes 10 Lose gekauft. Leider hatte ich doppelt so viele Nieten wie Gewinne." Mirja macht ein erstauntes Gesicht.

15

a) Peter hat für ein lineares Gleichungssystem durch Knobeln keine Lösung gefunden. Wie kann er begründen, dass es tatsächlich keine Lösung besitzt?
b) Michael findet für ein lineares Gleichungssystem die Lösung (3|8). Iris sagt: „Ich habe aber (5|10) als Lösung gefunden!" Sie stellen gemeinsam fest, dass beide Lösungen richtig sind. Was kann man über das Gleichungssystem und seine Lösungsmenge sagen?

ZUM KNOBELN
Tobias sagt: „Wir wissen, dass ein lineares Gleichungssystem, das lösbar ist, genau eine oder unendlich viele Lösungen hat.
Aber ich weiß eine Aufgabe, die genau zwei Lösungen besitzt:
Das Dreifache einer Zahl ist um fünf kleiner als eine andere, die Differenz der Zahlen beträgt 4."
Was meinst du dazu?

16

Löse das Gleichungssystem. Überlege zuerst, welches der Lösungsverfahren das günstigere sein könnte. (Es gelte $a \neq 0$ und $b \neq 0$.)

a) $y = 4x + 9$
$3x - 5y = 20$

b) $2x = 3y + 5$
$2x + 5y = -4$

c) $y = ax - 2$
$2ax + 3y = 5$

d) $\frac{2}{3}y + 5 = \frac{x}{3}$
$\frac{4}{15}x - \frac{3}{5} = \frac{y}{15}$

e) $0{,}3y = 1{,}2x - 4{,}5$
$1{,}2x + 0{,}3y = 2{,}1$

f) $4x - 5y = a$
$y = x + 2b$

g) Wie lauten die Lösungsmengen von c) und f), wenn $a = 0$ und $b = 0$ gilt?

AUFGABEN ZUR WIEDERHOLUNG

1. Konstruiere ein Dreieck ABC mit $a = 4{,}6$ cm, $b = 7{,}4$ cm, $\beta = 65°$. Beschreibe die Konstruktion.

2. Konstruiere Dreiecke ABC mit $\alpha = 30°$, $a = 5{,}2$ cm, $c = 8{,}8$ cm.

3. Existieren Dreiecke mit den angegebenen Seitenlängen? Begründe.
   a) $a = 4$ cm, $b = 5$ cm, $c = 7$ cm
   b) $a = 24$ mm, $b = 35$ mm, $c = 60$ mm
   c) $a = 4{,}6$ km, $b = 4{,}8$ km, $c = 500$ m

4. Konstruiere ein Dreieck ABC, von dem die folgenden Stücke gegeben sind: $c = 6$ cm, $h_c = 2{,}8$ cm, $\alpha = 40°$. Ermittle a, b, β und γ durch Messung.

5. Finde den Fehler.
   gegeben: $\gamma = 90°$, $c = 6{,}4$ cm, $a = 4{,}5$ cm
   Konstruktionsbeschreibung:
   Ich zeichne zuerst Seite c. Dann trage ich in einem Endpunkt der Strecke einen Winkel von 72° ab. Um den anderen Endpunkt der Strecke zeichne ich einen Kreisbogen mit dem Radius 4,5 cm.

Das Additionsverfahren

1

2

Nils, Sven und Nadine sitzen zusammen. Sie wollen das Gleichungssystem in der Randspalte lösen.

a) Nils will das Gleichsetzungsverfahren anwenden. Sven findet das Einsetzungsverfahren einfacher. Wie würdest du dich entscheiden? Begründe.

b) Nadine meint: „Die Hauptsache ist doch, dass eine Gleichung entsteht, die nur eine Variable enthält. Seht doch mal die Terme mit y an. Ich würde einfach die Gleichungen addieren."
Versuche, das Gleichungssystem nach Nadines Methode zu lösen.
Beschreibt und begründet euch gegenseitig eure Vorgehensweise.

$3x + 4y = 9$
$2x - 4y = 3$

3

Erläutere, was es bedeutet, „eine Gleichung zu einer anderen Gleichung zu addieren". Löse dann folgende Gleichungssysteme, indem du die Gleichungen addierst.

a) $3x - 5y = 11$
$6x + 5y = 16$

b) $x + 4y = 9$
$3x - 4y = 1$

c) $2x - 5y = 21$
$-2x + y = 11$

WISSEN

Ein lineares Gleichungssystem mit zwei Gleichungen und zwei Variablen lässt sich mit dem **Additionsverfahren** lösen. Dabei werden die rechten bzw. linken Seiten der beiden Gleichungen so addiert, dass eine Gleichung entsteht, die nur eine Variable enthält.

BEISPIEL

Zu lösen ist das lineare Gleichungssystem: (I) $3x - 7y = 19$
(II) $5x + 7y = 13$

Addition der Gleichungen (I) und (II): $8x = 32$
$x = 4$

Einsetzen von x in (I) oder in (II): $3 \cdot 4 - 7y = 19$ $\quad 5 \cdot 4 + 7y = 13$
$y = -1$ $\quad y = -1$

Lösung des LGS: $(4|-1)$

INFORMATION

Das Additionsverfahren ist in Europa erstmals 1559 von dem französischen Mönch Johannes Buteo beschrieben worden. Er bezeichnete als einer der ersten die verschiedenen Variablen symbolisch mit Buchstaben, so dass ein Rechnen mit ihnen erleichtert wurde. Bis dahin wurden die Variablen durch Worte umschrieben; Buteo nennt das sehr mühsam.

4 L

Löse folgende Gleichungssysteme mit dem Additionsverfahren.

a) $x + y = 2$; $x - y = 4$

b) $2x + 3y = 9$; $4x - 3y = 3$

c) $-3x + 2y = 3$; $3x - 1{,}5y = -2$

d) $4x - 2y = 10$; $-4x + 5y = 14$

e) $3x + y = 4$; $7x - y = 9$

f) $x = 0$; $x - y = 1$

BEACHTE
Je nach den Parametern in den beiden Gleichungen kann das Gleichsetzungsverfahren, das Einsetzungsverfahren oder das Additionsverfahren das günstigste sein. Oft sind die Verfahren gleich günstig.

5

Wähle eines der Lösungsverfahren aus. Bilde ein lineares Gleichungssystem, für das dieses Verfahren besonders günstig erscheint. Tauscht untereinander die Beispiele aus und entscheidet, welches Verfahren ihr anwenden würdet. Habt ihr jeweils das gleiche Verfahren gewählt?

6

In vielen Fällen ist es sinnvoll, häufig sogar notwendig, das Gleichungssystem zunächst umzuformen, damit das Additionsverfahren angewendet werden kann.
Wie kann man eine der beiden Gleichungen verändern, damit das Additionsverfahren angewendet werden kann? Beschreibe in Worten und berechne die Lösungsmenge des Gleichungssystems.

a) $3x + y = 7$; $4x - 2y = 6$

b) $2x + 3y = 5$; $2x + 5y = -3$

c) $5x - 3y = 6$; $2x + 4y = -8$

d) $-x + 2y = 2$; $2x - 6y = 3$

e) $5x + 4y = 2$; $8x + 9y = 24$

f) $2x + 3y = 12$; $3x - 2y = 5$

INFORMATION
Im Gleichungssystem
$4x + 7y = 11$
$9x + 7y = 23$
kann man die Gleichungen subtrahieren, um eine Gleichung mit einer Variablen zu erhalten. Die Bezeichnung Subtraktionsverfahren ist jedoch nicht üblich.

7

a) Begründe, dass sich die Lösungsmenge eines Gleichungssystems nicht ändert, wenn eine seiner Gleichungen durch eine äquivalente Gleichung ersetzt wird.

b) Begründe: Ein Zahlenpaar $(x_0|y_0)$ ist genau dann eine Lösung des linearen Gleichungssystems
(I) $ax + by = c$
(II) $dx + ey = f$,
wenn es auch eine Lösung des folgenden linearen Gleichungssystems ist:
(I) $ax + by = c$
(II') $(a + d)x + (b + e)y = c + f$

c) Begründe mithilfe von a) und b) das Additionsverfahren.

ERINNERE DICH
1. an den Begriff der Äquivalenz(umformungen) von Gleichungen;
2. an die Bedeutung der Formulierung „genau dann, wenn“.

8

Timo hat das Gleichungssystem jeweils umgeformt.
Welche Umformungen hat er vorgenommen? Welche Absicht verfolgt er damit?
Führe seine Rechnungen jeweils zu Ende.

a)
(I) $3x + 2y = 6$
(II) $6x - y = 2$

(I) $3x + 2y = 6$
(II') $12x - 2y = 4$
…

b)
(I) $12x + 13y = 15$
(II) $4x + 5y = 6$

(I) $12x + 13y = 15$
(II') $-12x - 15y = -18$
…

c)
(I) $55x - 77y = 88$
(II) $12x - 15y = 18$

(I') $5x - 7y = 8$
(II') $4x - 5y = 6$
…

INFORMATION
In der türkischen Bezeichnung *yok etme metodu* (Auslöschungsverfahren) wird der Zweck des Additionsverfahrens besonders anschaulich.

yok etmek (türk.) vernichten, auslöschen

9

Würdest du die Gleichungssysteme aus Aufgabe 6 lieber mit dem Gleichsetzungs- oder mit dem Einsetzungsverfahren bearbeiten? Begründe deine Entscheidung.

10

Denke dir vier verschiedene lineare Gleichungssysteme aus, die genau eine Lösung $(x_0|y_0)$ besitzen. Dabei sollen x_0 und y_0 ganze Zahlen aus dem Bereich $-3, \dots, 3$ sein (mehrere Gleichungssysteme dürfen auch dieselbe Lösung besitzen). Bilde die Gleichungssysteme so, dass es günstig erscheint, das Additionsverfahren zu verwenden. Tauscht im Unterricht die Aufgaben aus und berechnet die Lösungsmengen.

11

Berechne die Lösungsmenge des Gleichungssystems. Überlege vorher, welches Verfahren günstig ist (Gleichsetzungs-, Einsetzungs-, Additionsverfahren).

a) $4x + 3y = 8$; $3x + 2y = 11$
b) $5x + y = -5$; $5x - 3y = 7$
c) $2y = 3$; $3x - 4y = 11$

d) $1{,}2x + 2{,}5y = 7{,}4$; $7{,}2x - 5y = 5{,}4$
e) $\frac{11}{3}x - \frac{20}{3}y = 33$; $\frac{1}{2}x - y = \frac{11}{4}$
f) $8x - 2y = 15$; $9x = 36$

g) $x - y = 8{,}2$; $x + 2y = 9{,}1$
h) $3x - y = 7$; $44x - 66y = 11$
i) $24x + 7y = 27$; $8x - 33y = 115$

j) $\frac{1}{2}x - \frac{1}{3}y = 1$; $\frac{1}{4}x - \frac{4}{3}y = 1$
k) $\frac{x}{3} + \frac{y}{4} = 5$; $\frac{x}{6} + \frac{y}{8} = 5$
l) $2{,}3x + 2{,}4y = 7{,}5$; $7x - 7{,}3y = 22{,}4$

m) $123x - 234y = 89$; $122x - 233y = 89$
n) $0{,}08x - 0{,}2y = 5$; $1{,}25x = 14$
o) $3x - y = 4{,}1$; $x + 3y = 9$

12

Berechne die Lösungsmenge des linearen Gleichungssystems mit dem Additionsverfahren. Warum lohnt es sich nicht, die Aufgaben mit dem Computer zu lösen?

a) $2x - 3y = 5$; $2{,}1x - 3y = 5$
b) $2x - 3y = 5$; $2x - 3{,}1y = 5$
c) $2x - 3y = 5$; $2x - 3y = 5{,}1$

d) $2{,}1x - 3y = 5$; $2{,}01x - 3y = 5$
e) $2{,}1x - 3y = 5$; $2x - 3{,}01y = 5$
f) $2{,}1x - 3y = 5$; $2x - 3y = 5{,}01$

13

a) Berechne die Lösungen der drei Gleichungssysteme:
(1) $3x - 5y = 1$; $5x - 8y = 3$
(2) $3{,}1x - 5y = 1$; $5x - 8y = 3$
(3) $3{,}1x - 5y = 1$; $5x - 8{,}1y = 3$

b) Vergleiche die Lösungen aus a) und versuche, die Ergebnisse zu erläutern.

c) Deute die Lösungen der Gleichungssysteme aus a) als Punkte im Koordinatensystem. In welchen Quadranten liegen sie?

d) Überlege zuerst, in welchem Quadranten die Lösung des Gleichungssystems (I) $3{,}1x - 5y = 1$; (II) $5{,}01x - 8{,}1y = 3$ liegt; berechne sie dann.

e) Bilde ein ähnliches Gleichungssystem, dessen Lösung im IV. Quadranten liegt.

14

Alle linearen Gleichungssysteme, deren Lösungen wir bisher berechnet haben, hatten die gleiche Form:
(I) $a \cdot x + b \cdot y = c$
(II) $d \cdot x + e \cdot y = f$

Die Gleichungssysteme unterschieden sich nur durch verschiedene Werte für die Parameter. Entwickle mithilfe des Additionsverfahrens eine Lösungsformel für dieses allgemeine lineare Gleichungssystem.

AUFGABE

Maik hat eine neue „Addition" erfunden: Beim Addieren von a und b wird der erste Summand doppelt gezählt: $a \oplus b = 2a + b$.
Damit stellt er ein Gleichungssystem auf:
$2a \oplus 7b = 13$
$3a \oplus b = 10$
Ermittle die Lösungsmenge des Gleichungssystems.

HINWEIS

Schlage in einem entsprechenden Fachbuch nach. Unter dem Schlagwort „Cramer'sche Regel" wirst du sicher die gesuchte Lösungsformel finden.

Lineare Gleichungssysteme mit mehr als zwei Variablen

In vielen Anwendungsgebieten der Mathematik treten Gleichungssysteme auf, die eine große Anzahl von Variablen enthalten. Für die Wettervorhersage beispielsweise werden an mehreren hundert Stationen zahlreiche Beobachtungswerte erfasst. Bei der Auswertung dieser Daten müssen Gleichungssysteme mit mehreren tausend Variablen gelöst werden. Die Computer, die zur Lösung eingesetzt werden, sind nach der Methode des Gauß-Algorithmus programmiert.

Das nebenstehende Bild zeigt einen Ausschnitt aus einer Wetterkarte vom 10.04.1999.

1

Drei Kreise sollen mit Zahlen gefüllt werden.
An den Verbindungslinien der Kreise ist jeweils die Summe der Zahlen angegeben, die in den beiden verbundenen Kreisen stehen.

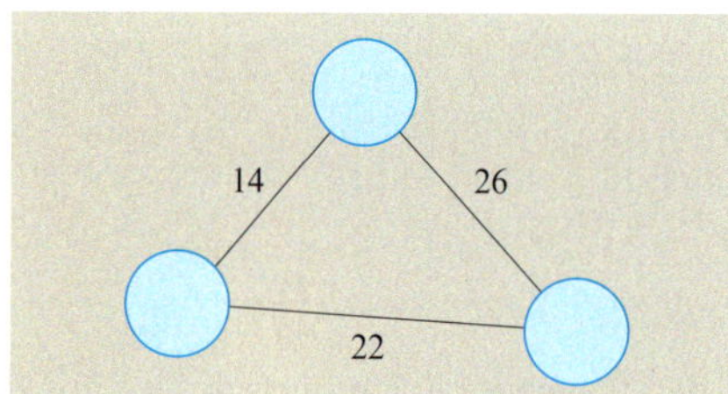

2

Markus denkt sich ein Rätsel aus: „Ich habe auf meinem Schreibtisch insgesamt 16 Bleistifte, Filzstifte und Kugelschreiber. Wenn ich doppelt so viele Bleistifte und Filzstifte hätte, dann wären zusammen 28 Stifte auf den Schreibtisch. Die dreifache Anzahl der Kugelschreiber ist um 8 größer als die Zahl der Filzstifte. Von welcher Sorte Schreibstifte habe ich die meisten?“

3

Sandra soll das Gleichungssystem lösen. Sie stellt fest: „Das ist einfach: Ich brauche nur den Wert für z aus der dritten Gleichung in die zweite einzusetzen, dann kann ich den Wert für y berechnen. Wenn ich beide in die erste Gleichung einsetze, erhalte ich den Wert für x.“
Welche Lösungsmenge erhält Sandra?

$$\begin{aligned} 6x - 2y + 3z &= 8 \\ 11y + 6z &= -4 \\ z &= 3 \end{aligned}$$

ZITAT

„Die Haupt-Absicht der Algebra ist dahin gerichtet, daß man den Werth solcher Größen, die bisher unbekannt gewesen bestimmen möge, welches aus genauer Erwegung der Bedingungen, welche dabey vorgeschrieben und durch bekannte Größen ausgedrückt werden, geschehen muß.“
Leonhard Euler
(1707–1783)

WISSEN

Der Gauß'sche Algorithmus ist ein Rechenverfahren zum Lösen von linearen Gleichungssystemen mit mehr als zwei Variablen. Dabei wird das zu lösende Gleichungssystem zunächst in eine Dreiecksform gebracht.
Das Verfahren ist benannt nach Carl Friedrich Gauß.

BEACHTE

Ein lineares Gleichungssystem hat eine **Dreiecksform**, wenn jede nachfolgende Gleichung eine Variable weniger enthält.

BEISPIEL

$$\begin{array}{lrcl|ll}
\text{(I)} & x + 3y + 2z & = & 1 & \text{(I)}' = \text{(I)}: & x + 3y + 2z = 1 \\
\text{(II)} & 2x + 4y - z & = & 3 & \text{(II)}' = \text{(II)} - 2\cdot\text{(I)}: & -2y - 5z = 1 \\
\text{(III)} & 3x + 2y - 2z & = & 4 & \text{(III)}' = \text{(III)} - 3\cdot\text{(I)}: & -7y - 8z = 1
\end{array}$$

$$\begin{array}{lrcl|ll}
\text{(I)}' & x + 3y + 2z & = & 1 & \text{(I)}'' = \text{(I)}: & x + 3y + 2z = 1 \\
\text{(II)}' & -2y - 5z & = & 1 & \text{(II)}'' = \text{(II)}': & -2y - 5z = 1 \\
\text{(III)}' & -7y - 8z & = & 1 & \text{(III)}'' = 2\cdot\text{(III)}' - 7\cdot\text{(II)}': & 19z = -5
\end{array}$$

Das Gleichungssystem liegt jetzt in Dreiecksform vor.

Aus Gleichung (III)″ folgt: $z = -\frac{5}{19}$

Einsetzen von z in (II)″: $-2y + \frac{25}{19} = 1$, also $y = \frac{3}{19}$

Einsetzen von z und y in (I)″: $x + \frac{9}{19} - \frac{10}{19} = 1$, also $x = \frac{20}{19}$

Lösungsmenge: $L = \left\{\left(\frac{20}{19} \middle| \frac{3}{19} \middle| -\frac{5}{19}\right)\right\}$

AUFGABE

Informiere dich über das Leben von Gauß. Welche Mathematiker lebten noch zu seiner Zeit?

Carl Friedrich Gauß (1777–1855)

4

Löse das Gleichungssystem. Begründe dein Vorgehen.

a) $\begin{array}{r} 5x - 6y + 3z = 7 \\ 8y + 5z = 9 \\ z = 5 \end{array}$ **b)** $\begin{array}{r} 3x - 4y + 2z = 4 \\ y + 3z = 7 \\ 2y + z = 9 \end{array}$ **c)** $\begin{array}{r} 2x + y + 3z = 11 \\ 2x - y + 5z = 9 \\ 2y - z = 5 \end{array}$

5

Jens sagt: „Eigentlich lassen sich Gleichungssysteme mit drei Gleichungen und drei Variablen genauso lösen wie Gleichungssysteme mit zwei Gleichungen und zwei Variablen.“
Meike meint: „Du musst nur so umformen, dass du eine Gleichung erhältst, in der nur noch eine einzige Variable vorkommt.“
Torsten ergänzt: „Sorge dafür, dass du in dem Gleichungssystem zwei Gleichungen mit zwei Variablen erhältst.“
Was meinst du zu den drei Ansichten?

INFORMATION

Aufgaben von Diophantos (3. Jh. n. Chr.) finden sich in einem Werk des arabischen Mathematikers und Astronomen Mohammed al-Hwarizmi (9. Jh. n. Chr.). Diophantos löst (in heutiger Schreibweise geschrieben) die Aufgabe
$x + y = 20$
$y + z = 30$
$x + z = 40$
indem er alle Gleichungen addiert und eine vierte Variable einführt:
$s = x + y + z$,
also
$2s = 20 + 30 + 40$.
Damit erhält er
$x = s - 30$,
$y = s - 40$,
$z = s - 20$.
Aus diesen Gleichungen findet er die Lösung.

6[L]

Berechne mit dem Gauß-Algorithmus die Lösung des linearen Gleichungssystems mit drei Variablen.

a) $\begin{array}{r} x - y - z = 11 \\ 2x + 3z = 7 \\ 2y + z = 9 \end{array}$ **b)** $\begin{array}{r} 2x + 5y + 3z = 4 \\ 2x - y + z = 6 \\ 4x + 8y + 5z = 9 \end{array}$ **c)** $\begin{array}{r} x + 2z = 13 \\ 3x - 4y + z = -19 \\ x + 2y - 5z = -3 \end{array}$

d) $\begin{array}{r} x - 2y + 3z = 9 \\ 2x - 8y + 6z = 20 \\ 4x + 8y + 4z = 28 \end{array}$ **e)** $\begin{array}{r} x + y - z = 4 \\ 8x + 7y - 8z = 35 \\ 33x + 34y - 35z = 130 \end{array}$ **f)** $\begin{array}{r} 0{,}1x + 0{,}2y - 3{,}2z = 2{,}1 \\ 0{,}3x + 0{,}7y - 6{,}8z = 8{,}1 \\ 0{,}4x + 0{,}9y - 19{,}6z = 7 \end{array}$

7

Jörg verkauft Lose bei einem Klassenfest. Es gibt Hauptgewinne, Trostpreise und Nieten. Insgesamt sind es 124 Lose. Hätte er viermal so viele Hauptgewinne und doppelt so viele Trostpreise, dann wären diese zusammen nur um zwei weniger als die Nieten. Trostpreise und Nieten sind zusammen 30-mal so viel wie Hauptgewinne.

8

Berechne die Lösungen von Aufgabe 6 mit einem GTR oder mit einem CAS-Rechner oder mit einem Computer, auf dem ein geeignetes Programm installiert ist. Beschreibe die Bedienung. Was wird auf dem Display bzw. dem Monitor angezeigt?

9

Das Verfahren zur Lösung von Gleichungssystemen, nach dem heute der GTR vorgeht, war bereits vor mehr als 2000 Jahren in China bekannt. Das chinesische Rechenbuch *Neun Bücher arithmetischer Technik* enthält u. a. folgende Aufgaben:

a) Die Erträge von 2 Garben guter Ernte, 3 Garben mittelmäßiger Ernte und 4 Garben schlechter Ernte reichen alle nicht zu einem Tou. Bekommt man zu den guten Garben 1 mittelmäßige, zu den mittleren Garben 1 schlechte, zu den schlechten Garben 1 gute, so ergibt der Ertrag jedesmal genau 1 Tou.
Frage: Wie viel ist jedesmal der Ertrag von einer Garbe?

b) 5 Schafe, 4 Hunde, 3 Hühner und 2 Hasen kosten 1496 Geldstücke. 4 Schafe, 2 Hunde, 6 Hühner und 3 Hasen kosten 1175 Geldstücke. 3 Schafe, 1 Hund, 7 Hühner und 5 Hasen kosten 958 Geldstücke. 2 Schafe, 3 Hunde, 5 Hühner und 1 Hase kosten 861 Geldstücke. Frage: Wie groß ist jeweils der Preis von einem Schaf, einem Hund, einem Huhn und einem Hasen?

INFORMATION
Das Buch *Chiu Chang Suan Shu* war seit etwa 200 v. Chr. in Gebrauch. Es war im ostasiatischen Raum weit verbreitet. 656 n. Chr. wurde es offizielles Lehrbuch für hohe chinesische Beamte. Im Abendland blieben die Methoden des Werkes unbekannt.
Das Raummaß 1 Tou entspricht ca. 1,97 Liter.

10

a) Bilde ein Gleichungssystem mit drei Gleichungen und drei Variablen, das keine Lösung besitzt. Beschreibe und begründe dein Vorgehen.

b) Bilde ein Gleichungssystem mit drei Gleichungen und drei Variablen, das unendlich viele Lösungen besitzt. Beschreibe und begründe dein Vorgehen.

c) Bilde ein Gleichungssystem ohne Lösung und eines mit unendlich vielen Lösungen. Gestalte sie möglichst so, dass die Art nicht offensichtlich ist. Löst dann im Unterricht gegenseitig eure Gleichungssysteme.

11

Gib in einen GTR oder in einen CAS-Rechner ein Gleichungssystem mit drei Variablen ein, das keine bzw. unendlich viele Lösungen besitzt.
Wie reagiert der GTR bzw. das Programm?

ZUM KNOBELN
Tina kann jeden Betrag unter einem Euro passend bezahlen. Wie viele Münzen hat sie mindestens in der Tasche?

AUFGABEN ZUR WIEDERHOLUNG

1. Gib die Größe aller Winkel an.

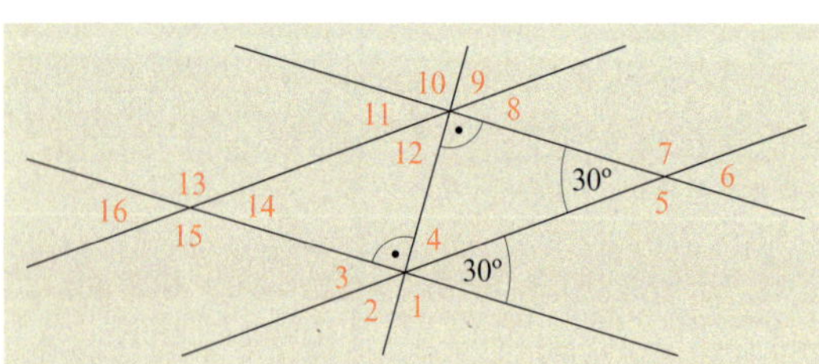

2. Zeichne die folgenden Winkel nach Augenmaß in dein Heft. Prüfe dann mit dem Geodreieck.
45° 20° 220° 355° 5° 100°

3. Zeichne einen regelmäßigen Stern mit 12 Zacken. Die äußeren Spitzen sollen auf einem Kreis mit dem Radius von 8 cm liegen, die inneren auf einem mit 2 cm.

4. Ermittle mithilfe der Dreiecke die Innenwinkelsumme eines Fünfecks. Ermittle auf ähnliche Art die Innenwinkelsummen von Sechs-, Sieben- und Zehnecken. Was fällt dir auf?

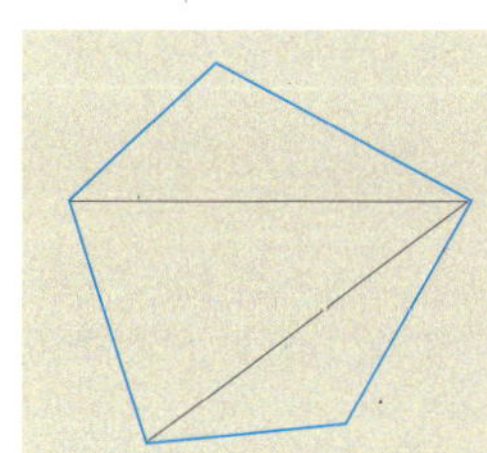

Anwendungsaufgaben

1

Martins Klasse fährt mit dem Bus ins 250 km entfernte Schullandheim. Leider hat die Familie am Morgen verschlafen. Nun will Martins Vater den Jungen mit seinem Auto zum Landheim bringen.

a) Martins Vater überlegt: „Der Bus fährt durchschnittlich 80 km/h, ich werde 110 km/h fahren können und fahre 40 Minuten nach dem Bus ab.“
Stelle die Zuordnungen Zeit → gefahrene Strecke für Bus und Pkw im Koordinatensystem dar. Überlege, welche Einheiten auf den Achsen du sinnvoll wählst.

b) Entnimm der Zeichnung, wann Martins Vater den Bus trifft. Martins Vater hat den Bus nach einer Stunde und 50 Minuten getroffen. Was meinst du dazu?

2

Zwei kleine Bahnhöfe liegen 80 km voneinander entfernt. Während ein ICE den einen Bahnhof durchfährt, passiert gleichzeitig ein Intercity, der dem ICE entgegenfährt, den anderen Bahnhof. Der ICE fährt mit 210 km/h Geschwindigkeit, der IC mit 130 km/h.
Stelle den Vorgang grafisch dar. Lies aus der grafischen Darstellung ab, wie viel Zeit vergangen ist, wenn die Züge einander begegnen. Rechne auch.

3

Überlegt zu zweit.

a) Meike und Inga beobachten am Elbufer ein Linienschiff Richtung Dresden. „Wie schnell mag das Boot wohl fahren? Etwa 20 km/h?“, fragt Inga. Meike sagt: „Hast du dabei die Strömungsgeschwindigkeit berücksichtigt?“
Zu Hause schauen sie im Fahrplan nach. Für die 21,3 km lange Strecke zwischen Dresden und Pirna benötigen die Schiffe flussaufwärts 2 Stunden und 50 Minuten, flussabwärts 1 Stunde und 50 Minuten.

b) Im Koordinatensystem in der Randspalte sind in x-Richtung die Geschwindigkeit eines Schiffes bei stehendem Wasser und in y-Richtung die resultierende Geschwindigkeit des Schiffes aufgetragen.
Was sagen die Punkte auf der Geraden aus? Fährt das Schiff flussauf oder flussab? Erläutert genau.

Elbdampfer bei Rathen

4

Marco und Sebastian wollen Geschirr spülen. Marco lässt heißes Wasser ein. Sebastian schimpft: „Das ist viel zu heiß zum Spülen!“ Marco wird aufmerksam: „Lass uns messen, welche Temperatur das heiße Wasser hat.“ Sie finden nur ein Fieberthermometer und mischen deshalb heißes und kaltes Wasser, so dass es ungefähr handwarm ist.
Mit 5 l heißem und 7 l kaltem Wasser erhalten sie eine Mischung von 36,6 °C, bei 4 l heißem und 5 l kaltem Wasser hat die Mischung 37,7 °C.
Welche Temperatur hat das heiße Wasser?

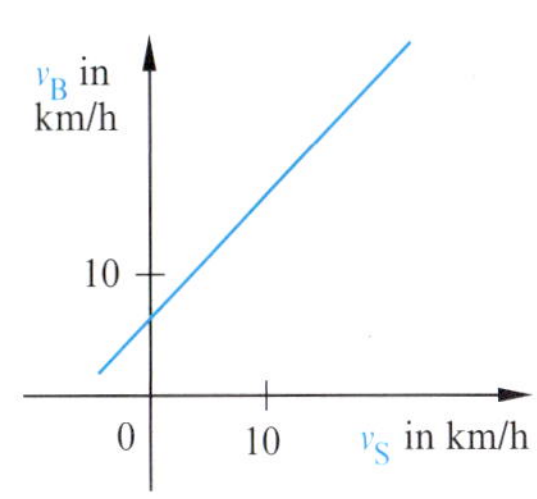

Diagramm zu Aufgabe 3b

5

a) Familie Kramer ist umgezogen. Am neuen Wohnort bieten die Stadtwerke zwei Gastarife an:

	Tarif *A*	Tarif *B*
Arbeitspreis je kWh	2,57 Cent	1,98 Cent
Grundpreis (pro Jahr)	65 Euro	150 Euro

Ab welchem Gasverbrauch im Jahr ist der Tarif *B* günstiger?

b) Anfang März bekommt Familie Schneider einen neuen Stromzähler. Auf der Jahresabrechnung steht:

Strom	77 Tage	197,96 €
	288 Tage	633,50 €

Für jeden Tag wird zu dem Verbrauchspreis eine feste Grundgebühr berechnet. Wie hoch ist diese Grundgebühr, wenn man annimmt, dass der Verbrauch pro Tag im zweiten Berechnungszeitraum um 15 % niedriger ist als im ersten? (Ist diese Annahme sinnvoll?)

AUFGABE
Was bedeutet die Abkürzung kWh?
Warum wird das W groß geschrieben?
Informiere dich.

6

Tina kommt mit ihren Eltern von einer Reise zurück. Sie nehmen vom Bahnhof für die Fahrt zu ihrer Wohnung ein Taxi.
Bei Fahrtbeginn schaltet der Gebührenzähler auf einen Grundbetrag. Nach jeweils 20 Sekunden rückt der Zähler um 0,30 € weiter. Die Taxifahrt kostet 13,40 €.
Der Vater wundert sich: „Bei unserer Abreise hat die Fahrt nur 11 € gekostet.“ Tina sagt: „Die Fahrt zum Bahnhof dauerte offenbar nicht so lange. Jetzt haben wir genau 11 Minuten gebraucht.“
Ermittle den Grundbetrag und die Fahrzeit auf dem Hinweg.

7

Bei einer Projektwoche in der Schule erarbeitet eine Gruppe eine Zeitung, in der Verlauf und Ergebnisse des Projektes vorgestellt werden. Die Zeitung soll gedruckt und an Schüler und Eltern verkauft werden. Die Druckerei berechnet für den Satz der Zeitung 80 €, für jedes gedruckte Exemplar 0,17 €. Die Zeitung soll zum Preis von 0,60 € verkauft werden. Stelle die Kosten und die Einnahmen in Abhängigkeit von der Stückzahl grafisch im Koordinatensystem dar. Wie viele Zeitungen müssen mindestens verkauft werden, damit die Gruppe keinen Verlust hat?

INFORMATION
Die Stückzahl, bei der Produktionskosten und Verkaufserlös gleich sind, heißt die Nutzenschwelle oder der break-even-point.

8

Bir baba ile oğlunun şimdikı yaşları toplamı 40 tır. 5 yıl sonra babanın yaşı oğlunun yaşının 4 katı olacağına göre baba şimdi kaç yaşındadır?

9

Bei einer Wanderung durch den Wald belauschte jemand eine Anzahl Räuber, die berieten, wie sie am besten die Tuchballen aufteilen sollten, die sie gestohlen hatten. Sie sagten, wenn jeder sechs Ballen nähme, so blieben fünf Ballen übrig; wollte aber jeder sieben Ballen nehmen, so würden ihnen acht Ballen fehlen.
Wie viele Räuber waren es, und wie groß war die Gesamtzahl der Tuchballen?

VOKABELN (türk.)
baba – Vater
oğlunun – des Sohnes
yaş – Alter
toplam – insgesamt
4 katı – 4-fach
yıl – Jahr
kaç – wie viel
şimdi – jetzt

10

Aus einem alten Rechenbuch:
Der Name eines Knaben wird mit vier Buchstaben geschrieben. Schreibt man für die Buchstaben die Zahlen hin, die die Stellung jener im Alphabet angeben, so ist die Summe aller vier Zahlen 42. Das Fünffache der ersten, vermindert um die Summe aus der zweiten und dem Doppelten der dritten, ist 11, das Dreifache der ersten, vermehrt um die Summe aus der dritten und dem Doppelten der vierten ist 76, das Dreifache der zweiten, vermindert um die Summe aus der dritten und vierten, ist −30. Wie heißt der Knabe?

11

Für die großen Pausen wurde in einer Schule ein Verkauf von Käse- und Mehrkornbrötchen organisiert. Nach Umfragen war zu erwarten, dass jeden Tag zwischen 240 und 280 Brötchen verkauft werden würden. Die Nachfrage nach Käsebrötchen ist dreimal so hoch wie die nach Mehrkornbrötchen.

a) Wie viele Brötchen jeder Sorte können den Umfragen zufolge verkauft werden?
b) Für Mehrkornbrötchen beträgt der Einkaufspreis 30 Cent, für Käsebrötchen 36 Cent, verkauft werden die Brötchen für 35 bzw. 40 Cent. Ermittle für den ungünstigsten Fall den Gewinn oder Verlust, wenn 12 Brötchen nicht verkauft werden können.

12

In einem Viereck sind die Winkel α und β zusammen 125° groß, α und γ zusammen betragen 140°. Das Dreifache von β ist um 40° größer als δ. Berechne die Winkel und zeichne ein solches Viereck.

13

Eine Gerade verläuft durch die Punkte (1|2) und (6|4).

a) Gib eine Gleichung für die Gerade in der Form $f(x) = mx + n$ an.
b) „Ich kann eine Gerade doch auch durch eine lineare Gleichung $ax + by = c$ beschreiben. Wenn ich die beiden Punkte einsetze, erhalte ich aber ein Gleichungssystem mit zwei Gleichungen und drei Variablen. Da bekomme ich doch unendlich viele Lösungen. Aber welche ist die richtige?“

14

Item: ainer dingt ein arbeiter in einem weingarten: welchen tag er arbeitet, so will er ym geben 10 Pf. Welches tags er feyret, so wolt er ym abslahen 12 Pf.
Nu uber 40 tag so rechen sy mit einander und er hat alz vil gearbait und alz vil gefeyrt, daz ayner dem ander nichts schuldig ist. Nu wiltu wissen, wie vil tag er gearbait het und wie vil tag gefeyrt hat.
Hinweis: Ein Arbeitstag zu jener Zeit hatte 11 Stunden.

WUSSTEST DU SCHON?
In alten Rechenbüchern sind vielerlei Aufgaben zu Handel und Wirtschaft aufgeschrieben. Sie dienten zur Ausbildung der Kaufleute. (Damals gab es keine Schulen für jedermann!)
Diese Aufgabe stammt aus dem Algorismus Ratisbonensis, einer Handschrift des Benediktinermönchs Fridericus Gerhart (1450).

Teste dich!

Grundwissen

1

Berechne die Schnittpunkte der zu den beiden linearen Funktionen gehörenden Graphen. Überprüfe dein Ergebnis durch eine Zeichnung.

a) $f(x) = 0{,}5x + 2{,}5$ $\quad g(x) = -x + 7$

b) $f(x) = 3x + 4$ $\quad g(x) = 2x + 2{,}5$

c) $f(x) = \frac{2}{3}x + 11$ $\quad g(x) = -\frac{1}{2}x + 25$

2

Löse die Gleichungssysteme grafisch. Überprüfe deine Ergebnisse durch eine Probe.

a) $-9x + 3y = 9$
$x - 2y = 4$

b) $y - \frac{1}{2}x + 2 = 0$
$3y + 6x - 9 = 0$

c) $9x - 3y = 3$
$2x + y = 4$

3

Löse die Gleichungssysteme rechnerisch. Gib an, nach welchem Verfahren du gerechnet hast und begründe, warum du dieses Verfahren gewählt hast.

a) $4x + 2y = 10$
$3x - 3y = -6$

b) $2y = 4x + 4$
$y = 10x - 22$

c) $4x + 3y = 4$
$2x = 4y - 20$

d) $4{,}5 = 0{,}5x + y$
$-4y = 2x - 18$

e) $3x = 39 + 2y$
$4x + 5y = 6$

f) $2x - 2 = -5y$
$4x - 3y = -22$

4

Grit und Maren sind zusammen 75 Jahre alt. Grit und Tilman sind in einem Jahr zusammen zweieinhalbmal so alt wie Maren jetzt ist. Vor 15 Jahren waren Maren und Tilman zusammen so alt wie Robert Schumann in seinem Todesjahr.
Wie alt sind Grit, Maren und Tilman?

Sachaufgaben und Probleme

5

Ein Stausee wird von einem Fluss gespeist, der stündlich 6 000 m³ Wasser heranführt. Zur Stromerzeugung werden über Turbinen in jeder Minute 120 m³ Wasser abgeleitet.

a) Um wie viel Kubikmeter ändert sich die Wassermenge des Stausees stündlich?

b) Der Stausee sei jetzt vollständig gefüllt. Er enthält 2 Mio. Kubikmeter Wasser. Stelle die Wassermenge y im Stausee in Abhängigkeit von der Zeit t (in Tagen) grafisch dar. Gib eine zugehörige Funktionsgleichung an.

c) Wenn der Stausee nur noch zu 80 % gefüllt ist, muss die Stromerzeugung eingestellt werden. Wie lange dauert es unter den Bedingungen von b), bis die Turbinen abgeschaltet werden müssen?

d) Der angegebene stündliche Zufluss von 6 000 m³ ist ein Durchschnittswert, der tatsächliche Wert kann zwischen den Jahreszeiten erheblich schwanken.
Untersuche, wie sich die Abhängigkeit zwischen y und t im Sommer und im Winter von Zeiten durchschnittlichen Wasserzuflusses unterscheidet.

WUSSTEST DU SCHON?
Ein Staudamm dient der Regulierung des Wasserhaushaltes eines ganzen Gebietes.
Gleichzeitig wird das gestaute Wasser zur Stromerzeugung genutzt, indem es über Turbinen abläuft und Generatoren antreibt.

6

a) Bei einer dreistelligen natürlichen Zahl mit der Quersumme 7 werden die Hunderterziffer und die Einerziffer miteinander vertauscht. Die Differenz dieser beiden dreistelligen Zahlen ist 99. Gib alle Zahlen an, auf die das zutrifft.

b) Vertauscht man bei einer vierstelligen natürlichen Zahl die Tausenderziffer mit der Einerziffer und die Hunderterziffer mit der Zehnerziffer und bildet die Differenz zwischen der so erhaltenen neuen Zahl und der ursprünglichen Zahl, so kommt 1089 heruas. Gib alle Zahlen *mit der Quersumme 8* an, für die das gilt.

c) Begründe, dass es keine vierstellige Zahl mit der Eigenschaft aus b) gibt, deren Quersumme eine ungerade Zahl ist.

7

a) Jana findet in einem Buch die Aufgabe: „Vertauscht man die Ziffern einer zweistelligen Zahl, dann erhält man eine zweite Zahl. Die Summe der beiden Zahlen ist 88, ihre Differenz beträgt 18.“ Sie findet die Formulierung merkwürdig: „Es genügt doch, Summe und Differenz der beiden Zahlen zu wissen. Warum steht da der erste Satz?“ Ferdinand entgegnet: „Nicht der erste Satz ist überflüssig, sondern die Angabe der Summe.“ „Oder die Angabe der Differenz“, meint Timo. Überprüfe die Aussagen. Erläutere.

b) Gib eine allgemeine Lösungsformel für den Aufgabentyp „Die Summe zweier natürlicher Zahlen ist …, die Differenz ist …“.

8

Jan und Moni bereiten Milchmixgetränke vor. 100 g Bananen enthalten 24 g Kohlehydrate und 1 g Eiweiß, 100 g Birnen enthalten 16 g Kohlehydrate und 1 g Eiweiß; 100 g Vollmilch enthalten 4,7 g Kohlehydrate und 3,3 g Eiweiß.

a) Jan und Moni wollen Bananenmilch so herstellen, dass das Mixgetränk 80 g Kohlehydrate und 15 g Eiweiß enthält. Wie viel Bananen und wie viel Milch müssen sie dafür mixen? Wie viel Milch braucht man für diese Mischung, wenn 4 kg Bananen vollständig verbraucht werden sollen?

b) Moni mischt Birnen und Vollmilch so, dass die entstandene Mischung insgesamt 200 g Kohlehydrate und 50 g Eiweiß enthält. Wie viele Kohlehydrate enthält dann ein Glas (250 g) Birnenmilch? Wie viele Gläser ergibt die Mischung?

AUSWERTUNG

Lineare Funktionen und lineare Gleichungssysteme – Überprüfe dein Wissen und Können!

Schätzt eure Leistung zunächst selbst ein, nachdem ihr die Aufgaben bearbeitet habt.

Konntest du nicht alle Aufgaben lösen? Die folgende Tabelle enthält einige Tipps, mit denen du vielleicht doch noch zum Ziel kommen kannst.

Aufgabe	Tipp
1	Die Koordinaten eines Schnittpunktes müssen beide Funktionsgleichungen erfüllen.
2	Diese Aufgabe steht in engem Zusammenhang mit Aufgabe 1.
3	Lösungsverfahren werden in den Wissenskästen auf den Seiten 201, 203 und 205 vorgestellt.
4	Die Übersetzung der im Aufgabentext genannten Bedingungen in mathematische Terme führt auf ein Gleichungssystem. Wie viele Variablen hat das System? Robert Schumann ist einer der bedeutendsten Komponisten der Romantik.
5	Achte auf die richtigen Umrechnungsfaktoren bei den verschiedenen Zeiteinheiten. Bei Teil d) sollen begründete, aber natürlich nur qualitative Aussagen gemacht werden. Zum Beispiel: Der Zufluss ist im … stärker, weil… Das wirkt sich auf die Funktionsgleichung, die die Abhängigkeit von y von t beschreibt, folgendermaßen aus: …
6	Schreibe die Zahlen in der Form $a \cdot 10^2 + b \cdot 10 + c$ bzw. $a \cdot 10^3 + b \cdot 10^2 + c \cdot 10 + d$ und stelle Gleichungssysteme für die Koeffizienten auf. Welche Bedingung en bestehen für die Koeffizienten? Ermittle alle Lösungen der Gleichungssysteme durch systematisches Probieren.
7	Versuche bei a), die Aufgabe jeweils unter Weglassung einer der drei Bedingungen zu lösen. Ist das möglich? Erhältst du jedes Mal dasselbe Ergebnis? Ist die weggelassene Bedingung erfüllt? Bei b) müssen zusätzliche Variablen eingeführt werden (wofür?).
8	Wie viel Gramm Eiweiß (Kohlehydrate) enthalten jeweils x g Bananen, Birnen, Vollmilch?

Beratet mit eurer Lehrerin oder eurem Lehrer, wie ihr eventuell noch vorhandene „Wissenslücken“ schließen könnt. Die Lösungen zu den Aufgaben findest du auf Seite 245.

ZUSAMMENFASSUNG

Lineare Gleichungen und Ungleichungen mit zwei Variablen

Eine lineare Gleichung $ax + by = c$ mit $a \neq 0$ oder $b \neq 0$ beschreibt eine Gerade in der Ebene.
Die Lösungsmenge einer linearen Ungleichung mit zwei Variablen lässt sich durch Punkte einer Halbebene veranschaulichen.

Lineare Gleichungssysteme mit zwei Variablen

Die Lösungsmenge eines linearen Gleichungssystems (I) $ax + by = c$, (II) $dx + ey = f$ enthält alle Zahlenpaare $(x|y)$, die sowohl die Gleichung (I) als auch die Gleichung (II) erfüllen.

Das Gleichungssystem besitzt *genau eine Lösung*, wenn die Geraden einander schneiden. Ist $(x|y)$ die Lösung des Gleichungssystems, dann ist $S(x|y)$ der Schnittpunkt der Geraden.

Das Gleichungssystem hat *keine Lösung*, wenn die Geraden zueinander parallel verlaufen.

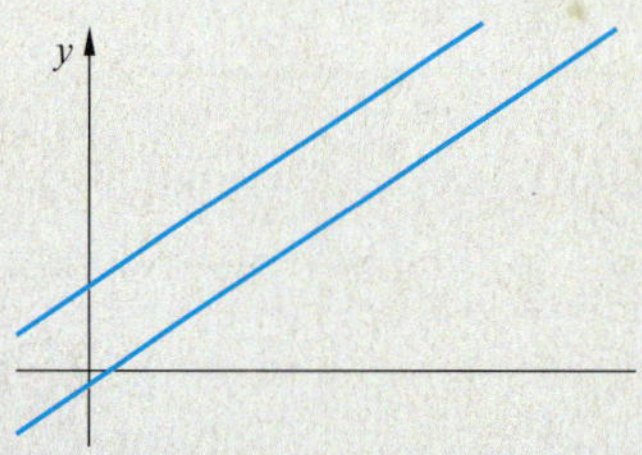

Das Gleichungssystem hat *unendlich viele Lösungen*, wenn beide Gleichungen dieselbe Gerade beschreiben.

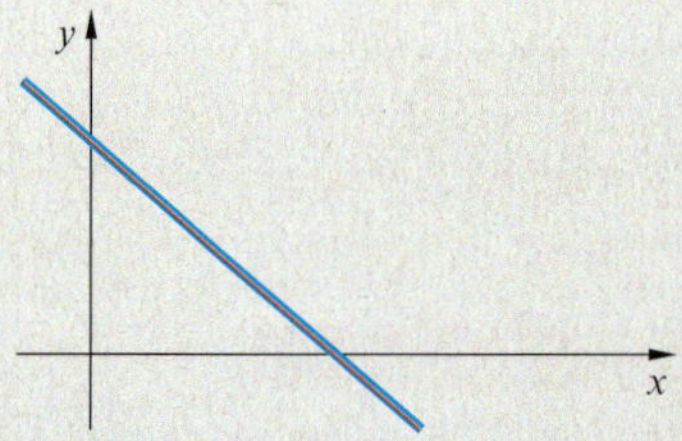

Lösungsverfahren für lineare Gleichungssysteme mit zwei Variablen

Lineare Gleichungssysteme mit zwei Variablen werden auf eine Gleichung mit einer Variablen zurückgeführt.

Gleichsetzungsverfahren
Beide Gleichungen werden nach der gleichen Variablen aufgelöst und die entstehenden Terme werden gleichgesetzt.
Beispiel:
(I) $x + 5y = 10 \Rightarrow x = 10 - 5y$
(II) $x - 9y = 3 \Rightarrow x = 3 + 9y$
Gleichsetzen:
$10 - 5y = 3 + 9y$, also $y = 0{,}5$
Einsetzen in (I) ergibt: $x = 7{,}5$
$L = \{(7{,}5|0{,}5)\}$

Einsetzungsverfahren
Eine der Gleichungen wird nach einer Variablen aufgelöst und der entstehende Term wird in die andere Gleichung eingesetzt.
Beispiel:
(I) $2x + y = 7 \Rightarrow y = 7 - 2x$
(II) $3x + 4y = 8$
Einsetzen von (I) in (II):
$3x + 4(7 - 2x) = 8$, also $x = 4$
Einsetzen in (I) ergibt: $y = -1$
$L = \{(4|-1)\}$

Additionsverfahren
Beide Gleichungen werden so addiert, dass eine Gleichung entsteht, die nur eine Variable enthält.
Beispiel:
(I) $x + 10y = 4$
(II) $3x - 5y = 5$
Addition von (I) und $2 \cdot$ (II):
$7x = 14$, also $x = 2$
Einsetzen in (I) ergibt: $y = 0{,}2$
$L = \{(2|0{,}2)\}$

Lösungsverfahren für lineare Gleichungssysteme mit drei und mehr Variablen

Ein lineares Gleichungssystem mit drei oder mehr Variablen lässt sich lösen, indem man es auf Dreiecksform bringt (Gauß-Algorithmus).

Übungen und Anwendungen

Die Bahn einer Billardkugel wird nicht allein durch die Stoßrichtung und die Reflexionsgesetze bestimmt; auch komplizierte Effekte – wie zum Beispiel der Effet – spielen eine Rolle. Bei der Planung eines Stoßes muss man trotzdem genau wissen, wie die „ungestörte“ Kugel gemäß der Reflexionen an den Banden (Einfallswinkel gleich Ausfallswinkel) oder an anderen Kugeln laufen würde. Wie findet der Billardspieler nun aber die richtige Stoßrichtung heraus?

Umwelt und Verkehr

„Klimakatastrophe?" – „Treibhauseffekt?" – Wie bedroht ist unsere Umwelt wirklich?
Innerhalb der letzten 100 Jahre ist die durchschnittliche Temperatur der Erde gerade einmal um 0,5 °C angestiegen. Aber: kleine Ursache, große Wirkung. Dieser minimale Temperaturanstieg ist nach Ansicht vieler Wissenschaftler der Beginn einer Klimaveränderung, die erschreckende Folgen haben wird.
In der Bundesrepublik Deutschland werden jährlich ca. 25 Mrd. € für den Umweltschutz ausgegeben. Vorrangiges Ziel ist dabei die Senkung des Kohlendioxid-Ausstoßes.

1

In der folgenden Tabelle ist der Treibstoffverbrauch für einige Verkehrsmittel angegeben, den durchschnittlichen Treibstoffverbrauch eines Autos erfrage bei deinen Eltern.

Fahrzeug	Strecke	Treibstoffverbrauch
Reisebus	350 km	105 l
Flugzeug	3900 km	120 000 l
Pkw	100 km	

Veranschauliche den durchschnittlichen Treibstoffverbrauch der genannten Verkehrsmittel in einem Diagramm.
Sprecht in der Klasse über Vor- und Nachteile der einzelnen Verkehrsmittel und setzt den Treibstoffverbrauch ins Verhältnis zur Anzahl der beförderten Menschen.

AUFGABE
Ein Kleinwagen verbraucht auf 100 km durchschnittlich 6,7 l Benzin. Wie weit kann man voraussichtlich fahren, wenn noch 37 l Benzin im Tank sind?

2

Bei der Überprüfung des Benzinverbrauchs verschiedener Autos haben sich folgende Werte ergeben:

Pkw	*A*	*B*	*C*	*D*
Strecke	720 km	610 km	635 km	400 km
Verbrauch	61,4 l	55 l	51 l	44 l

a) Ermittle zeichnerisch für jeden Pkw den Verbrauch für 50 km, 100 km, 270 km und 350 km.
b) Überprüfe deine Ergebnisse rechnerisch.
c) Welches Testauto ist am sparsamsten?

3

Beim Verbrennen von einem Liter Benzin werden etwa 2,4 kg CO_2 freigesetzt.
Berechne anhand der Angaben deiner Eltern oder Bekannten über den Benzinverbrauch ihres Autos und die im Durchschnitt jährlich gefahrenen Kilometer die CO_2-Menge, die durch dieses Auto jährlich frei gesetzt wird.
Wie viel CO_2 wird durchschnittlich an einem Tag von diesem Auto erzeugt?

INFORMATION
Auf der Klimakonferenz in Rio de Janeiro im Jahr 1992 wurde eine drastische Reduzierung des CO_2 -Ausstoßes auf 2 t pro Kopf und Jahr gefordert, um eine Klimaveränderung zu verhindern.
Wie könnte das ermöglicht werden?

4

Ursache für den anthropogenen Treibhauseffekt sind von Menschenhand freigesetzte Gase. Mit einem Anteil von 50 % an diesen Gasen ist das Kohlendioxid Hauptverursacher. An den restlichen 50 % sind andere Spurengase beteiligt, darunter FCKW (z. B. Treibmittel), Methan (z. B. Reisanbau, Erdgaslecks), Ozon (z. B. Autoabgase) und Distickstoffoxid (z. B. Kunstdüngung).
Der Anteil von Methan ist dreimal so groß wie der von Distickstoffoxid. Beide zusammen ergeben 20 % des schädlichen Gasgemisches. Den Rest bilden die anderen beiden angegebenen Spurengase, wobei Ozon etwa $\frac{1}{4}$ des Gasgemisches ausmacht.
Berechne den prozentualen Anteil der Spurengase und veranschauliche das Ergebnis in einer Grafik.

HINWEIS
Anthropogen (griech.) bedeutet vom Menschen verursacht.

5

Pflanzen können Kohlenstoffdioxid (CO_2) binden.
Am Beispiel eines 1 ha großen Kartoffelackers soll berechnet werden, wie viel Kohlenstoffdioxid an einem Tag gebunden wird.
Die Kartoffelpflanzen auf einem 1 ha großen Feld haben eine Blattfläche von ca. 25 000 m^2. Eine Blattfläche von 1 m^2 bildet bei einer Stunde Belichtung 1,3 g Traubenzucker und bindet dabei 1,914 g Kohlendioxid.
Wir betrachten einen sonnigen Junitag:
Sonnenaufgang: 5.06 Uhr Sonnenuntergang: 21.54 Uhr
Damit steht etwa 16 Stunden lang ausreichend Licht für die Photosynthese zur Verfügung. 8 Stunden herrscht Dunkelheit.
Welche Menge an Kohlenstoffdioxid wird an dem oben betrachteten Tag von den Pflanzen des Kartoffelackers gebunden?

AUFGABE
Erkläre anhand der Abbildung den Vorgang der Photosynthese.

6

Das von den Pflanzen aus der Luft gebundene Kohlenstoffdioxid wird bei den pflanzlichen Stoffwechselprozessen teilweise wieder freigesetzt: Wenn 1 g Traubenzucker während des Stoffwechselvorgangs umgewandelt wird, werden 1,46 g Kohlenstoffdioxid frei.

a) Berechne die Menge Kohlenstoffdioxid, die von den Kartoffelpflanzen auf einem 1 ha großen Feld an einem Tag freigesetzt wird. Beziehe dich dabei auf die Angaben aus Aufgabe 5.
b) Vergleiche die Ergebnisse der Aufgaben 5 und 6a).
Wie viel Kohlenstoffdioxid wird demzufolge wirklich durch die Pflanzen auf einem 1 ha großen Kartoffelacker aufgearbeitet?

7

An einem Regentag steht für die Photosynthese nur etwa 8 Stunden lang ausreichend Licht zur Verfügung.
Berechne für einen solchen Tag die Kohlenstoffdioxid-Menge, die durch die Pflanzen eines 1 ha großen Kartoffelackers aufgearbeitet wird. Beziehe dich dabei auf die Angaben aus den Aufgaben 5 und 6.

8

Würde ein Kartoffelacker von 1 ha ausreichen, um den Kohlenstoffdioxid-Ausstoß eines Pkw an einem Tag aufzuarbeiten?
Beziehe dich für die Beantwortung dieser Frage auf die Aufgaben 3, 5 und 6.

Alkohol – Die Alltagsdroge

Viele Autofahrer wurden schon einmal bei einer Verkehrskontrolle auf ihre Blutalkoholkonzentration getestet.
Wer mehr als 0,5 Promille (0,5 ‰) Alkohol im Blut hat und ein Fahrzeug fährt, begeht eine Ordnungswidrigkeit, denn wegen verminderter Reaktionsfähigkeit gefährdet er sich und Andere.
Die Wirkung und der Abbau von Alkohol ist zwar auch von äußeren Einflüssen abhängig, trotzdem können einige medizinische Vorgänge mathematisch erfasst werden.

Alkoholtest bei einer Verkehrskontrolle

Der Alkoholabbau geschieht in der Leber. Aus diesem Grund ist die Leber bei starkem Alkoholkonsum das am meisten gefährdete Organ.

Eine tägliche Dosis von 60 g (bei Frauen ab 20 g) Alkohol führt bereits zu Leberschäden und kann über längere Zeiträume in einer Leberzirrhose (Absterben der Leberzellen, Leberschrumpfung) enden.

Wie viel Alkohol enthalten einzelne Getränke?

Auf den Flaschen alkoholischer Getränke (Bier, Wein, Schnaps) ist der Alkoholgehalt in Volumenprozent (Vol %) angegeben. Er verdeutlicht, welcher Anteil der Flüssigkeit aus reinem Alkohol (Ethanol) besteht.
Soll berechnet werden, welche Alkoholmenge ein bestimmtes Getränk enthält, ist zu berücksichtigen, welche Menge davon getrunken wird. Ein normales Bierglas enthält 0,25 l (= 250 ml), Wein wird meist in kleineren Gläsern serviert (0,12 l = 120 ml), Schnaps und Spirituosen in kleinen Stampern (0,02 l = 20 ml).
Beachte: 1 ml = 1 cm^3, 1 l = 1000 ml = 1000 cm^3.

BEISPIEL
Bier (Pils) enthält 5 % Alkohol.
Der **Alkoholgehalt** in einem Glas Pils (250 ml) beträgt also 5 % von 250 ml,
das sind $\frac{5}{100} \cdot 250\text{ ml} = 12{,}5\text{ ml}$.
Wie viel g Alkohol sind das?
Da Alkohol (Ethanol) eine Dichte von etwa $0{,}8\,\frac{\text{g}}{\text{ml}}$ besitzt,
ergibt sich als **Alkoholmenge**: $m = 0{,}8\,\frac{\text{g}}{\text{ml}} \cdot 12{,}5\text{ ml} = 10\text{ g}$.
Ein Glas Pils (0,25 l) enthält also 10 g reinen Alkohol.

1

Berechne für jedes der angegebenen Getränke den Alkoholgehalt und die Alkoholmenge für jeweils 1 Glas des Getränkes. (Beachte die Glasgrößen.) Welche Menge des Getränkes ergeben jeweils den kritischen Wert von 60 g Alkohol?

a) *Biere* (250 ml)
Pils (5 %)
Bockbier (8,5 %)
Malzbier (1 %)

b) *Weine* (120 ml)
Tischwein (8 %)
Sekt (11 %)
Wermut (22 %)

c) *Spirituosen* (20 ml)
Eierlikör (20 %)
Doppelkorn (42 %)
Magenbitter (49 %)

Wie berechnet man die Blutalkoholkonzentration?

Die Blutalkoholkonzentration (umgangssprachlich auch Alkoholspiegel) wird in Promille (‰) angegeben, dabei bedeuten z. B. 0,5‰ einen Anteil von 0,5 g Alkohol pro 1000 g Blut.
Da die Blutmenge vom Körpergewicht abhängt und die Aufnahme des Alkohols im Blut bei Männern und Frauen unterschiedlich ist, ergibt sich folgende Formel für die Berechnung der Blutalkoholkonzentration (in Promille): $\frac{\text{getrunkene Alkoholmenge in g}}{k \cdot \text{Körpermasse in kg}}$ (k ist dabei ein geschlechtsspezifischer Faktor, der bei Männern 0,7 und bei Frauen 0,6 zu setzen ist).

Alkoholproblem

2

Berechne für die in Aufgabe 1 angegebenen Werte jeweils die Blutalkoholkonzentration eines 60 kg schweren Mannes (bzw. eines 40 kg schweren Mädchens) nach dem Trinken eines Glases der entsprechenden Getränkes.

BEISPIEL
Für einen 60 kg schweren Mann ergibt sich bei einem Glas Pils eine Blutalkoholkonzentration von $\frac{10}{0{,}7 \cdot 60}$‰ = 0,24‰

3

Im nebenstehenden Diagramm ist der Alkoholspiegel eines 60 kg schweren Mannes in Abhängigkeit von der Anzahl der ausgetrunkenen Gläser aufgetragen.

a) Um welche Getränke handelt es sich bei 1 und 2?
b) Fertige eine entsprechende Darstellung im Heft an für Magenbitter, Sekt und Bockbier.
c) Nach wie vielen Gläsern ist die Alkoholkonzentration 0,5‰ erreicht (aktuelle Grenze für Autofahrer)?

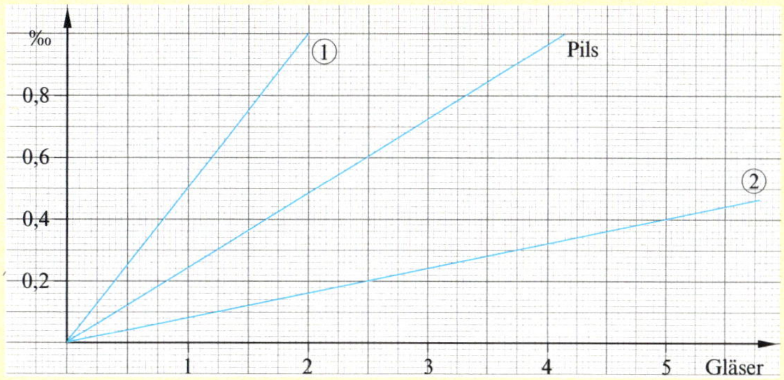

Wie lange dauert es, bis der Alkohol im Blut wieder abgebaut ist?

Etwa 1 bis 1,5 Stunden nach dem Trinken hat der Alkoholpegel den höchsten Wert erreicht. Für den Abbau gilt als Faustregel etwa 1 g Alkohol in der Stunde pro 10 kg Körpermasse, bei Männern etwas mehr, bei Frauen etwas weniger, bei Jugendlichen ist der Wert noch geringer.
Ein 60 kg schwerer Mann baut demnach etwa 6 g Alkohol pro Stunde ab.
Für ein Glas Pils (10 g Alkohol) bedeutet dies also eine Abbauzeit von 100 min.

4

a) Zeige, dass die Blutalkoholkonzentration um etwa 0,15‰ pro Stunde abnimmt.
b) Bei einem Empfang trinkt ein Gast 3 Gläser Sekt.
Wie lange sollte er mindestens warten, wenn er unbedingt mit dem Auto nach Hause fahren will?
c) Ein Problem für Autofahrer ist der sogenannte Restalkohol.
Darf ein Autofahrer, der am Vorabend um Mitternacht einen Alkoholspiegel von 1,8‰ hat, sich um 7 Uhr früh wieder ans Steuer setzen ?
Wie lange dauert es etwa, bis der Alkohol ganz abgebaut ist?

Zahlenspielereien

1

Oli spielt mit seinem Freund folgendes Ratespiel: Denke dir eine Zahl aus und subtrahiere davon 1. Verdopple den Rest und füge die gedachte Zahl hinzu. Nenne mir dein Ergebnis und ich sage dir, welche Zahl du dir gedacht hattest.
Probiert es zu zweit oder in kleinen Gruppen aus.
Denkt euch neue Rätsel in dieser Art aus und testet euch gegenseitig.
Schreibt Olis Ratespiel und eure Rätsel mithilfe von Variablen auf.

2

Ermittle in den nachfolgenden Zahlenrätseln die gesuchten Zahlen.

a) Subtrahiert man von 48 die Hälfte einer Zahl, so ist das Ergebnis 10.
b) Die Hälfte und der fünfte Teil einer Zahl sind zusammen 7.
c) Addiert man zum dritten Teil einer Zahl den sechsten und den neunten Teil dieser Zahl, so erhält man 11.
d) Von zwei positiven Zahlen ist die eine doppelt so groß wie die andere. Addiert man ihre Quadratzahlen, so erhält man 3125.
e) Multipliziert man eine Zahl mit ihrem Nachfolger und addiert dann 10, so erhält man 40.

3

Vereinfache zunächst die Terme, berechne dann ihren Wert und trage die Ergebnisse entsprechend ein. Übertrage dazu das Rätselschema ins Heft.

Waagerecht: $x = 5$; $y = 8$
A $8y + 12x - 6y - 13x$
C $12y - 15x - 7y + 13x$
E $-3x^2 + 7y + 5x^2 - 5y$
F $-xy + 9x + 2xy - 7y + 8x + xy$
H $2y - y^2 - y + 3y^2$
J $5x^3 - 21xy + 3x^2 + 7xy + 13x^2 - x^3$
L $-3x^2 + 7x^2 - 2x^2$

Senkrecht: $x = 2$; $y = 3$
B $4y + 2x$
D y^2
F $(3y + 2)^2$
G $14x^2 + 3y^3$
I $100xy + 4(x + y)$
K $x + 2y$

A	B			C	D
E			F		
G			H		I
J		K			
				L	

4

Schreibe die Buchstaben der folgenden Wörter als Summe und fasse dann zusammen. Schreibe anschließend die Buchstaben als Produkt und vereinfache den Term. Welche Summe und welches Produkt ist am größten, wenn für jeden Buchstaben diejenige Zahl eingesetzt wird, an deren Stelle der Buchstabe im Alphabet steht?

MONSTERPOSTER **GUMMISCHNULLER** **ROCKERHOCKER**
KUDDELMUDDEL **GAMMELBAMMEL**

ZUM KNOBELN
Finde jeweils eine Variablenbelegung für alle in den 5 Wörtern auftretenden Buchstaben, sodass jedes Wort einmal die kleinste und einmal die größte Summe (kleinstes bzw. größtes Produkt) bildet.

Ganz schön knifflig

1

Anja hat Geburtstag und 6 Freundinnen eingeladen.
Auf dem Kaffeetisch steht eine Torte mit 7 Marzipanrosen (vergleiche Bild).
Anja gibt an: „Ich kann die Torte mit nur drei geraden Schnitten so in 7 Stücke zerlegen, dass auf jedem Stück eine Marzipanrose ist."
Kann Anja das schaffen?
Wie müssten die Rosen auf der Torte liegen, damit das „Kunststück" möglich ist?
Wie muss die Torte dann geschnitten werden, damit jeder ein Stück Torte mit einer Marzipanrose bekommt?

2

Hannes fährt mit seinem Fahrrad von der Schule in den Sportpark, der 14 km entfernt ist. Seine durchschnittliche Geschwindigkeit beträgt 24 km/h. Zur gleichen Zeit startet Ulrike mit dem Fahrrad vom Sportpark zur Schule. Sie fährt durchschnittlich 6 km/h langsamer als Hannes.

a) Wie lange brauchen die beiden bis sie sich treffen, wenn sie den gleichen Weg benutzen?

b) Wie weit ist ihr Treffpunkt von der Schule entfernt?

3

Ein Grundstück wird unter 3 Familien als Gartenland aufgeteilt werden.
Familie Weiß erhält ein Drittel und Familie Meier drei Achtel der Fläche. Die restlichen 350 m^2 kann Familie Müller bewirtschaften.
Wie groß ist das Grundstück und wie groß ist jedes Teilstück?

4

Ein Rechteck rotiert um eine seiner Seiten. Die Diagonale des Rechtecks beträgt 15 cm und die Rechteckseite, um die das Rechteck nicht rotiert, beträgt 14 cm.
Wie groß sind Oberfläche und Volumen des entstandenen Körpers?

5

Der englische Rätselerfinder Dudeneys stellt in seinem Buch „Modern Puzzles" folgendes Problem vor:
Ein 4 cm hoher Glaszylinder hat einen Umfang von 6 cm. Auf der Innenseite, 1 cm unter dem Rand ist ein Tropfen Honig. Auf der Außenseite, 1 cm über dem Boden und genau dem Tropfen gegenüber sitzt eine Fliege.

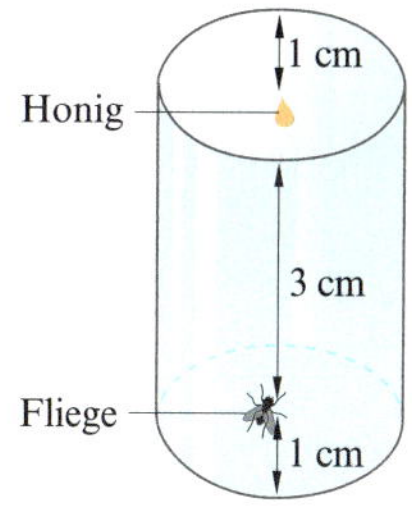

a) Zeichne das Schrägbild des Zylinders.

b) Berechne das Volumen des Zylinders.

c) Welches ist der kürzeste Weg, den die Fliege krabbeln muss, um den Honigtropfen zu erreichen?

d) Wie lang ist der Weg der Fliege?

Unser Thema

Rund um den Satz des Pythagoras

Frühe Hochkulturen von 2500 bis 750 v. Chr. In den Hochkulturen von Ägypten, Babylonien und Indien verfügte man bereits über beachtliche mathematische Kenntnisse, die besonders bei der Landvermessung und beim Bau von Tempeln, Opferaltären und Kultstätten angewendet wurden. So nutzte man auch Sonderfälle des später nach Pythagoras benannten Satzes. In China legte jeder Beamte im Staatsdienst ein Examen in Mathematik ab. Astronomen konnten Sonnen- und Mondfinsternisse vorhersagen.

Griechische Antike ca. 600 v. Chr. bis ca. 100 v. Chr. Die Mathematik betrachtete man nicht mehr nur als Rezeptsammlung zur Lösung spezieller Probleme; man suchte nach Verallgemeinerungen und Beweisen. Die Mathematik entwickelte sich zur selbständigen Wissenschaft.
580 v. Chr. wurde Pythagoras auf der Insel Samos geboren. Später lebte er in Kroton (Süditalien) und gründete eine religiöse Sekte, die Pythagoreer. Sie glaubten, dass die Harmonie und Schönheit des Kosmos durch Verhältnisse natürlicher Zahlen erklärbar sei.
In Alexandria gründete Ptolemäus I. um 290 v. Chr. eine bedeutende Bibliothek und schuf so günstige Bedingungen für die Forschung.
Euklid (ca. 360 bis ca. 290 v. Chr.) fasste in dem bis heute einflussreichen Buch „Die Elemente“ das mathematische Wissen seiner Zeit zusammen.

Das Römische Reich im 4. und 5. Jh. Gegen Ende des 3. Jh. v. Chr begannen die römischen Eroberungen. Die Kriegswirren standen einer systematischen Weiterentwicklung der Mathematik entgegen. Die Bibliothek von Alexandria wurde im Jahre 391 n. Chr. vernichtet. Im Jahr 529 schloss Kaiser Justinian die Athener Akademie als letzte „Festung“ des Heidentums. Viele ihrer Gelehrten siedelten um und lebten von da an auf dem Territorium des heutigen Iran.

2500 v. Chr.

400

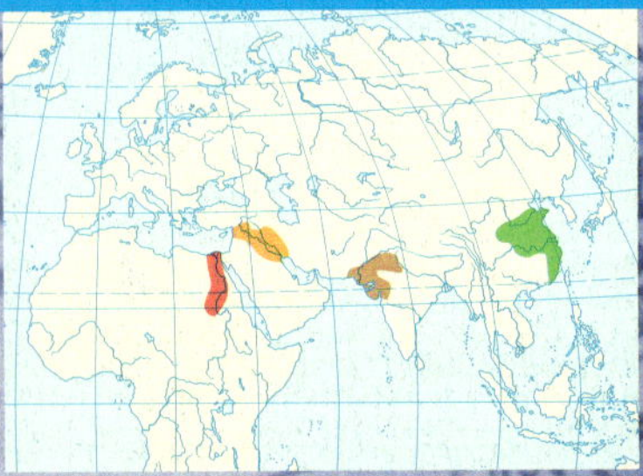

Die Ausbreitung des Islam bis 750 Um 570 wurde Mohammed in Mekka geboren. Durch seine politische und militärische Macht verbreitete er die neue Religion, den Islam. Neben vielen anderen Werken griechischer Gelehrter übersetzte man Euklids Elemente ins Arabische, studierte und kommentierte sie. So entwickelte sich eine eigene arabische mathematische Kultur. Der Mathematiker AL-CHOREZMI erbrachte einen Beweis des Satzes des Pythagoras für gleichschenklig-rechtwinklige Dreiecke.

Europa um 1400 – Mittelalter und Renaissance An kirchlichen Schulen unterrichtete man Logik, Arithmetik und Geometrie als drei der sieben freien Künste. In Spanien, Südfrankreich und Süditalien begann nach der Befreiung von den Arabern eine rege Übersetzungstätigkeit aus dem Arabischen ins Lateinische. Unter anderem wurden auch Euklids Elemente übersetzt. Der Renaissancemathematiker REGIOMONTANUS (1436 – 1476) wirkte unter anderem in Nürnberg. Er trug die damaligen Kenntnisse über ebene und sphärische Trigonometrie zusammen und ergänzte sie um weitere Beweise. Der Kosinussatz der ebenen Trigonometrie stellt eine Verallgemeinerung des Satzes des Pythagoras für beliebige, also nicht nur für rechtwinklige, Dreiecke dar.

1400

2000

Pythagoras

Heute Was passiert, wenn im Satz des Pythagoras die Exponenten „2“ durch größere Zahlen ersetzt werden? PIERRE DE FERMAT (1601 – 1665) vermutete, dass es keine natürlichen Zahlen a, b, c gibt, die eine Gleichung $a^n + b^n = c^n$ ($n \in \mathbb{N}$, $n > 2$) erfüllen. Er behauptete, einen Beweis dafür gefunden zu haben. Die als „Großer Fermatscher Satz“ bekannte Behauptung wurde jedoch erst 1993 von dem englischen Mathematiker ANDREW WILES bewiesen; dieser Beweis ist höchst kompliziert und umfangreich und macht ausgiebigen Gebrauch von neuesten Forschungsergebnissen vor allem aus der algebraischen Geometrie und der Zahlentheorie.

Beweise zum Satz des Pythagoras

Der Beweis des Euklid. EUKLID schuf mit seinen „Elementen" ein Werk, welches für Mathematiker vieler Generationen wegen seines logischen Aufbaus als vorbildlich galt und bis in unsere Zeit bedeutsam ist. Euklids Beweis für den Satz des Pythagoras empfand man allerdings als (unnötig) schwierig.

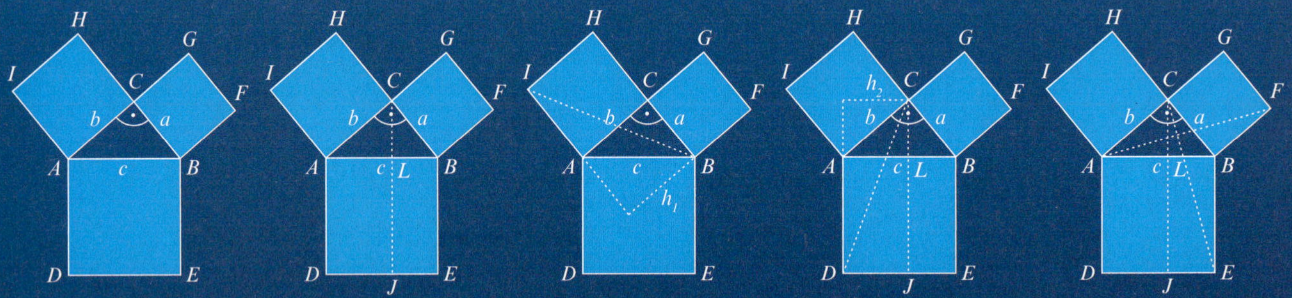

Wir müssen beweisen, dass die Summe der Flächeninhalte der Quadrate über den beiden Katheten gleich dem Flächeninhalt des Quadrates über der Hypotenuse ist (linke Abbildung). Für diese Flächeninhalte stehen die Terme a^2, b^2 und c^2. Zu zeigen ist also, dass $a^2+b^2=c^2$ gilt.
Um die Flächen zu vergleichen, zeichnen wir die Höhe h_c mit dem Lotfußpunkt L ein, verlängern diese Höhe um die Länge der Hypotenuse und erhalten J (zweite Abbildung von links).
Wir weisen die Flächengleichheit des Quadrats $ACHI$ und des Rechtecks $DJLA$ nach.
Dazu tragen wir die Strecke durch die Punkte B und I ein und berechnen den Flächeninhalt des Dreiecks ABI mit $\overline{AI}$ als Grundseite und h_1 als Höhe auf der Grundseite (mittlere Abbildung).

(1) $A_{\Delta ABI}=\frac{1}{2}\overline{AI}\cdot h_1=\frac{1}{2}\overline{AI}\cdot\overline{AC}=\frac{1}{2}\cdot A_{\text{Quadrat } ACHI}$

Nun berechnen wir den Flächeninhalt des Dreiecks DCA, indem wir die Strecke $\overline{AD}$ als Grundseite wählen mit h_2 als Höhe (vierte Abbildung).

(2) $A_{\Delta DCA}=\frac{1}{2}\overline{DA}\cdot h_2=\frac{1}{2}\overline{DA}\cdot\overline{DJ}=\frac{1}{2}\cdot A_{\text{Rechteck } DJLA}$

Wir vergleichen die beiden Dreiecke:

ΔABI	ΔADC
$\overline{AB}=c$	$\overline{AD}=c$
$\overline{AI}=b$	$\overline{AC}=b$
$\sphericalangle BAI=\sphericalangle BAC+90°$	$\sphericalangle DAC=\sphericalangle BAC+90°$

Diese Gegenüberstellung zeigt, dass die beiden Dreiecke nach dem Kongruenzsatz sws kongruent sind, also insbesondere denselben Flächeninhalt haben. Somit folgt aus (1) und (2):

(3) $A_{\text{Quadrat } ACHI}=A_{\text{Rechteck } DJLA}$

Durch analoge Schlussfolgerungen für die Dreiecke CEB und ABF (rechte Abbildung) erhalten wir:

(4) $A_{\text{Quadrat } BFGC}=A_{\text{Rechteck } JEBL}$

Durch Addition erhält man aus den Gleichungen (3) und (4):

$$A_{\text{Quadrat } BFGC}+A_{\text{Quadrat } ACHI}=A_{\text{Rechteck } DJLA}+A_{\text{Rechteck } JEBL}$$

$$a^2+b^2=\overline{AD}\cdot\overline{DJ}+\overline{AD}\cdot\overline{JE}$$
$$a^2+b^2=\overline{AD}\cdot(\overline{DJ}+\overline{JE})$$
$$a^2+b^2=c\cdot c$$
$$a^2+b^2=c^2 \qquad \text{q.e.d}$$

Drei weitere Beweise durch Vergleich von Flächen. Bei Euklid beruht die Beweisidee auf einem Vergleich von Flächeninhalten und dem geschickten Einzeichnen von Hilfsgeraden. Dieselben Ideen liefern auch andere, zum Teil deutlich einfachere Beweise.

Bibliothek in Alexandria, Holzschnitt aus einem Buch von 1876

1 In China erkannte man schon im 12. Jh. v. Chr. den Satz des Pythagoras für die Seitenlängen 3, 4 und 5. Später, im 4. Jh. v. Chr., fand man einen Beweis, der auf der folgenden Beweisfigur beruht.

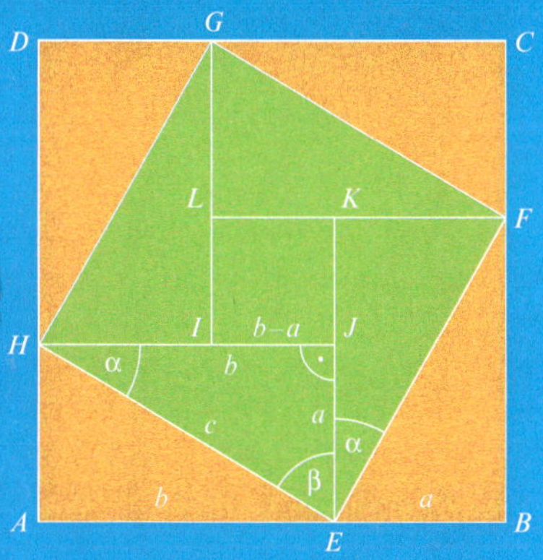

Man geht von einem beliebigen rechtwinkligen Dreieck mit der Hypotenuse c und den Katheten a und b aus. Dieses und sieben weitere zu ihm kongruente Dreiecke werden wie in der Abbildung zu einer von einem Quadrat (in der Abbildung $ABCD$ bezeichnet) umgrenzten Figur aneinandergelegt. Das Viereck $EFGH$ ist ebenfalls ein Quadrat, denn es gilt:

$\overline{HE} = \overline{EF} = \overline{FG} = \overline{GH} = c$ und $\sphericalangle JEH + \sphericalangle FEK = \beta + \alpha = 90°$.

Für die Seitenlänge des äußeren Quadrates gilt $\overline{AB} = a + b$, und somit gilt:

$$A_{\text{Quadrat } ABCD} - 4 \cdot A_{\text{rechtw. Dreieck}} = A_{\text{Quadrat } EFGH}$$
$$(a+b)^2 - 4 \cdot \frac{ab}{2} = c^2$$
$$a^2 + 2ab + b^2 - 2ab = c^2$$
$$a^2 + b^2 = c^2$$

q.e.d.

AUFGABEN

1. Aus Indien der Periode 700 – 500 v. Chr. stammen „Schnurregeln", die zur Konstruktion von Opferaltären dienten. Dabei stellte man u. a. die Frage, wie die Fläche eines quadratischen Altars zu verdoppeln sei. Man erkannte, dass das Quadrat über der Diagonale eines Quadrats eine doppelt so große Fläche hat, wie das Quadrat selbst. Beweise diese Aussage.

2. In einem Würfel $ABCDEFGH$ der Kantenlänge $a = 5{,}5$ cm entstanden durch Schnitt mit Ebenen das Rechteck $ACGE$ und das Dreieck ACF. Berechne die beiden Flächeninhalte.

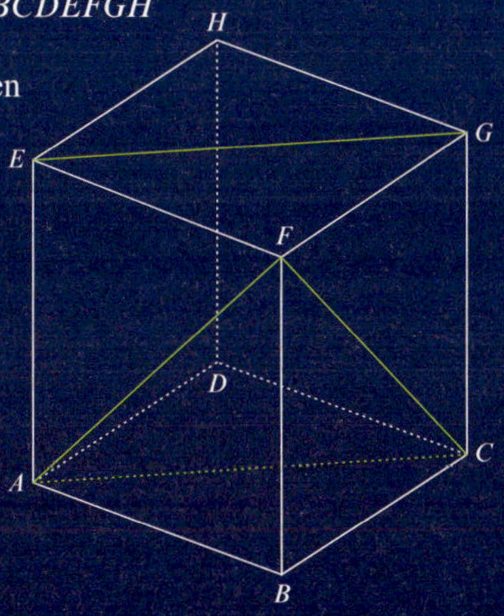

3. Ermittle den Flächeninhalt des hellblauen Dreiecks für $\overline{AB} = 88{,}0$ cm; $\overline{AC} = \overline{BC} = 55{,}0$ cm.

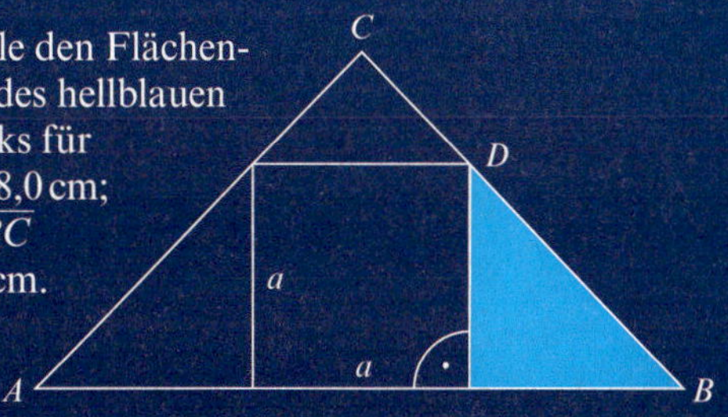

4. Die folgende Aufgabe findet sich in der babylonischen Mathematik bereits in den letzten vorchristlichen Jahrhunderten, ist aber auch in der indischen und chinesischen Mathematik zu finden und taucht auch später immer wieder auf.
Ein 2,0 m langer Balken steht senkrecht an einer Wand. Um ihn schräg anzulehnen soll seine Spitze um 60 cm abgesenkt werden. Berechne, wie weit der Fußpunkt des Balkens von der Wand entfernt sein muss.

2 Von 1114 bis 1185 lebte in Indien ein Mathematiker namens BHASKARA II. In seinem Buch „Der Kranz der Wissenschaften" gibt er diese Zeichnung zum Beweis des Pythagoreischen Satzes nur mit der Unterschrift „sieh an", aber ohne Beweisdarstellung.
Die folgenden Punkte enthalten die Erläuterungen dazu:

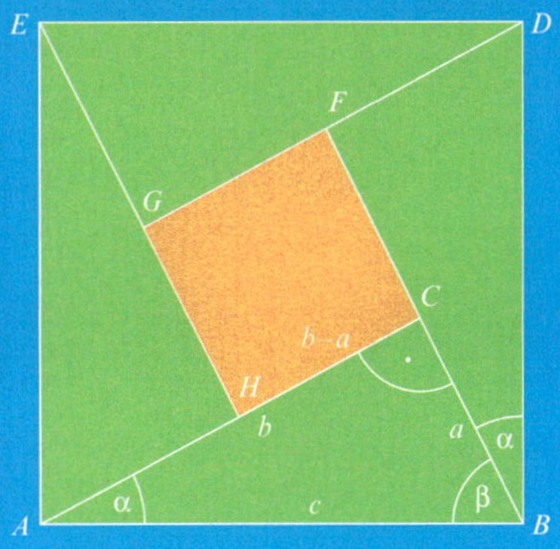

(1) Die Dreiecke ABC, BDF, DEG und AEH sind rechtwinklig und kongruent. Es sei $b \geq a$.
(2) $\overline{AB} = \overline{BD} = \overline{DE} = \overline{EA} = c$.
(3) $\sphericalangle DBA = \alpha + \beta = 90°$, da $\alpha + \beta + \gamma = 180°$ und $\gamma = 90°$ gilt.
Somit $\sphericalangle DBA = \sphericalangle EDB = \sphericalangle AED = \sphericalangle BAE = 90°$.
(4) Also ist das Viereck $ABDE$ ein Quadrat.
(5) Da $\overline{AC} = b$ und $\overline{AH} = a$ folgt: $\overline{HC} = \overline{CF} = \overline{FG} = \overline{GH} = b - a$.
(6) $\sphericalangle CHG = \sphericalangle FCH = \sphericalangle GFC = \sphericalangle HGF = 90°$
(7) Das Viereck $CFGH$ ist ein Quadrat.
(8) $A_{\text{Quadrat } ABDE} = 4 \cdot A_{\text{Dreieck } ABC} + A_{\text{Quadrat } CFGH}$

$$c^2 = 4 \cdot \frac{1}{2} a \cdot b + (b - a)^2$$
$$c^2 = 2ab + b^2 - 2ab + a^2$$
$$c^2 = a^2 + b^2 \qquad \text{q.e.d.}$$

AUFGABEN

5. Gegeben sei ein Quadrat der Seitenlänge $a = \sqrt{2}$ Längeneinheiten.
Berechne den Flächeninhalt des Inkreises und des Umkreises des Quadrats. Vergleiche beide Flächeninhalte, wiederhole die Berechnung für Quadrate anderer Seitenlängen und formuliere eine Vermutung. Beweise diese Vermutung.

Die Lösung dieser Aufgabe gelang bereits ARCHIMEDES (287 – 212 v. Chr.) Er war einer der bedeutendsten Mathematiker der Antike. Vermutlich starb er durch das Schwert eines Soldaten, als die Römer Syrakus einnahmen. Zeichnung von H. Grobet, um 1890

6. Auf einer Karte im Maßstab 1 : 25 000 erscheint die Projektion eines Skilifts, der einen Höhenunterschied von 120 m überwindet, 12 mm lang. Ermittle die Länge des Skilifts in Wirklichkeit.

3 James Abram Garfield (1831 – 1881) wurde 1881 zum 20. Präsidenten der Vereinigten Staaten von Amerika gewählt. Er war zunächst als Mathematiklehrer tätig, wandte sich später aber juristischen Studien und der Politik zu. 1876 fand er folgenden Beweis für den Satz des Pythagoras:

Zwei kongruente rechtwinklige Dreiecke werden so aneinandergelegt, dass eine kurze und eine lange Kathete einen gestreckten Winkel bilden. Die Beweisfigur ergänzt man zum Trapez $ABCD$.

(1) $\overline{AB} = a + b$ ist die Höhe im Trapez.

(2) Es gilt $\sphericalangle CED = 90°$, da vom gestreckten Winkel der rechte Winkel $(\alpha + \beta)$ subtrahiert wird.

(3)
$$A_{\text{Trapez}} = A_{\Delta DAE} + A_{\Delta DEC} + A_{\Delta EBC}$$
$$\frac{a+b}{2} \cdot (a+b) = \frac{1}{2}ab + \frac{1}{2}cc + \frac{1}{2}ab$$
$$\frac{a^2}{2} + \frac{ab}{2} + \frac{ab}{2} + \frac{b^2}{2} = ab + \frac{1}{2}c^2$$
$$a^2 + b^2 = c^2$$

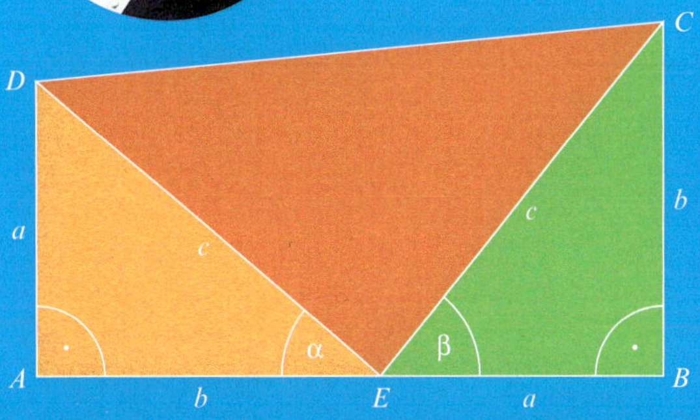

AUFGABEN

7. Ein 15,0 m langer Fahrradschuppen hat einen Querschnitt wie in der linken Abbildung. (2,10 m bzw. 2,80 m hoch und 3,50 m tief.)
a) Berechne die Balkenlänge s.
b) Berechne den Inhalt der Dachfläche.

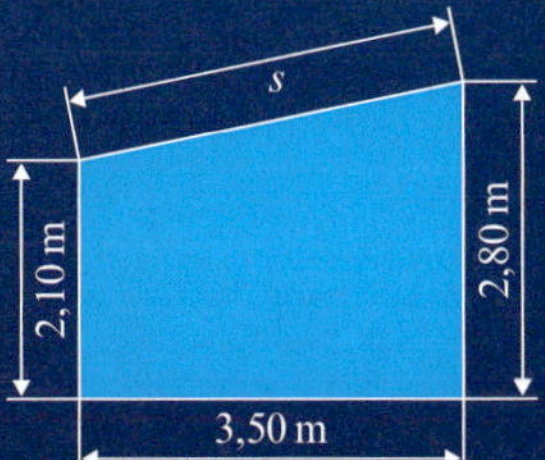

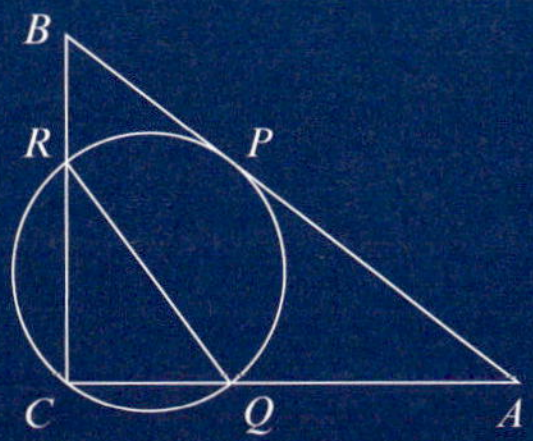

8. Die rechte Abbildung stellt ein rechtwinkliges Dreieck ($\sphericalangle ACB = 90°$) mit den Katheten $\overline{BC} = 6$ cm und $\overline{AC} = 8$ cm dar. Ein Kreis k geht durch den Punkt C und berührt $\overline{AB}$ im Punkt P. Konstruiere solche Kreise für verschiedene Lagen von P. (*Hinweis:* Der Berührradius steht auf $\overline{AB}$ senkrecht; C und P sind vom Kreismittelpunkt gleich weit entfernt.) Berechne die Länge der Sehne $\overline{QR}$ für denjenigen Kreis k, dessen Durchmesser am kürzesten ist.

9. Drei gleichgroße Kreise mit Radien von je 8 cm berühren einander wie in der Skizze dargestellt. Berechne den Inhalt der grünen Fläche.

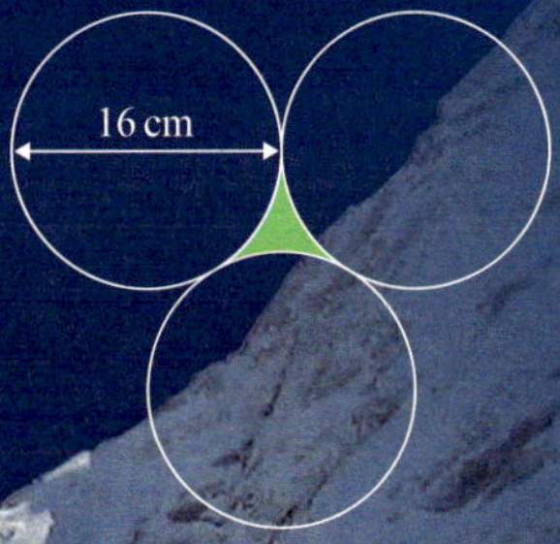

10. Gegeben sei ein rechtwinkliges Dreieck mit 294 cm². Die größere Kathete ist um ebenso viel länger als die kleinere Kathete, wie sie kürzer als die Hypotenuse ist. Berechne die Längen der Dreiecksseiten.

11. Fasst man ein Flugzeug modellhaft als Punkt und die Erde als Kugel auf, so versteht man unter der (maximalen) „Sichtweite“ s, die man vom Flugzeug auf die Erde hat, die Entfernung zwischen Flugzeug und Berührungspunkt einer (jeder) Tangente, die vom Flugzeug aus an die Erdkugel gelegt wird. Berechne diese Sichtweite für ein Flugzeug, das in einer Höhe von 4 000 m fliegt. (*Hinweis:* Der Erdradius beträgt rund 6 370 km. Fertige eine Skizze an.)

Zwei Beweise durch Ähnlichkeitsbetrachtungen an Dreiecken. Man zeichnet im rechtwinkligen Dreieck die Höhe h_c mit dem Lotfußpunkt H_c ein. Die Dreiecke ABC, AH_cC und H_cBC sind paarweise zueinander ähnlich, da sie zueinander kongruente Innenwinkel haben.

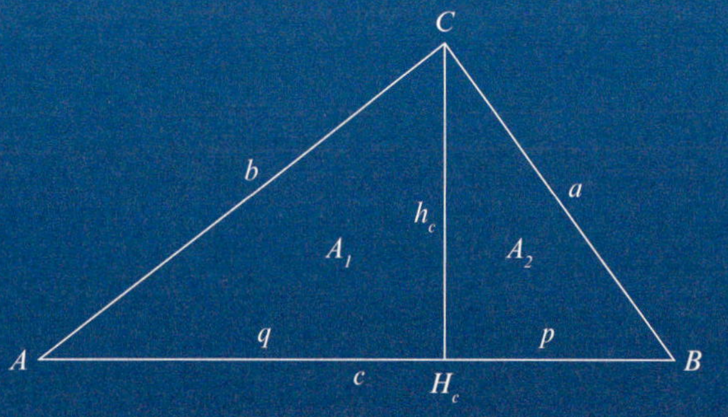

	ΔABC	ΔAH_cC	ΔH_cBC
Hypotenuse	c	b	a
lange Kathete	b	q	h_c
kurze Kathete	a	h_c	p

1 Da in ähnlichen Dreiecken einander entsprechende Seiten im gleichen Verhältnis stehen, folgt:

$$\frac{c}{b} = \frac{b}{q} \Rightarrow b^2 = q \cdot c$$

$$\frac{c}{a} = \frac{a}{q} \Rightarrow a^2 = p \cdot c$$

$$a^2 + b^2 = p \cdot c + q \cdot c$$

$$a^2 + b^2 = c \cdot (p + q) \qquad | \; c = p + q$$

$$a^2 + b^2 = c^2 \qquad \text{q.e.d.}$$

2 Es gilt $A_{\Delta AH_cC} = A_{\Delta ABC} + A_{\Delta H_cBC}$ oder kürzer $A = A_1 + A_2$. Das Dreieck AH_cC geht aus dem Dreieck ABC durch eine maßstäbliche Verkleinerung mit dem Ähnlichkeitsfaktor $k_1 = \frac{b}{c}$ hervor, das Dreieck H_cBC geht aus dem Dreieck ABC durch eine maßstäbliche Verkleinerung mit dem Ähnlichkeitsfaktor $k_2 = \frac{a}{c}$ hervor.

Daher gilt: $A = A_1 + A_2 = (k_1{}^2 + k_2{}^2)\,A = \left(\frac{b^2}{c^2} + \frac{a^2}{c^2}\right) \cdot A$.

Daraus folgt $\frac{b^2}{c^2} + \frac{a^2}{c^2} = 1$, also $a^2 + b^2 = c^2$. q.e.d.

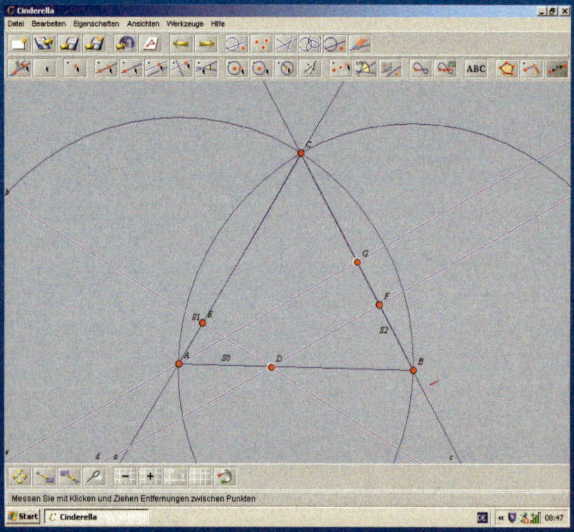

AUFGABEN

12. Nutze eine dynamische Geometriesoftware. Konstruiere ein gleichseitiges Dreieck ABC. Gib auf der Seite $c = \overline{AB}$ einen inneren Punkt D an. Fälle von D aus jeweils das Lot auf a und auf b und bezeichne die Lotfußpunkte mit E und F. Miss die Höhe h des Dreiecks ABC ($h = \overline{AG}$) und die Strecken $\overline{DE}$ und $\overline{DF}$.
Vergleiche die Summe der Streckenlängen von $\overline{DE}$ und $\overline{DF}$ mit h.
Wiederhole dieses Verfahren für verschiedene Punkte D. Formuliere eine Vermutung und beweise sie.

13. Zwei gleich lange und zueinander senkrechte Sehnen eines Kreises werden durch ihren Schnittpunkt S jeweils in Strecken der Länge 10 mm bzw. 16 mm geteilt. Berechne den Radius des Kreises.

230-1

Pythagoreische Zahlentripel

In den frühen Hochkulturen nutzte man bereits Dreiecke mit den Kantenlängen 3, 4 und 5, um rechte Winkel zu erzeugen (Umkehrung des Satzes des Pythagoras). Konstruiert man ein beliebiges rechtwinkliges Dreieck, wird man nur selten für die Seitenlängen natürliche Zahlen erhalten.

> Gilt für drei natürliche Zahlen x, y, z die Gleichung $x^2+y^2=z^2$, so nennt man $(x; y; z)$ ein **pythagoreisches Zahlentripel**.

Die Zahlen 3, 4 und 5 bilden also ein pythagoreisches Zahlentripel. Wählt man für x und y beliebige natürliche Zahlen und berechnet z, so ergibt sich im allgemeinen eine irrationale Zahl.
Wie findet man nun weitere pythagoreische Tripel?
Wir multiplizieren x, y und z mit einer von Null verschiedenen natürlichen Zahl k und erzeugen dadurch ein weiteres pythagoreisches Zahlentripel. Die drei Zahlen eines so berechneten Tripels besitzen den größten gemeinsamen Teiler k, falls ihr größter gemeinsamer Teiler vorher 1 war.
Pythagoreische Tripel, die man durch Multiplikation mit einer natürlichen Zahl aus einem vorgegebenen Tripel erzeugt, nennt man **Folgetripel**. Die anderen, deren größter gemeinsamer Teiler 1 ist, werden als **Grundtripel** bezeichnet.

Schon die Babylonier kannten ein Verfahren zum Erzeugen pythagoreischer Zahlentripel $(x; y; z)$ mit dem größten gemeinsamen Teiler 1. Dazu wählt man zwei natürliche Zahlen p und q mit $p>q$ und berechnet $x=p^2-q^2$ bzw. $y=2\cdot p\cdot q$.

p	q	x	y	$x^2+y^2=z^2$	$z=\sqrt{z^2}$
2	1	3	4	25	5
4	1	15	8	289	17
17	13	120	442	209764	458
1001	441	807520	882882	$1{,}431569176\cdot 10^{12}$	1196482

Den Beweis, dass man mithilfe dieses Verfahrens unendlich viele pythagoreische Zahlentripel erhält, erbrachten die Pythagoreer selbst. Dazu ist zu zeigen, dass nach dem beschriebenen Rechenverfahren z immer eine natürliche Zahl ergibt (Aufgabe 2).

Die Tontafel Plimpton 322 enthält eine keilschriftliche Inschrift pythagoreischer Zahlentripel. Sie ist fast 4000 Jahre alt und wurde einst von den Babyloniern angefertigt.

AUFGABEN

1. Ermittle drei Folgetripel zu dem pythagoreischen Tripel (3; 4; 5).
2. Zeige, dass $(x=p^2-q^2,\ y=2\cdot p\cdot q,\ z=p^2+q^2)$ mit natürlichen Zahlen p und q mit $p>q$ stets ein pythagoreisches Tripel ist.
3. a) Zeige, dass $(x=p^2-q^2,\ y=2\cdot p\cdot q,\ z=p^2+q^2)$ ein Folgetripel ist, falls p und q beide ungerade sind.
   b) Zeige, dass $(x=p^2-q^2,\ y=2\cdot p\cdot q,\ z=p^2+q^2)$ ein Grundtripel ist, falls p und q teilerfremd und nicht beide zugleich ungerade sind.

4. a) Show that a triangle with sides n^2+1, n^2-1 and $2n$ (for a natural number $n>1$) is a right triangle. Show further that the converse of this theorem is false.
   b) Read the novel „The Curious Incident of the Dog in the Night-time" by Mark Haddon. (The problem above is taken from this amazing book, which contains a lot of interesting mathematics.)

231-1

Rund ums Bauen

Viele Leute träumen von einem eigenen Haus. Doch bevor man diesen Traum in die Tat umsetzt, ist vieles zu bedenken und zu prüfen.
Die Angebote für schlüsselfertige Häuser lassen sich oft schwer miteinander vergleichen. Die von den Herstellern gelieferten Beschreibungen der Bauleistungen taugen meistens kaum als Entscheidungsgrundlage. Oft fehlen detaillierte Angaben bzw. Wohn- und Nutzfläche werden falsch berechnet. Bei fast allen untersuchten Haustypen sind zusätzliche Kosten hinzugekommen.

1

Die Länge eines rechteckigen Gebäudegrundrisses ist 1,5-mal so groß wie dessen Breite. Der Bauherr möchte die Maße verändern lassen. Die Grundfläche soll um 8 m² größer werden. Dazu wird geplant, die Länge um 5 m zu vergrößern und die Breite um 2 m zu verkürzen. Wie groß ist jetzt die Grundfläche?

2

Für den Bau einer Straße wird ein quadratisches Geländestück mit einer Kantenlänge von 245 m so verändert, dass die eine Seite um das gleiche Maß verlängert wird wie die andere verkürzt wird. Für den dabei entstehenden Verlust von 6,7 % des ursprünglichen Flächeninhaltes wird dem Eigentümer eine Entschädigung von 75 € pro m² gezahlt.

a) Wie lang und wie breit ist das Geländestück nach den Änderungen?

b) Wie hoch ist die Entschädigung?

3

Ein mathematisch interessierter Spaßvogel stellte bei der Kennzeichnung zweier Baugrundstücke folgende Bedingungen:
Die Grundstücke X und Y sollen flächengleiche Rechtecke sein. Dabei soll Grundstück X 20 m länger als Grundstück Y sein, Grundstück Y aber 10 m breiter als Grundstück X.

a) Lassen sich diese Bedingungen überhaupt erfüllen?

b) Ist der Flächeninhalt der beiden Grundstücke durch diese Bedingungen eindeutig bestimmt?

c) Ist es möglich, dass beide Grundstücke statt eines gleichen Flächeninhaltes einen gleichen Umfang haben?

4

Eine neue Autobahn, die an den Orten A und B vorbeiführt, soll ganz gerade verlaufen.
Für die Einwohner von A und B soll eine Auffahrt C gebaut werden, die durch gerade Straßen mit den Orten verbunden werden soll (vgl. Skizze).
Wo sollte die Auffahrt liegen, um die Gesamtlänge der Straße von A über C nach B so kurz wie möglich zu halten?

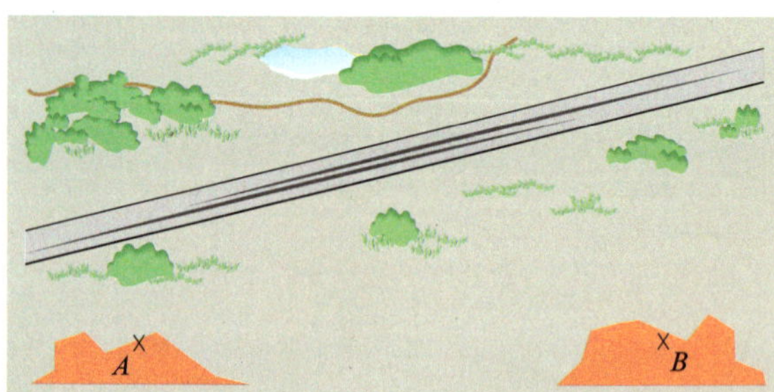

5

Bei Glasermeister Bruch richtet sich der Preis rechteckiger Fensterscheiben nach ihrem Flächeninhalt. Bei davon abweichenden Scheibenformen muss der Verschnitt mit bezahlt werden. Was würden dann die folgenden Scheiben mindestens kosten, wenn 1 Quadratmeter Glas 110,00 € kostet? Wie groß ist jeweils der Verschnitt?

a) eine runde Glasscheibe mit einem Durchmesser von 85 cm
b) eine Glasscheibe in Form eines gleichseitigen Dreiecks von 60 cm Kantenlänge
c) zwei Scheiben in Form rechtwinkliger Dreiecke mit jeweils Kantenlängen von 30 cm, 40 cm und 50 cm

6

Bei der Vermessung eines Grundstücks von der Form eines Dreiecks ABC wurden die Angaben in ein kartesisches Koordinatensystem (1 LE = 1 cm) übertragen:
Die Seite AB liegt auf der x-Achse.
Die Seite AC liegt auf der Geraden durch die Punkte $P(2|2)$ und $Q(0|-2)$, die Seite BC liegt auf der Geraden durch die Punkte $R(6|4)$ und $S(5|8)$.

a) Veranschauliche den Sachverhalt in einem rechtwinkligen Koordinatensystem.
b) Bestimme die Koordinaten des Punktes C.
c) Ermittle den Flächeninhalt des Grundstückes (1 LE = 1 cm $\triangleq$ 10,0 m).

7

Ein Klassenzimmer soll renoviert werden. Der Raum hat eine rechteckige Grundfläche (10,50 m lang und 7,00 m breit) und eine Höhe von 3,40 m. Es gibt in diesem Raum 5 Fenster mit einer jeweiligen Höhe von 2,00 m und einer Breite von 1,50 m, die Tür ist 1,95 m hoch und 90 cm breit.
In einem Losverfahren wurde entschieden, dass die Wände hellgelb (im Mischungsverhältnis 1 : 5, d. h. 1 Teil gelb, 5 Teile weiß) gestrichen werden sollen.

a) Wie viele 1-Liter-Büchsen gelber Farbe und wie viele 10-Liter-Eimer weißer Farbe müssen gekauft werden, wenn 1 Liter gemischte Farbe für einen Anstrich von etwa 4 m^2 Fläche ausreicht?
b) Wie teuer wird dieser Anstrich, wenn eine Büchse gelbe Farbe 4,10 € und ein Eimer mit 10 Liter weißer Farbe 23,00 € kosten?

8

Ein Bauunternehmen setzt zur Erschließung eines 48 ha großen Wohngebietes 6 Planierfahrzeuge gleichen Typs ein. Die Planierarbeiten dauern 40 Stunden.

a) Wie lange hätte man beim Einsatz von 8 solchen Fahrzeugen gebraucht?
b) In welcher Gesamtzeit hätte der erste Teil der Erschließungsarbeiten abgeschlossen werden können, wenn man nach einem 15-stündigen Einsatz dieser 8 Fahrzeuge noch 2 solcher Fahrzeuge zusätzlich eingesetzt hätte?

9

Der zylinderförmige Hungerturm eines Schlosses ist 32 m hoch. Sein Außendurchmesser beträgt 8 m. Die Wände sind 1 m dick.

a) Wähle einen geeigneten Maßstab und stelle den Turm im Schrägbild ($\alpha = 45°$ und $q = 0,5$) dar.
b) Berechne das Volumen des Turminnenraumes sowie des Mauerwerkes.
c) Der Turm soll innen neu gestrichen werden. Wie groß ist die Fläche, für die Farbe besorgt werden muss?
d) Um wie viel ist die Außenfläche größer als die Innenfläche?

Burg Schreckenstein in Böhmen

Ratenkauf

Kredite – Kreditkosten: Ein toller Fernseher, ein neues Auto, Wohnen im Grünen im eigenen Haus, …
Der Wünsche sind so viele, aber woher das ganze Geld nehmen? Doch da gibt es die vielen Angebote:
Heute kaufen und später bezahlen, Ratenkauf, Finanzierungsangebote von Banken oder Autohäusern und anderes.
Allen diesen Angeboten ist eines gemeinsam: Der Kunde erhält einen Kredit, der etwas kostet. Das heißt, letztlich ist mehr als der Kreditbetrag zurückzuzahlen.

Kreditbetrag + Kreditkosten = zurückzuzahlender Betrag

Wie sich die Kreditkosten berechnen und wie der Kredit zurückzuzahlen ist kann von Kredit zu Kredit sehr unterschiedlich sein.

1

a) Sammelt Angebote aus Zeitschriften, Katalogen, Werbeprospekten oder von Händlern, die die Finanzierung über einen Kredit anbieten.
b) Berechnet die Kosten der Kredite, so weit das aus den Angaben möglich ist. Berechnet, um wie viel Prozent die Sache gegenüber Barzahlung teurer wird, wenn sie durch einen Kredit finanziert wird.
c) Ihr werdet sehen, dass die prozentuale Verteuerung bei Finanzierung über einen Kredit sehr unterschiedlich ausfallen kann. Überlegt und diskutiert, ob es berechtigte Gründe für diese Unterschiede gibt.
d) Ordnet die Kreditangebote einmal nach der Höhe der prozentualen Verteuerung durch den Kredit (beginnend mit der kleinsten prozentualen Verteuerung) und einmal nach der Höhe des angegebenen effektiven Jahreszinses (mit dem kleinsten beginnend).
Was stellt ihr fest? Versucht eine Erklärung dafür zu finden.

Bei einer Entscheidung für einen Kauf auf Kredit sollte vieles bedacht werden:
- Was kann ich mir als Anzahlung und als Ratenhöhe leisten?
- Zahle ich wenig an, dann ist die Kreditsumme hoch und ich muss mehr Zinsen Zahlen.
- Wähle ich kleine Raten, dann ist der Zinszeitraum lang und ich muss ebenfalls mehr Zinsen zahlen.
- Wenn ich jedoch nur eine kleine Anzahlung leiste und nur kleine Raten zahle behalte ich vielleicht Geld übrig, das ich gut verzinst anlegen kann.

Da lohnt es, einmal in einem Projekt genau zu untersuchen, wie sich die Ratenhöhe und die Höhe der Anzahlung auf die Rückzahlung eines Kredits auswirken.
Um den Rechenaufwand in Grenzen zu halten, solltet ihr von einigen sehr vereinfachenden Annahmen ausgehen:
- Der Kredit wird zum Jahresanfang aufgenommen.
- Es wird nur einmal im Jahr eine Rate gezahlt: am Jahresanfang, beginnend mit dem 2. Jahr. Die Ratenhöhe bleibt gleich (nur die letzte Rate kann evtl. geringer ausfallen).
- Die Verzinsung erfolgt einmal im Jahr zum Jahresende mit dem Zinssatz $p\,\%$. (Beachte: Das ist nicht der effektive Jahreszins; s. Randspalte.)
- Es wird keine zusätzliche Bearbeitungsgebühr erhoben.

BEACHTE
Um verschiedene Kreditangebote vergleichen zu können, fordert der Gesetzgeber die Angabe des **effektiven Jahreszinses**. Darin werden alle Kreditbedingungen berücksichtigt wie z. B. die zu zahlende Bearbeitungsgebühr, die Laufzeit des Kredits und die Höhe der einzelnen Raten.
Ein Kreditangebot ist umso günstiger, je geringer der effektive Jahreszins ist.
Eure mathematischen Kenntnisse reichen allerdings noch nicht aus, um den effektiven Jahreszins zu berechnen.
Es ist auch nicht möglich, allein aus der Angabe eines effektiven Jahreszinses die Kreditkosten zu berechnen. Dazu muss man z. B. wissen, wie viele Raten in welcher Höhe zu zahlen sind.

2

Unter den genannten Annahmen wurde mithilfe einer Tabellenkalkulation Folgendes durchgerechnet:

Jemand möchte ein Haus für 130 000 € kaufen. Er finanziert den Hauskauf mit einem Kredit zu 8 % Zinsen im Jahr. Er zahlt 30 000 € sofort an und dann jährliche Raten von 12 000 €.

	A	B	C	D	E	F	G	H	I
1	**Finanzierung mithilfe eines Kredits**								
2									
3	Kaufsumme (in EUR):		130000,00						
4	Anzahlung (in EUR):		30000,00						
5	Kredithöhe (in EUR):		100000,00						
6	Jährliche Zinsen (in %):		8,00						
7	Zinsfaktor:		1,08						
8	Jährliche Ratenhöhe (in EUR):		12000,00						
9									
10	Jahr n:	Schulden am	Schulden am	Schulden nach		im Jahr gezahlte	Summe der gez.	Tilgung	Tilgung
11		Jahresanfang:	Jahresende:	Ratenzahlung:		Zinsen	Zinsen	im Jahr	insgesamt
12	1	100000,00	108000,00	96000,00		8000,00	8000,00	4000,00	4000,00
13	2	96000,00	103680,00	91680,00		7680,00	15680,00	4320,00	8320,00
14	3	91680,00	99014,40	87014,40		7334,40	23014,40	4665,60	12985,60
15	4	87014,40	93975,55	81975,55		6961,15	29975,55	5038,85	18024,45
16	5	81975,55	88533,60	76533,60		6558,04	36533,60	5441,96	23466,40
17	6	76533,60	82656,28	70656,28		6122,69	42656,28	5877,31	29343,72
18	7	70656,28	76308,79	64308,79		5652,50	48308,79	6347,50	35691,21
19	8	64308,79	69453,49	57453,49		5144,70	53453,49	6855,30	42546,51
20	9	57453,49	62049,77	50049,77		4596,28	58049,77	7403,72	49950,23
21	10	50049,77	54053,75	42053,75		4003,98	62053,75	7996,02	57946,25
22	11	42053,75	45418,05	33418,05		3364,30	65418,05	8635,70	66581,95
23	12	33418,05	36091,49	24091,49		2673,44	68091,49	9326,56	75908,51
24	13	24091,49	26018,81	14018,81		1927,32	70018,81	10072,68	85981,19
25	14	14018,81	15140,32	3140,32		1121,51	71140,32	10878,49	96859,68

a) Diskutiert, was ihr alles aus der Tabelle erkennt. Achtet insbesondere auf die Tilgung des Kredits, was also nach Abzug der Zinsen tatsächlich vom Kredit zurückgezahlt wurde.

b) Überlegt euch wie die Werte in der Tabelle berechnet wurden. Berechnet dann die Höhe der letzten noch fälligen Rate. Wie viel Zinsen wurden insgesamt für den Kredit bezahlt?

c) Zeichnet ein Diagramm wie im nebenstehenden Bild. Tragt für jedes Jahr mit einer Farbe die Summe der gezahlten Zinsen und mit einer anderen Farbe die insgesamt geleistete Tilgung ein. Verbindet die Punkte und beschriftet die Kurven.
Diskutiert, was ihr aus dem Diagramm erkennt.

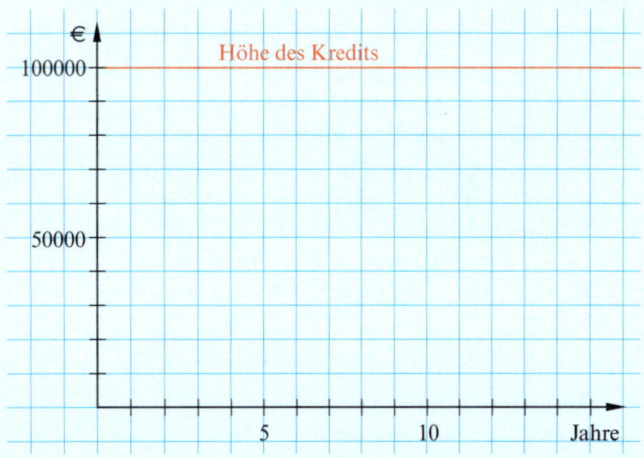

3

a) Erzeugt die Tabelle aus der Aufgabe 2 mithilfe einer Tabellenkalkulation. Beachtet: Wenn bei Berechnungen in den Zeilen 12 ff. Werte aus den Zellen C3 bis C8 benötigt werden, muss man die Zelladressen mithilfe des Zeichens $ schreiben, z. B. C7 statt C7.

b) Nehmt die folgenden Veränderungen vor und beobachtet die Auswirkungen.

- Erhöhung und Absenkung der jährlichen Ratenzahlung (Zinssatz bleibt 8 %)
- Erhöhung und Absenkung des Zinssatzes (Rate bleibt 12 000 €)
- Erhöhung und Absenkung der Anzahlung (Zinssatz 8 %, Rate 12 000 €)

INFORMATION

Steht in C12 die Formel = B12*C7, dann erhält man in C 13 richtig = B13*C7.
Stünde in C12 dagegen = B12*C7, dann erhielte man in C13 die falsche Formel = B13*C8.

Aus der Welt des Sports

Wusstest du, dass das Laufen zu den ältesten Sportarten gehört? Zur Versorgung der Familie mit Nahrung musste ein urzeitlicher Familienvater rennen, stundenlang, manchmal tagelang, er musste ausdauernder sein als das Tier, das er gerade jagte.
Das Laufen hat natürlich auch eine wohltuende Wirkung auf den Organismus.
Bei den Naturvölkern stand das Laufen in sehr hohem Ansehen und steht es auch heute noch. Es ist darum nicht verwunderlich, dass bei den Griechen des Altertums die allererste olympische Disziplin das Laufen war.

Griechische Vasenmalerei, 6. Jh. v. Chr.

Bei den heutigen olympischen Spielen gibt es neben den verschiedenen Laufstrecken sehr viele andere sportliche Entscheidungen, z. B. im Radfahren, Fußballspiel oder im Schießen. Zum Glück kann man sich auch sportlich betätigen, ohne gleich Höchstleistungen im Blick zu haben.

1

Folgender Trugschluss ist aus dem Altertum bekannt:
Achill läuft mit einer Schildkröte um die Wette. Weil Achill 10-mal so schnell läuft wie die Schildkröte, bekommt die Schildkröte einen Vorsprung von 100 m. Wenn Achill die 100 m zurückgelegt hat, so hat die Schildkröte noch den Vorsprung von 10 m. Hat Achill diese 10 m zurückgelegt, so hat die Schildkröte immer noch einen Vorsprung, nämlich 1 m. Setzt man diesen Gedankengang fort, kommt man zu dem Schluss, dass Achill die Schildkröte nie einholt.
Was meinst du dazu?

2

Jörg konnte bei einem Leistungswettbewerb im Fahrradfahren die Teststrecke in 45 Minuten zurücklegen, wobei er sehr gleichmäßig fuhr und sein Tachometer die ganze Zeit 32 km/h anzeigte. Wie lang war die Teststrecke?
Wie lange würde er bei gleichem Tempo für eine Strecke von 100 km brauchen?

3

Der Durchmesser eines Fahrradreifens wird in Zoll gemessen (1 Zoll = 2,54 cm).
Welche Strecke legt ein 24er Fahrrad zurück, wenn sich die Räder 800-mal drehen?
Wie viel mehr legt ein 28er Fahrrad bei gleicher Umdrehungszahl zurück?

4

Ein Sportverein hat 211 Mitglieder. Die Altersverteilung sieht folgendermaßen aus: bis 10 Jahre: 29 Mitglieder, 11 bis 20 Jahre: 64 Mitglieder, 21 bis 30 Jahre: 59 Mitglieder, 31 bis 40 Jahre: 31 Mitglieder. Der Rest der Mitglieder ist über 40 Jahre alt.

a) Berechne die Altersverteilung in Prozent.

b) Veranschauliche die Verteilung in einer geeigneten Grafik.

Zum Nachdenken

1

Beweise die folgende Aussage:
In jedem Trapez mit orthogonalen Diagonalen ist die Summe der Quadrate der Diagonalenlängen stets gleich dem Quadrat der Summe der Längen von Grund- und Deckseite.

ERINNERE DICH
Zwei Geraden oder Strecken heißen orthogonal (zueinander), wenn sie aufeinander senkrecht stehen.

2

Begründe, dass für die farbig gekennzeichneten Flächen in den beiden dargestellten Figuren jeweils $A_1 + A_2 = A_3$ gilt.

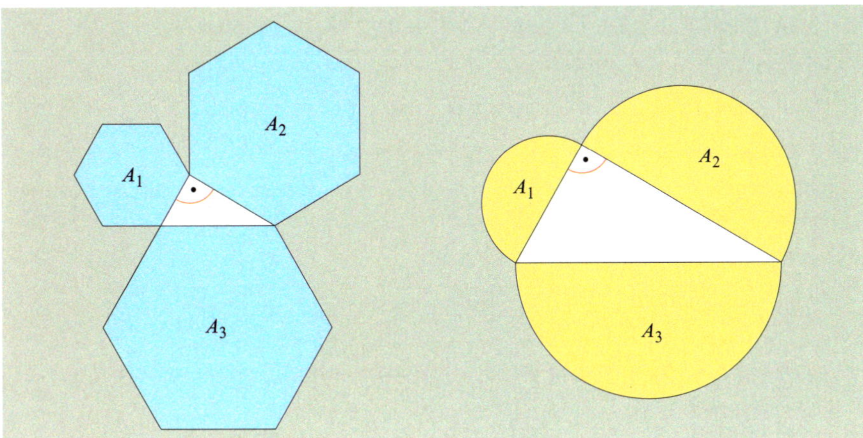

3

Diese Aufgabe ist ein Beispiel für eine ungewöhnliche, besonders kreative Beweisidee: Eine Aussage über einen arithmetischen Term wird geometrisch veranschaulicht.
Behauptung: Wenn $0 < q < 1$ gilt, dann hat die aus unendlich vielen Summanden gebildete Summe $S = 1 + q + q^2 + q^3 + \ldots + q^n + \ldots$ den endlichen (!!) Wert $\frac{1}{1-q}$.
Diese Behauptung kann mithilfe der Ähnlichkeitssätze für Dreiecke geometrisch bewiesen werden. Die folgende Zeichnung veranschaulicht diesen Beweis.
Führe den Beweis sorgfältig aus. Erläutere jeden Schritt genau. Diskutiert den Beweis auch in der Klasse.

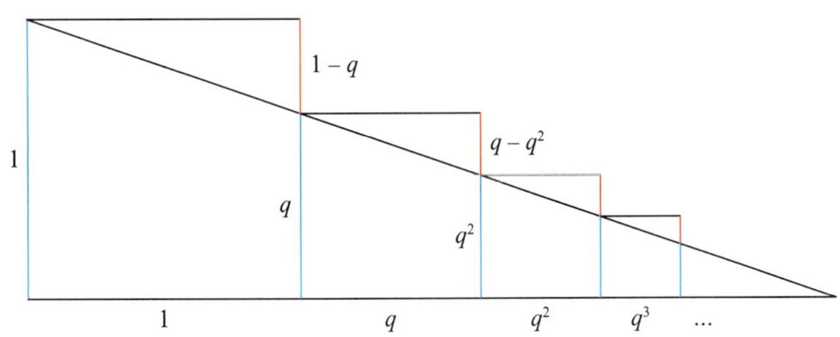

Ausgewählte Lösungen

KAPITEL „TERME UND GLEICHUNGEN“

S. 7: **5 a)** $a + b + a \cdot b$ **b)** $\frac{a-b}{a+b}$ **c)** $a \cdot b - \frac{a}{b}$ **d)** $(a-b)^2 + \frac{a}{b}$

7 a) $(m-4) : 2$ **c)** $P = \frac{1}{6} S = S : 6; S = 6P$ **d)** $\frac{a}{2} + 6$

b) Sabine: ((242,60+21,40) : 4) · 3 – 21,40 Steffen: (242,60 + 21,40) : 4

S. 8: **12 a)** $n + (n+1) + (n+2) + (n+3)$ bzw. $4n + 6$ **b)** $n \cdot (n+1)$ **c)** $(2n+1)^2$

13 a) $\{2n + 1 \mid n \in \mathbb{N}\}$; $a_5 = 9$; $a_{12} = 23$; $a_{23} = 45$

b) $\{n^2 \mid n \in \mathbb{N}, n \neq 0\}$; $a_5 = 25$; $a_{12} = 144$; $a_{23} = 529$

c) Abstand 4, 5, 6, … bzw. $\left\{\frac{1}{2} n^2 + \frac{5}{2} n - 2 \mid n \in \mathbb{N}, n \neq 0\right\}$; $a_5 = 23$; $a_{12} = 100$; $a_{23} = 320$

S. 11: **6 a)** $16{,}\overline{6}\,\frac{\text{m}}{\text{s}} = 60\,\frac{\text{km}}{\text{h}}$ **b)** $0{,}\overline{6}\,\frac{\text{m}}{\text{s}} = 2{,}4\,\frac{\text{km}}{\text{h}}$ **c)** $150\,\frac{\text{km}}{\text{h}} \approx 41{,}7\,\frac{\text{m}}{\text{s}}$ **d)** $50{,}4\,\frac{\text{km}}{\text{h}} = 14\,\frac{\text{m}}{\text{s}}$

Es wird jeweils eine Geschwindigkeit berechnet.

S. 16: **7 a)** $-6{,}5\,ab - \frac{15}{32} a + \frac{10}{3} b$ **d)** $12{,}31\,xy^2 - 1{,}1\,x^2y - 12{,}1\,xy$

S. 18: **17 a)** $100 + 5x = 4\,000$; $x = 780$ **b)** $x + 13 = 17$; $x = 4$

e) $4x + 3 = 4x - 2$; nicht lösbar **f)** $-4x - 1 = -4x - 1$; jede reelle Zahl ist Lösung

S. 21: **5 a)** $13{,}2\,a^2b^2$ **b)** $1{,}7\,w^2x^2y^2z$ **g)** $r^2s^2t^2$ **h)** $27\,x^5$

S. 29: **7 a)** $\square = \frac{5}{2} a$ **b)** $\square = 1$ **c)** $\square = 9z$ **d)** $\square = 4(z + 0{,}2)$

S. 31: **14 a)** $\frac{y^2 + 5y + 8}{y(y+4)}$ **b)** $\frac{7a^2 - 16a - 7}{2a^2 + a - 1}$ **c)** $\frac{4y - 2}{y^2 - 4}$ **d)** $\frac{x^2 - 13x + 29{,}75}{9 - 12x - x^2}$

S. 40: **5 a)** $x + (x-2) + (x-1) + (x+1) + (x+2) + (x+3) + (x+4) = 56$ bzw. $7x + 7 = 56$; $x = 7$

b) $(2x+1) + (2x-1) + (2x-3) + (2x+2) + (2x+4) + (2x+6) = 33$ bzw. $12x + 9 = 33$; $x = 2$

c) $8x - 4 < 68$ bzw. $8x < 72$; $x < 9$

7 a) $x = -1$ **b)** $x < -1$ **c)** $L = \emptyset$ **d)** $L = \mathbb{N}$

e) $x = -0{,}16$ **f)** $x > -0{,}02$ **g)** $L = \emptyset$ **h)** $L = \emptyset$

S. 43: **5 a)** $L = \{3\}$ **b)** $L = \{-5\}$ **c)** $L = \{1\}$ **d)** $L = \left\{\frac{4}{3}\right\}$

S. 44: **11 a)** Hauptnenner: 20; $12x - 60 = -60 + 20x$; $12x = 20x$; $x = 0$

b) Hauptnenner: 10; $14x - 8 + 14 = 5x + 16 + 7$; $9x = 17$; $x = \frac{17}{9}$

c) Hauptnenner: 12; $8y + 2 = 9y + 10$; $y = -8$

d) Hauptnenner: 12; $6\left(y - \frac{2}{3}\right) + 9y = 8\left(1 - \frac{3}{8} y\right) - 18y$; $6y - 4 + 9y = 8 - 3y - 18y$; $36y = 12$; $y = \frac{1}{3}$

S. 45: **17 a)** $y^2 - 1 = y^2 + 4y + 4$; $4y = -5$; $y = -\frac{5}{4}$

b) $x^2 - 12x + 36 + x^2 + 2x + 1 = 2x^2 + 32$; $-10x = -5$; $x = \frac{1}{2}$

c) $x^2 + 6x + 9 = x^2 - 4x + 15$; $10x = 6$; $x = \frac{3}{5}$

d) $z^2 - 8z + 16 - z^2 + 16z - 64 + 45 = 0$; $8z = 3$; $z = \frac{3}{8}$

S. 47: **7 a)** $u = 4x$; $A = x^2$ **b)** $u = 4x + 10$; $A = x^2 + 5x$ **c)** $u = 14x$; $A = 7x^2$

S. 48: **12** Herr Frost kann 150 € im Jahr sparen.

S. 52: **5 a)** $D = \mathbb{Q}\setminus\{0; 2\}$; $L = \{5\}$ **b)** $D = \mathbb{Q}\setminus\left\{\frac{2}{3}\right\}$; $L = \frac{1}{3}$ **h)** $D = \mathbb{Q}\setminus\left\{\frac{2}{7}\right\}$; $L = \emptyset$

S. 54: **3 a)** $x = \frac{16}{a}$ **b)** $x = \frac{8-a}{3}$ **e)** $x = a - \frac{1}{a}$ **f)** $x = \frac{2a+4}{a}$ **j)** $x = -\frac{3}{a}$ und $x = -\frac{5}{b}$

Teste dich!

S. 60/ **1 a)** $(abc):(bcd) = \frac{a}{d}$ **b)** $2ab + 4bc - \frac{1}{3c}(6abc + 2{,}4c \cdot 5bc) = 2ab + 4bc - 2ab - 4bc = 0$

S. 61 **c)** $(-9x + 3a) \cdot (-\frac{4}{9}a - x) + \frac{1}{3}(a - 2\sqrt{2}x) \cdot (a + x\sqrt{8}) = 9x^2 + ax - \frac{4}{3}a^2 + \frac{1}{3}(a^2 - 8x^2) = \frac{19}{3}x^2 + ax - a^2$

2 a) Diese Aufgabe hat zwei Lösungen: (1) $(a+4)^2 + \left(8 + \left(-\frac{1}{2}\boldsymbol{a}\right)\right)^2$ (2) $(a+4)^2 + \left(8 + \frac{1}{2}\boldsymbol{a} - \mathbf{16}\right)^2$

Die anderen Aufgaben haben keine eindeutig bestimmten Lösungen. Es gibt aber in allen Fällen wenigstens eine Lösung, die besonders leicht zu erkennen ist. Jeweils zwei Lösungen sind:

b) (1) $(\boldsymbol{x^2} + y) \cdot (x^2 + (-\boldsymbol{y})) = x^4 - y^2$ (2) $\left(-\frac{\boldsymbol{y^2}}{\boldsymbol{x^2}} + y\right) \cdot \left(x^2 + \frac{\boldsymbol{x^4}}{\boldsymbol{y}}\right) = x^4 - y^2$ $(x \neq 0;\ y \neq 0)$

c) (1) $(\boldsymbol{a^2} + 4) \cdot ((a-2)^2 + \mathbf{4}\boldsymbol{a} - \mathbf{8}) = (a^2+4) \cdot (a^2-4) = a^4 - 16$
(2) $(\boldsymbol{a^2} - \mathbf{8} + 4) \cdot ((a-2)^2 + \mathbf{4}\boldsymbol{a}) = (a^2-4) \cdot (a^2+4) = a^4 - 16$

d) (1) $(\boldsymbol{x} + 1)^2 + (1 - \sqrt{x}) \cdot (\mathbf{1} + \sqrt{x}) + (-\mathbf{2}) = x^2 + 2x + 1 + 1 - x - 2 = x \cdot (x+1)$
(2) $(\boldsymbol{x} - \mathbf{1} + 1)^2 + (1 - \sqrt{x}) \cdot (\mathbf{1} + \sqrt{x}) + \mathbf{2}\boldsymbol{x} - \mathbf{1} = x^2 + 1 - x + 2x - 1 = x \cdot (x+1)$

3 a) Quadrate sind immer ≥ 0. Daher ist 0 der kleinste Termwert; er wird bei $x = -5$ angenommen.
b) $81 - 36x + 4x^2 = (2x-9)^2$ Der kleinste Termwert ist 0; er wird bei $x = 4{,}5$ angenommen.
c) $x^2 - 20x = x^2 - 20x + 100 - 100 = (x-10)^2 - 100$ Der kleinste Termwert ist -100; er wird bei $x = 10$ angenommen.
d) $x^2 - 8x + 13 = x^2 - 8x + 16 - 3 = (x-4)^2 - 3$ Der kleinste Termwert ist -3; er wird bei $x = 4$ angenommen.

4 D = Definitionsbereich des gegebenen Terms; D' = Definitionsbereich des vereinfachten Terms.

a) $D = \mathbb{Q} \setminus \{-2\}$; $\frac{15b}{6+3b} = \frac{5b}{2+b}$; $D' = D$

b) $D = \mathbb{Q} \setminus \{-0{,}2\}$; $\frac{(2x-3)\cdot(5x+1)}{(5x+1)^2} = \frac{2x-3}{5x+1}$; $D' = D$

c) $D = \mathbb{Q} \setminus \{-1\}$; $\frac{x^2-1}{(x+1)^2} = \frac{(x-1)(x+1)}{(x+1)^2} = \frac{x-1}{x+1}$; $D' = D$

d) $D = \mathbb{Q} \setminus \{3\}$; $\frac{a^2-5a+6}{a-3} = \frac{(a-3)(a-2)}{a-3} = a - 2$; $D' = \mathbb{Q}$

5 a) z. B. $\frac{1}{3-x}$; $\frac{|x|}{\sqrt{|x-3|}}$ **b)** z. B. $\frac{1}{x(x^2-4)}$; $\frac{1}{x} : \frac{x-2}{x+2}$

6 a) $3x - 5 = 7x - 21 \Rightarrow 16 = 4x \Rightarrow x = 4$. Die gesuchte Zahl ist 4.
b) $6x + 8 = 2x \Rightarrow 4x = -8 \Rightarrow x = -2$. Die gesuchte Zahl ist -2.
c) $x = 2\sqrt{x}\ (x \geq 0) \Rightarrow x^2 = 4x \Rightarrow x^2 - 4x = 0 \Rightarrow x(x-4) = 0 \Rightarrow x_1 = 0;\ x_2 = 4$. Die gesuchte Zahl kann 0 oder 4 sein.

7 Sei a die Kantenlänge des Ikosaeders. Dann haben alle Kanten zusammen die Länge $30a$.

8 a) Voraussetzung: $n \in \mathbb{N}$ Behauptung: $2n + (2n+1) + (2n+2) + (2n+3) + (2n+4)$ ist durch 10 teilbar. Beweis: $2n + (2n+1) + (2n+2) + (2n+3) + (2n+4) = 10n + 10 = 10(n+1)$. Die Zahl $10(n+1)$ ist eine durch 10 teilbare natürliche Zahl, denn $n+1$ ist lt. Vor. eine natürliche Zahl.
b) Voraussetzung: $a \in \{1; 2; \ldots; 9\}$; $b, c \in \{0; 1; 2; \ldots; 9\}$
Behauptung: $100a + 10b + c - (100c + 10b + a)$ ist durch 99 teilbar.
Beweis: $100a + 10b + c - (100c + 10b + a) = 99a - 99c = 99(a-c)$ und $a - c \in \mathbb{Z}$

9 a) $21x + 79 < x + 159 \Rightarrow 20x < 80 \Rightarrow x < 4 \Rightarrow L = \{x \in \mathbb{Q} \mid x < 4\}$
b) $54y - 19 \geq 114 - 3y \Rightarrow 57y \geq 133 \Rightarrow y \geq \frac{7}{3}; y \in \mathbb{Z} \Rightarrow L = \{3; 4; 5; \ldots\}$

10 Sei t die Wanderzeit der Klasse in Stunden von 8 Uhr bis zum Treffpunkt und s der bis dorthin zurückgelegte Weg in km. Dann gilt: $s = 4 \cdot t = 5 \cdot (t - \frac{1}{12}) \Rightarrow 0 = t - \frac{5}{12} \Rightarrow t = \frac{5}{12}\left(\frac{5}{12}\text{ h} = 25\text{ min}\right)$.
Also $s = 4 \cdot \frac{5}{12} = 5 \cdot \frac{4}{12} = \frac{5}{3} \approx 1{,}67$ (1,67 km). Sven holt die Klasse um 8.25 Uhr nach 1,67 km ein.

11 $V = 6x^3 - 3x \cdot (2x-2) \cdot (x-2) = 6x^3 - 6x^3 + 18x^2 - 12x = 18x^2 - 12x = 6x \cdot (3x-2)$

12 Sei t die monatliche Gesprächszeit in Minuten.
$13{,}49 + 0{,}29 \cdot t > 9{,}89 + 0{,}59 \cdot t \Rightarrow 3{,}60 > 0{,}30 \cdot t \Rightarrow t < 12$. Bei bis zu 11 Minuten Gesprächszeit pro Monat ist Angebot II günstiger. Bei genau 12 Minuten monatlicher Gesprächszeit kosten beide Verträge gleich viel; ab 13 Minuten ist Angebot I günstiger.

KAPITEL „QUADRATWURZELN UND POTENZEN"

S. 65: **4 a)** 10 **b)** 25 **c)** 17 **d)** n. l. **e)** 29 **f)** 2,5 **g)** 0,5 **h)** 2,4 **i)** 0,2 **j)** n. l. **k)** $\frac{5}{6}$ **l)** $\frac{10}{7}$ **m)** $\frac{12}{11}$ **n)** $\frac{2}{100}$

7 c) 0,3 **d)** 1,2 **e)** 30 **f)** $\frac{2}{3}$ **g)** 0,05 **i)** 5 **j)** 4

S. 68: **3 a)** $a \cdot a \cdot a + 3 \cdot a \cdot a \cdot b + 3 \cdot a \cdot b \cdot b + b \cdot b \cdot b$ **b)** $2 \cdot b \cdot b \cdot b + 9 \cdot a \cdot a$ **d)** $-243 \cdot a \cdot a$ **f)** $225 \cdot a \cdot a \cdot a \cdot a \cdot a \cdot a \cdot a \cdot a \cdot a \cdot a \cdot a \cdot a$ **g)** 4 **h)** 648

S. 70: **12 a)** $4^2 \cdot 4^{10} = 4^{12}$ **b)** $5 \cdot (2^2)^4 = 5 \cdot 2^8$ **e)** $7^6 : 7^4 = 49$ **f)** $(3 + 2)^2 = 25$; $(3 - 8)^2 = 25$

S. 72: **4 a)** $\frac{1}{5} = 0{,}2$ **b)** 1 **c)** $\frac{1}{2^7} = \frac{1}{128}$ **d)** 16 **e)** $\frac{1}{16}$ **f)** $\frac{1}{16}$ **l)** $\frac{1}{0{,}2^5} = 3\,125$ oder $(0{,}2)^{-5} = \left(\frac{1}{5}\right)^{-5} = 5^5 = 3\,125$ **m)** $\frac{100}{9} = 11{,}\overline{1}$

Teste dich!

S. 76/ S. 77 **1 a)** 4 **b)** 8 **c)** 17 **d)** 0,5 **e)** 12 **f)** n. l. **g)** –70 **h)** $\frac{1}{25}$

2 a) $\approx 5{,}34$ **b)** $\approx 5{,}35$ **c)** $\approx 6{,}07$ **d)** $\approx 12{,}41$ **e)** 7 **f)** 5 **g)** –4 **h)** 3

3 a) $A_{\text{Quadrat}} = a^2 = 33 \Rightarrow a = \sqrt{33} \approx 5{,}74$; also $a \approx 5{,}74$ cm

b) $A_{\text{Rechteck}} = A_{\text{Quadrat}} = a^2 = 57 \Rightarrow a = \sqrt{57} \approx 7{,}55$; also $a \approx 7{,}55$ cm

4 a) 125; $\frac{1}{125}$; $\sqrt[3]{5} \approx 1{,}71$

b) 1; 4; $\frac{1}{4}$; 16

5 $a \in \mathbb{Q}$; $x \in \mathbb{Q}\setminus\{0\}$;
$z \in \mathbb{Q}^+$ (also $z \in \mathbb{Q}$ und $z > 0$);
$c \in \mathbb{Q}^+_0$ (also $c \in \mathbb{Q}$ und $c \geq 0$);
$y \in \mathbb{Q}\setminus\{0\}$

6 a) $a^{-k-2} = \frac{1}{a^{k+2}}$ **b)** $p^2 r^{10} s^6$

7 a) $2{,}48 \cdot 10^{-10}$ m $= 248 \cdot 10^{-12}$ m = 248 pm
b) $9{,}299 \cdot 10^{-26}$ kg
c) $2 \cdot 10^{-3}$ g = 2 mg

8 a) $v(10\text{ m}) \approx 14{,}01$ m/s $\approx 50{,}4$ km/h;
$v(20\text{ m}) \approx 19{,}81$ m/s $\approx 71{,}3$ km/h;
$v(30\text{ m}) \approx 24{,}26$ m/s $\approx 87{,}3$ km/h;
$v(40\text{ m}) \approx 28{,}01$ m/s $\approx 100{,}9$ km/h;
$v(50\text{ m}) \approx 31{,}32$ m/s $\approx 112{,}8$ km/h;
$v(60\text{ m}) \approx 34{,}31$ m/s $\approx 123{,}5$ km/h;
$v(70\text{ m}) \approx 37{,}06$ m/s $\approx 133{,}4$ km/h

b) 133,4 km/h sind etwa 265 % von 50,4 km/h. Die Geschwindigkeit ist um 83 km/h gestiegen. Das entspricht bezogen auf eine Geschwindigkeit von 50,4 km/h einer Steigerung um $\approx$ 165 %.

9 a) 2^{n-1} **b)** $2^{63} \approx 9{,}22 \cdot 10^{18}$

b) Ein Korn hat eine Masse von $\frac{1}{10}$ g $= \frac{1}{10^7}$ t. Die Masse der Körner auf dem letzten Feld beträgt damit rund $9{,}22 \cdot 10^{11}$ t; das ist das 1550-fache der Weltproduktion von 1990.

10 $A_O = 6 \cdot 5 \cdot 5\text{ cm}^2 = 150\text{ cm}^2$. Die Kantenlänge a' eines Würfels mit doppelt so großer Oberfläche ergibt sich aus $A_O' = 6 \cdot a' \cdot a' = 300\text{ cm}^2$. Es ist $a' = \sqrt{50}$ cm $= \sqrt{2} \cdot 5$ cm $\approx 7{,}071$ cm.

KAPITEL „LÄNGEN UND MASSSTÄBE: ÄHNLICHKEIT“

S. 81: **4**

Bildstrecke	1 m	1 cm	**4 m**	5 mm	12,3 cm	**12 cm**
Originalstrecke	1000 m	**300 m**	20000 m	6 cm	**2,46 cm**	2,4 cm
Maßstab	**1:1000**	1:30000	1:5000	**1:12**	1:0,2	5:1

S. 84: **17 a)** Der Ähnlichkeitsfaktor für kongruente Figuren beträgt 1.
b) Zwei Figuren heißen ähnlich, wenn ihre Formen übereinstimmen und ihre Streckenlängen jeweils im gleichen Verhältnis zueinander stehen.

S. 88: **5 a)** (B; 0,5): G und P; Y und F; H und C.
b) (P; 3): A und G; C und N. (T; 0,25): keine

S. 95: **8 a)** ähnlich **b)** ähnlich **c)** nicht ähnlich, außer für $a = b$ **d)** kongruent

Teste dich!

S. 100/ S. 101 **2 a)** Die Aussage ist wahr: Seitenverhältnisse und Innenwinkel stimmen bei je zwei Quadraten überein.
b) Die Aussage ist falsch, denn zwei rechtwinklige Dreiecke haben nicht notwendig dieselben Innenwinkel und auch nicht dieselben Seitenverhältnisse.
c) Die Aussage ist wahr, denn je zwei rechtwinklig-gleichschenklige Dreiecke stimmen in allen Innenwinkeln überein und sind daher nach dem Hauptähnlichkeitssatz zueinander ähnlich.

3 (1) und (3); $k = 0{,}5$ bzw. $k = 2$ (2) und (11); $k = 0{,}5$ bzw. $k = 2$
(4) und (9); $k = 1{,}5$ bzw. $k = 2:3$ (5) und (10); $k = 2:3$ bzw. $k = 1{,}5$

4 Der Umfang des gegebenen Dreiecks beträgt 18 cm. Der Ähnlichkeitsfaktor ist also $k = 27 : 18 = 1{,}5$. Also sind die Seitenlängen des ähnlichen Dreiecks jeweils das 1,5-fache der Seitenlängen des gegebenen Dreiecks; ihre Längen sind also 5,55 cm, 12 cm und 9,45 cm.

5 linkes Bild: Die obere rote Strecke ist $26{,}\overline{66}$ cm lang, die untere rote Strecke ist $33{,}\overline{33}$ cm lang.
rechtes Bild: Die linke rote Strecke ist rund 2,65 cm lang, die untere rote Strecke ist 3,92 cm lang.

6 Zeichne eine beliebige Strecke $\overline{AB}$. Trage im Punkt A in einem geeigneten Winkel zur Strecke einen Strahl an. Greife auf dem Strahl mit dem Zirkel von A ausgehend dreimal nacheinander dieselbe (beliebige, nicht zu lange) Strecke ab. Bezeichne den (auf dem Strahl liegenden) Endpunkt der dritten Strecke mit C. Trage dann von C aus noch weitere vier Male dieselbe Strecke auf dem Strahl ab. Bezeichne den Endpunkt der vierten Strecke mit D. Verbinde B und D geradlinig und zeichne eine Parallele zu $\overline{BD}$ durch C. Diese schneidet die Strecke $\overline{AB}$ im gesuchten Teilungspunkt.

7 a) Die Koordinaten der Eckpunkte des Bildvierecks sind $A'(6|6)$, $B'(-2|10)$, $C'(-2|-6)$, $D'(0|-2)$.
b) Die Koordinaten der Eckpunkte des Bildvierecks sind $A'(0|0)$, $B'(-2|1)$, $C'(-2|-3)$, $D'(-1{,}5|-2)$.

8 a) Der Flächeninhalt des Originalrechtecks beträgt 35 cm². Der Flächeninhalt des Bildrechtecks beträgt das k^2-fache dieses Wertes, also 7 cm².
b) Für den Flächeninhalt des Dreiecks gilt $22\text{ cm}^2 = 0{,}5 \cdot c \cdot h_c = c \cdot 4\text{ cm}$. Daraus folgt $c = 5{,}5$ cm. Bei einer zentrischen Streckung mit dem Streckungsfaktor -2 sind die Bildstrecken doppelt so lang wie die entsprechenden Originalstrecken. Die der Seite c entsprechende Seite ist also 11 cm lang.

9 a) Die rote und die blaue Figur sind beide Quadrate, also zueinander ähnlich.
b) Seien x und y die Seitenlängen des Rechtecks. Aus der Gleichung $x : y = (x - 2d) : (y - 2d)$ folgt durch Umformung $x = y$ (oder $d = 0$). Die rote und die blaue Figur sind daher bei einem Rechteck, das kein Quadrat ist, nicht zueinander ähnlich.
c) Je zwei Kreise sind zueinander ähnlich, denn die Abstände der Kreispunkte zum Mittelpunkt sind alle gleich und stehen für beide Kreise alle im selben Verhältnis.
d) Die beiden Dreiecke sind zueinander ähnlich, da sie in allen drei Winkeln übereinstimmen. (Schnittwinkel paralleler Geraden.)
e) Die beiden Figuren sind zueinander ähnlich. (Zerlegung in Dreiecke durch *dieselbe* Gerade (Diagonale der großen Figur), dann Argumentation wie bei *d*).)

10 Die Dreiecke CAD und BCD sind beide zu dem Dreieck ABC ähnlich, denn sie sind rechtwinklig und haben mit ABC jeweils einen Winkel gemeinsam. Sie sind also auch zueinander ähnlich. Einander entsprechende Strecken in den drei Dreiecken stehen also zueinander im selben Verhältnis. Insbesondere gilt also $q : b = b : c$ und $p : a = a : c$. Daraus folgt $a^2 = p\,c$ und $b^2 = q\,c$, also $a^2 + b^2 = (p + q) \cdot c = c^2$.

KAPITEL „FUNKTIONEN“

S. 112: **11** a), c), e), g) sind Funktionen.
Wenn eine beliebige parallele Gerade zur y-Achse den gegebenen Graphen mehr als einmal schneidet, ist es keine Funktion.
Wenn eine beliebige parallele Gerade zur y-Achse den gegebenen Graphen höchstens einmal schneidet, ist es eine Funktion.

S. 119: **6** **a)** $f(x) = 5x$ **b)** $f(x) = -3x$ **c)** $f(x) = 4x$ **d)** $f(x) = 1{,}5x$

S. 122: **3** **a)** Terrasse: $15 \cdot 9{,}95$ € + 35 € = 184,25 €
Terrasse und Weg: $27 \cdot 9{,}95$ € + 35 € = 303,65 €
b) Fläche: x m²; Preis: $y = x \cdot 9{,}95$ € + 35 €

S. 123: **8** lineare Funktionen sind: a), c), e), f), g), i), j), l), n), o)

S. 124: **14** **a)** lineare Funktion ($y = 2{,}5 + 0{,}15x$) **b)** lineare Funktion ($y = 1{,}5 + 0{,}6x$)
c) keine lineare Funktion **d)** keine lineare Funktion

S. 137: **6** **a)** Nullstelle bei $x = 0{,}25$ **b)** Für $x \in \mathbb{N}$ existiert keine Nullstelle.
c) Nullstelle bei $x = 2$ **d)** Nullstelle bei $x = -8$
e) keine Nullstelle in $\mathbb{Q}$ **f)** Nullstelle bei $x = -\frac{3}{8} = -0{,}375$

7 **a)** $x_0 = -1$ **b)** keine Nullstelle in $\mathbb{Z}$ **c)** keine Nullstelle **d)** $x_0 = 1$ **e)** keine Nullstelle **f)** $x_0 = 0$

Teste dich!

S. 138/ S. 139 **1** **a)** und **b)** sind Funktionen, **c)** ist keine Funktion, da verschiedene Vielecke denselben Umfang haben können.

2 **a)** Nullstelle: $x_0 = 10$; Steigung: $m = 3$; y-Achsenabschnitt: $n = -30$; monoton steigend
b) Nullstelle: $x_0 = -\frac{5}{3}$; Steigung: $m = -1{,}5$; wegen der Einschränkung des Definitionsbereiches ($x < 0$) existiert kein Schnittpunkt mit der y-Achse; monoton fallend
c) Nullstelle: $x_0 = 0$; Steigung: $m = \frac{3}{7}$; y-Achsenabschnitt: $n = 0$; monoton steigend
d) keine Nullstelle in $\mathbb{N}$; Steigung: $m = \frac{2}{5}$; y-Achsenabschnitt: $n = -\frac{1}{5}$; monoton steigend. Der Graph besteht aus isolierten Punkten für $x = 0, 1, 2, 3, \ldots$, die auf einer ansteigenden Geraden liegen.

3 oben links: $y = x + 1$ oben rechts: $y = 0{,}5x$ unten links: $y = -x + 3{,}5$ unten rechts: $y = 2x - 2$

4 $y = 2x + 1$

5 Zum Beispiel jede Funktion $y = x^2 + a$ und jede Funktion $y = -x^2 - a$ mit einer Zahl $a > 0$.

6 **a)**

m	$\frac{1}{4}$	$\frac{1}{2}$	1	$\frac{3}{2}$	2	5
α	14°	27°	45°	56°	63°	79°

b) m und α sind nicht direkt proportional
c) gelb: $m < -1$; rot: $-1 < m < 0$; grün: $0 < m < 1$; blau: $m > 1$

7 Z. B.: $y = \begin{cases} -x & \text{für } x \leq -3 \\ x + 6 & \text{für } -3 \leq x \leq -1 \\ 5 - x & \text{für } -1 \leq x \end{cases}$

8 Die Funktion g ist für jede Funktion $f(x) = \frac{a}{x}$ ($a \neq 0$) auf dem Bereich $x < 0$ streng monoton steigend, auf dem Bereich $x > 0$ streng monoton fallend. Der Graph besteht aus zwei Hyperbelästen, die beide oberhalb der x-Achse verlaufen, egal ob $a > 0$ oder $a < 0$ ist.

9 **a)** $y = f(x) = \frac{a}{x}$ ($a \neq 0$); $D = \mathbb{Q}\backslash\{0\}$; der Graph ist eine Hyperbel.
b) Aus $xy = 2x + 1$ folgt $y = g(x) = 2 + \frac{1}{x}$ ($x \neq 0$); $D = \mathbb{Q}\backslash\{0\}$; der Graph ist die um 2 Einheiten nach oben verschobene Hyperbel, die zur Funktion $y = \frac{1}{x}$ gehört.

10 **a)** Abweichungen entstehen durch Messfehler. **b)** Es liegt näherungsweise Proportionalität vor.
c) 660 mA **d)** 750 mA entsprechen der Spannung 13,6 V. Man darf höchstens 13,5 V anlegen.

KAPITEL „FLÄCHENSÄTZE AM DREIECK: DIE SATZGRUPPE DES PYTHAGORAS“

S. 146: **4 a)** rechter Winkel zwischen b und c
b) rechter Winkel zwischen x und z
c) rechter Winkel zwischen u und w
d) rechter Winkel zwischen r und s

S. 147: **10 a)** 4,24 cm
b) $d = \sqrt{a^2 + a^2} = \sqrt{2} \cdot a$
c) 4,24 cm

S. 152: **5 a)** $q = \frac{4}{3}$ cm; $A = \frac{13}{3}$ cm²
b) $p \approx 6$ cm; $A \approx 27{,}3$ cm²
c) $h \approx 3{,}74$ cm; $A \approx 16{,}84$ cm²

S. 154: **3 a)** $d = \sqrt{2} \cdot a$; $a \approx 4{,}24$ cm; $A = 18$ cm² **b)** $A = 2r^2$

S. 158: **10** $A_0 \approx 92{,}4$ cm²

S. 159: **14 a)** $A_0 \approx 1301$ cm²; $V \approx 3151$ cm³ **d)** $A_0 \approx 510$ dm²; $V \approx 730$ dm³
16 a) $d \approx 10{,}05$ cm **b)** $c \approx 8{,}29$ cm **c)** $a \approx 2{,}80$ dm **d)** $b \approx 9{,}46$ mm

Teste dich!

S. 164/ S. 165

1 Satz des Pythagoras: $a^2 + c^2 = b^2$; Höhensatz : $h^2 = s \cdot t$; Kathetensatz: $a^2 = t \cdot b$; $c^2 = s \cdot b$

2 Nach dem Höhensatz gilt $h^2 = p \cdot q = 36$ cm², also $h = 6$ cm.
Nach dem Satz des Pythagoras gilt $a^2 = h^2 + p^2 = (36 + 16)$ cm², also $a = \sqrt{52}$ cm $\approx 7{,}2$ cm. Dito: $b^2 = h^2 + q^2 = (36 + 81)$ cm², also $a = \sqrt{117}$ cm $\approx 10{,}8$ cm. Der Flächeninhalt des Dreiecks beträgt: $A = 0{,}5\, ab = 0{,}5 \cdot \sqrt{117 \cdot 52}$ cm² $= 0{,}5 \cdot \sqrt{6\,084}$ cm² $= 39$ cm².

3 Für die Raumdiagonale d eines Quaders mit den Seiten a, b und c gilt $d = \sqrt{a^2 + b^2 + c^2}$.
a) $d = 43{,}25$ cm **b)** $d = 11{,}5625$ cm

4 Alle drei Dreiecke sind nach der Umkehrung des Satzes des Pythagoras rechtwinklig:
a) Es gilt $a^2 + b^2 = 64 + 225 = 289 = 17^2 = c^2$. Der rechte Winkel liegt zwischen a und b.
b) Es gilt $s^2 + t^2 = 49 + 576 = 625 = 25^2 = r^2$. Der rechte Winkel liegt zwischen s und t.
c) Es gilt $k^2 + m^2 = 10{,}89 + 19{,}36 = 30{,}25 = 5{,}5^2 = l^2$. Der rechte Winkel liegt zwischen k und m.

5 Der Abstand beträgt $\sqrt{20} \approx 4{,}47$.

6 Für die Höhe h einer solchen Pyramide gilt $h = \sqrt{s^2 - a^2}$. Für $a = 6$ cm und $s = 7$ cm ergibt sich $h = \sqrt{49 - 36}$ cm $= \sqrt{13}$ cm $\approx 3{,}61$ cm.

7 Die Basis des Fensters ist 3,5 m lang. Die Höhe h des Fensters ist also die Höhe eines gleichschenkligen Dreiecks mit der Basis 3,5 m und der Schenkellänge 2,25 m.
Es gilt $h = \sqrt{2{,}25^2 - 1{,}75^2}$ m $= \sqrt{2}$ m $\approx 1{,}41$ m.
Die Fensterfläche beträgt $A \approx 0{,}5 \cdot 3{,}5 \cdot 1{,}41$ m² $\approx 2{,}47$ m².

8 a) Die seitlichen Zeltstangen sind rund 4,12 m lang.
b) Mantelfläche: $\approx 28{,}84$ m²

9 $h = l - \sqrt{l^2 - d^2} = 0{,}1$ m (mit $l = 1{,}3$ m und $d = 0{,}5$ m); die Kugel befindet sich 10 cm höher.

10 Sei x der gesuchte Abstand in m und h die Höhe der Leiter in m. Aus $x^2 + h^2 = 25$ und $x + h = 6{,}2$ folgt $x^2 + (6{,}2 - x)^2 = 25$. Die Lösungen sind $x_1 = 1{,}4$ m und $x_2 = 4{,}8$ m. Sinnvoll ist nur die Lösung x_1. Der Abstand von der Wand beträgt 1,4 m.

11 Die Flächeninhalte der drei gleichseitigen Dreiecke sind $A_1 = \frac{\sqrt{3}}{4} a^2$, $A_2 = \frac{\sqrt{3}}{4} b^2$, $A_3 = \frac{\sqrt{3}}{4} c^2$. Aus der Forderung $A_1 = A_2 + A_3$ (bzw. $A_2 = A_1 + A_3$ bzw. $A_3 = A_1 + A_2$) folgt $a^2 = b^2 + c^2$ (bzw. $b^2 = a^2 + c^2$ bzw. $c^2 = a^2 + b^2$). Nach der Umkehrung des Satzes von Pythagoras ist das Dreieck mit den Seitenlängen a, b, c also in jedem Falle rechtwinklig.

KAPITEL „AUSWERTEN VON DATEN“

S. 176: **8 a)** Aufg. 2: Kluger Kopf: $\bar{x} \approx 5{,}65$; $d_{\bar{x}} \approx 1{,}67$; $s \approx 2{,}08$ Schlauer Fuchs: $\bar{x} \approx 5{,}69$; $d_{\bar{x}} \approx 2{,}13$; $s \approx 2{,}40$
Aufg. 6: Sebastian: $\bar{x} \approx 5{,}80$; $d_{\bar{x}} \approx 1{,}74$; $s \approx 2{,}06$ Martin: $\bar{x} \approx 5{,}82$; $d_{\bar{x}} \approx 2{,}50$; $s \approx 2{,}96$
b) Film 2: $\bar{x} \approx 6{,}18$; $d_{\bar{x}} \approx 2{,}26$; $V \approx 6{,}54$; $s \approx 2{,}56$ Film 3: $\bar{x} \approx 5{,}22$; $d_{\bar{x}} \approx 2{,}41$; $V \approx 6{,}87$; $s \approx 2{,}62$

Teste dich!

S. 182: **1 a)**
S. 183

Wert	1	2	3	4	5	6
absolute Häufigkeit $H(x_i)$	4	8	12	8	6	2
relative Häufigkeit $h(x_i)$	0,1	0,2	0,3	0,2	0,15	0,05
$h(x_i)$ in Prozent	10	20	30	20	15	5

c) $\bar{x} = 0{,}1 \cdot 1 + 0{,}2 \cdot 2 + 0{,}3 \cdot 3 + 0{,}2 \cdot 4 + 0{,}15 \cdot 5 + 0{,}05 \cdot 6 = 3{,}25$

2 Der Durchschnitt liegt in beiden Klassen bei 2,73, in der Klasse 9 a gibt es aber eine viel stärkere Streuung als in der Klasse 9 b, in welcher fast alle vergebenen Noten (Zweien und Dreien) in der Nähe des Durchschnitts liegen. Deswegen liegt der Zentralwert $z = 2$ in der 9 a nicht so nah beim arithmetischen Mittel wie der Zentralwert $z = 3$ in der 9 b.

3 a) Klasseneinteilung z. B. so: 80,00 € bis 89,99 €; 90,00 € bis 99,99 €; …; 170,00 € bis 179,99 €
b) Berechnet man mit den Klassenmitten dieser Klasseneinteilung die Kenngrößen, so erhält man:
Geschäft A: $\bar{x} = 125{,}\overline{6}$; $z = 125$; $d_{\bar{x}} = 23{,}4\overline{6}$ Geschäft B: $\bar{x} = 120{,}8$; $z = 125$; $d_{\bar{x}} = 16{,}90$

4 Aus der Zuordnung *Klassenmitte* → *rel. Häufigkeit* ergibt sich das Histogramm der Häufigkeitsverteilung. Bei (1): 0,55 → 0,1; 0,65 → 0,4; 0,75 → 0,3; 0,85 → 0,2
Bei (2): 0,6 → 0,35; 0,7 → 0,30; 0,8 → 0,25; 0,9 → 0,10
Es ergeben sich sehr verschiedene Histogramme: Das zu (1) erweckt den Eindruck eines starken Ansteigens zu Beginn und einer anschließenden gemäßigten Rückentwicklung, das zu (2) erweckt den Eindruck eines zuerst gemäßigten, dann rapiden Abfallens von hohem Niveau. Daraus ergibt sich zugleich eine Antwort auf Frage b): Der optische Eindruck der grafischen Darstellung kann unter Umständen durch die Klasseneinteilung extrem verändert werden.

5 Die schwerere Seite wird häufiger als die anderen Seiten unten liegen. Die Zahl auf der gegenüberliegenden Seite ergibt sich demnach als Modalwert. Aus dem arithmetischen Mittel oder dem Zentralwert kann nicht auf die gezinkte Seite geschlossen werden.

6 Das linke Diagramm stellt die Entwicklung der Käferpopulation im Zeitraum 1990 bis 2002 dar, das rechte Diagramm erfasst dagegen nur den Ausschnitt von 1996 bis 2002 dieser Entwicklung. 1996 bis 2002 war ein ständiger Anstieg zu verzeichnen (mehr als Verdopplung), ohne die Werte vor 1994 auch nur annähernd zu erreichen.

7 b) Auffallend sind zumindest zwei Entwicklungen:
In den neuen Bundesländern ist der Anteil der Studienberechtigten, deren Väter einen Hochschulabschluss haben, rückläufig.
In den alten Bundesländern ist der Anteil der Studienberechtigten, deren Väter einen Hauptschulabschluss haben, deutlich gesunken. Dies dürfte darin begründet sein, dass in der Generation der Väter der Anteil der Hauptschulabgänger insgesamt gesunken ist.

KAPITEL „LINEARE FUNKTIONEN UND LINEARE GLEICHUNGSSYSTEME“

S. 195: **17** Lineare Gleichungen sind a), c), d) und e).

S. 198: **7** **b)** $L = \{(2{,}5|1{,}5)\}$ **c)** $L = \{(-2|3)\}$ **d)** $L = \{(3|4{,}5)\}$ **f)** $L = \{(1{,}5|-0{,}5)\}$

S. 201: **3** **a)** $x = 2{,}8;\ y = 14{,}6$ **b)** $x = -\frac{10}{3};\ y = -44$ **c)** $x = 11;\ y = -3$ **d)** $x = 3{,}25;\ y = 3$

e) $x = 3;\ y = -5$ **f)** $x = \frac{83}{110};\ y = -\frac{13}{55}$ **g)** keine Lösung **h)** $x = 1{,}25;\ y = 0{,}75$

S. 203: **10** **a)** $x = 2;\ y = -3$ **b)** $x = -7{,}2;\ y = 2{,}6$ **c)** $x = 3;\ y = -2$ **d)** $x = -\frac{6}{7};\ y = -\frac{34}{7}$

e) $x = 3;\ y = -2$ **f)** $x = \frac{17}{7};\ y = \frac{2}{7}$ **g)** $x = \frac{14}{29};\ y = -\frac{6}{29}$

h) unendlich viele Lösungen: $L = \left\{(x|y) \mid x \in \mathbb{Q} \text{ und } y = -2x + \frac{2}{3}\right\}$ **i)** $x = -\frac{5}{54};\ y = -\frac{55}{36}$

S. 206: **4** **a)** $x = 3;\ y = -1$ **b)** $x = 2;\ y = \frac{5}{3}$ **c)** $x = \frac{1}{3};\ y = 2$

d) $x = 6{,}5;\ y = 8$ **e)** $x = 1{,}3;\ y = 0{,}1$ **f)** $x = 0;\ y = -1$

S. 209: **6** **a)** $L = \{(12{,}5|7{,}5|-6)\}$ **b)** $L = \{(3{,}5|0|-1)\}$ **c)** $L = \left\{\left(\frac{67}{19}\middle|\frac{163}{19}\middle|\frac{90}{19}\right)\right\}$

d) $L = \{(8|-0{,}5|0)\}$ **e)** $L = \{(6{,}5|-3|-0{,}5)\}$ **f)** $L = \left\{\left(\frac{43}{3}\middle|\frac{26}{3}\middle|\frac{1}{3}\right)\right\}$

Teste dich!

S. 214/ **1** **a)** $S = (3|4)$ **b)** $S = (-1{,}5|-0{,}5)$ **c)** $S = (12|19)$

S. 215 **2** **a)** Lösung: $x = -2;\ y = -3$ **b)** Lösung: $x = 2;\ y = -1$ **c)** $x = 1;\ y = 2$

3 **a)** Lösung: $x = 1;\ y = 3$ **b)** Lösung: $x = 3;\ y = 8$ (günstig: Einsetzungsverfahren)

c) Lösung: $x = -2;\ y = 4$ **d)** Lösungsmenge $L = \{(x|y) \mid y = -0{,}5x + 4{,}5\}$

e) Lösung: $x = 9;\ y = -6$ **f)** Lösung: $x = -4;\ y = 2$

4 Gleichungssystem: G + M = 75; (G + 1) + (T + 1) = 2,5 M; (M − 15) + (T − 15) = 46
Grit: 41 Jahre, Maren: 34 Jahre, Tilman: 42 Jahre. Robert Schumann lebte von 1810–1856.

5 **a)** Der Stausee verliert stündlich 1200 m^3 Wasser.

b) $y = 2\,000\,000 - 28\,000x$ (x = Zahlenwert der Zeit in Tagen; y = Zahlenwert der Wassermenge in m^3)

c) 333 h 20 min; das sind knapp 14 Tage.

6 **a)** Aus $(a \cdot 10^2 + b \cdot 10 + c) - (c \cdot 10^2 + b \cdot 10 + a) = 99 \cdot (a - c) = 99$ folgt $a - c = 1$, also $a = c + 1$. Zusammen mit der Gleichung $a + b + c = 7$ (Quersumme) folgt daraus $2c + b = 6$. Wegen $a, b, c \in \mathbb{N}$ $(a \neq 0)$ ergeben sich daraus als einzige dreistellige Zahlen mit der geforderten Eigenschaft: 160 (die durch Vertauschen der Hunderter- mit der Einerziffer erhaltene Zahl 061 ist natürlich eigentlich keine dreistellige Zahl), 241 (bzw. 142), 322 (bzw. 223), 403 (bzw. 304).

b) Der Ansatz $(a \cdot 10^3 + b \cdot 10^2 + c \cdot 10 + d) - (d \cdot 10^3 + c \cdot 10^2 + b \cdot 10 + a) = 999(a - d) + 90(b - c) = 1089$ führt auf die Gleichungen $a - d = 1$ und $b - c = 1$. Die Bedingung für die Quersumme liefert damit noch die Gleichung $2d + 2c + 2 = 8$, also $d + c = 3$. Systematisches Probieren (Tabelle anlegen) liefert die folgenden vierstelligen Zahlen als Lösungen: 4103 (bzw. 3014), 3212 (bzw. 2123), 2321 (bzw. 1232) und 1430 (bzw. „0341“).

c) Wäre die Quersumme eine ungerade Zahl n, so würde aus $2d + 2c + 2 = n$ (siehe Teil b)) folgen, dass auch $2(d + c)$ eine ungerade Zahl wäre. Dann wäre aber $d + c \notin \mathbb{Z}$ im Widerspruch zu $d, c \in \mathbb{N}$.

7 **a)** Aus dem ersten Satz und der Summe bzw. der Differenz allein, lassen sich die Zahlen nicht ermitteln (Gleichung: $(10x + y) + (10y + x) = 88$ bzw. $(10x + y) - (10y + x) = 18$), wohl aber aus der Angabe von Differenz und Summe: $a + b = 88;\ a - b = 18 \Rightarrow a = 53,\ b = 35$.

b) $x + y - s;\ x \quad y = d \Rightarrow x = \frac{s + d}{2};\ y = \frac{s - d}{2}$.

8 **a)** Gleichungssystem: (1) $0{,}24 \cdot x + 0{,}047 \cdot y = 80$; (2) $0{,}01 \cdot x + 0{,}033 \cdot y = 15$. (Darin steht x für die Masse an Bananen in g, y für die benötigte Masse an Vollmilch in g.) Jan und Moni müssen 260 g Bananen und 376 g Vollmilch mischen. Für 4 kg Bananen sind 5,79 kg Vollmilch erforderlich.

b) Für die Birnenmilch werden 884 g Birnen (B) und 1247 g Milch (M) benötigt. (GLS dazu: (1) 0,16 B + 0,047 M = 200; (2) 0,01 B + 0,033 M = 50.) Damit enthält ein Glas 23,5 g Kohlehydrate. Die Mischung ergibt etwa 8,5 Gläser.

Register

Bildnachweis
Außentitel: zefa/corbis
5 ullstein bild, Berlin/Granger Collection (Faksimilie)
13 Volker Döring, Hohen Neuendorf
15 Superbild, Berlin: Alaska Stock
48 Flughafen Schönefeld, Berlin
50 Mauritius, Hamburg: Friedmann
57 o. Volker Döring, Hohen Neuendorf; u. Superbild, Berlin: Grahammer
72 Casio
79 BIOS/Matt Alexander (Farn); Schapowalow, Hamburg/Sandner
81 o. H.-J. Wuthenow; u. Schiffbau-Versuchsanstalt Potsdam GmbH
82 Volker Döring, Hohen Neuendorf
83 l. und r. Cinetext, Frankfurt
85/86 Gaby Heintz, Jüchen
86 Volker Döring, Hohen Neuendorf (Pantograph)
87 Volker Döring, Hohen Neuendorf
96 J. M. Pietsch, Leipzig
97 o. und u. akg-images, Berlin
103 mediacolors, Zürich/Miller
105 Mauritius, Hamburg: Arthur
108 Volker Döring, Hohen Neuendorf
114/134 Texas Instruments
141 picture-alliance/ZB/Peter Zimmermann
142 Helga Lade Fotoagentur, Berlin: Bramaz
146 akg-images, Berlin
149 Mauritius, Berlin: Vidler
150 Volker Döring, Hohen Neuendorf
155 Mauritius, Berlin: Mollenhauer
156/163 Volker Döring, Hohen Neuendorf
167 Max-Planck-Institut für Dynamik und Selbstorganisation/Dirk Brokmann (1); picture-alliance/dpa/epa afp Parks (2)
174 Augenblick: Baumann, Ludwigsburg
176 Reebok Deutschland GmbH, Oberhaching
179 Volker Döring, Hohen Neuendorf
188 akg-images, Berlin
189 Mauritius, Hamburg: AGE
190 Volker Döring, Hohen Neuendorf
209 Cornelsen Verlagsarchiv
211 Sächsische Dampfschifffahrt, Dresden
217 getty images deutschland/de Lossy
220 Mauritius, Hamburg: Ley
221 Mauritius, Hamburg: Habel
224 AURA, Luzern/Emanuel Ammon
224/225 Putzger Geschichtsatlas (kleine Karten)
225 akg-images/Pirozzi
226 akg-images, Berlin
227 picture-alliance/akg-images
228 Axel Mosler, Dortmund (HG); picture-alliance/akg-images (1); BA-Geduldig (2)
229 picture-alliance/akg-images (1); Sabine Matthes, Berlin (2); Wauer/F1 ONLINE (3)
230 David Ausserhofer/Intro
231 picture-alliance/dpa/Andreas Gebert
236 akg-images, Berlin

Tabellenkalkulation – ein mathematisches Werkzeug

Hast du dich nicht schon oft darüber geärgert, dass du mühselig immer wieder dieselben Rechnungen ausführen musst – nur jeweils mit anderen Zahlen? Auch im Alltag kommt das häufig vor: Die Wasserwerke, die Energiebetriebe, die Telefongesellschaften usw. müssen für jeden Kunden immer wieder Rechnungen ausstellen. In diesen und in vielen anderen Fällen kann ein Computer mit einem Tabellenkalkulationsprogramm die Arbeit wesentlich erleichtern.

Eine Tabellenkalkulation (engl. spreadsheet) ist ein Programm, mit dem Daten übersichtlich erfasst und grafisch dargestellt werden können. Besonders nützlich sind solche Programme, um die erfassten Daten rechnerisch zu verarbeiten, also mit ihnen zu kalkulieren.

Die Daten werden in ein Tabellenblatt eingetragen und dort verarbeitet. Das Tabellenblatt ist durch Spalten und Zeilen in Zellen eingeteilt.

Jede Zelle hat genau einen Namen (Adresse) und kann mit Inhalt (Text, Zahlen oder Formeln) gefüllt werden. Der Name einer Zelle setzt sich aus der Bezeichnung der Spalte und der Nummer der Zeile, in der sich die Zelle befindet, zusammen. Die markierte Zelle in der folgenden Abbildung hat also den Namen A1.

Übrigens
Ein Tabellenblatt enthält insgesamt 256 Spalten und ca. 65000 Zeilen.
Eine neue Arbeitsmappe wird mit 3 Tabellenblättern angelegt. Sie kann bis auf insgesamt 255 Tabellenblätter ergänzt werden.

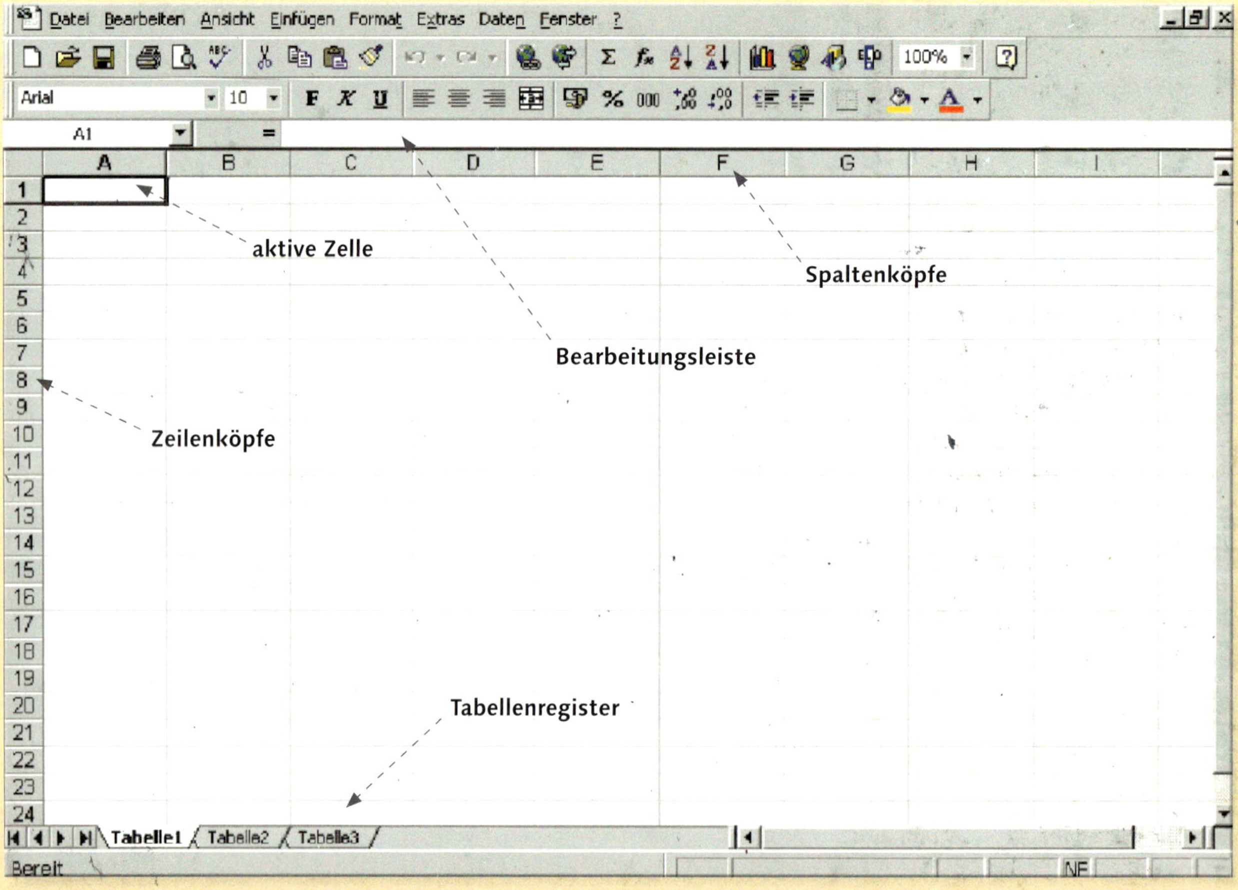

„Denn es ist eines ausgezeichneten Mannes nicht würdig, wertvolle Stunden wie ein Sklave im Keller der einfachen Rec